国家出版基金项目

国家出版基金项目
NATIONAL PUBLICATION FOUNDATION

"十三五"国家重点图书出版规划项目

"十四五"时期国家重点出版物出版专项规划项目

中国水电关键技术丛书

高混凝土坝抗震关键技术

孙保平　李德玉　严永璞　武明鑫　等　著

中国水利水电出版社
www.waterpub.com.cn

·北京·

内 容 提 要

本书系国家出版基金项目《中国水电关键技术丛书》之一，总结了我国高混凝土坝抗震技术的研究成果和实践经验，为高混凝土坝的抗震设计提供理论指导和参考。本书的主要内容包括高混凝土坝抗震技术发展现状、地震震害实例及分析、大坝抗震设防标准、大坝地震动输入和地震动参数、大坝混凝土动态特性、重力坝抗震响应分析、拱坝抗震分析、混凝土坝抗震安全评价准则、混凝土坝抗震措施等。

本书资料丰富，重点突出，观点明确，有较强的实用性。可供从事水电工程大坝设计、建设的技术人员及高等院校相关专业师生参考。

图书在版编目（CIP）数据

高混凝土坝抗震关键技术 / 孙保平等著. -- 北京：
中国水利水电出版社，2024.11. --（中国水电关键技术
丛书 / 周建平，郑声安主编）. -- ISBN 978-7-5226
-2919-3

Ⅰ. TV642

中国国家版本馆CIP数据核字第202476VS67号

书　　名	中国水电关键技术丛书
	高混凝土坝抗震关键技术
	GAO HUNNINGTUBA KANGZHEN GUANJIAN JISHU
作　　者	孙保平　李德玉　严永璞　武明鑫　等 著
出版发行	中国水利水电出版社
	（北京市海淀区玉渊潭南路1号D座　100038）
	网址：www.waterpub.com.cn
	E-mail：sales@mwr.gov.cn
	电话：（010）68545888（营销中心）
经　　售	北京科水图书销售有限公司
	电话：（010）68545874、63202643
	全国各地新华书店和相关出版物销售网点
排　　版	中国水利水电出版社微机排版中心
印　　刷	北京印匠彩色印刷有限公司
规　　格	184mm×260mm　16开本　23.75印张　578千字
版　　次	2024年11月第1版　2024年11月第1次印刷
印　　数	0001—1000册
定　　价	**208.00元**

《中国水电关键技术丛书》组织单位

中国大坝工程学会
中国水力发电工程学会
水电水利规划设计总院
中国水利水电出版社

《高混凝土坝抗震关键技术》
编写人员名单

主　　编：孙保平　李德玉

副主编：严永璞　武明鑫

编　　写：李德玉　郭胜山　张翠然　武明鑫　徐艳杰

胡志强　王进廷　邵敬东　陈　林　黄　坚

杜小凯　党林才　陈观福　钟　红　金　峰

王海波　涂　劲　李建波　俞言祥

审　　稿：周建平　陈厚群　林　皋　张楚汉

其他参加工作人员
（按姓氏笔画排序）

马怀发　王立涛　王　毅　吕红山　刘爱文　闫东明

杜建国　李亚琦　李　敏　吴　健　佘　化　沈怀志

迟福东　张伯艳　欧阳金惠　周　红　赵全胜　俞瑞芳

寇力夯　潘坚文

历经 70 年发展，特别是改革开放 40 年，中国水电建设取得了举世瞩目的伟大成就，一批世界级的高坝大库在中国建成投产，水电工程技术取得新的突破和进展。在推动世界水电工程技术发展的历程中，世界各国都作出了自己的贡献，而中国，成为继欧美发达国家之后，21 世纪世界水电工程技术的主要推动者和引领者。

截至 2018 年年底，中国水库大坝总数达 9.8 万座，水库总库容约 9000 亿 m^3，水电装机容量达 350GW。中国是世界上大坝数量最多、也是高坝数量最多的国家：60m 以上的高坝近 1000 座，100m 以上的高坝 223 座，200m 以上的特高坝 23 座；千万千瓦级的特大型水电站 4 座，其中，三峡水电站装机容量 22500MW，为世界第一大水电站。中国水电开发始终以促进国民经济发展和满足社会需求为动力，以战略规划和科技创新为引领，以科技成果工程化促进工程建设，突破了工程建设与管理中的一系列难题，实现了安全发展和绿色发展。中国水电工程在大江大河治理、防洪减灾、兴利惠民、促进国家经济社会发展方面发挥了不可替代的重要作用。

总结中国水电发展的成功经验，我认为，最为重要也是特别值得借鉴的有以下几个方面：一是需求导向与目标导向相结合，始终服务国家和区域经济社会的发展；二是科学规划河流梯级格局，合理利用水资源和水能资源；三是建立健全水电投资开发和建设管理体制，加快水电开发进程；四是依托重大工程，持续开展科学技术攻关，破解工程建设难题，降低工程风险；五是在妥善安置移民和保护生态的前提下，统筹兼顾各方利益，实现共商共建共享。

在水利部原任领导汪恕诚、张基尧的关心支持下，2016 年，中国大坝工程学会、中国水力发电工程学会、水电水利规划设计总院、中国水利水电出版社联合发起编撰出版《中国水电关键技术丛书》，得到水电行业的积极响应，数百位工程实践经验丰富的学科带头人和专业技术负责人等水电科技工作者，基于自身专业研究成果和工程实践经验，精心选题，着手编撰水电工程技术成果总结。为高质量地完成编撰任务，参加丛书编撰的作者，投入极大热情，倾注大量心血，反复推敲打磨，精益求精，终使丛书各卷得以陆续出版，实属不易，难能可贵。

21 世纪初叶，中国的水电开发成为推动世界水电快速发展的重要力量，形成了中国特色的水电工程技术，这是编撰丛书的缘由。丛书回顾了中国水电工程建设近30年所取得的成就，总结了大量科学研究成果和工程实践经验，基本概括了当前水电工程建设的最新技术发展。丛书具有以下特点：一是技术总结系统，既有历史视角的比较，又有国际视野的检视，体现了科学知识体系化的特征；二是内容丰富、翔实、实用，涉及专业多，原理、方法、技术路径和工程措施一应俱全；三是富于创新引导，对同一重大关键技术难题，存在多种可能的解决方案，并非唯一，要依据具体工程情况和面临的条件进行技术路径选择，深入论证，择优取舍；四是工程案例丰富，结合中国大型水电工程设计建设，给出了详细的技术参数，具有很强的参考价值；五是中国特色突出，贯彻科学发展观和新发展理念，总结了中国水电工程技术的最新理论和工程实践成果。

与世界上大多数发展中国家一样，中国面临着人口持续增长、经济社会发展不平衡和人民追求美好生活的迫切要求，而受全球气候变化和极端天气的影响，水资源短缺、自然灾害频发和能源电力供需的矛盾还将加剧。面对这一严峻形势，无论是从中国的发展来看，还是从全球的发展来看，修坝筑库、开发水电都将不可或缺，这是实现经济社会可持续发展的必然选择。

中国水电工程技术既是中国的，也是世界的。我相信，丛书的出版，为中国水电工作者，也为世界上的专家同仁，开启了一扇深入了解中国水电工程技术发展的窗口；通过分享工程技术与管理的先进成果，后发国家借鉴和吸取先行国家的经验与教训，可避免走弯路，加快水电开发进程，降低开发成本，实现战略赶超。从这个意义上讲，丛书的出版不仅能为当前和未来中国水电工程建设提供非常有价值的参考，也将为世界上发展中国家的河流开发建设提供重要启示和借鉴。

作为中国水电事业的建设者、奋斗者，见证了中国水电事业的蓬勃发展，我为中国水电工程的技术进步而骄傲，也为丛书的出版而高兴。希望丛书的出版还能够为加强工程技术国际交流与合作，推动"一带一路"沿线国家基础设施建设，促进水电工程技术取得新进展发挥积极作用。衷心感谢为此作出贡献的中国水电科技工作者，以及丛书的撰稿、审稿和编辑人员。

中国工程院院士 马洪琪

2019 年 10 月

　　水电是全球公认并为世界大多数国家大力开发利用的清洁能源。水库大坝和水电开发在防范洪涝干旱灾害、开发利用水资源和水能资源、保护生态环境、促进人类文明进步和经济社会发展等方面起到了无可替代的重要作用。在中国，发展水电是调整能源结构、优化资源配置、发展低碳经济、节能减排和保护生态的关键措施。新中国成立后，特别是改革开放以来，中国水电建设迅猛发展，技术日新月异，已从水电小国、弱国，发展成为世界水电大国和强国，中国水电已经完成从"融入"到"引领"的历史性转变。

　　迄今，中国水电事业走过了70年的艰辛和辉煌历程，水电工程建设从"独立自主、自力更生"到"改革开放、引进吸收"，从"计划经济、国家投资"到"市场经济、企业投资"，从"水电安置性移民"到"水电开发性移民"，一系列改革开放政策和科学技术创新，极大地促进了中国水电事业的发展。不仅在高坝大库建设、大型水电站开发，而且在水电站运行管理、流域梯级联合调度等方面都取得了突破性进展，这些进步使中国水电工程建设和运行管理技术水平达到了一个新的高度。有鉴于此，中国大坝工程学会、中国水力发电工程学会、水电水利规划设计总院和中国水利水电出版社联合组织策划出版了《中国水电关键技术丛书》，力图总结提炼中国水电建设的先进技术、原创成果，打造立足水电科技前沿、传播水电高端知识、反映水电科技实力的精品力作，为开发建设和谐水电、助力推进中国水电"走出去"提供支撑和保障。

　　为切实做好丛书的编撰工作，2015年9月，四家组织策划单位成立了"丛书编撰工作启动筹备组"，经反复讨论与修改，征求行业各方面意见，草拟了丛书编撰工作大纲。2016年2月，《中国水电关键技术丛书》编撰委员会成立，水利部原部长、时任中国大坝协会（现为中国大坝工程学会）理事长汪恕诚，国务院南水北调工程建设委员会办公室原主任、时任中国水力发电工程学会理事长张基尧担任编委会主任，中国电力建设集团有限公司总工程师周建平、水电水利规划设计总院院长郑声安担任丛书主编。各分册编撰工作实行分册主编负责制。来自水电行业100余家企业、科研院所及高等院校等单位的500多位专家学者参与了丛书的编撰和审阅工作，丛书作者队伍和校审专家聚集了国内水电及相关专业最强撰稿阵容。这是当今新时代赋予水电工作者的一项重要历史使命，功在当代、利惠千秋。

丛书紧扣大坝建设和水电开发实际，以全新角度总结了中国水电工程技术及其管理创新的最新研究和实践成果。工程技术方面的内容涵盖河流开发规划，水库泥沙治理，工程地质勘测，高心墙土石坝、高面板堆石坝、混凝土重力坝、碾压混凝土坝建设，高坝水力学及泄洪消能，滑坡及高边坡治理，地质灾害防治，水工隧洞及大型地下洞室施工，深厚覆盖层地基处理，水电工程安全高效绿色施工，大型水轮发电机组制造安装，岩土工程数值分析等内容；管理创新方面的内容涵盖水电发展战略、生态环境保护、水库移民安置、水电建设管理、水电站运行管理、水电站群联合优化调度、国际河流开发、大坝安全管理、流域梯级安全管理和风险防控等内容。

丛书遵循的编撰原则为：一是科学性原则，即系统、科学地总结中国水电关键技术和管理创新成果，体现中国当前水电工程技术水平；二是权威性原则，即结构严谨，数据翔实，发挥各编写单位技术优势，遵照国家和行业标准，内容反映中国水电建设领域最具先进性和代表性的新技术、新工艺、新理念和新方法等，做到理论与实践相结合。

丛书分别入选"十三五"国家重点图书出版规划项目和国家出版基金项目，首批包括50余种。丛书是个开放性平台，随着中国水电工程技术的进步，一些成熟的关键技术专著也将陆续纳入丛书的出版范围。丛书的出版必将为中国水电工程技术及其管理创新的继续发展和长足进步提供理论与技术借鉴，也将为进一步攻克水电工程建设技术难题、开发绿色和谐水电提供技术支撑和保障。同时，在"一带一路"倡议下，丛书也必将切实为提升中国水电的国际影响力和竞争力，加快中国水电技术、标准、装备的国际化发挥重要作用。

在丛书编写过程中，得到了水利水电行业规划、设计、施工、科研、教学及业主等有关单位的大力支持和帮助，各分册编写人员反复讨论书稿内容，仔细核对相关数据，字斟句酌，殚精竭虑，付出了极大的心血，克服了诸多困难。在此，谨向所有关心、支持和参与编撰工作的领导、专家、科研人员和编辑出版人员表示诚挚的感谢，并诚恳欢迎广大读者给予批评指正。

《中国水电关键技术丛书》编撰委员会

2019 年 10 月

我国属于地震多发国家，特别是水能资源富集的西部地区，地震频繁且强烈。2000 年以来发生的汶川、玉树、雅安、鲁甸等大地震，均造成了大量人员伤亡和财产损失。高地震烈度与水能资源富集在时空上的高度耦合，决定了我国水电建设必须强化抗震设计，有针对性地采取抗震措施，从而确保大坝安全。半个世纪以来，我国大坝抗震技术已有较大的突破，在中国暂无一例大坝因为地震而发生破坏，实践也表明我国的大坝抗震设计是可靠的。

进入 21 世纪，我国水电建设迎来了一个新的高峰，在水能资源富集的西部地区，规划和建设了一系列 200m 级、300m 级的高坝，如锦屏一级拱坝、小湾拱坝、大岗山拱坝、金安桥重力坝、阿海重力坝、鲁地拉重力坝等，都是高地震烈度区的混凝土坝。由于国内外均缺乏相应工程规模的实践经验和相应烈度的工程震害实例，加上区域地震地质背景的复杂性，地震作用的不确定性，以及对高坝抗震性能认知的局限性等，迫切需要根据工程建设需要，深入开展高坝抗震安全研究。

在总结工程经验的基础上，水电水利规划设计总院牵头联合有关科研单位、设计单位开展了"混凝土坝抗震安全评价体系研究""高土石坝抗震性能及抗震安全研究""高坝大库强震灾变的预防对策研究"等一系列攻关工作，结合大坝抗震安全复核，验证了大坝抗震安全评价体系及其参数，为制定能源行业标准《水电工程防震抗震设计规范》（NB 35057）和修订《水工建筑物抗震设计规范》（DL 5073）提供了重要科研成果。

高坝工程抗震安全评价必须建立在震害工程调查研究、工程实践经验及地震动响应分析的基础上。2012 年完成的"混凝土坝抗震安全评价体系研究"为本书的编写奠定了基础。近年来，随着数值仿真计算技术和能力的提升，以及大坝动力响应理论的持续完善，高坝抗震技术体系日趋成熟。本书涵盖了大坝地震震害实例分析、大坝抗震设防标准、大坝地震动输入混凝土坝抗震分析评价及措施等内容。本书总结的方法和成果对于混凝土坝抗震设计、分析、研究都具有借鉴意义，对于我国强震区诸多混凝土坝的建设和已建混凝土坝的抗震安全评价也可起到指导作用。

水电水利规划设计总院作为可再生能源行业新型智库和技术服务机构，一直致力于水电工程发展规划、技术审查、咨询评估、技术标准等工作，不断推动水电技术的进步。在本书的编写过程中，来自中国水利水电科学研究院、清华大学、大连理工大学、中国电建集团成都勘测设计研究院有限公司、中国电建集团西北勘测设计研究院有限公司、中国地震局地球物理研究所等多个单位的顶级专家，共同对各部分内容进行了认真探讨和研究，希望为读者提供一本权威、全面的高混凝土坝抗震技术专著，共同推动我国水电工程抗震技术的不断进步和发展。

在课题研究和本书编写过程中，得到了以陈厚群、林皋、张楚汉院士为首的诸多专家、学者的大力支持和指导，在此表示诚挚的感谢！同时感谢所有参与本书编写和课题研究的同事们，是他们的辛勤努力和合作精神，才使得本书得以顺利完成。尽管我们在编写过程中做了很大努力，但受资料收集条件和知识、水平的限制，书中难免有疏漏和不尽之处，敬请读者提出宝贵的意见和建议。

作者

2024 年 6 月

目录

第 1 章

高混凝土坝抗震技术
发展现状

1.1 概述

兴建高坝大库是人类合理开发利用水资源的重要工程手段。截至 2016 年，我国已建在建的 219 座 100m 以上的高坝中，混凝土坝有 113 座，占比近 52%；19 座坝高 200m 以上的特高坝中，混凝土坝有 12 座，占比为 63%；而在 8 座坝高超过 250m 的坝中，混凝土坝有 6 座，占比高达 75%。国际上高坝也以混凝土坝居多。

地震是一种自然现象，具有突发性强、破坏力大的特点。由于当前人们对地震成因机制等仍处于研究阶段，准确的地震预报在当前及今后相当长的时间内仍是无法解决的世界性难题。我国地处环太平洋地震带和地中海-喜马拉雅山地震带之间，地质构造规模宏大并且复杂，因此我国的中、强地震活动频繁、强度大、震源浅、分布广、灾害十分严重，而当前混凝土高坝建设重点所在的西部地区，更是高地震烈度区，发生强震的可能性和频度较大。

高坝大库一旦遭遇强烈地震导致严重灾变，将对人民生命财产和国民经济发展造成不可估量的损失。高混凝土坝的抗震安全往往成为工程设计的控制性因素。此外，地震的发生及其地震动强度具有极大的不确定性，混凝土坝工程遭遇远超设计地震强度的实际地震并产生不同程度震损的情况在国内外多有发生，如印度的柯依纳（Koyna）重力坝，美国的帕柯伊玛（Pacoima）拱坝，我国的新丰江大头坝、沙牌拱坝、宝珠寺重力坝等。因此，对于强震区的高混凝土坝，做好其抗震设计，确保其抗震安全是大坝工程设计中的关键问题。

混凝土坝的抗震设计，一般包括以下几个主要方面：

（1）抗震设防标准和相应的设防目标。针对建筑物分级及其工程设防类别规定其抗震设防标准以及在相应标准下需达到的性能目标。

（2）设计地震动参数。包括地震动峰值加速度、反应谱和地震动加速度（速度、位移）时程曲线。

（3）大坝-地基系统的地震作用效应分析。包括反映大坝-地基动力相互作用的地震动输入机制、库水对大坝的动力作用、大坝混凝土的动态性能，以及采用理论分析、数值模拟或试验手段合理获得大坝-地基系统的地震反应等方面。

（4）抗震安全评价及工程抗震措施。包括评价方法，相应的大坝-地基系统强度和稳定的量化评价指标以及提高其抗震能力的工程措施。

本章将围绕上述问题，介绍国内外高混凝土坝的抗震设计发展现状。

1.2 大坝抗震设防标准和设防目标

任何工程结构抗震设计的首要前提是建立兼顾安全性与经济性的抗震设防标准框架。

设防标准框架的建立包括确定设计地震的超越概率及与之相应的结构需要达到的抗震性能目标。

对于大坝抗震设计，我国于 1978 年和 2000 年颁布实施的《水工建筑物抗震设计规范》中，采用的是基于单一设防水准的"分类设防"的概念，即根据大坝所处场址的地震基本烈度及大坝级别，首先确定其工程抗震设防类别，再据此确定大坝设计地震对应的抗震设防标准、与此水准对应的设计地震动峰值加速度以及设计地震作用下的大坝地震作用效应，继而进行以承载能力极限状态设计式定量表达的大坝结构强度和稳定安全验算，必要时采取提高大坝抗震性能的工程抗震措施，确保大坝达到"可抗御设计地震作用，如有局部损坏，经修复后仍可正常使用"的性能目标。这个性能目标是各类大坝的设计规范中对计入地震作用的特殊荷载组合工况的要求，因而是和各类大坝基本设计规范相协调的，具有可以定量化的可操作性。

国际上，多数国家的大坝抗震设计规范或导则中，虽然多采用最大设计地震（maximum design earthquake，MDE）[或安全评估地震（safety evaluation earthquake，SEE）] 和运行基准地震（operation basis earthquake，OBE）两级抗震设防标准，但一些国家（如加拿大、英国、瑞士等）实际都只按 MDE 进行大坝抗震设计。对于 OBE，一般其重现期为 100～200 年，其对应的性能目标通常为工程的运行功能保持正常而不中断，这主要是基于减轻工程运行功能受损而中断导致的经济损失方面的考虑。对应于大坝结构设计，通常要求其在 OBE 作用下处于线弹性工作状态，因此对大坝抗震安全而言，OBE 通常不起控制作用。对于重要大坝，MDE 多取为最大可信地震（maximum credible earthquake，MCE），MCE 的重现期大多为 5000～10000 年，或由确定性方法求得，其性能目标多为不因溃坝导致的库水下泄失控而引发巨大次生灾害。MDE 对于大坝抗震安全通常起控制作用，如何合理确定 MDE 是目前大坝抗震设计中面临的重点科技难题之一。

随着我国水电事业的发展，一批位于强震区的高度大于 200m 的特高混凝土坝已经或即将建成。为了确保这些重大水电工程在极端地震作用下的抗震安全，2015 年颁布实施的《水电工程水工建筑物抗震设计规范》（NB 35047—2015）在吸纳近年来相关研究成果基础上规定：对于工程抗震设防类别为甲类的重要大坝，要求其不能仅仅满足目前抗震设计中设计地震标准下的安全要求，还需要进行其在 MCE 作用下不发生库水失控下泄导致严重地震灾变的安全裕度的专门论证。

1.3　大坝设计地震动参数

大坝抗震设防标准和设防目标确定后，如何合理估计和确定相应于某一设防标准的设计地震动参数是十分重要的环节。

大坝设计地震动参数是指相应于某一抗震设防标准的、用来描述大坝承受地震作用特性的一些参数。结合地震动本身的固有特性，对于工程设计而言，主要设计地震动参数包括：设计地震动峰值加速度、设计地震动加速度反应谱和设计地震动加速度时程。

1.3.1 设计地震动峰值加速度

大坝设计地震动峰值加速度（peak ground accelaration，PGA）是大坝承受地震作用强弱最为直观的度量，通常理解为在某一地震动时间过程中加速度的最大值，但作为工程抗震参数，为了消除实测记录中经常出现的脉冲尖峰影响，以有效峰值加速度（efficient peak accelaration，EPA）作为设计参数普遍认为更为合理。

目前国内外确定工程结构设计地震动峰值加速度的方法主要为概率方法。该方法基于地震活动性模型和参数、地震动衰减关系等，采用全概率方法计算给出相应于设计概率水准的峰值加速度。在我国大坝抗震设计中，大坝设计地震动峰值加速度通常针对其工程抗震设防类别，采用直接根据《中国地震动参数区划图》（GB 18306—2015）确定（对于一般工程），或者进行专门的地震安全性评价工作确定（对于重要工程）。需要指出的是，对于混凝土坝而言，建基岩体一般坚硬完整，其剪切波速常大于 2000m/s，场地类别为 I_0，因此，可根据《中国地震动参数区划图》（GB 18306—2015）的相关规定，对其设计地震动峰值加速度进行相应调整。

1.3.2 设计地震动加速度反应谱

地震动加速度反应谱反映了地震动加速度时程的频率特性，是地震动输入中最为关键的要素之一，这是因为地震动的卓越频率与结构的固有频率是否接近，常是判断在地震作用下结构抗震性态的重要依据。与地震动加速度反应谱相对应的求解结构地震响应的振型分解反应谱法，在各类结构的抗震设计中至今仍是主要被采用的方法。

在国内外的大坝抗震设计中，对于一般的大坝工程，反应谱通常都采用标准设计反应谱。我国水工建筑物抗震设计规范中，根据建筑物类别、场地类别以及所在地区的 II 类场地基本峰值加速度对应的特征周期等，确定反应谱的特征周期、反应谱最大值等参数。以美国为代表的西方国家中，标准反应谱的构建略微复杂，通常根据各自国家的地震动参数区划图确定反应谱平台值 S_s 和 1s 周期处的反应谱值 S_1，进行场地类别调整，然后确定平台起始周期 T_0 和特征周期 T_s。

由于标准设计反应谱不能反映特定工程所处的特定场地的地震特性，因此，国内外都要求对于重要工程，设计反应谱应采用与特定工程场址相关的场地相关反应谱。目前国内外多有采用基于地震危险性分析的"一致概率反应谱"作为场地相关设计反应谱的情况。这类所谓"一致概率反应谱"，实际在大坝工程中并未能推广应用，其主要原因是"一致概率反应谱"的短周期成分往往由近震小震群控制，长周期成分由远震大震群控制，使其具有了包络线的性质。显然，"一致概率反应谱"并不能反映场地实际可能遭遇的强震本身固有的频谱特性，因而也是与场地不相关的。

为克服"一致概率反应谱"的上述缺陷，我国《水电工程水工建筑物抗震设计规范》（NB 35047—2015）规定，抗震设防类别为甲类的重要工程，其设计反应谱应采用基于"设定地震法"（probability-based scenario earthquake）确定的场地相关反应谱。"设定地震"是在地震危险性分析概率方法和确定性方法的基础上确定的，其目的是为结构抗震计算提供适当的设计反应谱和地震动时程输入，场地相关的设计反应谱不仅具有概率的含义，而且能给出具有明确震级、震中距并在工程场址产生设计地震动加速度的具体地震。目前该方法已经在小湾、白鹤滩、锦屏一级、孟底沟、叶巴滩、托巴等混凝土坝工程的抗震设计中得到应用。在美国等西方国家，重要工程的设计反应谱也通常采用设定地震方法确定。

1.3.3　设计地震动加速度时程

混凝土坝在强烈地震作用下往往出现接缝张开、坝体混凝土局部开裂等损伤，呈现明显的非线性特征。此时基于线弹性结构假定的振型分解反应谱法已不再适用，应采用时间历程法求解其非线性响应，相应的地震动输入应采用反映地震动幅值时变特征的地震动加速度时程。

地震动加速度时程受地震类型、震级、场址震中距和地形地质条件等控制。目前全球仅少数国家有较多实测的强震记录，高坝大库坝址岩基上的强震记录更少。因此，很难找到与设定场址有类似地震地质条件的实测强震记录作为设计地震动输入的加速度时程。目前在国内外的大坝抗震设计中，通常都采用拟合设计反应谱和峰值加速度的人工合成方法。

鉴于地震动的随机性，目前国内外通常采用以设计反应谱为目标谱的人工拟合随机地震动加速度时程。传统的合成方法为，用三角级数和 $0\sim2\pi$ 间均匀分布的随机相位角构造平稳随机振动模型，引入随时间变化的强度包络函数后，按功率谱和反应谱的近似关系式，通过迭代调整幅值，以拟合目标反应谱和设计峰值加速度。

这种人工拟合的随机地震动加速度时程，在一定意义上反映本地区的震源、传播路径和场地特性，但未考虑地震动的频率非平稳特性。实际地震动加速度时程的幅值和频率组成都具有随时间变化的非平稳特性，不考虑地震动频率非平稳特性的地震动输入可能会对结构响应有显著影响。由于大坝在强震作用过程中结构逐渐受到损伤，抗力不断劣化，固有周期会有所加长，对后到的地震动中的长周期分量更为敏感，因此，目前在大坝工程的地震反应分析中，考虑地震动加速度时程输入的幅值和频率非平稳性影响的研究逐渐开展起来。

1.3.4　坝址最大可信地震

国内外对于重要大坝的抗震设计，都要求其满足在最大设计地震（MDE）或安全评估地震（SEE）作用下不发生库水失控下泄导致严重灾变的设防目标。通常情况下，对于重要大坝，MDE（SEE）均要求取最大可信地震（MCE）。

目前，国内外确定重要大坝工程 MCE 通常有两种途径：一种是基于概率理论的坝址地震危险性分析方法，通常取相应于重现期为 10000 年的峰值加速度作为 MCE 的地震动输入；另一种是确定性方法，即在对坝址地震动输入贡献最大的潜在震源中，假设与其震级上限相应的地震，在沿其主干断裂距坝址最近处发生，按点源的衰减关系求得坝址地震动峰值加速度，作为 MCE 的地震动输入。国际大坝委员会（ICOLD，2016）和以美国为代表的西方国家（PCM，2001；NZSOLD，2000；CDA，2005），通常要求采用确定性方法来确定 MCE，仅当大坝场址区无明显发震构造依据时才可采用概率法确定 MCE。

由于 MCE 为发生概率很小的事件，是由距坝址很近的区域性发震断层引发的高震级地震，因而无论用上述哪种方式确定的地震动输入，都难以合理反映近断裂大震的地震动特征。

针对 MCE 确定中存在的上述问题，国内外开展了大量的研究工作，其中以将发震断层作为空间面源替代原有点源的"随机有限断层"方法最具代表性，其研究成果也有在实际工程设计中得到应用的实例。同时，近年来基于物理机制的场址地震动模拟方法逐渐受到了青睐，该方法综合反映震源、传播介质、局部场地效应的影响，基于大规模强地面运动数值模拟技术，直接生成大坝场址的 MCE。然而，由于在震源破裂过程、传播介质物理力学性质以及场地条件等方面仍然存在较大不确定，无论哪种方法都存在需要深入研究的问题。

1.4 大坝-地基系统的地震作用效应

大坝-地基系统的地震作用效应是指在给定地震作用下系统的地震动力反应。影响大坝地震作用效应的因素众多，包括描述大坝-地基动力相互作用的地震动输入机制、库水对大坝的动力作用、大坝混凝土的动态性能。在综合计入上述因素影响后，大坝-地基系统的地震作用效应可通过数值模拟和试验模拟获得。

1.4.1 地震动输入机制

地震部门场地地震安全性评价给出的峰值加速度，是相应于不同基准期超越概率的、在近地表半无限空间均质基岩中由地壳深处沿垂直于水平地表的竖向传播到平坦地表的水平向地震动峰值加速度值。根据对实测强震记录统计平均得到的结果，从统计意义上可以认为，地震动两个水平分量的峰值及其相应的反应谱都大体上相同，竖向分量峰值大体上相当于水平分量的 2/3，并且通常这三个相互正交的分量间是统计弱相关的。从水平向地震动峰值加速度的含义可见，它并未考虑地形和地基中含不同类别场地土的影响，也与场址建筑物类型无关。因此，如何正确理解并在抗震计算中采用设计地震动至关重要。

目前水工建筑物的抗震设计计算方法可分为拟静力法和动力法两大类。对于拟静力法，规范中规定的各类建筑物的加速度动态分布系数均针对建筑物建基面处，即各类建筑物的设计地震动加速度均作用于其建基面。采用动力法进行工程结构的抗震计算时，主要包括两种方式：将动力方程作为封闭系统的振动问题求解，以及作为开放系统的波动问题求解。对于振动问题，由于忽略了结构与地基的动力相互作用，因此，其设计地震动加速度作用在建筑物的建基面。目前在水工建筑物抗震计算中，将近域地基作为刚性地基或无质量弹性地基考虑时均属此类情况。

对于大坝而言，由于坝体体积庞大，其与地基的动力相互作用对大坝动力反应的影响显著，因此对于重要大坝的抗震计算，应考虑坝体-地基的动力相互作用，将坝体-地基作为开放系统的波动问题进行求解，计入无限地基辐射阻尼效应进行波动分析。目前计入辐射阻尼的方法主要是在近域地基的边界处设置人工透射边界或黏弹性边界模拟地震动能量向无限远域的逸散。根据一维波动理论，此时应取设计地震动的 1/2 作为入射地震动施加于人工边界处。

目前，对于重要的混凝土坝抗震设计，一般都采用计入无限地基辐射阻尼效应的分析成果作为大坝抗震设计的依据。然而，在三维河谷自由场地震动的合理确定、地震波入射方向的影响等方面仍存在需要进一步研究解决的问题。

1.4.2　库水对混凝土坝的动力作用

混凝土坝作为挡水建筑物，水体与坝体间的动力相互作用是其地震动力反应分析中的一个主要特点。1933 年，美国学者韦斯特加德（Westergaard，1933）研究了刚性直立坝面动水压力。他假定库水上游方向无穷远、库底为刚性水平面、库水作无旋小变形运动并忽略表面波影响，求得地面水平简谐运动时二维动水压力分析模型下可压缩库水作用于刚性直立坝面的动水压力的级数形式解，同时提出了目前众所周知的不考虑库水可压缩性的附加质量模型。

在库水对混凝土坝的动力影响问题研究中，库水可压缩性的影响为许多研究者所关注。有些研究成果表明，实际混凝土坝工程中的库水可压缩性影响并不十分显著，特别在计入库岸淤积的吸能作用后更是如此。有些研究成果表明，考虑库水可压缩性后混凝土坝的动力反应显著降低。因此，在混凝土坝的动力分析中，计算坝体和库水动力相互作用产生的动水压力时，可以忽略库水的可压缩性而以坝面附加质量的形式计入。国内外大部分抗震设计规范中，地震动水压力均以忽略了库水可压缩性的韦斯特加德附加质量模型来模拟。实际上，库水可压缩性影响的关键因素是库水频率、坝体频率和地震动卓越频率之间是否存在"共振"可能以及库底淤积物的吸能效果的准确估计，目前学术界在这些方面尚存争议，需进一步加强研究。

1.4.3　大坝混凝土动态性能

地震作用下大坝混凝土动态性能是影响大坝抗震设计的又一重要因素。人们很早就认识到混凝土材料的变形和强度特性具有随加载速率的提高而增加的现象。美国、欧洲、日本以及我国的一些研究者针对湿筛混凝土试件和坝上钻取的大坝混凝土芯样，重点对混凝土动态强度以及动态弹性模量随加载速率的提高而增加的规律进行了大量的试验研究，取得了一批有价值的研究成果。《水工建筑物抗震设计规范》（DL 5073—2000）中关于大坝混凝土动态强度较静态提高 30％的规定正是基于上述研究成果而作出的。

湿筛试件改变了大坝混凝土实际的骨料级配，且湿筛小试件与全级配大试件间存在着尺度效应影响，因此不能完全合理反映大坝混凝土材料的真实性能。自 20 世纪 90 年代开始，中国水利水电科学研究院（中国水科院）结合小湾拱坝、大岗山拱坝，率先开展了全级配混凝土材料动态性能的研究，对大坝全级配混凝土动态强度、弹性模量以及初始预静载的影响等方面，综合利用材料试验、细观力学数值模拟、CT 扫描技术以及声发射技术等手段开展了研究工作，同时与湿筛试件试验进行对比，取得了许多有价值的研究成果，为现行的《水电工程水工建筑物抗震设计规范》（NB 35047—2015）中大坝混凝土动态强度较静态提高 20％的规定提供了依据。但由于受大坝混凝土组分材料及配合比、试件制作、养护以及制作成本等因素影响，试验样本有限，试验成果也表现出一定的离散性，尚需进一步深入研究。

仅仅关注混凝土的峰值强度还不能满足混凝土大坝结构动力分析逐渐向考虑混凝土材料非线性影响过渡的要求，还需得到混凝土到达峰值强度后在动力循环荷载作用下的加载—卸载全过程应力-应变曲线，为后续的大坝非线性动态损伤破坏机理研究并制定合理的大坝抗震安全评价定量指标提供依据。中国水利水电科学研究院结合溪洛渡大坝和三峡大坝浇筑试件、沙牌拱坝芯样试件等开展了相应的研究工作，取得了初步研究成果。为消除试件偏心影响而获得更为理想的应力应变全过程曲线，仍需进一步深入研究连接方式、动态循环加载—卸载过程等精确控制技术。

1.4.4 混凝土坝地震动力反应数值分析

目前，数值方法是混凝土坝动力反应求解的主要方法。

从地震作用的模拟方式来划分，大坝抗震设计计算的数值方法可分为静力法、拟静力法和动力法。

日本学者冈本舜三（1978）提出用地震系数（即地震动加速度与重力加速度的比值）乘以大坝坝体质量得到坝体地震惯性力，将此荷载作为静力荷载计算大坝结构响应，这就是混凝土坝抗震设计的静力法。这种确定地震荷载的方法隐含了坝体为刚性的假定，与坝体为弹性可变形体的实际情况差异很大，并不反映实际情况。但在人们对混凝土坝的地震反应分析认识还很缺乏、数值计算方法和工具都还较落后的情况下，这种方法对于推动混凝土坝抗震设计的发展还是具有重要意义的。

后来，人们以地震动力分析理论为基础，对不同坝高、河谷形状等的混凝土坝进行简单的动力分析（比如地基为刚性基础、库水用简单的附加质量模型），根据动力分析成果进行分析概括，针对不同情况以静力形式给出地震动力荷载分布（坝体加速度分布系数、动水压力分布系数等），再按照静力分析的一般方法计算出坝体反应。该法既在一定程度上考虑了坝体动力反应的一些基本特征，又便于广大设计人员理解、掌握和应用，所以，在相当长的一段时间内在世界各国得到了广泛应用，目前仍为中小型混凝土坝抗震设计的主要方法。但该方法不能准确反映地震动的频谱特征及其不同频率成分对混凝土坝地震反应的贡献，对大坝地震反应的估计过于粗略。随着我国水电工程建设步伐的加快，基于拟静力法的抗震设计已经不能适应高混凝土坝。在现行的 NB 35047—2015 中规定，拟静力法仅适用坝高小于 70m 且抗震设防烈度小于 8 度的中小混凝土坝。

在大坝结构离散方面，大坝地震反应分析方法主要分为结构力学方法和以弹性力学方法为基础的有限单元法。对于混凝土坝，美国、日本及欧洲的大部分国家主要采用有限单元法进行大坝的动力分析，在我国则是结构力学方法（重力坝悬臂梁法和拱坝拱梁分载法）和有限单元法并存。由于有限单元法存在角缘应力集中效应，给制定相应的应力控制标准带来困难，在 NB 35047—2015 中，规定以结构力学方法为基本分析方法。伴随着大坝建设的发展、大坝抗震设计要求的提高、数值计算技术和计算机技术的快速发展，加之结构力学方法在反映某些特殊问题（如坝身大孔口、坝体分缝非线性、复杂地基的岩体分区特性和地质构造面等）时的局限性，有限单元法在大坝抗震设计中得到了越来越多的应用，逐渐成为大坝、尤其是高坝工程抗震动力分析的主要工具。

近年来，在我国的混凝土坝地震反应分析中，基于无质量地基的线弹性有限元动力分析理论和方法已经相当成熟，许多成果已应用到实际工程的抗震设计中。但无质量地基模型不能计入坝体-地基的动力相互作用和真实的地震动输入机制，坝体线弹性假定也不符合强震作用下坝体接缝张开、坝体混凝土局部损伤破坏的实际状况，因此国内外学者开展了计入无限地基辐射阻尼和坝体非线性影响的大量研究。在我国，多家科研单位和高校已经研发了可以计入无限地基辐射阻尼效应（Zhang et al.，1996）、各类接触非线性（坝体横缝、建基面、地基构造面等）（林皋 等，2004；涂劲，1999；徐艳杰 等，2001；龙渝川 等，2005）的有限元动力分析方法和相应计算软件，并已在许多高混凝土坝工程的抗震分析中得到应用，取得了不少有价值的研究成果，为工程的抗震设计提供了重要依据。

当前，对于混凝土大坝动力分析，如何合理反映大坝混凝土及近域基岩材料在强震作用下超过弹性极限进入非线性阶段的所谓"材料非线性"研究方兴未艾。有限单元法由于角缘效应的影响，往往在大坝建基面附近的强约束区、大坝结构特征有明显变化处存在应力集中效应，应力水平较高，通常会超出材料的强度极限，且随网格尺寸变小这种效应愈加显著，强震作用下这一问题更加突出。针对这一问题，有些学者提出采用等效应力法将应力集中区域截面上的非线性分布应力通过内力等效的方式线性化，实质上掩盖了问题的本质。对此，更为合理的方法应该是采用材料非线性方法进行模拟。国内外一些学者依据塑性理论、断裂力学理论、损伤理论等，提出了不少关于混凝土或基岩材料的非线性本构模型进行研究，取得了一些有价值的研究成果（钟红，2008），部分成果在实际高混凝土坝的抗震设计中得到应用。

目前，基于损伤力学的混凝土坝材料非线性模型中，最具代表性的是 Lee 等（1998）提出的塑性损伤力学模型，该模型已应用于 ABAQUS 商业程序中。对于损伤产生的不可恢复的残余变形，在该模型中将其作为塑性变形，采用塑性理论求解。实际上混凝土材料不具有金属材料达到屈服强度后表现出的明显塑性流动特征，应用塑性理论求解大坝结构损伤产生的残余变形并无充分的依据和试验验证。中国水利水电科学研究院陈厚群（2011）提出，直接应用循环荷载下的混凝土材料单轴受拉试验得出的混凝土损伤过程中的残余变形以及相应的等效损伤弹性模量，来构建大坝混凝土损伤演化本构模型，更为符合实际，且计算大为简化。根据上述理论模型，中国水科院抗震中心研发了相应的并行计算软件，并在遭受强烈地震的沙牌拱坝进行了验证。

由于问题的复杂性，目前关于地震作用下混凝土坝材料非线性的研究成果还有相当大的离散性。如何寻求更为合理的反映材料非线性本质特征的本构模型和稳定的数值算法，将成为今后研究的重要方向。同时，伴随着考虑各类非线性动力分析对有限元离散精细化的要求，以及随之而来的动力求解过程中时间步长更小才能得到稳定收敛解的问题，进一步提高计算分析效率和稳定性的高性能并行计算也是将来发展的重点技术。

1.4.5　混凝土坝动力模型试验

除数值分析方法外，振动台动力模型试验是进行大坝抗震设计研究的又一重要手段。尽管结构动力分析理论和数值模拟方法有了长足的进步，但各种抗震分析的理论模型和数值计算的假定、方法及结果均需要实际震害或物理模型试验的验证。目前，工程抗震研究已从过去设计地震动水平下的结构安全研究，发展到当前的结构极限抗震能力研究。极限抗震能力的研究涉及结构的损伤、破坏及破坏后的整体稳定，仅仅依靠数值分析难以客观、准确地反映结构的复杂破坏过程及其真实的极限抗震能力。因此，采用地震模拟振动台进行工程结构动力试验研究是开展工程抗震研究必不可少的手段。我国现行的《水电工程水工建筑物抗震设计规范》（NB 35047—2015）明确规定对于设防烈度 8 度及以上的坝高超过 150m 的重要混凝土坝宜进行动力模型试验验证。

地震模拟振动台是进行水工结构动力模型试验的主要设备。受设备能力、材料制备、模型制作手段及量测技术等因素制约，包括中国水利水电科学研究院、大连理工大学以及美国、日本的研究单位，在 20 世纪七八十年代开展的大坝振动台模型试验，往往是针对影响大坝地震响应的个别因素的数值模拟方法进行试验验证，难以对影响大坝抗震安全的主要影响因素进行全面准确模拟，因此也难以直接采用试验结果评价大坝的抗震性能。

自 20 世纪 90 年代以来，中国水利水电科学研究院王海波等（2006）在结合溪洛渡、小湾、大岗山等强震区高拱坝的抗震设计试验研究中，经过努力探索和研究，初步解决了制约拱坝室内动力模型试验中合理模拟坝基岩体以及地震动输入（Wang et al.，2006），进而直接应用模型试验成果评价大坝抗震安全的以下两个主要问题：以合适的边界阻尼材料和装置模拟无限地基辐射阻尼效应和以特制的无水复合材料模拟超低抗拉强度坝体材料。上述研究成果为相关工程的抗震设计提供了有力的技术支撑。

由于问题的复杂性，大坝动力模型试验中，在更为合理模拟坝体及基岩材料、基岩中主要构造的力学参数、材料破坏状态准确捕捉等方面还需开展进一步的研究，也是高拱坝振动台动力模型试验的发展趋势。

实时耦联动力试验是 20 世纪 90 年代初在拟动力子结构试验的基础上，发展形成的一种新型结构动力试验方法。Nakashima 等（1992）首次发表了实时耦联试验的研究成果。此后，很多研究者相继对这一试验方法展开了研究，王进廷等（2014）结合一个弹性半无限空间上的刚架开展了相关研究工作。

1.5 混凝土坝抗震安全评价及工程抗震措施

根据大坝的抗震设防目标要求，利用已经获得的大坝地震作用效应和结构抗力，并结合工程经验，制定可操作的评价准则来评价大坝抗震安全性能，必要时采取有效可行的工程抗震措施，是大坝抗震安全设计的最终目标。

1.5.1 混凝土坝抗震安全评价

显然，对应于不同的设防要求，其地震作用效应的分析方法以及抗震安全的定量评价指标也是不同的。当前我国大多数的大坝抗震设计采用的是单一设防目标，即最大设计地震时满足局部损坏可修复的设防目标。对于抗震设防类别为甲类的重要大坝，则规定大坝必须满足在极限地震（最大可信地震）下"不溃坝"的性能目标。

对于设计地震下的混凝土大坝抗震设计，在采用基于无质量地基的结构线弹性分析和刚体极限平衡分析结果的前提下，大坝抗震安全评价主要针对设计地震下大坝混凝土材料强度以及大坝和地基的稳定，采用以概率理论为基础的、以分项系数和结构系数表达的承载能力极限状态设计原则进行大坝抗震设计，必要时采取有针对性的抗震措施，使大坝达到局部损坏可修复的抗震设防目标。承载能力极限设计式与传统的单一安全系数设计式不同，传统的安全系数已经被考虑了工程安全级别、设计状况、作用和材料性能变异以及计算模式不定性等 5 个系数所"替代"。作用分项系数和抗力分项系数仅反映各自本身的变异性。结构系数考虑了计算模式的不确定性并与目标可靠度相联系。混凝土拱坝的抗拉、抗压强度结构系数是在大量实例可靠度验算基础上，在保持规范连续性的原则前提下确定的。

最大可信地震（MCE）作用下，大坝和邻近地基可能会有较大范围超过其强度极限而进入损伤破坏阶段，一些薄弱部位甚至会出现较为严重的损伤破坏，但由于要求这种破坏不致造成库水失控下泄进而产生严重次生灾害，因此 MCE 作用下的大坝抗震安全评价，采用线弹性分析模型结果的强度判据或者基于刚体极限平衡法的稳定判据进行大坝抗震安全评价显然已经不再适用，应依据计入坝体混凝土和基岩的材料非线性影响的分析结果，通过典型部位特征位移的变化规律，总结制定极限地震下大坝抗震安全的定量评价指标。

现行的水工建筑物抗震设计规范中，在总结国内包括小湾、锦屏一级、大岗山、白鹤滩等一些高拱坝抗震研究设计经验基础上，对于高拱坝初步给出了大坝地基系统典型部位位移随地震超载倍数增加出现拐点作为评价最大可信地震下大坝抗震安全评价的定量准则。由于问题的复杂性，当前关于这一问题的研究仍处于探索阶段，该问题将是今后一段时期高混凝土坝抗震设计中重点研究解决的最为关键的技术问题。

1.5.2　混凝土坝工程抗震措施

国内外坝工界历来十分重视大坝抗震措施设计。美国联邦紧急事务管理局（Federal Emergency Management Agency，FEMA）2005 年制定的《大坝安全联邦指南：大坝抗震分析和设计》（*Federal Guidelines for Dam Safety：Earthquake Analyses and Design of Dams*）中指出，对于减轻对大坝抗震安全方面的担忧，采用抗震措施是最为可靠的途径。对于混凝土坝的抗震措施，该指南提出了如下三条原则和要求：①对基础和坝肩进行充分的勘察和加固确保其整体性和稳定性，其中特别强调了做好排水处理的重要性；②做好大坝体型设计和构造设计，包括最大限度减少坝体体型几何不规则变化、力求结构刚度变化均匀、减轻坝顶重量等，特别强调荷载传递途径的连续性、结构具有足够的冗余度和延性对于大坝超过弹性极限出现开裂后仍能具有足够抗力的重要性；③应加强施工质量控制，包括地基处理、大坝混凝土强度控制和浇筑层面处理等。

我国现行的 NB 35047—2015 中，对于混凝土坝的工程抗震措施也有明确规定。近年来，随着强震区我国大坝建设的发展和抗震设计水平的提高，有关大坝工程抗震措施方面的研究也有所进展，取得了一些成果。对于混凝土坝，结合小湾、大岗山等高拱坝进行的坝体布设拱向穿缝抗震钢筋、坝顶布设阻尼器等措施，用以限制强震时坝体横缝张开、保证大坝整体性的研究工作，其研究成果已在工程中得到应用。结合小湾、大岗山、金安桥等高混凝土坝进行的坝面布设竖向钢筋限制大坝梁向裂缝发展的研究成果在工程中也有应用，但由于问题涉及坝体混凝土非线性本构模型及钢筋与混凝土联合受力力学机制等复杂因素，这方面为数不多的研究成果仍然存在一定差异，尤其是对这些措施的作用机理方面的研究还不充分，尚需进一步深入研究。

坝身泄洪结构抗震安全是强震发生后快速降低水库水位、减轻库水失控下泄风险的重要保证，而加强这些部位的抗震配筋是提高其抗震安全性能的重要措施。此类问题比较复杂，也需进一步加强研究。

第 2 章

地震震害实例及分析

世界上很多位于地震活跃区域的大坝都面临地震威胁，已建大坝中很多经受过地震考验，但只有很少几座在地震荷载作用下溃决或者遭受严重损坏。尽管如此，对大坝震害的统计分析工作仍然能给大坝的抗震设计和分析提供重要依据，对大坝在地震作用下的工作性态分析，以及保证大坝安全都具有重要意义。

本书收录的震害实例大坝按坝型分为重力坝 12 座、拱坝 9 座。其中两座支墩坝［新丰江和赛菲路德（Sefid-Rud）］震害均很严重，两座坝坝高、建成时间都很接近。103m 的柯依纳（Koyna）重力坝受损也很严重，未受损的重力坝坝高均在 75m 以下。帕柯伊玛（Pacoima）拱坝是唯一一座损伤较严重的拱坝。但是，没有任何一座大坝发生严重破坏导致库水失控下泄。

2.1 重力坝震害实例

部分重力坝遭遇震害情况统计见表 2.1-1。

表 2.1-1 部分重力坝震害情况统计表

序号	坝名	国家或地区	建成年份	坝高/m	震 情	震 害
1	新丰江	中国	1959	105	1962 年 3 月 19 日，广东省河源地区里氏 6.1 级地震	坝体水平裂缝
2	宝珠寺	中国	2000	132	2008 年 5 月 12 日，汶川里氏 8 级地震	轻微
3	石冈	中国台湾	1977	25	1999 年 9 月 21 日发生里氏 7.6 级地震，坝顶加速度水平分量为 0.5g，竖直分量为 0.52g	大坝第 16～18 段遭到了断层断裂的严重破坏
4	明潭	中国台湾	1995	82	1999 年 9 月 21 日发生里氏 7.6 级地震，地表加速度在 0.4g～0.5g 之间	无损害
5	柯依纳（Koyna）	印度	1963	103	1967 年 12 月 10 日发生里氏 6.5 级地震。平行于坝轴线的加速度水平分量为 0.63g，垂直坝轴线的水平及垂直分量为 0.49g 及 0.34g	坝体水平裂缝
6	五本松（Gohonmatsu）	日本	1900	33.3	1995 年 1 月 17 日 5 时 46 分发生里氏 7.3 级的日本兵库县南部地震	轻微
7	一库（Hitokura）	日本	1983	75	1995 年 1 月 17 日 5 时 46 分发生里氏 7.3 级的日本兵库县南部地震，坝底部廊道记录顺河向峰值加速度为 183Gal	轻微
8	贺祥（Kasho）	日本	1988	46.4	2000 年 10 月 6 日发生了里氏 7.3 级地震，坝顶峰值加速度为 2051Gal（南北向），1406Gal（东西向），884Gal（竖直向）	门卫室墙体和地基开裂

序号	坝名	国家或地区	建成年份	坝高/m	震　情	震　害
9	赛菲路德（Sefid-Rud）	伊朗	1962	106	1990 年 6 月 21 日发生里氏 7.7 级地震	出现了沿水平施工缝和纵缝的裂缝
10	日向（Hinata）	日本	1997	56.5	2003 年 5 月 26 日发生里氏 7.1 级地震，坝基最大加速度为 228Gal（顺河向），坝顶 1111Gal	坝顶桥墩出现微裂缝
11	田濑（Tase）	日本	1954	81.5	2003 年 5 月 26 日发生里氏 7.1 级地震，坝基和坝顶最大加速度分别为 232Gal 和 1024Gal（顺河向）	坝体下游侧的观测廊道入口出现微裂缝
12	茂泽（Sugesawa）	日本	1968	73.5	2000 年 10 月 6 日发生了里氏 7.3 级地震，坝体较低的观测廊道中的峰值加速度为 158Gal（上下游方向）、126Gal（左右岸方向）和 109Gal（竖直向）	下游坝面出现了破碎的混凝土，上游左岸坝坡出现 V 形裂缝

2.1.1　中国新丰江大头坝

新丰江水电站位于广东省河源县境内新丰江上，坝址以上流域面积为 5740km², 水库最大库容 11.5 亿 m³，装机容量 290MW。新丰江大坝是一座混凝土单支墩式大头坝，由 19 个间距 18m 的大头坝垛和两端重力坝段组成（图 2.1-1）。大坝坝顶高程 124m，最大坝高 105m，坝顶长 440m，上下游坡比均为 1:0.5（图 2.1-2），左岸 6 号~9 号坝段为发电引水坝段，10 号~13 号坝段为溢流坝段，其余为挡水坝段，厂房为坝后式。工程于 1958 年开始施工，1959 年 10 月蓄水。坝基位于完整的花岗岩上，距坝轴线下游约 600m 处有东江大断裂通过，断裂为北东走向，几乎与坝轴线平行，坝上游 30~40km 处有灯塔断裂、坝址右岸有小断裂及夹泥层通过。

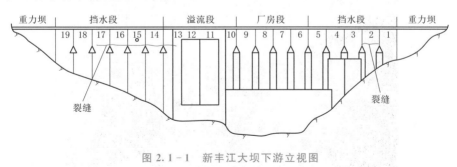

图 2.1-1　新丰江大坝下游立视图

1960 年投入运行后，大坝及水库附近地震频发，烈度一般在 V 度以下。1960 年 7 月 18 日发生了一次地震，烈度为 VI 度。为了确保大坝安全，于 1961 年对大坝进行了加固，在各坝墩间用混凝土人字撑墙将各坝垛横向连接起来，以加强大头坝颈部和尾部的横向连接刚度和稳定。

1962 年 3 月 19 日 4 时 18 分 53 秒河源地区（北纬 23°43′、东经 114°40′）发生了里氏 6.1 级地震，震源深度约 5km，震中位于新丰江大坝东北约 1.1km 处，地震记录未取得，

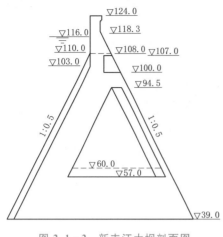

图 2.1-2　新丰江大坝剖面图

宏观烈度为Ⅷ度。地震时库水水位 110.48m，地震造成右岸 13 号～17 号坝墩下游面顶部附近高程 108～109m 产生一条长达 82m 的水平裂缝，根据调查，该裂缝上下游贯穿；2 号、5 号、12 号坝段相同高程也出现了一些不连续的水平裂缝。大坝整体稳定未受影响。

震后对大坝进行了各种模型试验及分析计算等研究工作，并进行了第二次加固，主要包括对裂缝坝段打锚筋、贴钢筋混凝土板、灌浆防渗，在 4 号～13 号坝墩的坝腔内回填混凝土至 1/4 坝高处，在 3 号、4 号、14 号～19 号坝墩的下游面贴坡加固，溢流坝段结合溢流面改建延长 25m。此外，在大头耳朵与前撑墙间再填筑混凝土，使厚度增加至 12～15m（水电水利规划设计总院 等，2011）。

2.1.2　中国宝珠寺重力坝

宝珠寺水电站位于四川省广元市境内、长江水系嘉陵江支流白龙江上，距上游建成的碧口水电站 87km，距下游宝成铁路昭化站约 18km，于 2000 年建成。大坝为折线型混凝土实体重力坝，坝顶高程 595.00m。最大坝高 132m，最大坝底宽 92m，水库正常蓄水位 588m，死水位 558m，电站装机容量为 700MW，水库总库容 25.5 亿 m³。大坝上、下游视图见图 2.1-3 和图 2.1-4。

图 2.1-3　宝珠寺大坝上游

2008 年汶川里氏 8 级地震的震中距宝珠寺水电站约 252km。2008 年 5 月 25 日发生在青川县的 6.4 级余震震中距坝址约 40km。宝珠寺工程处于汶川地震实际烈度Ⅶ度与Ⅷ度

图 2.1-4　宝珠寺大坝下游

区交界附近。震前 5 月 11 日水库水位 558.19m。宝珠寺大坝在地震中主要受到横河向的地震动作用，坝顶重 33t 的抓梁沿坝轴向发生位移 40cm 以上（图 2.1-5）。

图 2.1-5　宝珠寺大坝顶部抓梁位移超 40cm

震后大坝主体结构未损伤。坝体上游回填料发生沉降，最大沉陷量约 10cm。上游侧防浪墙局部有挤压现象，下游侧栏杆也有局部挤压破损。

基础廊道内没有发现危害性裂缝。廊道顶部两坝段间横缝有轻微挤压掉块现象。16 号坝段大部分主排水孔排水量震后有明显增加，3 孔发现渗水浑浊，约 3 天后逐渐变清。12 号排水隧洞部分排水孔、排水花管、过滤体被挤压出排水孔外（图 2.1-6），排水量有所增加，水质浑浊。这表明地震过程坝基瞬时扬压力很高（水电水利规划设计总院 等，2011）。

图 2.1-6　宝珠寺大坝基础内排水花管、过滤体地震时被挤出

2.1.3　中国台湾石冈重力坝

石冈大坝建于 1977 年，基础为夹层泥岩、粉砂岩和砂岩，是一座高 25m 的混凝土闸坝，坝顶轴线长 357m，包括 18 个溢洪道闸孔和左坝肩的 2 个泄水道闸门。大坝担负着台中地区 20 个乡镇与彰化县部分地区的公共给水、工业用水、农田灌溉用水和台中港船舶用水。

1999 年 9 月 21 日，台湾南投集集镇，发生里氏 7.6 级地震，车龙埔断层破碎带长达 80km，经测量上升高度 10m。震后一个月发生多次余震，其中大约 14 次达到或超过 6 级，一些余震达到 6.7~6.8 级。

车龙埔断层位于石冈坝下游，以前没有关于大坝地基处断层运动的记录。在大坝建设期间未充分认识到断层运动的危险性。集集地震引起石冈坝附近地形隆起和偏移，左坝座隆起约 10m，右坝座隆起约 2.2m。16 号~18 号坝段遭到断层断裂的严重破坏（图 2.1-7），而其他坝段基本上仍比较完整，仅存在一些坝体和闸墩局部开裂。闸门传动轴变形，导致断层破碎带左边的 14 个闸门中的 3 个无法开启。

地震期间，水库水位低于溢洪道闸门约 4m。根据附近强烈的运动判断，地震时坝顶加速度水平方向达到 0.5g，竖直方向达到 0.52g。通过大量计算发现，闸门动荷载达到全部闸门静态荷载的 55%，也达到地震设计荷载的 45%（水电水利规划设计总院 等，2011）。

地震后按照以下措施进行修复：修复左岸进水口，重新修建通向水厂的引水渠；修复 1 号、2 号泄水闸和 1 号~3 号溢洪道闸；从溢洪道闸开始，修复 3 号~15 号坝段，使右岸及 16 号~18 号泄洪道闸恢复工作；花费 1 个月时间重建供水系统。在大坝上游修建一个围堰用于导流，使水流通过引水渠进水口和 1 号泄水闸。另外使用许多仪器来监测位移变形和地基压力，并考虑使用锚杆把大坝锚固在地基上。

图 2.1-7　石冈坝 16 号～18 号闸门的破坏

为了汲取"9·21"地震灾变的教训，地震导致的堰体错动闸门处不再修复，保留坝体损坏部分作为震灾景观纪念园区并设置地震相关解说牌，说明石冈大坝当时受损情形、地震强度，展示断层带位置图，让来访游客了解地震对本地造成的影响。

2.1.4　中国台湾明潭重力坝

明潭水库是为抽水蓄能电站而建的下池水库，主电站位于地下，装机容量 1600MW。明潭混凝土重力坝坝高 82m，大坝枢纽包括 1 条溢洪道、3 个纹盘启闭直线闸门和 4 个液压启闭低位泄水闸门。大坝下游是一座利用明潭水库余流的发电站，装 2 台小型发电机。

1999 年 9 月 21 日遭遇集集大地震，坝址位于震中以南 12km，坝址处地表加速度估计在 $0.4g$～$0.5g$ 之间。

大坝没有受到地震损坏，溢洪道、闸门和余流电站都未受损，坝顶溢洪道闸门和低位泄水闸门均能正常工作。电站在晚 10 时到早 8 时之间执行抽水模式。地震在凌晨 1 时 47 分发生时，溢洪道闸门处的水位大约处在一半或更低的位置。如果地震发生在晚上的更早些时候，溢洪道闸门将会承受更大荷载。如果水位处在或低于溢洪道闸门的一半高度，不管是在静态还是地震条件下，作用在闸门上的动态荷载加上静态荷载不可能超过满库时的设计荷载。地震后大坝基础竖向荷载增加，于是打了一些额外的减压孔。

2.1.5　印度柯依纳重力坝

柯依纳（Koyna）重力坝位于印度普纳邦，1963 年建成。坝高 103m，坝顶长度 854m，坝顶宽度 16m。柯依纳重力坝的断面为非典型的重力坝断面。下游面上部 36m 的坝坡坡比为 1：0.153，下部的坡比为 1：0.725，上游面近乎垂直。值得关注的区域是一条宽约 4.5m 的断层带，由破碎和有擦痕的岩石组成。断层带穿过坝基，与坝体的夹角为 60°。施工中除采取把断层带挖开并回填混凝土和进行灌浆的措施处理外，还采取了其他常规的地基处理措施，例如浅层固结灌浆，在上游侧进行帷幕灌浆，紧接其后布设排水帷幕等。

1967 年 12 月 10 日，坝址地区遭受强烈的地震，地震震级约为里氏 6.5 级，震中位于坝址周围 8～13km 范围内，震源深度 13km 左右。柯依纳加尔镇的建筑物因没有经过抗震设计，在地震中遭受严重破坏，并导致约 200 人丧生、2200 人受伤。地震对柯依纳大坝单个坝段的破坏主要是在坝顶以下 35～45m 区间产生水平裂缝，也就是下游坝坡突然变化的区域（图 2.1-8）。有证据表明，地震还造成相邻坝段间的相对运动。在坝体中部高程的廊道和坝基廊道中均发现裂缝。地震发生后，在坝基廊道观测到渗流量加倍。在坝顶高程，坝体中部的人行道上的瓷砖松动并隆起，这表明沿着平行坝轴线方向存在很大的压力。安装在靠近右岸坝肩的廊道中的加速度计记录到了强烈的地震活动。横河向的峰值加速度为 0.63g，顺河向为 0.49g，竖直向为 0.34g。地面强烈晃动时间持续 6s。

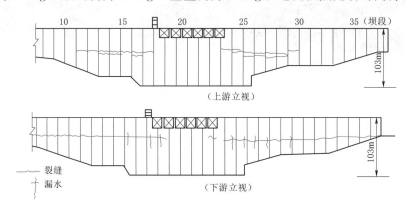

图 2.1-8　柯依纳大坝立视图

震后修复时，在每个非溢流坝段上安装 8～10 根后张预应力锚索，每根锚索能够提供 2.5MN 的力，并且被锚固在观察到主要裂缝处 20m 以下的地方（图 2.1-9）。此外，采用环氧树脂灌浆对裂缝进行修复，竖向收缩缝采用水泥砂浆进行灌浆。鉴于大坝抗震安全度的不足，采用加支墩的方式对主要的非溢流坝段进行加固，如图 2.1-10 所示（水电水利规划设计总院 等，2011）。

2.1.6　日本五本松重力坝

五本松（Gohonmatsu）重力坝建成于 1900 年，是日本最早的混凝土重力坝（图 2.1-11）。坝高 33.3m，坝长 110.3m，库容 41.7 万 m³。

1995 年 1 月 17 日 5 时 46 分，日本兵库县南部发生里氏 7.3 级的地震。震中距坝址约 20km。根据邻近 JR 新神户车站地震记录，推测坝址基岩峰值加速度为 150～200Gal。地震时水位低于正常蓄水位 5.6m。地震后坝基排水孔的渗水量较震前增加了 2～4 倍。未发现其他明显震害。按抗震规范进行地震时水位条件的复核分析，大坝满足安全要求。满水位工况上游坝踵拉应力超限。鉴于大坝已经运行了 100 多年，2001 年至 2005 年对大坝进行了加固，采用上游面贴坡混凝土进行处理，见图 2.1-12（空中博 等，2005）。

2.1.7　日本一库重力坝

日本一库（Hitokura）混凝土重力坝位于猪名川上，1983 年建成，坝高 75m，坝长

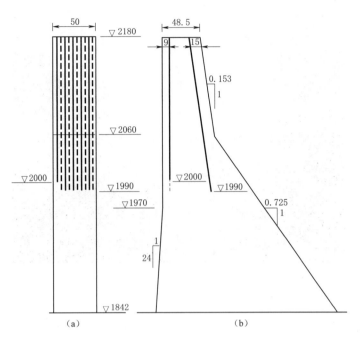

图 2.1-9　柯依纳大坝震后预应力锚索加固（单位：ft.）

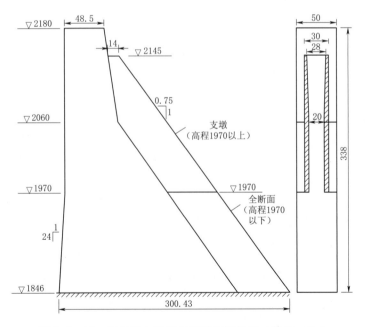

图 2.1-10　柯依纳大坝震后下游支墩加固（单位：ft.）

285m，库容 3330m³（图 2.1-13）。

　　1995 年 1 月 17 日 5 时 46 分，日本兵库县南部发生里氏 7.3 级的地震。坝底部廊道记录顺河向峰值加速度 183Gal，坝顶部顺河向峰值加速度 483Gal。坝体未发现明显损伤（Kanenawa et al.，2003）。

图 2.1 - 11　日本五本松重力坝

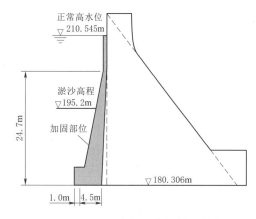

图 2.1 - 12　五本松重力坝加固方案

2.1.8　日本贺祥重力坝

日本贺祥（Kasho）混凝土重力坝位于鸟取县西伯郡法胜寺川上，1988 年建成，坝高 46.4m，坝长 174m，库容 745 万 m³，见图 2.1 - 14。

2000 年 10 月 6 日 13 时 30 分，鸟取县西部发生里氏 7.3 级的地震，震源深度 10km。震源断层距坝址很近，大坝东端（右岸）下游附近路面有 2～8cm 的裂缝，判断可能是滑坡所致。坝底部廊道（高程 87.0m）记录峰值加速度东西向 531Gal，南北向 528.5Gal，竖向 485.2Gal，坝顶部（电梯井内，高程 124.4m）峰值加速度南北向 2051Gal，东西向 1406.2Gal，竖向 884.2Gal（土木学会鸟取县西部地震调查团，2002）。这是日本在重力坝上记录到的最强地震动。坝顶启闭机室的墙和楼板出现一些裂缝，左岸的管理事务所内柜橱倒塌，室外石碑倾倒（图 2.1 - 15），但大坝坝体未发现明显损伤。地震时库水水位 112.2m，坝顶高程 124.4m（伏岛祐一郎　等，2001）。

2.1.9　伊朗赛菲路德重力支墩坝

赛菲路德（Sefid - Rud）坝位于伊朗德黑兰西北约 200km，距离曼吉尔镇约 2km，为支墩型混凝土重力坝，最大坝高 106m，坝顶长度 417m。坝体总共有 23 个支墩和 2 个重力墩，支墩宽 14m、筋腹厚 5m。电站厂房位于坝后，装有 5 台单机容量 17.5MW 的发电机，水库库容为 1.8 亿 m³。坝体的右侧部分坐落在安山岩上，而左侧部分坐落在安山角砾岩和火成岩上。

图 2.1 - 13 日本一库重力坝

图 2.1 - 14 日本贺祥重力坝

1990 年 6 月 21 日发生的曼吉尔-卢德巴地震是里海地区最具破坏力的地震之一。这次地震造成 35000 人丧生，曼吉尔镇被完全摧毁，包括公共建筑物和民宅、大坝、工业设施、水箱、灌溉渠道在内的几万座结构倒塌或者严重受损。这次大地震的震中正好位于曼吉尔镇，震源深度 19km，震级为里氏 7.7 级。主震是由长度近 80km 的活跃断层造成的，有些余震的震级达到 6.0 级。

地震发生时，坝址处的加速度计出现异常。最近的可用地震记录来自阿巴尔镇，距离坝址约 40km，在该处测得的 PGA 水平向分量为 0.65g 和 0.62g，竖直方向分量为 0.52g。估计该镇距离主要断裂迹的距离约为 5～8km，由此推断坝址处的 PGA 约为 0.7g。

（a）坝顶启闭机室

（b）左岸管理事务所

（c）室外石碑

图 2.1-15 日本贺祥重力坝震后场景

　　地震对大坝结构的破坏主要有：出现许多沿着水平工作缝的裂缝，支墩之间纵缝附近混凝土剥落。这些破坏主要影响中间的支墩，并且主要集中在高程 258.25～264.25m 之间，除第 5 号支墩，在下游面其他所有支墩沿着工作缝都出现了至少 1 条大的水平缝。最大的 4 条裂缝出现在第 25 号支墩。在第 15 号支墩，裂缝切出了一块楔形体（图 2.1 - 16），楔形体移动了 20mm。

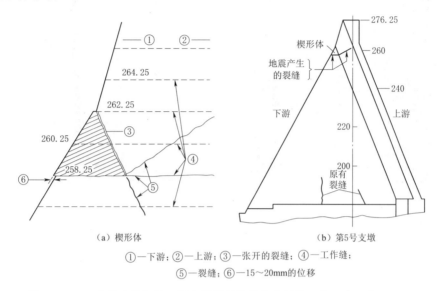

（a）楔形体　　　　　　　　　　　　　（b）第5号支墩

①—下游；②—上游；③—张开的裂缝；④—工作缝；
⑤—裂缝；⑥—15～20mm的位移

图 2.1 - 16　赛菲路德坝第 5 号支墩裂缝及其切出的楔形体（高程单位：m）

　　裂缝主要发生在紧挨支墩接缝的地方，多成半月形或者切穿支墩背板的一角。在下游侧胸墙基础上出现了一条宽裂缝，在第 7 号～15 号支墩扩展。在第 11 号支墩，下游胸墙向上游方向倾斜，造成上游侧钢筋的屈服。坝顶中部的门卫室彻底倒塌，其残骸指向下游。

　　地震发生时，水库水位约 265m，即低于最高运行水位（271.65m）约 6m。裂缝开始发展的地方，即水开始从支墩墙体渗出的地方。在底部廊道中观察到渗漏量增加，底部廊道穿过一条靠近右岸坝肩的断层带（断层带在建设期就已存在）。此外，对正垂线和倒垂线记录的分析表明，在坝顶高程，支墩之间存在水平向相对位移，测缝计也表明竖直向相对位移的存在。然而地震之后，没有任何残余位移存在。

　　上述破坏都能够被修复且不影响大坝正常运行，说明这座大坝较好地抵御了地震作用力（水电水利规划设计总院 等，2011）。

2.1.10　日本日向重力坝

　　日向（Hinata）混凝土重力坝建于 1997 年，最大坝高 56.5m。

　　2003 年 5 月 26 日，日本发生里氏 7.1 级的宫城地震。大坝距离震中 54.5km，在坝基测得的顺河向最大加速度为 228Gal，在坝顶测得的顺河向最大加速度为 1111Gal。地震对大坝的损坏主要为：坝顶桥墩上游侧 7 个垂悬部分中的 5 个出现微裂缝（图 2.1 - 17），栏杆与悬垂部分之间的接缝张开 1.0～2.5cm（图 2.1 - 18）。这些损坏未扩展到坝体部分，对坝体安全无影响。

图 2.1-17　日向坝坝顶桥墩开裂（白线为开裂位置）　图 2.1-18　日向坝栏杆接缝张开

2.1.11　日本田濑重力坝

田濑（Tase）重力坝建于 1954 年，最大坝高 81.5m。

大坝遭遇了 2003 年 5 月 26 日的宫城地震，坝址距离震中 72.7km。地震发生时，在坝基测到的最大加速度为 232Gal（顺河向），在坝顶测到的最大加速度为 1024Gal（顺河向）。地震破坏了坝顶照明设施，在坝体下游侧观测廊道的进口形成微裂缝（图 2.1-19）。但这些裂缝并未到达坝体部分，未对坝体造成威胁。此外，地震造成了渗水量的临时增加和渗水的混浊，4～5h 后渗水量恢复到原来水平，且混浊现象消失。

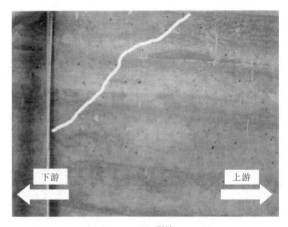

（a）左岸坝肩检查廊道出口　　　　　（b）裂缝

图 2.1-19　田濑坝下游侧检查廊道裂缝

2.1.12　日本茂泽重力坝

茂泽（Sugesawa）坝的主坝为混凝土重力坝（见图 2.1 - 20），最大坝高 73.5m，建成于 1968 年。

大坝遭受 2000 年日本鸟取西部地区的地震。地震发生后，在大坝较低的观测廊道测得的峰值加速度为 158Gal（顺河向）、126Gal（左右岸方向）和 109Gal（竖直方向）。

地震造成的损坏主要有：坝体下游面出现破碎的混凝土（长约 1m，宽约 0.3m），上游侧左岸坝坡有 V 形裂缝，门卫室墙体和地板开裂，右岸距坝体约 100m 处的车库附近地面有 V 形裂缝、车库墙体开裂，右岸管理办公楼墙体表面开裂等。

图 2.1 - 20　茂泽坝

地震对大坝及周边的破坏见图 2.1 - 21 和图 2.1 - 22。总的来说，地震没有对大坝的安全构成威胁。

图 2.1 - 21　茂泽坝下游出现的混凝土破碎带

图 2.1 - 22　茂泽坝附近地面开裂

2.2　拱坝震害实例

部分拱坝遭遇震害情况统计见表 2.2 - 1。本节介绍的工程情况引自水电水利规划设计总院等（2011）的研究报告。

2.2.1　中国沙牌碾压混凝土拱坝

沙牌碾压混凝土拱坝位于四川省汶川县草坡河上，2003 年 6 月竣工。最大坝高 130m、坝顶中心线长 260.25m、坝顶厚 9.5m、坝底宽 28m、厚高比 0.238，为三心圆拱的重力拱坝（图 2.2 - 1）。水电站总装机容量为 360MW，年发电量 1.78 亿 kW·h，水库

表 2.2-1　　　　　　　　　　　　　　　部分拱坝震害情况统计表

序号	坝名	国家或地区	建成年份	坝高/m	震　情	震害
1	沙牌	中国	2003	130	2008 年遭遇汶川地震，沙牌拱坝距震中约 30km，处于IX度地震烈度区	轻微
2	德基	中国台湾	1974	181	1999 年 9 月 21 日集集地震为里氏 7.6 级，地震时在拱顶附近（1395m 高程）记录到最大水平向最大加速度 859Gal，切向最大加速度 580.7Gal	坝基渗水增加
3	谷关	中国台湾	1961	85.1	1999 年 9 月 21 日集集地震（里氏 7.6 级）时在 933m 高程平台测得的切向最大加速度 754Gal，径向最大加速度 389Gal，垂直向最大加速度 365Gal	裂缝扩大
4	雾社	中国台湾	1959	114	集集地震（里氏 7.6 级）时，在高程 1005.84m 记录到水平径向最大加速度 999Gal，高程 915.88m 水平径向最大加速度 277Gal	轻微
5	新丰根（Shintoyone）	日本	1973	116.5	1997 年 3 月 16 日经历了一次里氏 5.8 级地震，震中距坝址约 35km	无
6	帕柯伊玛（Pacoima）	美国	1929	110	分别遭遇了 1971 年 2 月 9 日 San Fernando 和 1994 年 1 月 17 日 Northridge 两次强烈地震	坝肩开裂
7	雷贝尔（Rapel）	智利	1956	110	1985 年 3 月 3 日，智利中部近海区发生里氏 7.8 级大地震，坝基的地震动峰值加速度为：顺河向 0.14g，横河向 0.31g，竖向 0.11g	横缝张开
8	下清泉（Lower Crystal Springs）	美国	1888	44.53	1906 年圣弗朗西斯科（San Francisco）大地震，估计震级 8.3 级，1989 年 10 月 17 日再次遭遇 7.1 级罗马普列塔（Loma Prieta）地震，震中距坝址约 64km	无
9	直布罗陀（Gibraltar）	美国	1920	51.5	1925 年遭遇里氏 6.3 级圣芭芭拉（Santa Barbara）地震	无

具有季调节性能，正常蓄水位 1866.00m，死水位 1825.00m，总库容 1800 万 m³，调节库容 1460 万 m³，建筑物区地震基本烈度为Ⅶ度。

2008 年汶川地震，沙牌坝址距震中约 30km，处于Ⅸ度地震烈度区，地震时库水位在正常蓄水位以下 6m。震后对坝体结构、坝基（坝肩）外观进行了初步调查，未发现异常现象。坝体周围山体滑坡等灾害严重，阻碍了通往坝址的交通。左岸上坝环线施工道路存在滑坡体，施工桥彻底破坏，交通被阻断；左岸隧洞长河坝沟和牛场沟洞口被滑坡岩体封堵；左岸长河坝沟沿线公路大部分路段被滑坡岩体破坏；左岸坝顶以上下游原开挖开口线与天然边坡交界处存在局部塌滑；左岸坝顶以上下游天然边坡有两处滑坡；坝顶电梯井操作房外墙装饰材料碎落，砸坏其下部 1810m 高程的坝后桥。除进水口排架下部存在剪切裂缝外，其他两个泄洪闸排架均完好，三个闸门均能正常开闭；坝顶低压配电楼屋面存在明显裂缝；由于停电，大坝深井泵房未能正常工作，致使渗漏水已至 1780m 高程左右。此外，因引水管破裂，电站下游发电厂房被淹，发电设备损失惨重。沙牌拱坝震害情况见图 2.2-2。

图 2.2 - 1　沙牌拱坝下游

（a）震后航拍照

（b）进水口排架下部水平裂缝

图 2.2 - 2（一）　沙牌拱坝震害情况

（c）大坝左岸山体滑坡

（d）坝顶电梯井操作房外墙装饰材料碎落

（e）引水管破裂，电站厂房被淹

图 2.2-2（二） 沙牌拱坝震害情况

2.2.2　中国台湾德基拱坝

德基双曲拱坝位于台中县和平乡梨山村，1974 年建成，坝高 181m，坝顶弧长 290m，顶拱拱冠厚 4.5m，坝底拱冠厚 20m，厚高比仅为 0.11，坝顶高程 1411m，见图 2.2 - 3 和图 2.2 - 4。设计正常蓄水位 1408m，地震时库水位 1394.5m。

图 2.2 - 3　德基双曲拱坝

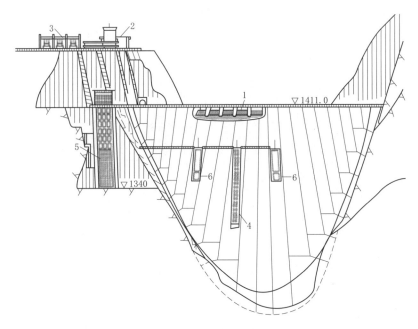

图 2.2 - 4　德基大坝上游立视图
1—坝顶溢洪道；2—控制室；3—开关站；4—河道放水闸；5—进水口；6—排沙道

大坝基岩以石英砂岩与黏板岩互层为主，左岸有数条大致平行于河谷方向的剪切带互相交错，形成一弱面。两岸基岩都有卸荷裂隙存在，最大缝宽达 0.5m，垂直深度可达

40～50m，水平长度约 20～70m。大坝轴线选择及布置尽量避开这种弱面及卸荷裂隙，基岩为较宽厚的新鲜砂岩。大坝设有基座块及周边缝，将坝体受力传递到基岩，在坝体承受水压时，可使坝体发生微量位移，而自行调整坝体内的应力分布。

1999 年 9 月 21 日集集地震为里氏 7.6 级，地震时在拱顶附近（1395m 高程）记录到水平径向最大加速度 859Gal，切向最大加速度 580.7Gal。拱坝没有发生异常变位和开裂，只是坝基、左斜廊道、坝肩廊道的渗水量局部增加 6～60 倍，但之后渗水量持续下降。拱坝下游岸坡有部分滑坡发生。

2.2.3 中国台湾谷关拱坝

谷关拱坝位于台湾大甲溪中游，由法国科因公司设计，1961 年完建。坝高 85.1m，坝顶高程 952.5m，坝顶长 149m，坝体为等厚度阶梯形单曲拱坝。坝顶岩石以硬页岩、板岩及变质砂岩、石英岩为主，左、右岸存在数条小规模断层，施工时采取挖除、回填、锚固和灌浆等方式处理。

集集地震（里氏 7.6 级）时在 933m 高程平台测得的切向最大加速度 754Gal，径向最大加速度 389Gal，垂直向最大加速度 365Gal；距坝址西 16km 处地震记录（TCU084）东西向最大加速度 403.6Gal，南北向 521.6Gal，垂直向 324.4Gal。地震时库水水位 943m，低于设计水位 7m。地震造成右坝肩第 2、第 3 坝段间高程 951.5～928.0m 出现 25m 长的裂缝（图 2.2-5），最大宽度 1～2mm。震后检查证实裂缝未穿透坝体，库水放空后该裂缝呈明显碳酸钙沉积，表明部分斜缝在地震前已经形成，地震导致了裂缝进一步扩展。左坝肩发生山体滑坡致使坝顶一些辅助设施损坏。右岸排水廊道内在构造横缝处有裂缝出现。第 2 坝段高程 945m 的水平层间缝发现有渗水，震后进行了修补止水。

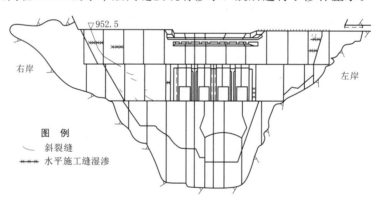

图 2.2-5 谷关拱坝下游立视图

2.2.4 中国台湾雾社重力拱坝

距日月潭十几千米的雾社重力拱坝（图 2.2-6）于 1959 年建成，最大坝高 114m，坝顶长 205m，坝顶宽 7m，坝顶高程 1007.4m，设计正常水位高程 1005m。

集集地震（里氏 7.6 级）时水库水位 999.24m。在高程 1005.84m 记录到水平径向最大加速度 999Gal，高程 915.88m 水平径向最大加速度 277Gal。坝体未见明显损伤，坝顶

图 2.2-6　雾社重力拱坝

水泥砂浆路面在横缝处有裂痕，左岸坝基处有
数处渗水。

2.2.5　日本新丰根拱坝

新丰根（Shintoyone）拱坝位于日本爱知
县北设乐郡丰根村，1973 年建成，最大坝高
116.5m，见图 2.2-7，坝顶高程 476.5m，正
常设计水位 474.0m，地震时水位 450.0m。

1997 年 3 月 16 日经历了一次里氏 5.8 级地
震，震中距坝址约 35km。坝顶记录到最大加速
度 1000.2Gal。在拱坝上 7 个不同位置共布设
17 通道加速度计，加速度最大值列于表 2.2-
2。事后对地震记录的分析发现，有一些通道混
有 80～100Hz 的高频成分，可能是顶部闸门所
引起，故对原记录进行了滤波处理，除去 30Hz
以上的成分，处理后的最大加速度值也列于表
2.2-2。震后坝体未见明显损伤，坝体上的构
造横缝也无显著张开迹象。

图 2.2-7　新丰根拱坝

表 2.2-2　　　　　　　　　　　新丰根拱坝地震最大加速度记录

位　　置	方向	最大加速度/Gal	
		原记录	滤波处理后
	径向	1000.2	709.2
坝顶拱冠梁	切向	790.2	186.0
	竖向	548.4	175.1

位　　置	方向	最大加速度/Gal	
		原记录	滤波处理后
坝顶左岸 1/4	径向	513.8	476.4
	竖向	110.6	104.4
坝顶右岸 1/4	径向	564.4	550.4
	竖向	85.8	88.3
拱冠梁中部	径向	205.4	125.0
坝底廊道	径向	70.1	68.5
	切向	46.2	39.5
	竖向	46.8	45.1
左坝肩	径向	44.1	44.9
	切向	56.1	57.2
	竖向	53.4	51.4
右坝肩	径向	68.1	66.9
	切向	44.9	45.0
	竖向	69.9	69.7

2.2.6　美国帕柯伊玛拱坝

帕柯伊玛（Pacoima）拱坝位于美国加州洛杉矶东北方向约 7km 处，于 1929 年建成。帕柯伊玛拱坝为等中心角双曲拱坝，坝高约 110m，坝顶长 179.5m、厚 3.2m，坝底厚 30.2m，左岸设有重力式推力墩，是当时美国最高坝。

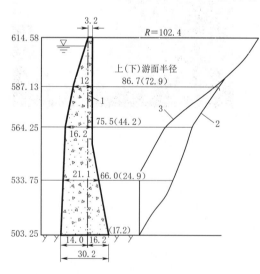

图 2.2-8　帕柯伊玛坝剖面图形（单位：m）
1—坝轴线；2—上游面圆拱圈圆心线；
3—下游面圆拱圈圆心线

坝址河谷狭窄、两岸陡峻，基岩为片麻石英闪长岩，左岸优势结构面（系统裂隙）走向为 N70°E～S80°E（大致平行于河流），陡倾角 85°，岩体破损，受节理及剪切带切割影响，岩体分成许多角状块体，最大尺寸很少超过 1.2m。坝体剖面和布置见图 2.2-8，其中。

帕柯伊玛拱坝先后遭遇了 1971 年 2 月 9 日圣费尔南多（San Fernando）和 1994 年 1 月 17 日北岭（Northridge）两次强烈地震，是经历了强烈地震、遭受局部损伤并获得较完整地震记录的极少数拱坝实例之一。

1971 年 2 月 9 日，距坝址以北 6.4km 处，发生里氏 6.6 级的圣费尔南多大地震，震源深 12.8km，发震断层断裂面在坝下

4.8km 深处通过，产生的振动较常见的里氏 6.6 级地震更强烈。地震时水位比坝顶低 44.2m。强震仪设于左坝肩距坝头 37m、高于坝顶 15m 处，记录到两方向高频水平加速度为 1.25g、垂直加速度为 0.7g，地震持续时间 8s。由于记录处岩体裂隙较多、地形较突出，记录包含动力放大作用，岩体裂隙对测定值也有一定影响。

震后勘测表明，地震导致圣费尔南多峡谷区域上升 1.28m，向西南水平位移 2.0m，坝址河谷变窄，拱坝弦长减小 23.9mm，并顺时针转动 30 弧秒，右拱端相对左拱端下沉 17.3mm。左拱座上部岩体受到较大扰动，坝肩岩体喷护面大面积开裂，下游坡面出现约 8090m³ 的坍塌。拱座岩体都曾沿破裂面 1 移动（图 2.2-9），岩体 A 沿裂面 2 与岩体 B 分开，并沿裂面 1 有较大位移，垂直方向 0.2m，水平方向 0.25m。

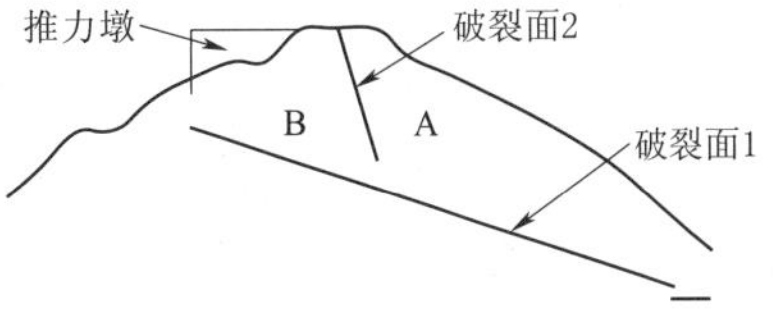

图 2.2-9　AA 剖面

坝体结构唯一可见的破坏是左拱端与支墩接缝张开，在坝顶处接缝张开 9.7mm，再向下延伸 13.7m 处张开 6.35mm 后，沿支墩水平缝延伸 15m，进而以 55°倾角切断混凝土支墩，并一直贯穿至岩体内约 2m 深处，右岸开裂较少。坝体及坝体与基岩结合部位未发现其他裂缝。

震后对左坝肩岩体进行了钻孔和弹性波勘测，进尺 414m，波速下降，动弹模为 1.45GPa。震后渗流明显增加（仅两个排水孔测值），这是排水孔附近岩体节理裂隙和坝前淤泥受到扰动所致。

震后按"满库+同一震源发生里氏 6.5 级地震，地震动峰值加速度为 0.32g"进行了加固复核，修复加固措施包括：①修复左拱端—支墩间张开缝及支墩内裂缝；②清除左拱端表面松动岩石，修复喷浆护面；③修复坝基和左坝肩灌浆帷幕，增设排水系统；④左坝肩上部固结灌浆，增设 35 根后张加固锚索（长度 39.5~69.4m）；⑤增设紧急防控阀，修复泄洪洞衬砌结构；⑥增补加强安全监测系统，增设多点位移计、渗压计、地震仪、激光垂线仪等。

1977 年在坝体及河谷共布置了 9 点 17 道模拟记录强震仪，其位置见图 2.2-10。

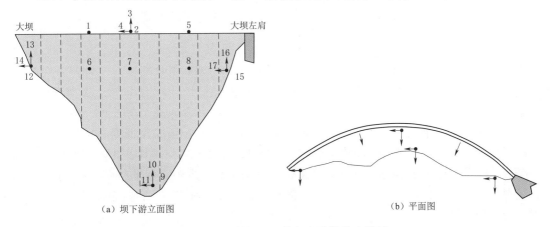

（a）坝下游立面图　　　（b）平面图

图 2.2-10　帕柯伊玛拱坝上强震仪布置图

帕柯伊玛拱坝修复后，1994年1月17日再次受到北岭地震作用，地震时库水位低于坝顶40.1m。地震位于福如断层上，震级为里氏6.8级，震中位于坝址西南17.7km，震源深16.9km。1971年地震震源位于大坝右岸，1994年地震震源位于大坝左岸，两次地震源与拱坝弦线几乎在一条直线上。1994年地震在坝址得到较完整的时程记录：坝基处水平峰值加速度为0.54g，垂直向峰值加速度为0.43g；坝肩处水平峰值加速度为2.04g，垂直向峰值加速度为1.43g。

坝体的损伤较1971年更加严重。左岸支墩岩体错动了近50cm，最终35根锚索限制了岩体的进一步滑动。左岸邻近坝肩的一条构造横缝因下游推力墩的错动而产生了约5cm残留张开，缝的底部约为0.5cm。帕柯伊玛拱坝的其他横缝在地震中张开，但地震后均自然闭合。同时邻近支墩坝段上有一些裂纹产生；在同一区域距坝顶15m处有1～1.5cm的水平错动，坝体上部向下游移动。右岸基本没有明显损伤。

2.2.7 智利雷贝尔拱坝

雷贝尔（Rapel）坝为双曲拱坝，电站厂房位于坝后，进水口设在河床中部与坝体相连，拱坝两肩设滑雪道式溢洪道，坝高110m，布置见图2.2-11。

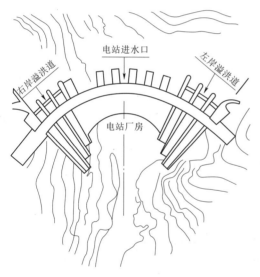

1985年3月3日，智利中部近海区发生里氏7.8级大地震，震中位于坝址以南103km，震源深33km。

坝基的地震运动峰值加速度：顺河向为0.14g、横河向为0.31g、竖向为0.11g，强震持续时间为30s。震后坝体本身受损较轻，表现为部分横缝张开。主要破坏在于坝体与进水塔的振动彼此不协调，造成坝前进水塔结构开裂，进水口与坝体之间的连接板因两结构互相撞击而产生混凝土碎块。

图2.2-11 雷贝尔水电站平面布置图

2.2.8 美国下清泉坝

下清泉（Lower Crystal Springs）浆砌石重力拱坝建成于1888年，坝高44.53m，1891年和1911年分别进行了加高，至坝高50m，轴线长183m，底宽53.68m。大坝位于加州圣马特奥（San Mateo），圣弗朗西斯科南32km。

下清泉坝是最早经受强烈地震的混凝土坝之一。1906年圣弗朗西斯科大地震，估计震级里氏8.3级，圣安德烈斯断裂位于坝址西面120m左右，但坝体并未发现裂缝。大坝1989年10月17日再次遭遇里氏7.1级罗马普列塔地震，震中距坝址约64km，地面运动较圣弗朗西斯科大地震时要弱很多，大坝同样没有发现任何损伤。下清泉坝建设时并未考虑地震作用，其良好的抗震性能归结于较高的安全裕度。坝的断面按重力坝设计，但轴线又成弧线，具有拱的作用（图2.2-12）。

图 2.2 - 12　美国下清泉坝

2.2.9　美国直布罗陀坝

位于美国加州圣芭芭拉的直布罗陀拱坝建成于 1920 年，坝高 51.5m，顶拱弧长 183m，顶宽 2.1m，见图 2.2 - 13。

图 2.2 - 13　美国直布罗陀坝

1925 年发生里氏 6.3 级圣芭芭拉地震时，大坝未发生任何损伤。无地震记录。按当时目击者的口述，地震时人在坝上站立困难。

2.3　混凝土坝震害现象分析

分析以上混凝土坝的实际震害现象，可得到以下几点认识：

（1）混凝土坝总体上具有较好的抗震安全性能。除台湾石冈坝由于发震断层——车龙埔断层从坝下通过造成了坝体严重破坏外，其他遭遇强震的混凝土坝均未出现坝体溃决或者不可修复的严重破坏。石冈坝强震破坏实例说明，刚度相对较大的混凝土坝无法抵御强震时发震断层可达米级的相对错动。工程勘察设计阶段充分论证坝址区断层活动性，对于确保大坝抗震安全极为重要。

（2）重力坝头部折坡部位是其抗震薄弱部位。强震时新丰江、柯依纳和赛菲路德三座重力坝头部折坡部位出现了上下游贯穿性开裂，可谓震害严重。但三座重力坝经加固修复后至今仍正常运行。这一现象也说明，当前在评价大坝极限抗震能力时采用的坝体出现贯穿性开裂的评价指标值得进一步研究。

（3）拱坝坝体表现出较强的抗震能力。最为典型的是 2008 年汶川地震时的沙牌拱坝和 1999 年集集地震时的德基拱坝，强震时坝体均未出现可观察到的损伤。尤其是沙牌拱坝，根据相关部门研究，坝址区的地震动峰值加速度达 260Gal，几乎为大坝设计地震值（137Gal）的 2 倍，震后检查坝体完好，表现出较强的抗震能力。

（4）拱坝坝肩抗震稳定是其抗震安全的控制因素。

美国帕柯伊玛拱坝遭遇 1971 年圣费尔南多地震和 1994 年北岭地震后，左岸推力墩岩体均出现较大的残余滑移，导致支墩与大坝左拱端接缝处出现较大残余张开，而大坝主体结构基本完好。沙牌、德基拱坝的震情实例充分说明，坝肩抗震稳定是拱坝抗震安全的控制性因素，在拱坝抗震设计中应充分重视。

帕柯伊玛拱坝遭遇 1971 年强震后，对出现较大滑移的左岸推力墩岩体采取了固结灌浆和增设 35 根后张加固锚索等措施。遭遇 1994 年强震时，尽管左岸推力墩岩体仍出现较大滑移，但锚索限制了岩体的进一步滑动而未失稳。说明对于稳定条件较差的拱座岩体采取锚索加固措施可有效提高其抗震稳定性。

（5）坝顶附属结构震害相对严重。由于地震时的动力放大效应，位于坝顶的启闭机房、泄洪闸排架等附属结构多出现结构开裂等震害。

（6）我国坝体强震观测和分析工作亟待加强。我国曾遭遇强震的新丰江、沙牌以及宝珠寺等混凝土坝均未布设坝体强震观测系统，未获得坝址及坝体典型部位的强震加速度记录等资料。而美国、日本等国家的大坝基本布设了完备的强震观测系统，遭遇强震时可及时获得相关记录。大坝坝体、坝基强震记录不但可为及时了解强震时坝体动力反应和采取应急处置措施提供重要支撑，同时可为深入研究大坝动力响应及大坝的实际抗震性能，进一步提高混凝土坝抗震技术水平提供宝贵资料。

（7）各类混凝土坝抗震设计计算方法和模型的研究有待进一步深化。最为典型的是经受汶川地震考验的沙牌拱坝，按照传统设计方法及抗震分析理论尚不能完全合理解释此次地震中大坝的实际表现，尚需在大坝场址地震动参数、大坝混凝土动态性能及大坝抗震动力分析理论研究方面进一步加强和完善。

第 3 章

大坝抗震设防标准

3.1 国外大坝抗震设防标准

3.1.1 国际大坝委员会

在国际大坝委员会的《大坝地震动参数选择导则》（ICOLD，2016）中，通常情况下大坝按安全评估地震（SEE）和运行基准地震（OBE）两级设防。

对失事后可能引起严重次生灾害的大坝（大多数大坝都属此类），SEE 通常取为最大可信地震（maximum credible earthquake，MCE）。MCE 定义为根据库坝区地震地质条件实际可能发生的最大地震，一般应根据库坝区的地震地质条件，采用确定性方法分析确定，仅当库坝区无明显构造依据时，可采用概率法分析的较长重现期（如 10000 年）的地震动作为 MCE。SEE 作用下大坝的性能目标为震损不致溃坝引发库水下泄失控。

大坝 OBE 取 100 年超越概率为 50％（重现期为 145 年）的地震，其性能目标为允许产生可修复的局部损坏。OBE 设防的主要出发点是从经济方面考虑，强调大坝枢纽的各项功能不因地震而中断，对大坝安全不起控制作用。

导则中对于设计峰值加速度和反应谱的选择提出了如下建议：

（1）对于地震失事后果严重的大坝，当按照确定性方法确定其 SEE 时，取 84％的保证率（均值加一倍标准差）；当按照概率法确定 SEE 时，则取重现期不小于 10000 年的均值。

（2）对于地震失事后果中等的大坝，当按照确定性方法确定其 SEE 时，可在均值和 84％保证率之间取值；当按照概率法确定 SEE 时，则取重现期不小于 3000 年的均值。

（3）对于地震失事后果较轻的大坝，当按照确定性方法确定其 SEE 时，可取均值；当按照概率法确定 SEE 时，则取重现期不小于 1000 年的均值。

（4）对于 OBE，按照概率法确定，取重现期 145 年的均值。

ICOLD 现已将"水库诱发地震（reservoir induced earthquake，RIE）"改称为"水库触发地震（reservoir triggered earthquake，RTE）"，认为在库区天然地震背景下，水库蓄水只起触发作用而已。RTE 也属于天然地震，对大坝而言，RTE 不可能超过 SEE。因此，虽然目前各国十分关注高坝大库蓄水可能触发的地震，并因此加强蓄水前后的地震台网监测，但都未将其作为大坝设防标准的另一个等级。

3.1.2 美洲及欧洲国家

美国并无统一的大坝抗震设计规范或导则。美国大坝委员会（USSD，2003）、美国联邦紧急事务管理局（FEMA，2005）和美国陆军工程兵团（USACE，2007）等机构对于大坝抗震设计均作出了相应规定。在大坝抗震设防标准方面，上述机构的规定基本相同。在抗震设防标准体系上，都规定采用 OBE 和最大设计地震（MDE）或 SEE 的两级设防，相应的设防目标分别为可维持大坝正常运行和不出现库水失控下泄的严重灾变。OBE 采用概率法确定，其重现期为 145 年。MDE（SEE）的确定则与大坝失事后果相关：对于失事后果严重的大坝，MDE（SEE）应取为依据确定性方法确定的 MCE；对于其他大坝，可适当降低 MDE（SEE）。当无明显构造依据时，可采用概率确定 MDE（SEE），其重现期大致为 3000～10000 年。上述规定与国际大坝委员会（LCOLD）的规定基本相同。

加拿大 1995 年颁布的《大坝安全导则》（*Dam Safety Guidelines*）（CDSA，1995）规定：地震失事后果严重的大坝，其 MDE 取重现期为 10000 年的 MCE，相应的性能目标为不致溃坝引发库水下泄失控；地震失事后果较严重的，根据情况在 MCE 的 50%～100% 之间选取，重现期在 1000～10000 年；后果较轻的，取重现期为 100～1000 年的设防水准。在 2005 年，加拿大大坝委员会（Canadian Dam Association，CDA）草拟待审核的《大坝安全导则—实践和程序》（*Dam Safety Guidelines—Practices and Procedures* T201）（CDA，2005）中，有关"大坝安全分析中的地震危险性考虑（Seismic Hazard Considerations in Dam Safety Analysis）"的新规定是：基于工程场地地震危险性分析确定一级设防的"地震设计地震动（earthquake design ground motion，EDGM）"，是以不溃坝为性能目标的类似于 MCE 的极限地震，其重现期按工程结构的破坏后果分为 10000 年、2500 年和 1000 年三类；认为满足使用要求并非大坝抗震安全的控制性因素，可由业主从经济上考虑而自行选择。

在英国于 1998 年颁布的《大坝地震风险工程导则》（*Engineering Guide to Seismic Risk to Dams in United Kingdom*）（Reilly，2004）中，虽然定义了两级抗震设防水准，但仅对其性能目标为不发生溃坝巨灾的 SEE 作了详细规定。将大坝按 ICOLD 导则划分为四类，与其 SEE 设防水准相应的地震重现期依次为 1000 年、3000 年、10000 年和 30000年。对于最重要的 IV 级大坝，其设防水准也可采用 ICOLD 定义的 MCE。对坝址未进行专门地震危险性分析的工程，其抗震设防标准可按区划图确定。区划图将全国划分为 A、B、C 三区，在地震活动性最强的 A 区，相应于重现期 30000 年、10000 年和 1000 年地震的动峰值加速度分别为 $0.375g$、$0.25g$、$0.10g$。该导则中对运行基准地震 OBE 未作任何规定，实际不起作用。实际上，这只是"分类设防"的规定，并非"多级设防"。

意大利 1959 年和 2001 年分别针对新建和已建大坝，颁布了抗震设计和复核导则，基本与英国的导则类似。但将四类大坝 SEE 相应的重现期分别取为大于 2500 年、2500 年、1000 年和 500 年。在全国区划图中，共分四区，在地震活动性最强区和最弱区，对应于 2500 年重现期的 SEE 的峰值加速度分别为 $0.6g$ 和 $0.2g$；对于 OBE，则规定取各区重现期为 500 年的峰值加速度的一半。

在罗马尼亚于 2002 年颁布的《水工建筑物地震安全性评价规范》（*Code for Design and Safety Assessment of Dams and Hydraulic Structures*）中，大坝按重要性依次从 I 到 V 共分五类，又按地震对设施的危害依次从 A 到 D 分四类。对不同等级的大坝，分别采用 SEE 或 OBE。对于 I/A 类和 II/B 类大坝的 SEE，应按坝址专门的地震危险性分析结果，重现期在 457～800 年间选取。对于 III 类、IV 类、V 类及 C/D 类大坝按重现期为

100 年的 OBE 区划图确定其峰值加速度，其值为 $0.08g \sim 0.32g$。实际上，虽然对不同类别的大坝工程规定了 SEE、OBE 两类抗震设防水准，但对于给定等级的具体工程，采用的是一级抗震设防水准，因而也只是"分类设防"而非"多级设防"。

在奥地利 1996 年颁布的《大坝抗震分析导则》(*Earthquake Analysis of Dams*)(AFMAF，1996)中，抗震设防标准分为 MCE 和 OBE 两级，其 MCE 相应的性能目标为损坏限制在一定范围内，OBE 则为轻微损坏；规定对高度在 15m 以上或库容大于 50 万 m^3 的坝，都要按 MCE 和 OBE 做抗震分析校核；其余情况下，可只按 OBE 校核。对 OBE 可按区划图确定，其峰值加速度在 $0.06g \sim 0.14g$ 之间。MCE 区划图的峰值加速度在 $0.11g \sim 0.3g$ 之间，但一般建议由坝址专门的地震危险性分析确定 MCE。特别规定了在采用拟静力法对大坝进行抗震校核时，不考虑材料动态强度的增长。此外，在动力分析中，要对满足坝体稳定和变形的要求进行校核。

在俄罗斯的《设计和施工导则和规定—地震区的水工建筑物》(СНИП 33－09)中，抗震设防水准分两级：最大设计地震（MDE）的重现期取为 5000～10000 年，相应的性能目标为不溃坝；另一级为与 OBE 相当的为"强度水准地震 (strength lever earthquake，SLE)"，其重现期为 100～500 年，相应的性能目标为，允许结构有轻微损坏但仍可正常运行。该规范中将水工建筑物分为四级，只有对Ⅰ级、Ⅱ级壅水建筑物，才需进行按两级设防水准进行抗震校核，其余都只按 SLE 校核。在俄罗斯，已颁布了重现期分别为 500 年、1000 年和 5000 年的烈度区划图。俄罗斯采用的分 12 度的 MSK－64 烈度表，类似于国际通用的修正 Mercalli（MM）烈度表。规范分别对三种类型的地基土，给出了峰值加速度值与烈度对应的表，从最小的Ⅱ～Ⅲ类地基土 6 度烈度的 $0.06g$ 到最大的Ⅰ类地基土 10 度烈度的 $0.48g$；还规定了对应不同设防水准的大坝地震响应分析方法及各类坝体和地基的阻尼比。

在瑞士 2000 年由联邦政府部门颁布的《瑞士大坝地震性态评估导则》(FOWG，2000)中，只取一个抗震设防水准 SEE，其性能目标为，要求库水下泄不致失控，且与安全有关的附属结构和部件也不发生不可修复的损坏。之所以不再取 OBE 水准作两级设防，是因为认为能满足 SEE 的性能目标要求的结构，不大可能在经受 OBE 后影响运行。将大坝按其坝高和库容分为三级，其 SEE 相应的重现期分别为 10000 年、5000 年和 1000 年；与此相应的峰值加速度值，按相应的烈度区划图及烈度与峰值加速度的换算关系确定。

3.1.3　日本

在日本，早期的大坝抗震设计基本上采用并无概率意义的地震系数法（JCLD，2003），地震动取为水平 1（Level 1）地震动，其地震系数（地震动峰值加速度与重力加速度的比值）的取值视场地类别的不同取为 0.2～0.3，计算方法采用拟静力法，设防目标为大坝容许出现可修复的局部损伤。1995 年神户（Kobe）地震后，为确保大坝在强震作用下的安全性，日本国土交通省河川局（2005）颁布了《强烈地震作用下大坝抗震性能复核导则》。该导则中的"强烈地震作用"亦称水平 2（Level 2）地震动，系指大坝今后可能遭受的最强地震动，其含义与 MCE 基本相同。在水平 2 地震作用下的设防目标为大坝维持震后挡水功能，与不出现库水失控下泄的内涵相同。日本是强震频发的国家，一般

8级板块地震复发周期为 100～200 年，而发生 6～7 级地震的板内活断层复发周期为 1000 年。

3.1.4　新西兰

2000 年由新西兰大坝委员会（New Zealand Society of Large Dams，NZSOLD）发布的《大坝安全导则》（*Dam Safety Guidelines*）中，抗震设防水准分为 SEE 和 OBE 两级。值得指出的是，其 SEE 的重现期，对地震活动性高、中、低地区分别取为 10000 年、2500 年和 500 年。而通常情况下，不同地区地震活动性的高低及其对应的地震动强度的大小，是由工程结构等级和其抗震性能目标所确定的设防水准（重现期），对应不同的地震动峰值加速度来体现的。SEE 相应的性能目标，对已建坝的要求为不溃坝，对新建坝则要求无严重损坏。对已建和新建的大坝，在相同抗震设防水准下，采用不同的抗震性能目标，是其又一个特点。与重现期取为 150 年的 OBE 相应的性能目标是要求仅有轻微损坏。MCE 又被称为"控制最大地震（controlling maximum earthquake，CME）"，除非 CME 的重现期很长，一般都把 CME 取为 SEE。值得注意的是，该导则特别指出，与 CME 对应的峰值加速度不是取其平均值，而是取 84% 保证率的分位值，但其重现期不超过 10000 年。而通常情况下，地震危险性分析给出的对应不同超越概率的峰值加速度值，本来就并非平均值，而是需要进行不确定性校正以后的值，其值一般要比平均值大不少。

综合分析国外大坝抗震设防水准及其性能目标，可以归纳为以下几点：

（1）多数国家的大坝抗震设计规范或导则中，虽然多采用 MDE（或 SEE）和 OBE（或 SLE）两级抗震设防水准，但一些国家如加拿大、英国、瑞士等实际都只按 MDE 进行大坝抗震设计，在重要大坝抗震设计中，重现期为 100～200 年的 OBE 一般不起控制作用。不同等级的大坝取不同的设防水准，对于低等级的大坝，其 MDE 取为 OBE，显然是属于"分类设防"而并非对同一个大坝采用"多级设防"的概念。

（2）对于重要大坝，多取 MCE 作为 MDE（SEE），MCE 的重现期大多为 5000～10000 年，或由确定性方法求得，其性能目标多为不因溃坝导致库水下泄失控；OBE 的性能目标则为可修复的轻微损坏。应该说，这些性能目标都比较笼统，难以定量确定，可操作性较差，因而在相当程度上是基于工程实践经验的。

3.2　我国大坝抗震设防标准

3.2.1　我国抗震设防标准的指导思想

借鉴工程结构抗震相关领域和国外大坝抗震设防标准，密切结合我国国情和工程实践，确定我国大坝抗震设防标准的指导思想，具体有以下几个方面：

（1）按抗震设防标准与功能目标相应的原则，建立抗震设防标准体系。设防标准必须和地震动参数选择的依据和方法相适应，功能目标必须有可操作的定量准则，其确定的技术途径需在总结国内外的震害和工程实践基础上，依据当前较为成熟的水工抗震科研成果加以更新。

（2）为综合评价建筑物的抗震安全，抗震设防标准必须与结构地震响应分析方法、材料动态抗力和安全裕度准则相配套。

（3）抗震设防标准的确定具有很强的政策性和社会责任性，必须结合我国国情，体现安全性和经济性的相对动态平衡。根据水工建筑物的特点，鉴于地震预测的不确定性，考虑到大坝工程与库水、地基动态相互作用后的地震响应的复杂性以及可能造成次生灾害的震害后果，震害后果及社会影响大的大坝工程，尤应把确保安全放在首位，其抗震设防标准应适当高于一般工业和民用建筑。规范中的抗震设防标准应作为强制性的最低要求，但不限制业主因特殊需要而适当加以提高。

（4）抗震设防标准的分级不宜过多。目前分级过多且无必要，且也难以给出与多级设防标准相应的功能目标定量准则。

（5）需要跟踪和反映国内外工程抗震实践和科研进展，参照其他部门抗震设计规范，但必须从我国国情和水工建筑物特点出发，与有关各类水工建筑物基本设计规范相适应，并适当保持规范的连续性。

我国大坝设防标准经历了《水工建筑物抗震设计规范试行》（SDJ 10—78）（以下简称"78规范"）、《水工建筑物抗震设计规范》（DL 5073—2000）（以下简称"2000规范"）、《水电工程水工建筑物抗震设计规范》（NB 35047—2015）（现行规范）的发展过程，已经从 MDE 的单级设防标准过渡到分类设防和分级设防相结合的设防标准。

3.2.2 《水工建筑物抗震设计规范试行》（SDJ 10—78）

"78规范"采用 MDE 单级设防。其抗震设防目标为：建筑物的抗震设计，要求能够抵御设计烈度的地震；如有轻微震害，经一般处理仍可正常运行。水工建筑物抗震设计一般采用基本烈度作为设计烈度。对于1级挡水建筑物，根据其重要性和遭受震害的危害性，可在基本烈度基础上提高1度。设计烈度与水平向地震动峰值加速度的关系见表3.2-1。

表 3.2-1   设计烈度与水平向地震动峰值加速度的关系

设计烈度	7	8	9
水平向地震动峰值加速度	0.1g	0.2g	0.4g

从"78规范"开始，我国大坝抗震就要求分类设防。"78规范"编制时期，我国的地震区划图是1977年颁布实施的第二代区划图，该区划图仅仅给出了50年超越概率10%的地震烈度的全国区划，因此，"78规范"对于水工建筑物的抗震设防水准也只能采用设防烈度来体现。对设防水准要求最高的1级挡水建筑物，通过在基本烈度基础上提高1度（其设计地震动加速度值增加1倍）的要求进行抗震设防。应该指出，地震烈度是衡量地震对某一地区影响程度的宏观度量，对于同属同一地震烈度区域的具体工程场址，其地面地震动峰值加速度可能会有相当大的差异。

3.2.3 《水工建筑物抗震设计规范》（DL 5073—2000）

"2000规范"仍采用最大设计地震（MDE）单级设防。其抗震设防目标为：按本规范进行抗震设计的水工建筑物能抵御设计烈度地震；如有局部损坏，经一般处理后仍可正常运行。水工建筑物工程场地地震烈度或基岩峰值加速度应根据工程规模和区域地震地质条件按下列规定确定：①一般情况下，应采用《中国地震烈度区划图（1990）》确定的基本烈度；②基本烈度为 6 度或 6 度以上地区的坝高超过 200m 或库容大于 100 亿 m^3 的大型工程，以及基本烈度为 7 度及 7 度以上地区坝高超过 150m 的大（1）型工程，其设防依据应根据专门的地震危险性分析提供的基岩峰值加速度成果评定。

各类水工建筑物抗震设计的设计烈度或设计地震动加速度代表值应按下列规定确定：①一般采用基本烈度作为设计烈度；②工程设防类别为甲类的水工建筑物，可根据其遭受强震影响的危害性，在基本烈度基础上提高 1 度作为设计烈度；③按照规范要求作专门的地震危险性分析的工程，其设计地震动加速度代表值的概率水准，对壅水建筑物应取基准期 100 年超越概率 P_{100} 为 0.02，对非壅水建筑物应取基准期 50 年超越概率 P_{50} 为 0.05。

"2000 规范"要求，对于重大工程，根据地震危险性分析提供的基岩峰值加速度成果，按照一定的概率水准设防；对于重大工程的壅水建筑物，取基准期 100 年内超越概率 P_{100} 为 0.02 的规定，大体相当于"78 规范"中基本烈度基础上提高一度的要求。基本烈度定义为基准期 50 年超越概率 P_{50} 为 0.10 的地震烈度。由表 3.2 - 1 可以看出，烈度提高 1 度，地震动峰值加速度增加 1 倍。从多个工程地震危险性分析的统计结果来看，相应于 50 年基准期超越概率 10% 基本烈度的基岩峰值加速度增加 1 倍，大体相当于基准期 100 年超越概率 P_{100} 为 0.02 的基岩峰值加速度。

"2000 规范"编制过程中，我国实施的第三代地震区划图仍然是以地震烈度表征的，因此，对于不依据专门地震危险性分析给出其设防地震动加速度的一般工程，其设防水准仍采用设计烈度，设计峰值加速度与设计烈度的对应关系仍采用表 3.2 - 1。

3.2.4　《水电工程水工建筑物抗震设计规范》（NB 35047—2015）

现行规范采用了分类设防和分级设防相结合的设防标准。对重大工程壅水建筑物，要求除按设计地震动峰值加速度进行抗震设防外，还应按发生最大可信地震（MCE）时不发生库水失控下泄灾变的要求进行专门论证。同时，对于重大工程的设计反应谱以及 MCE 的确定提出了明确要求。此外，目前我国现行的地震区划图（第五代区划图）是以地震动峰值加速度和特征周期来表征的，因此现行规范中取消了设计加速度通过与设计烈度的对应关系加以确定的规定。

3.2.4.1　重大工程分级设防

目前已有的各种结构抗震功能设计方法中，很多都采用了多级设计地震荷载。例如：在世界各国的核电站规范中，大多提出了两级设防标准，将地震荷载分为 OBE 和 MCE，要求在 OBE 作用下，结构保持基本完好状态，不影响核电站的正常运行；在 MCE 作用下，结构不发生破坏，避免出现核泄漏等事故。在我国工民建抗震设计中，根据"小震不坏、中震可修、大震不倒"的原则，提出了三级设防水准，即建筑物使用年限 50 年重现期超越概率为 0.632、0.1、0.025 的概率水准。对于高拱坝抗震设计，美国在 20 世纪 70 年代末对加州奥本（Auburn）拱坝进行抗震设计时，就提出了 OBE 和 MCE 两级设防的概念。随后，欧美等国的大坝抗震设计规范均采用分级设防。

我国"78 规范"和"2000 规范"中，都采用了最大设计地震（MDE）的单级设防水准，其相应的性能目标为：如有局部损坏，经一般处理仍可正常运行。我国重要大坝MDE 的抗震设防水准接近于国外一些国家提出的 MCE 的水平，其性能目标又和 OBE 的要求相近。对于抗震设防类别低于甲类的大坝，其设防水准的重现期，也较一般 OBE 的要求高。因此，我国水工抗震规范对重要大坝抗震设防标准的要求是相当严格的。这是因为，我国是一个地震多发国家，又是世界上修建大坝最多的国家，抗震设防水准实际上属于目前国内外都尚在探索中的地震中、长期预报，有很大的不确定性，而高坝大库一旦受震溃决，其次生灾害将对社会造成远大于工程本身损失的严重后果，其抗震安全极其重要，因而对大坝抗震安全规定了较高要求。

我国西部高地震烈度区建设了一系列国内外都少有先例的、设计地震动加速度很高的200～300m 级高拱坝，抗震工况多成为设计中的控制因素。其中在大渡河上修建的高210m 的大岗山拱坝，设计地震动峰值加速度达到 $0.56g$。这些大坝的抗震安全，成为社会、业主和工程人员高度关注的重点。2008 年汶川地震后，国家有关部门提出了对于重大水利水电工程确保其在 MCE 作用下抗震安全的要求，因而现行规范增加了对高烈度区的重要高坝进行超设计概率的 MCE 抗震校核的要求（陈厚群，2010；张楚汉，2009）。

3.2.4.2 大坝场址场地相关反应谱和最大可信地震

1. 一致概率反应谱

现行的水工建筑物抗震设计规范中，对于重大工程，需要在对工程场址作专门的地震危险性分析的基础上，求取场地相关的设计反应谱。目前国内外多有采用基于地震危险性分析的"一致概率反应谱"作为场地相关设计反应谱的，有的称为"等危险性反应谱（equal - hazard response spectrum，uniform hazard response spectrum）"。即：由强震记录求得对应各周期 T 的反应谱 β 的统计衰减规律，与峰值加速度类似，求得反应谱各周期分量 $\beta(T)$ 的超越概率曲线族，再以与峰值加速度设计概率水平相一致的概率，截取 $\beta(T)$ 超越概率曲线族上各点，组成反应谱。图 3.2 - 1 为溪洛渡拱坝坝址的基岩反应谱中，各周期分量的年超越概率曲线族。

这类所谓的"一致概率反应谱"，实际在大坝工程中并未能推广应用，其主要问题有以下两点：

（1）加速度反应谱 $S(T_i, \xi)$ 是表征地震动幅值的峰值加速度 a_g 和归一化了的频谱 $\beta(T_i, \xi)$ 的乘积。这两者都是与震级 M 和震中距 R 有关的随机变量。如假定这两者是独立的随机变量，则其概率应为两者概率之积。如果取 $S(T_i,\xi)=a_g\beta(T_i,\xi)$ 的概率与 a_g 一致，从概率意义上就意味着 $\beta(T_i, \xi)$ 是确定性变量，这显然是与事实不符的。

（2）概率法的结果是多个潜在震源区内不同距离、不同震级地震的综合影响。一致概率反应谱的短周期成分往往由近震小震群控制，长周期成分由远震大震群控制，使其具有了包络线的性质，导致反应谱峰值区加宽和特征周期值加大，往往使其对高坝地震响应有重要影响的中长周期处的反应谱值，远大于现行抗震规范中采用的设计反应谱值，令设计人员很难理解和接受。此外，由于缺乏明确的震级和震中距概念，也难以对地震动的持续时间等参数进行评估，而这些参数对高坝作为非线性体系的地震反应和人工生成随机地震动时程，都是至关重要的。

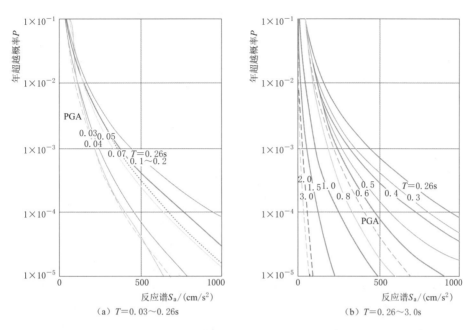

（a）$T=0.03\sim0.26s$　　　　　　　　（b）$T=0.26\sim3.0s$

图 3.2-1　溪洛渡拱坝坝址的基岩反应谱值年超越概率图（阻尼比为 5%）

显然，一致概率反应谱并不能反映场地实际可能遭遇的强震本身固有的频谱特性，因而也是和场地不相关的。

2. 最大可信地震

合理确定最大可信地震（MCE）是分析评价工程抗震安全性的首要前提。目前，国内外确定重要大坝工程 MCE 地震动通常有两种途径：一种是基于概率理论的坝址地震危险性分析方法，通常取相应于重现期为 10000 年的峰值加速度作为最大可信地震的地震动输入；另一种是确定性分析方法，即在对坝址地震动输入贡献最大的潜在震源中，假设与其震级上限相应的地震，在沿其主干断裂距坝址最近处发生，按点源的衰减关系求得坝址地震动峰值加速度，作为 MCE 的地震动输入。由于 MCE 为发生概率很小的事件，是由距坝址很近的区域性发震断层引发的高震级地震，因此无论用上述哪种方式确定的地震动输入，都难以合理反映近断裂大震的地震动特征。近年来，针对 MCE 确定中存在的上述问题，我国有关科研单位开展了深入的研究工作，取得了较显著的进展，并结合国内重大工程进行了初步验证和应用。

根据上述研究，现行规范在大坝设防水准方面作出了以下规定：

（1）水工建筑物工程场地设计地震动峰值加速度和其对应的设计烈度依据应按下列规定确定：

1）一般工程依据《中国地震动参数区划图》（GB 18306—2015）确定。

2）地震基本烈度为Ⅵ度及Ⅵ度以上地区的坝高超过 200m 或库容大于 100 亿 m³ 的大（1）型工程，以及地震基本烈度为Ⅶ度及Ⅶ度以上地区的坝高超过 150m 的大（1）型工程，依据专门的场地地震安全性评价成果确定。

3）地震基本烈度为Ⅶ度及Ⅶ度以上地区的高度为 100～150m 的 1 级、2 级大坝，且地震地质条件复杂，宜依据专门的场地地震安全性评价成果确定。

（2）各类水工建筑物的抗震设防水准，应以平坦地表的设计烈度和水平向设计地震动峰值加速度代表值表征，并按下列规定确定：

1）对依据《中国地震动参数区划图》（GB 18306—2015）确定其设防水准的水工建筑物，对一般工程应取该图中其场址所在地区的地震动峰值加速度的分区值，按场地类别调整后，作为设计水平向地震动峰值加速度代表值，将与之对应的地震基本烈度作为设计烈度；对其中工程抗震设防类别为甲类的水工建筑物，应在基本烈度基础上提高 1 度作为设计烈度，设计水平向地震动峰值加速度代表值相应增加 1 倍。

2）根据专门的场地地震安全性评价确定其设防依据的工程，其建筑物的基岩平坦地表水平向设计地震动峰值加速度代表值的概率水准，对工程抗震设防类别为甲类的壅水和重要泄水建筑物应取 100 年超越概率 P_{100} 为 0.02；对乙类的非壅水建筑物应取 50 年超越概率 P_{50} 为 0.05；对于工程抗震设防类别其他非甲类的水工建筑物应取 50 年超越概率 P_{50} 为 0.10，但不应低于区划图相应的地震动水平加速度分区值。

3）对于作专门场地地震安全性评价的工程设防类别为甲类的水工建筑物，除按设计地震动峰值加速度进行抗震设计外，应对其在遭受场址 MCE 时，不发生库水失控下泄灾变的安全裕度进行专门论证，并提出其所依据的抗震安全性专题报告。其中，MCE 的水平向峰值加速度代表值应根据场址地震地质条件，按确定性方法或 100 年超越概率 P_{100} 为 0.01 的概率法的结果确定。

4）当因坝高及地震地质条件原因壅水建筑物由 2 级提高至 1 级时，除按 50 年超越概率 P_{50} 为 0.10 的水平向设计地震动峰值加速度进行抗震设计外，还应按 100 年超越概率 P_{100} 为 0.05 的水平向地震动峰值加速度，对不发生库水失控下泄灾变的安全裕度进行专门论证。

5）抗震安全性专题报告中，场地相关设计反应谱宜按与水平向设计地震动峰值加速度相应的设定地震确定（陈厚群 等，2005），并据以生成人工模拟地震动加速度时程；对结构地震效应的强非线性分析，宜研究地震动的频率非平稳性的影响；当发震断层距离场址小于 30km、倾角小于 70°时，宜计入上盘效应的影响；当其距场址小于 10km、震级大于 7.0 级时，宜研究近场大震中发震断层作为面源破裂的过程，直接生成场址的随机地震动加速度时程，并取用其中渐进谱峰值周期最接近结构基本周期的时程。

3.3　我国大坝抗震设防标准与国外的比较

合理确定大坝抗震设防标准及其设防目标是大坝抗震设计的基本前提，与各个国家的地震活动性、经济发展水平等基本国情，以及对于影响大坝抗震安全评价的地震动参数及其输入、大坝地震动力反应及其安全评价准则诸方面的认识程度和研究水平密切相关。对我国和国外主要国家和组织的大坝抗震设防标准进行对比分析，可得以下几点认识。

3.3.1　大坝抗震设防体系

我国和国际大坝委员会、美国、日本等国家和组织目前采用的大坝抗震设计，总体上均采用了"分类设防"和"分级设防"相结合的抗震设防体系。所谓分类设防，是指对于不同重要性的大坝赋予不同的抗震设防类别，从而采用相应于同一设防目标的不同抗震设防水准；所谓分级设防，则是对于具有同等重要性的大坝分别采用相应于不同设防目标的不同抗震设防水准。

在抗震设防体系方面，我国与国外的主要差异体现在：我国以分类设防为主、以分级设防为辅，国际大坝委员会和美国等国家则以分级设防为主、以分类设防为辅。我国的抗震设防体系，首先是根据工程重要性确定工程抗震设防类别，据此确定是否采用分级设防，亦即对工程抗震设防类别为甲类的大坝或者由 2 级提高至 1 级的大坝采用设计地震和最大可信地震的两级设防，不属此类的仍采用设计地震单级设防。而国际大坝委员会和美国等国家的大坝抗震设防水准框架，首先规定对于所有大坝均应进行 OBE（所有大坝的 OBE 对应的超越概率水平相同）和 SEE 两级设防，然后根据大坝的重要性或者失事后果的严重性，采用不同的 SEE 设防水准。

简言之，我国对绝大多数大坝采用单级设防，仅有少数重要大坝采用两级设防。国外大多数国家则对所有大坝采用两级设防，仅在 SEE 设防情况下依据大坝重要性采用不同的抗震设防水准。

3.3.2　大坝抗震设防水准和设防目标

首先，不妨将我国的设计地震和最大可信地震（或国外的 OBE 和 SEE）分别称为"一级设防地震"和"二级设防地震"。

从一级设防地震的设防水准比较来看，我国明显高于国外。我国采用的一级设防地震的重现期为 500 年（一般工程）或 5000 年（重要工程），而国外的一级设防地震的重现期则为 145 年，而相应的设防目标两者大致接近。由此可见，为确保大坝抗震安全，我国在一级抗震设防要求方面是十分严格的，而国外的 OBE 地震设防要求要低得多，通常对大坝抗震安全不起控制作用。

从二级设防地震的设防水准比较来看，我国与国外大致相当。我国规范规定，对于抗震设防类别为甲类的大坝，MCE 可依据概率法的重现期 10000 年的地震动或采用确定性方法确定，对于由 2 级提高至 1 级的大坝，MCE 的重现期则取约 2000 年。国际大坝委员会和美国等国家规定，最大可信地震一般应根据构造法确定，仅当场址区无明显构造依据时可采用概率法，对于重要大坝最大可信地震的重现期同样为 10000 年，而其他大坝最大可信地震的重现期为 1000～3000 年。我国与国外在二级设防地震下的大坝定性设防目标的要求是一致的，均为"不出现库水失控下泄"。

3.3.3　重要大坝最大可信地震的确定

比较可见，对于重要大坝，国际大坝委员会以及美国等国家特别强调一般情况下应根据大坝场址区的地震地质条件、采用确定性方法确定设计采用的最大可信地震，只有当构造证据不充分时才建议使用概率法。我国规范中则规定，确定最可信地震时概率法或者确定性方法均可采用，但在"近场大震"条件下建议采用将发震断层作为面源的破裂过程的确定性方法来研究最大可信地震。从目前我国大坝抗震设计实践来看，重要大坝的最大可信地震基本上是采用概率法，按 10000 年重现期确定，即便对于大岗山拱坝这样典型的"近场大震"情况亦是如此。因此，今后应联合地震部门加强确定性方法确定大坝场址最大可信地震方面的研究。

综上所述，我国与国外主要组织和国家都建立了"分类设防"和"分级设防"相结合的大坝抗震设防体系，大坝的抗震设防性能目标也基本相同。而其主要差异体现在一级设防地震的设防水准和最大可信地震的确定等方面，也反映了不同国家基本国情和大坝抗震设计发展历程等因素的影响。

确保大坝抗震安全的核心是制定极限地震下大坝不出现库水失控下泄导致严重灾变的定量评价准则。欧美国家等由于大坝建设高潮时期已过，缺乏工程实际应用需求的推动，对于最大可信地震下的安全性评价现阶段缺乏可操作的定量安全判据。与此形成鲜明对比的是，伴随着几十年来的众多强震区高坝的建设，我国在此方面开展了深入研究，初步形成了极限地震下混凝土坝抗震安全的定量评价准则，并在众多混凝土坝抗震设计中得到应用。

第 4 章

大坝地震动输入和地震动参数

4.1　概述

地震动参数的合理选择和正确的地震动输入方式是大坝抗震安全评价的基础。目前在坝址的地震动输入方面，工程设计人员主要依赖地震部门，而地震部门又往往难以了解必须与之配套的工程技术要求。至今尚缺乏适合我国在强震区修建特高坝的场地相关地震动输入的较系统的规定和合理技术途径，影响了高坝工程抗震安全性的正确评价。为保证大坝抗震设计安全评价的准确性，结合工程抗震设计的实际需要，开展大坝（包括混凝土坝和当地材料坝等各种坝型）场地相关地震动参数选择和地震动输入的系统研究势在必行。

首先，在坝址场地相关地震动参数的选择方面，作为抗震设计主要参数，传统沿用的地震动峰值加速度（PGA）不是反映地震作用的理想抗震设计参数。所使用的与场地不相关的"设计反应谱"和《工程场地地震安全性评价》（GB 17741—2005）推荐的"一致概率反应谱"，均不能反映场地实际可能发生的强震的频谱特性，且具有包络的特征，而使中长周期处的反应谱 $S_a(T)$ 值显著偏大，这些问题都亟待改进。另外，考虑到地震动输入的时间历程对大坝抗震分析的重要性日益突出，地震动输入时间历程的频率非平稳特性也不可忽视。

在工程抗震设计中，无论是用振型分解法求各阶振型反应还是用时程分析法人工生成随机地震动加速度时程，设计反应谱都是主要依据，对工程结构的地震反应影响显著，一般用地震动加速度反应谱与峰值加速度的比值，即规一化的反应谱 $\beta(T)$ 来表征。当前，我国各部门的抗震设计规范中，设计反应谱大多取美国西部强震记录规一化反应谱均值。场地类别和地震远近仅以设计反应谱最大值 β_{max} 平台终点的特征周期体现，因而不能反映与特定工程场地的地震地质条件的相关性。对重大工程，要求在其按专门的地震安全性评价确定峰值加速度的前提下，给出与工程场地相关的设计反应谱。目前有基于地震安全性评价的"一致概率反应谱"，即按由强震记录求得对应各周期 T 的反应谱 $S_a(T)$ 的统计衰减规律，与峰值加速度类似，求得各周期 $S_a(T)$ 的超越概率曲线族。以与峰值加速度设计概率水平相一致的概率截取 $S_a(T)$ 超越概率曲线族上各点，组成"一致概率反应谱"。这类一致概率反应谱并不能反映场地实际可能发生的强震的频谱特性，且具有包络的特征。在所有周期点均处于同一超越概率水平的加速度反应谱中，由"远场大震"控制的中长周期的反应谱，其值通常会显著大于现行各抗震规范中规定的、基于强震记录回归的设计反应谱，因而在重大工程中并未能推广应用。此外，由于缺乏明确的震级和震中距概念，也难以对地震动的持续时间等参数进行评估。

对于高坝的抗震设计，在计入各项影响其地震响应的实际因素后，基于反应谱的振型叠加线弹性动力分析方法已不再适用，需采用输入地震动时间历程的时程法。实际的地震动时间历程具有幅值和频率均非平稳的特性，而目前结构抗震分析中所采用的人工生成的拟合设计反应谱的地震动输入时间历程，都只是以幅值包络线方式计入幅值的非平稳性，而直接忽略其频率的非平稳性。在目前大坝较多采用的非线性动力分析中，对地震动输入时间历程的频率非平稳性较为敏感。因此，需要进一步研究能在工程中实际应用的、能同时反映幅值和频率非平稳性的人工生成随机地震动输入时间历程的方法。

其次，在坝址地震动输入方式方面，坝体地震反应分析与坝体-地基体系采用的数学模型密切相关，特别是对于强震，坝体能量向远域扩散的辐射阻尼效应的重要性已日益突出，坝址地震动输入方式更显重要。由于问题的复杂性，目前一些计入地基辐射阻尼效应的动力分析对地震动输入和地基辐射阻尼的处理方法不同，工程的分析结果差异较大，直接影响到研究成果的采用和工程决策。因此，亟须深入研究以作出合理的统一规定。

4.2　坝址地震动输入机制

我国是目前世界上建坝最多的国家，也是一个多地震国家。多年来，在我国大坝工程建设的实践中，大坝抗震设计逐渐形成了一个重要理念，即：对大坝工程的抗震安全性评价，必须基于相互配套的三个环节——坝址地震动输入、坝体-地基-库水体系的地震响应、体系材料的动态抗力，只有对这三个环节进行综合分析，才能更科学合理地确定抗震安全性评价准则，并作出最终评价。但在相当长的一段时期，设计关注和研究的重点主要在于坝体-地基-库水体系的地震响应，而对坝址地震动输入和体系材料的动态抗力的关注程度和研究深度都明显不足，亟须着力加强。

坝址地震动输入则是大坝工程抗震安全性评价的首要前提。大坝工程抗震设计中的坝址地震动输入包括：①体现地震作用的主要地震动参数，包括峰值加速度、设计反应谱、地震动时间历程；②地震动输入方式，包括设计地震动基准面及地基边界上的输入地震动参数和量值。

坝址地震动输入当然首先要依据我国地震部门颁布的规定和提供的资料，如《中国地震动参数区划图》（GB 18306—2015）和工程场址专门的地震危险性分析法规等，但地震部门不可能深入了解各个部门的很多具体情况和要求，因此存在诸多问题，如：如何正确理解地震部门提供的数据？如何根据大坝工程的特点和坝址具体情况进一步研究和正确应用？等等。这就需要从事大坝抗震工作的工程人员和地震部门有关技术人员共同进行学科交叉的深入研究和相互协作。

为充分开发利用我国丰富的水能资源以满足增长的电能需求，当前我国在西部强震区正建设许多重要大坝。在这些坝的抗震设计中，对于作为表征坝址地震作用强度基本参数的设计地震动，就常因存在不同的理解，而使对同一工程中不同单位采用不同方法提供的抗震分析成果，难以在同一个地震动输入基础上进行相互比较和校核，并直接影响到对工程抗震安全评价的共识。本章主要从工程抗震的角度，就设计地震动输入方式中有关设计地震动峰值加速度的基本概念，以及目前在其应用中存在的某些概念上的混淆进行探讨，提出相关建议，以期为工程抗震设计提供参考。

4.2.1 设计地震动峰值加速度

4.2.1.1 设计地震动峰值加速度的基本概念

目前在大坝工程抗震设计中，都采用地震动峰值加速度作为表征坝址地震作用强度的主要参数。按照现行水工抗震设计规范规定，对一般工程，设计地震动峰值加速度是按照《中国地震动参数区划图》（GB 18306—2015）确定的。对于工程抗震设防类别为甲类的重大工程，应根据专门的工程场址地震危险性分析提供的成果确定。但无论是 GB 18306—2015 提供的峰值加速度，或者是由坝址专门的地震危险性分析中超越概率曲线所提供的峰值加速度，都是根据基于概率法的地震危险性分析成果确定的，只是前者是针对全国范围的更为宏观的分析，后者则是针对一定范围的工程场区。

在工程场地地震危险性分析中，都是采用根据基岩上的实测地震加速度记录统计的衰减关系，即根据设置在基岩地表台站的实测强震加速度记录样本群，统计得出基岩地表地震动峰值加速度与震级和震中距的衰减关系。已有的强震记录只能提供其台站设置的地表场地土层类别，而对其下部更深层基础的地质条件和周围的地形条件，一般都无法确知。更何况，在一定范围的地区内，可以作为统计样本的实测强震加速度记录本来就不会很多，即使都是设置在基岩上的记录台站，各台站所在地表以下地基的地质条件也不可能都类同。因此，就只能假定记录代表的是均质岩体沿水平向无限延伸的平坦自由地表的地震动，即理想弹性介质中满足标准波动方程的平面定型波；而工程场区地震危险性分析给出的是工程场地所在地区半无限空间均质岩体在平坦自由地表的水平向地震动峰值加速度。《中国地震动参数区划图》（GB 18306—2015）中的峰值加速度，虽然是对一般Ⅱ类中硬土场地的，但也是在不考虑不同场地上地震动峰值加速度变化的前提下给出的（高孟潭，2015），所以和基岩场地的地震动峰值加速度相同。

因此，这里所谓"平坦自由地表"是一个笼统的工程抗震设计指标概念，既未考虑工程场地实际的地形条件和岩体具体的地质条件，也不涉及在该场址要建造的工程结构类型和整个工程场区的地震作用强度。

从震源发出的地震波，由于在地壳中复杂介质的传播过程中经过多次折射、反射，很难确定其入射方向（图 4.2-1）。在整个传播过程中，地震波的幅值、频谱组成及其传播和振动的方向都在不断改变，且其各个频率分量的传播速度也并不相同。地震波中所包含的纵波、横波及乐甫（Love）和瑞利（Rayleigh）这两种面波的组成，也随到达时间的不同而不断改变。目前尚难做到在地表记录到的地震动加速度波形中，区分开其组成的各个波形，只知道纵波因波速最大而首先到达，其后是横波，再后是面波，这些波都叠合在一起。但是，场址地表某点的地震动加速度总是可以分解成相互正交的三个分量，通常取为沿地表的两个水平向和垂直于地表面的竖向。实际上，在整个地震波的传播过程中，这三个正交分量的比例也都是在不断变化的，因而其

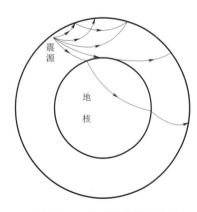

图 4.2-1 地震波传播示意图

合成的振动和传播方向也是在不断改变的，并非在空间始终保持一定的波形并沿某一个固定方向传播的。从总体上看，由于地壳介质的密度由地表往下随地层深度增大而增大，按物理学中波在不同介质中传播的折射和反射定律，由地壳深部往地表传播的地震波，其入射方向将逐渐接近垂直于水平地表的竖向。

所以，工程场区地震危险性分析中给出的，是在近地表半无限空间均质岩体中，由地壳深处沿垂直于水平地表的竖向传播到地表的水平分量的峰值加速度值。根据对实测强震记录统计平均得到的结果，在统计意义上可以认为，地震动两个水平分量的峰值及其相应的反应谱大体上相同。但由于这两个地震动加速度水平分量的峰值一般不可能出现在同一时刻，因此不能简单地用一个峰值为 1.4 倍的水平分量替代，而应分别取峰值和反应谱都相同的两个统计不相关的水平正交分量。至于竖向地震分量与水平地震分量的比值，随地震震级和震中与工程场址的距离而改变。目前在地震工程界普遍认同，在统计意义上的竖向分量的峰值大体上相当于水平分量的 2/3，并且要求这三个相互正交的分量间是统计不相关的。

以上对工程场区设计地震动峰值加速度基本概念的描述，是目前在地震工程界较为普遍接受的，可以将其称为工程场区自由场的设计地震动。需要说明的是，实际地震时的地震动是十分复杂的，已有的实测强震记录显示，在相距仅几十米处的地表地震动就有显著差异。这可能是由于近地表的岩体并不具有理想的均质特性，并且由于面波的存在，地震波由深部向地表传播时也并非完全垂直于地表。上述工程场区设计地震动的自由场地震动特性，是与目前较普遍采用的地震危险性分析中的基本假定和依据相应的。

4.2.1.2　设计地震动峰值加速度的调整

工程结构的局部场地条件对地震动参数的影响表现为，对于从震源传播过来的地震波的放大或减小作用，其对工程结构地震响应影响显著，在工程抗震设计中应计入此影响。

在《中国地震动参数区划图》（GB 18306—2001）（简称"第四代区划图"）中，对于场地条件对地震动参数的影响，明确规定应基于场地类别调整地震动反应谱特征周期，但对于场地类别对地震动峰值加速度的影响未给出明确规定。

2015 年 5 月，《中国地震动参数区划图》（GB 18306—2015）（简称"第五代区划图"）发布，并于 2016 年 6 月 1 日起实施。第五代区划图和 NB 35047—2015 均规定，工程场地按照土层等效剪切波速（或岩石剪切波速）和场地覆盖层厚度，划分为五类，分别为 I_0 类、I_1 类、II 类、III 类和 IV 类。其中 I_0 类和 I_1 类为岩石场地，其剪切波速分别为 $v_s > 800 \text{m/s}$ 和 $800 \text{m/s} \geqslant v_s > 500 \text{m/s}$。这一规定较第四代区划图的场地类别划分多了一类，即对四代区划图中的 I 类场地（$v_s > 500 \text{m/s}$）作了进一步的细化。

第五代区划图编制中，进一步细化了工程场地类别划分，并在已有相关研究成果的基础上开展了场地地震动效应的专题研究，充分考虑和吸收国内外关于场地条件影响的强震观测记录和场地模型数值计算分析的研究成果，作出了考虑场地条件影响对地震动峰值加速度进行调整的规定：以 II 类场地地震动峰值加速度为基准，其他类别场地的地震动峰值加速度应乘以场地地震动峰值加速度调整系数 F_a，F_a 按表 4.2 - 1 确定。

表 4.2-1 场地地震动峰值加速度调整系数 F_a

II类场地地震动峰值加速度值	各类别场地的 F_a				
	I₀类	I₁类	II类	III类	IV类
$\leqslant 0.05g$	0.72	0.80	1.00	1.30	1.25
$0.10g$	0.74	0.82	1.00	1.25	1.20
$0.15g$	0.75	0.83	1.00	1.15	1.10
$0.20g$	0.76	0.85	1.00	1.00	1.00
$0.30g$	0.85	0.95	1.00	1.00	0.95
$\geqslant 0.40g$	0.90	1.00	1.00	1.00	0.90

工程场地地震安全性评价给出的是相应于 I₁类场地的平坦地表的基岩水平向地震动峰值加速度。一般情况下，混凝土坝的建基岩体均为坚硬岩体，其剪切波速均远大于 800m/s，属 I₀类场地。因此，可按照第五代区划图的规定，将地震安全性评价给出的基岩地震动峰值加速度进行调整后作为大坝的抗震设计标准。

4.2.2　坝址地震动输入方式

基于上述工程场区设计地震动的基本概念，大坝坝址地震动的输入及方式，与坝体结构体系地震响应分析的方法及其数学模型直接相关。工程抗震设计中，工程结构体系的地震响应分析都是从动力方程出发的，即

$$[M]\{\ddot{u}\}+[C]\{\dot{u}\}+[K]\{u\}=\{F\} \tag{4.2-1}$$

式中：$[M]$、$[C]$ 和 $[K]$ 分别为结构体系的质量、阻尼和刚度矩阵；$\ddot{u}$、$\dot{u}$、u 分别为其加速度、速度和位移响应；F 为外力。

就地震动输入而言，方程的求解主要有两种方式：作为封闭系统的振动问题和作为开放系统的波动问题。

作为振动问题求解时，一般都不计结构与地基的相互作用，方程中的质量、阻尼和刚度矩阵中都不包括地基在内；把结构地震惯性力 $F=-Ma_g$ 作为外力，其中 a_g 为场区设计地面地震动加速度峰值，作用在所谓刚性盘体的地基面上。结构的加速度、速度和位移响应都是相对于地面运动的相对值。该方式适用于结构刚度相对较小、输入波频率低、结构尺寸远较其需考虑的最短波长为小的情况。目前一般工业和民用建筑物和构筑物多采用这种方式。

对于重要的大坝工程，由于坝体尺寸和质量都很大，在地震响应分析中，坝体结构和地基动态相互作用的重要性已日益被认识到。这种动态相互作用包括地基对结构体系动态特性的影响和结构对地震动输入的影响，其中主要是地震波能量向远域地基的逸散。因此，需要把坝体结构和地基作为整个体系来分析其地震响应。特别是拱坝，坝肩拱座岩体的变形和稳定性能是评价其抗震安全性的关键，与坝体相邻的地基的地形条件和断层、层面、节理、软弱带及不同岩体的物理、力学特性等地质构造条件，对结构地基体系响应的影响十分显著。在这个体系中，地基本身也要作为一个具有质量、阻尼和刚度的体系来考虑。动力方程中的质量、阻尼和刚度矩阵都包括地基在内，求解的结构体系加速度、速度

和位移响应都是包括地面运动在内的绝对值。这样的坝体结构体系一般都作为开放系统的波动问题求解。方程式（4.2-1）的右端项取决于地基模型及其边界条件的选取，但关键是要确定与工程场区给定的自由场地表设计地震动峰值加速度相应的、由地壳深部传播来的自由场输入地震波。给定的自由场地表设计地震动加速度是自由场地表对自由场入射地震波的响应。目前在工程地震界和地震工程界都较普遍接受的是，入射地震波在无限半空间均质岩体中传播到地表时要与由自由边界条件产生的反射波叠加，因此把在基岩中的自由场入射地震波幅值取为给定的设计地震动幅值的一半。

4.2.3　自由场入射地震动输入机制

辐射阻尼效应是坝体结构和地基动态相互作用的主要内容。自由场入射地震动输入机制与坝体结构体系的动力分析数学模型中考虑振动能量向远域地基逸散的所谓辐射阻尼的处理方式密切关联。

作为坝体地基的山体，相对于坝体本身可视作无限域。它可以划分为邻近坝体的近域地基和外围的远域地基。近域地基计入坝基两岸的地形和各类地质构造条件，包括两岸坝肩各潜在滑动岩块。坝体结构地震响应包括由地壳输入的自由场入射地震波及由于河谷地基及坝体存在产生的外行散射波。外行波在向山体传播的过程中，由于几何扩散和地基内部阻尼耗能而使能量逐渐逸散。但在坝体结构体系的分析模型中只能包括范围有限的近域地基。对于在强地震作用下的大坝结构，为计算体系外行波能量向远域地基的逸散效应，也可以把近域地基取得足够大。理论上要求，近域地基边界离坝基的距离 $L \geqslant C_m T_m / 2$，其中 C_m 为无限域地基介质中的最大波速，T_m 为地震波持续时间。由于动力计算分析中网格尺寸受到最小波长制约，计算分析势必要求很大的存储量和计算工作量。目前，近域地基的范围多限于由坝基向各个方向的延伸距离仅为 1～2 倍坝高。如果人工边界采用通常的固定或自由边界，则相当一部分应在人工边界外的地基中耗散的外行波能量，将从人工边界反射回坝体和近域地基内，从而显著影响其地震响应的结果。这部分逸散到远域地基中的能量，对坝体结构体系起到相当于阻尼的作用，因而被称作"辐射阻尼"，其物理概念是十分明确的。

但有一种论点认为，在现场实测的坝体阻尼值已包括了辐射阻尼影响，因而不需要在计算分析中再加以考虑。实际上，坝体和地基材料的阻尼特性是十分复杂并具有随激振力的增加而增大的强非线性特性。现场实测坝体阻尼值时，为保证坝体安全，无论采用机械式激振装置或小炸药量爆破，其激振源的能量都很小，坝体的振动响应也很小，其散射波在地基中的传播范围极小。这些根本无法和强地震时的巨大能量及其影响相比。因而，在工程结构的抗震设计中，材料的阻尼值都比实测值要大，并且强震时的阻尼值要比弱震时取得大。例如在核电站的抗震设计中，极限安全地震（SL-2 或 SSE）的阻尼比值要比运行安全地震（SL-1 或 OBE）的大得多。由于内摩擦能耗的结构和近域地基材料阻尼对其地震响应的影响比远域地基的辐射阻尼影响要小得多，因此对通常取较小的近域地基的情况，在强地震作用下对大坝进行地震响应动力分析时，辐射阻尼的影响是不容忽视的。已有不少的高拱坝工程抗震计算分析的实例表明，辐射阻尼效应对地震响应的影响可达20%～40%，并随坝体体积增大和地基变形模量降低而增长，是不能忽略或仅作为附加安全因素考虑的。

目前已有不少考虑辐射阻尼及其相应输入机制的方式，但在大坝抗震分析的应用中，可归纳为如下两类：

(1) 将近域地基边界设置为满足单向外行波 $f(x-ct)$ 条件的局部人工边界，其中 x 为边界外法线方向。目前，在重要大坝工程抗震设计中较普遍采用的是我国廖振鹏院士提出的对一般的无限域模型具有普适性的人工透射边界。人工透射边界理论基于保证直接模拟沿垂直边界方向以人工波速单向传播的外行散射波在人工边界界面处的传播性质与在原连续介质中的一致，即波通过人工边界界面时无反射效应，而是发生完全透射（廖振鹏，2002）。将有限元的内点运动方程与人工边界节点的外推方法结合起来，便可用有限的计算模型模拟无限介质中的波动过程。将解出的总响应减去入射波求得外行波后，直接在边界上模拟外行波从有限模型的内部穿过人工边界向外透射的过程。由于人工波速和沿不同方向和波速传播的实际外行波的视波速间的误差项，也是相同类型的单向波，因此，可推导出对误差项进行修正的、以离散形式表达的局部人工边界多次透射公式：

$$u_0^{p+1} = \sum_{j=1}^{N} (-1)^{j+1} C_j^N u_j^{p+1-j} \tag{4.2-2}$$

其中
$$C_j^N = \frac{N!}{(N-j)!\, j!} \tag{4.2-3}$$

式中：N 为透射阶数，通常取 $N=2$ 即可；u_0^{p+1} 为人工边界节点在 $(p+1)\Delta t$ 时刻的位移，Δt 为时间步长，p 为当前时步数；u_j^{p+1-j} 为计算点 $x=-jc_a\Delta t$ 在 $(p+1-j)\Delta t$ 时刻的位移，c_a 为人工波速。

该方法在理论上论证严密，在求解方法上，可在空间域中对人工边界内部区域以集中质量的有限元法离散，在时域中以中心差分法离散，实现时空解耦后，用逐步积分法在时域中显式求解，即从当前时刻的节点运动方程推求下一时刻节点的运动。它不需要进行刚度、质量、阻尼矩阵的总装，式 (4.2-3) 右端项的形成只需在单元一级水平上根据每个单元对有效荷载向量的贡献累加而成，这样整个计算基本上在单元一级水平上进行，因此就只需要很小的高速存储区，计算效率较高。尤其当一系列单元的刚度矩阵、质量矩阵、阻尼矩阵都相同时，就不需要重复计算，效率更高，且适用于各类非线性问题。对于逐步积分的数值稳定性要求及其实现，也都已有过详尽的分析研究。该方法目前已在我国很多高拱坝工程的抗震设计中得到了广泛应用。

人工透射边界的地震动输入，是基于以人工波速传播的、水平向和竖向平面波叠加的假设，采用从边界直接输入自由场入射地震位移波的方式。

(2) 基于动态子结构方法，将坝体和近域地基作为子结构从无限域地基中隔离出来，以其满足辐射条件的动态阻抗和对自由场入射地震波的响应表征远域地基效应。通过子结构和远域地基接触面上相互作用的内力平衡和位移连续的条件，确定其边界条件和地震动输入机制。子结构的动力方程可以内部和边界节点分区的动态阻抗形式给出（J.P. 瓦尔夫，1989）：

$$\begin{bmatrix} S_{ss} & S_{sb} \\ S_{bs} & S_{bb} \end{bmatrix} \begin{Bmatrix} u_s \\ u_b \end{Bmatrix} = \begin{Bmatrix} 0 \\ P_b \end{Bmatrix} \tag{4.2-4}$$

式中：S 为子结构动态阻抗；u 为位移响应；下标 s、b 分别表示内部和边界区；作用于子结构边界的相互作用力 $\{P_b\}=[S_b^g]\{u_b^g-u_b\}$，其中 S_b^g、u_b^g 分别为远域地基自由边界的动态阻抗和其在入射自由场输入波作用下的散射位移场。

将 P_b 代入式（4.2-4）后得出

$$\begin{bmatrix} S_{ss} & S_{sb} \\ S_{bs} & (S_{bb}+S_b^g) \end{bmatrix}\begin{Bmatrix} u_s \\ u_b \end{Bmatrix}=\begin{Bmatrix} 0 \\ S_b^g u_b^g \end{Bmatrix} \tag{4.2-5}$$

容易证明，$[S_b^g]\{u_b^g\}=[S_b^f]\{u_b^f\}$，其中 S_b^f、u_b^f 分别为自由场地基子结构边界处的动态阻抗和其在入射自由场输入波作用下的位移。动态阻抗矩阵 S_b^g、S_b^f 都要在频域中求解，且在空间域内是耦联的，是对全部近域地基边界自由度的满阵。就分析大型复杂结构的地震响应而言，计算十分繁复，特别当坝体和近域地基具有非线性时，需要通过傅里叶反变换，求得对应的时域全局解，难以在实际工程中应用。即使采用近似方法，在一定的频率范围内，对频域内动态阻抗矩阵的各主项，通过二次曲线拟合求得质量、阻尼和刚度的诸节点集中参数，计算过程仍然相当繁复且计算结果也是较粗略的。

目前比较常用的求解远域地基自由边界的时域内动态阻抗矩阵 S_b^g 集中参数的方法是，将子结构内部的外行散射波作为波源问题，从理想介质中平面、柱面或球面波的标准波动方程出发，由子结构边界上法向和切向应力和位移、速度的关系式，导出其时域内动态阻抗矩阵的局部的阻尼和刚度的集中参数，相当于在边界设置阻尼器和弹簧的黏弹性边界（图 4.2-2）（Liu et al.，2006）。该方法虽然仅具有一阶精度，但物理意义清晰，因而在大坝抗震分析中也被较广泛地应用。同时，在入射自由场输入波作用下，用求解自由场应力 σ_b^f、位移 u_b^f 和速度 $\dot{u}_b^f$ 替代远域地基散射位移场 u_b^g，使计算进一步简化。

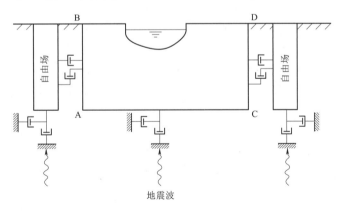

图 4.2-2　黏弹性边界

在该方法中，远域地基自由边界的动态阻抗 S_b^g 可以通过节点弹簧刚度 K_b 和阻尼器阻尼系数 C_b 表征，其相应的自由场纵、横入射波的表达式为

纵波：
$$K_{bP}=A_b\frac{\alpha_N E}{R}、C_{bP}=\rho c_P A_b \tag{4.2-6}$$

横波：
$$K_{bS}=A_b\frac{\alpha_T G}{R}、C_{bS}=\rho c_S A_b \tag{4.2-7}$$

式中：$\{A_b\}$ 为边界网格节点的影响面积向量；E、G、ρ 分别为远域地基介质弹性模量、剪切模量和质量密度；C_P、C_S 分别为入射的纵、横波速；R 为散射波源到近域地基边界的距离，由于子结构中的散射场的波源并非点源，R 的取值有一定任意性；α_N、α_T 分别为边界法向和切向的修正系数，与波源问题中采用平面波或球面波波形有关，在从近域地基的底部边界入射的地震波，假定其竖向和水平向分量分别取为以纵、横波速传播的平面波时，α_N、α_T 都取为 $1/2$。

相应于该模型的地震动输入，可以通过把近域地基作为半无限空间自由场地基的子结构，由其在入射地震波作用下的边界相互作用力 P_b^f 给出：

$$\{P_b^f\}=[K_b]\{u_b^f\}+[C_b]\{\dot{u}_b^f\}+[\sigma_b^f][n]\{A_b\} \qquad (4.2-8)$$

式中：$\{n\}$ 为边界外法线方向余弦向量；$[K_b]$、$[C_b]$ 均为以式（4.2-6）、式（4.2-7）表达的集中参数为元素的对角矩阵。

在近域地基底边边界输入的是作为平面波的自由场入射地震波。

在式（4.2-8）给出的其相互作用力中，应将上标为"f"的各项，以上标"i"替代，且因 $[\sigma_b^i]\{A_b\}=[C_b]\{\dot{u}_b^i\}$，故其作用力为

$$\{P_b^i\}=[K_b]\{u_b^i\}+[C_b]\{\dot{u}_b^i\}+[\sigma_b^i]\{A_b\}=[K_b]+2[C_b]\{\dot{u}_b^i\} \qquad (4.2-9)$$

4.2.4　几种地震动输入方式中需要澄清和探讨的问题

目前在大坝的抗震设计中，对作为评价其抗震安全性前提的地震动输入，存在着一些概念上的混淆，直接影响到对工程抗震安全的评价，因此亟须澄清并对其影响进行检验和探讨，以取得共识。

1. 对地震危险性分析给出的设计峰值加速度的理解

如前所述，工程场区地震危险性分析中给出的，是在近地表半无限空间均质岩体中，由地壳深处沿垂直于水平地表的竖向传播到地表的水平分量的峰值加速度值。入射地震波是理想弹性介质中满足标准波动方程的平面定型波。但目前在不少大坝工程的抗震设计中，常误将场区设计峰值加速度直接与实际工程场地的地表联系，任意假定作为自由场地表基准面的高程。例如：对土石坝取覆盖层地表，对重力坝取坝基岩面，对拱坝则取坝顶或其上一定高度的假想水平岩面；然后，再按工程地基的具体地质条件，通过计入地基阻尼的一维反演分析，确定地基底部边界的入射地震波。因此，不仅对同一工程中不同单位的抗震分析成果难以在同一个地震动输入基础上进行相互比较和校核，而且在比较不同坝型方案时，同一工程场区地基底部岩体边界的入射自由场地震波幅值也会有很大差异；特别是在有覆盖层或地基岩体较软弱时，入射自由场地震波特性改变很大。

2. 沿用无质量地基假定直接输入设计地震动峰值加速度

目前一些工程的抗震设计中仍常沿用无质量地基。无质量地基的假设仅考虑了近域地基的弹性对结构刚度的影响，忽略了地基本身的惯性力和阻尼影响，仅适用于在确定坝体动力特性时计入地基影响，但不宜于推广应用于坝体地震响应分析。特别是把近域地基的边界取为刚性，忽略了作为结构-地基相互作用中主要因素的辐射阻尼影响，也不能反映结构对坝基地震动的影响及两岸河谷的坝基地震动不均匀分布影响。把地表的设计地震动峰值加速度作为延伸约1倍坝高处的地基刚性边界的均匀地震动输入，显然不符合实际状

况。对实际工程实例的分析表明，这种假设使结果明显偏大。瑞士对高 250m 的莫瓦桑（Mauvoisin）大坝、180m 高的伊摩逊（Emosson）大坝和 130m 高的彭达加（Punt - dal - Gall）大坝三座高坝进行系统的强震观测，结果表明，以坝基实测加速度作为输入，按无质量地基模型计算的坝体响应较之相应的实测值大很多（Proulx et al.，2004），验证了其结果显著偏大，不能反映实际状况。这也说明了地基辐射阻尼及坝基地震动不均匀分布的影响不能忽略。

3. 对近域地基底边取刚性边界输入设计地震动峰值加速度

对无质量地基的初步改进，是在深度通常为 1 倍坝高的地基范围内，考虑了地基的质量、刚度和材料阻尼影响，但仅在地基两侧设置吸能边界以计入辐射阻尼影响，而地基底边仍作为刚性边界输入设计地震动峰值加速度。这种地震动输入机制，曾被广泛推荐，但对其忽略地基竖向的辐射阻尼及可能导致的竖向共振对结果的影响，迄今缺乏认真探讨；特别是当地基深度接近 $CT/4$ 时（其中 C、T 分别为地震波的波速和卓越周期），其影响会更显著。也曾有研究人员对包括底部边界在内的地基各边界都设置阻尼器，但将地基底部边界节点质量人为增大很多，以确保底部边界的地震加速度为地表设计地震动峰值加速度的一半。但这种输入方式能否反映实际作用于有限地基底部边界的相互作用力及其外行散射波的辐射阻尼效应，仍值得商榷。

4. 以地表设计地震动峰值加速度替代建坝前沿河谷的散射波场

在我国为某些大坝工程抗震设计提供的研究成果中，也有在求得沿坝基面的地基动态阻抗矩阵后，近似拟合成时域内的集中参数，但在对坝基面输入地震动时，以均匀的地表设计地震动替代应采用的建坝前沿河谷的散射波场，显然缺乏理论依据。

5. 采用子结构边界设置阻尼器和弹簧元件模型时忽略自由场应力

前述基于动态子结构法，在近域地基边界输入相互作用力 P_b 的第二类地震动输入方式，由于被国外一些大型商业软件所采用，在我国大坝抗震设计中也常被应用，但不少情况下都只在近域地基边界设置阻尼器，忽略其弹簧元件，在地震动输入中不计两侧边界的自由场应力作用。这种忽略对结果的影响，迄今仍缺乏比较论证。

4.3　设计反应谱

除设计地震动峰值加速度外，设计反应谱是大坝抗震设计的又一关键地震动参数。这是因为，当前不仅在对结构地震响应的线弹性分析中，主要采用振型分解反应谱法，而且在结构地震响应的非线性分析中，也多采用拟合设计反应谱生成的地震动加速度时程。

现行规范（NB 35047—2015）按照工程抗震设防类别采用了不同的设计反应谱：对于工程抗震设防类别为甲类的大坝工程，采用设定地震法确定的场地相关设计反应谱；对于其他工程则采用标准设计反应谱。

4.3.1　标准设计反应谱

对于一般建筑物的设计地震加速度反应谱，《水电工程水工建筑物抗震设计规范》（NB 35047—2015）规定可采用与场地不相关的所谓"标准设计反应谱"。它是基于同一类别地基上的诸多不同场地实测加速度记录求得的加速度反应谱的统计平均值。目前在我国，只有对特别重要的核电工程的抗震设计，才采用均值加 1 倍标准差作为设计的标准反应谱。通常都采用除以峰值加速度后的无量纲 β 值表达。我国《建筑抗震设计规范》（GB 50011—2010）中直接以地震影响系数 α（单位：m/s^2）表达的加速度反应谱确定地震作用。

抗震设计中采用的经归一化了的标准反应谱，主要取决于反应谱平台值 β_{max}、特征周期 T_g 和衰减指数 γ 三个参数值。反应谱是和地震的远近和大小相关联的。归一化了的反应谱平台值 β_{max} 一般受地震的远近和大小的影响较小，目前通常被忽略。在抗震设计的标准反应谱中都只以特征周期 T_g 考虑地震的远近和大小以及地基类别的影响，大震、远震及软地基的反应谱平台向长周期方向延伸，特征周期 T_g 值相应加大。

《水电工程水工建筑物抗震设计规范》（NB 35047—2015）给出的标准设计反应谱，是基于美国的"下一代衰减关系（next generation attenuation，NGA）"，并以各国已有的大量强震记录为资料，统计加速度反应谱，最后得到经归一化的均值反应谱。

4.3.2　基于设定地震的场地相关设计反应谱

《水工建筑物抗震设计规范》（DL 5073—2000）给出的标准设计反应谱适用于所有水工建筑物的抗震设计，各类建筑物分别按照场地类别和建筑物类型确定采用的反应谱特征周期和反应谱最大值。而在现行 NB 35047—2015 中规定，对于作专门的地震安全性评价的工程抗震设防类别为甲类的工程，应依据工程场址的具体地震地质条件，采用基于设定地震方法确定场地相关反应谱作为设计反应谱。

中国水科院在相关研究成果基础上，编写了《〈水电工程水工建筑物抗震设计规范〉（NB 35047—2015）设定地震确定场地相关设计反应谱补充说明》，对场地相关设计反应谱的确定原则、方法、过程及有关要求作出了说明。2017 年 8 月，水电水利规划设计总院下达了《关于印发〈水电工程水工建筑物抗震设计规范〉（NB 35047—2015）设定地震确定场地相关设计反应谱补充说明》的通知。目前该方法已应用于众多重大水电工程场地相关反应谱的确定工作中。

4.3.2.1　研究方法

设定地震（probability‑based scenario earthquake，PSE）是在地震危险性分析概率方法和确定性方法的基础上确定的，其目的是为结构抗震计算提供适当的设计反应谱和地震动时程输入。场地相关的设计反应谱不仅具有概率的含义，而且能给出震级、震中距一定的具体地震，该地震在工程场址产生设计地震动加速度。

基于设定地震确定场地相关反应谱的基本思路如下：

（1）用概率地震危险性分析方法对工程场址进行地震危险性分析。

（2）选出对场址设计地震动加速度超越概率贡献最大的潜源。

（3）在潜源中选出对超越概率贡献最大的地震作为设定地震的震级和震中距。

（4）依据已知的震级、震中距，按反应谱衰减关系，求得与场地地震地质条件相关的归一化的设计反应谱。以下着重讨论设定地震确定工作中的几个关键技术问题。

4.3.2.2　地震动反应谱衰减关系

地震动衰减关系作为地震危险性分析方法的核心，直接影响到重大工程抗震设计参数的取值。

长期以来，我国的工程场地地震危险性分析中，地震动参数的衰减关系是由工作区的地震烈度与参考区（通常为美国西部）的烈度和地震动参数衰减关系转换得出的，通常采用中线映射法进行转换。假定在地震发生的震级（M）和距离（R）域内，对有丰富地震动记录地区（A 区）内任一地震 $P(M_A, R_A)$，在缺乏地震动记录地区（B 区）内存在着与之相应的一个地震 $Q(M_B, R_B)$，使得这一对地震在各自区内引起的地震烈度 I 和地震动参数 Y 相等，即 $I_A(M_A, R_A) = I_B(M_B, R_B)$，$Y_A(M_A, R_A) = Y_B(M_B, R_B)$，则 P 和 Q 可称为两地区的映射地震对。

虽然近年来我国强震观测数据得到了快速积累，但全国大部分地区仍不足以用强震数据直接回归得到地震动参数衰减关系。因此，在 2015 年颁布实施的我国第五代区划图［《中国地震动参数区划图》（GB 18306—2015）］的编制工作中，仍以美国西部地区为参考区，采用转换法建立了包括青藏区、新疆区、东部强震区和中部强震区的分区地震动参数衰减关系。

一些研究（陈厚群 等，2005；姜慧 等，2004）指出，上述转换方法的基本假定是不同地区烈度衰减关系的差异与地震动参数衰减规律的差异类同，对峰值加速度来说，由烈度衰减关系转换尚可接受，但很难推广到地震动反应谱的每个周期分量 $S_a(T)$ 的衰减规律上，这在物理概念上难以理解，也是不尽合理的。

为满足重大工程抗震设计的需要，可借鉴相关研究成果（马宗晋 等，1986，1995）。该成果在论述中国大陆地区地震活动时认为，从地震基本成因环境看，中国大陆所发生的地震属于欧亚板块内部地震类型，即大陆地震构造系的地震。大陆地震构造系的主体位于北纬 20°～50°之间，横贯欧亚大陆和北美大陆，其东西两半区呈现反对称的地震活动。绝大多数地震发生在地壳内的浅源地震，且表现为以水平错动为主。中国大陆和北美大陆在构造、地壳组成、现代应力状态及地震成因、地震活动特点等方面都有一定的相似性，即可比性，因此两个地区地震记录的相互借用是具有一定的构造基础的。有鉴于此，在当前我国尚缺乏强震记录的情况下，直接使用由美国西部基岩强震记录得出的加速度反应谱各周期分量 $S_a(T)$ 的统计拟合的衰减关系，较之由烈度转换得到的反应谱衰减公式可能更为合理。

综上所述，目前直接采用美国 NGA 衰减关系（next generation of ground - motion attenuation models）进行设定地震反应谱的研究是适宜的。近年来，我国地震部门对于地震动衰减关系的研究工作日益加强。尽管目前我国地震安全评价中仍采用转换方法建立分区地震动反应谱衰减关系，但在转换过程中利用了我国为数不多的强震观测数据加以控制。可以相信，随着我国强震记录的逐步积累，今后将建立直接采用这些记录统计回归的、可反映我国实际地震地质条件的加速度反应谱衰减关系并应用到我国大坝的抗震设计中。

NGA 为跨学科的研究项目，隶属美国太平洋地震工程研究中心（PEER）、美国地质调查局（USGS）和南加州地震中心（SCEC）联合主导的生命线科研工程。该项目的攻关内容之一就是在当前国际主要强震资料的基础上，建立适用于美国西部浅源地震条件的新一代的地震动衰减关系。NGA 研究围绕现有的五套地震动衰减关系形成五个团队，分别由 Abrahamson 和 Silva、Boore 和 Atkinson、Campbell 和 Bozorgnia、Chiou 和 Youngs、Idriss 负责。NGA 于 2008 年公开发表的研究成果 AS08（Abrahamson et al.，2008）、BA08（Boore et al.，2008）、CB08（Campbell et al.，2008）、CY08（Chiou et al.，2008）和 I08（Idriss，2008）的数据均来自 PEER NGA 数据库，其中深度 30m 以内平均剪切波速 V_{S30}＝116～2016m/s 的自由场记录见图 4.3-1。

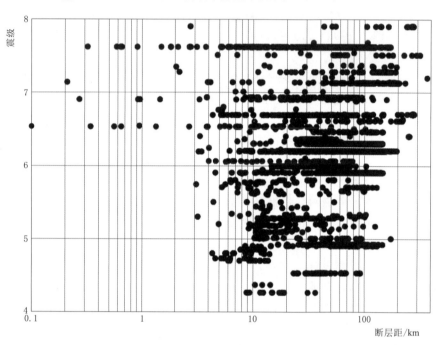

图 4.3-1 NGA 数据库中 V_{S30}＝116～2016m/s 自由场记录

虽然采用不同的衰减模型，五个研究团队的 NGA 衰减关系均充分考虑了强震、近场条件下高频地震动分量的饱和现象，且同时考虑走滑、正断或逆断的断裂方式及上盘效应等近场地震动特性，较我国现有衰减关系更适合应用于近场地震。五套 NGA 衰减关系选择断层距（即场址距断层面的最近距离）、Joyner-Boore 距离（场址距同震断裂面地表投影的最近距离）、断层埋深、断层向下的断裂宽度和断层倾角等与震源体性状相关的变量作为模型参数，从一定意义上考虑了震源体对地震动参数的影响。需要说明的是，五套衰减关系适用于基岩条件的最大 V_{S30} 分别是 2000m/s（AS08）、1300m/s（BA08）、1500m/s（CB08）、1500m/s（CY08）和不小于 900m/s（I08）。

4.3.2.3 NGA 衰减关系放大系数谱比较

在实际水工结构的抗震计算中，常将反应谱分解为设计地震加速度和归一化的设计反应谱（β 反应谱、放大系数）。设计地震加速度代表强度特性，可由专门的地震危险性分析确定。β 反应谱携带频谱特性，谱形主要由设计反应谱的最大值 $\beta_{\max}$ 和特征周期 T_g 控制。实际工程设计的主要依据是 β 反应谱，本节将综合比较由五套 NGA 衰减关系计算的

β 反应谱。按照常规认识，设计反应谱的平台段主要控制自振周期短、刚度较大和矮小结构的地震反应，大于特征周期的下降段对高耸、柔度较大的长周期结构的抗震设计有重大影响。小型和中等高度的水库大坝自振频率大多为 $2 \sim 5$Hz，结构响应主要取决于设计反应谱的平台段，但高坝的自振周期变长，如 300m 的大坝自振周期约为 1s，因此设计反应谱的平台高度、特征周期大小和 1s 以内甚至超过 1s 的谱值都将影响到大坝的抗震设计。以下的对比分析，主要考虑 2s 以内的 β 反应谱。

搜集 2008 年以前发生在世界范围内的板内地震，对强震记录进行分析整理，选取 80 条震级不低于 6.4、震中距小于 45km 的校正后的基岩加速度记录；计算这些记录的放大系数谱，并进行统计平均，得到一条包含工程关注的近场、大震和基岩地震信息的基岩记录平均谱。由于 NGA 放大系数谱和基岩平均谱都具有基于历史地震的统计均值意义，且两者同样以世界范围内最新的强震记录为统计资料，故选择基岩平均谱与五套 NGA 衰减关系进行对比验证，其比较结果有助于了解哪套 NGA 衰减关系更适合描述大震、近场和基岩条件的工程场地地面运动。

根据五套 NGA 衰减关系，图 4.3-2～图 4.3-4 给出震级为 6.5 级、7.0 级、7.5 级和 8.0 级，以及断层距为 10km、20km 和 30km 时直立走滑断裂形式下，逆断且考虑上盘效应（断层倾角 45°）和逆断且考虑上盘效应（断层倾角 60°）的放大系数反应谱，旨在了解工程关注的近场、大震和基岩条件下各衰减关系间的差异。

比较图 4.3-2～图 4.3-4 中的基岩平均谱和 5 条 NGA 放大系数谱，可见随震级增加和距离增大，各放大系数谱间的差距逐渐加大。从图中可以看出，走滑断裂时的 BA08 放大系数谱，以及走滑和逆断且考虑上盘效应的不同倾角情况下的 CB08 和 CY08 放大系数谱，其 β_{max} 均明显高于 AS08 和 I08，也即在平台段 BA08、CB08 和 CY08 放大系数谱的谱值高，且与基岩平均谱的值更接近；在周期大于 0.2s 后，AS08 和 I08 放大系数谱的值超过相应周期点的 BA08、CB08 和 CY08，且与基岩平均谱的值更接近。对于自振周期约为 1s 的 300m 级的高坝来说，设计反应谱的平台段不是抗震设计的主要控制段，从偏安全考虑，选择周期约为 1s 范围内具有较高谱值的 AS08 和 I08 衰减关系作为高坝抗震设计的依据可能更为合理。

综上，建议选择 AS08 衰减关系用于大震、近场和基岩条件下的重大水利水电工程设定地震研究，主要原因为：①AS08 衰减关系适用基岩条件的最大 V_{S30} 是 2000m/s，与高坝坝址所处的实际场地条件更接近；②周期大于 0.2s 后，AS08 和 I08 放大系数谱的值超过相应周期点的 BA08、CB08 和 CY08，且与基岩平均谱的值更接近；③从偏安全考虑，应选择 1s 左右周期范围具有较高谱值的 AS08 和 I08 衰减关系作为高坝抗震设计的依据；④AS08 衰减关系同时计入不同断裂方式和上盘效应的影响，而 I08 衰减关系只区分走滑和逆断两种断裂方式，不考虑上盘效应的影响。

4.3.2.4　设定地震的确定原则

设定地震是一个确定事件，前提是它必须在工程场地产生与规定的抗震设防概率水平相应的设计地震动峰值加速度。由于重大工程的设计地震动都是小概率事件，通常仅有少数潜在震源能满足此前提条件。在这少数几个潜源中，每个潜源在其所包络的面积与所给定的震级上限范围内，按照选定的衰减规律，可以有若干个满足前提条件的震源，各具有

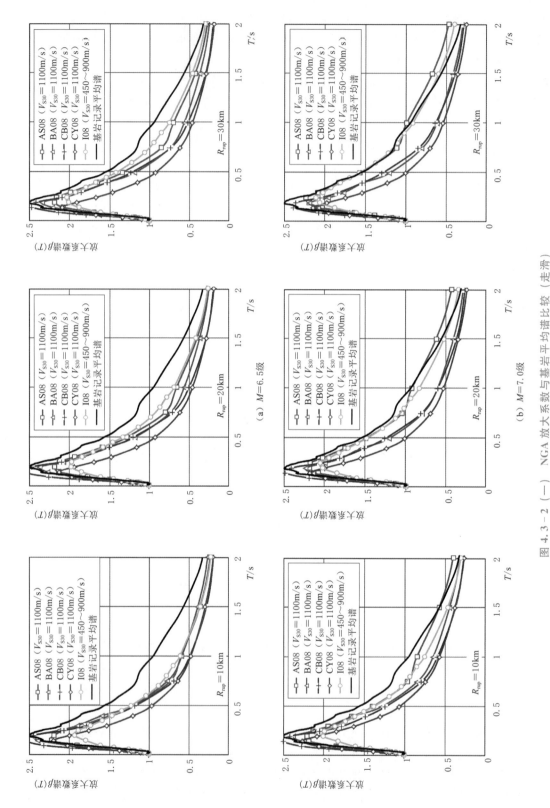

(a) M=6.5级

(b) M=7.0级

图 4.3 - 2 （一）　NGA 放大系数与基岩平均谱比较（走滑）

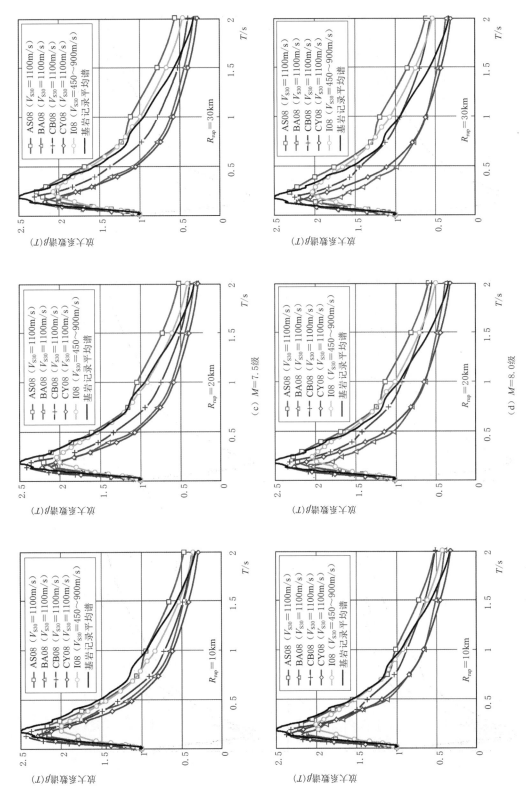

图 4.3 - 2 (二)　NGA 放大系数与基岩平均谱比较（走滑）

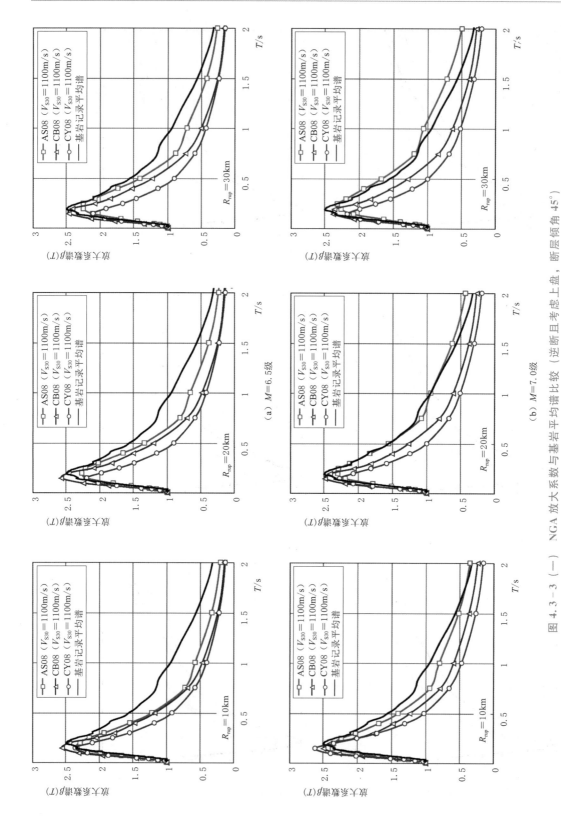

图 4.3 - 3 （一） NGA 放大系数与基岩平均谱比较（逆断且考虑上盘，断层倾角 45°）

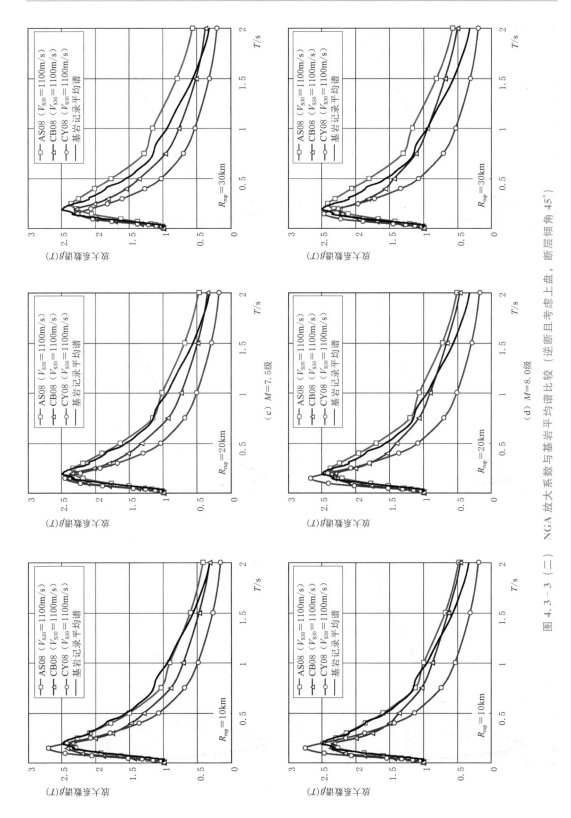

(c) M=7.5级

(d) M=8.0级

图 4.3-3 (二)　NGA 放大系数与基岩平均谱比较（逆断目考虑上盘，断层倾角 45°）

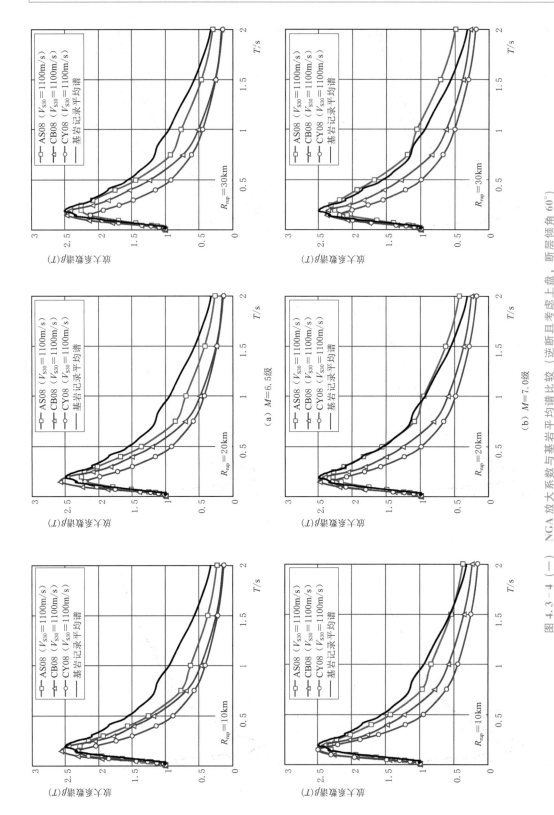

图 4.3 - 4 (一) NGA 放大系数与基岩平均谱比较（逆断且考虑上盘，断层倾角 60°）

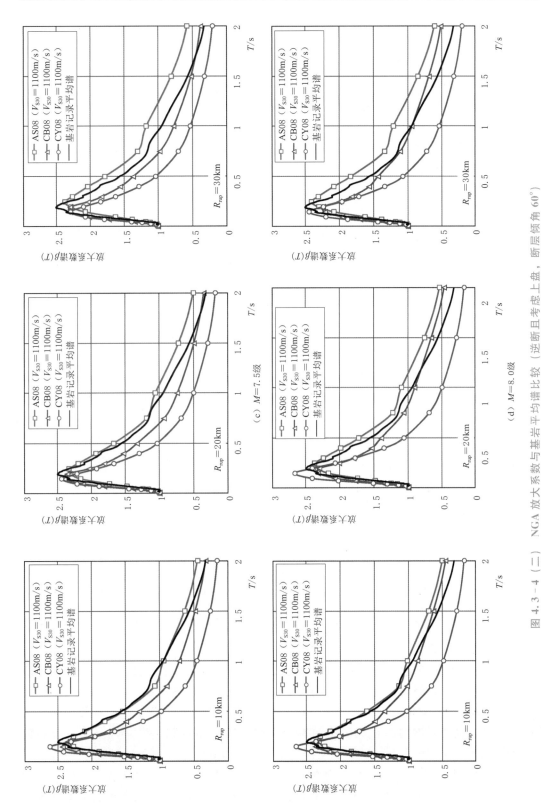

(c) M=7.5级

(d) M=8.0级

图 4.3-4（二）　NGA 放大系数与基岩平均谱比较（逆断且考虑上盘，断层倾角 60°）

不同的震级 M 和到场址的距离 R，其发生概率也各不相同。所有这些满足前提条件的单个地震的发生概率不同，而且肯定小于出这些地震综合影响所组成的设防概率水平，因此可以按照其中发生概率最大的原则，选取场地设计反应谱所对应的设定地震。

首先，设定地震的选取必须以潜在震源区内的地震地质条件为依据，与发震构造或主干断裂的位置密切相关。我国大陆内部发生的绝大部分强震都与断裂构造有关，因此潜在震源区划分的重要原则和判别标志就是发震构造，特别是 $M_u \geqslant 7.0$ 级潜在震源区的划分，其主要依据就是考虑活断层及其相互作用的特征。因此所选择的设定地震应位于对重大工程场址产生给定概率水平的、地震动参数贡献最大的潜在震源区所包络的面积范围内。

其次，考虑发生概率最大的原则。按照《工程场地地震安全性评价》（GB 17741—2005）规定的概率地震危险性分析方法，在地震统计区内部发生地震，影响到场点地震动参数值 A 超越给定值 a 的年超越概率为

$$P(A \geqslant a) = 1 - \exp\left[-\sum_{k=1}^{N_z}\sum_{j=1}^{N_m}\sum_{i=1}^{N_{ks}}\iint P(A \geqslant a \mid m_j, (x,y)_{ki}) \cdot \frac{V_k f_{ki,m_j}}{A_{ki}} \cdot\right.$$

$$\left. \frac{2\exp[-\beta_k(m_j - m_0)]}{1 - \exp[-\beta_k(m_{uzk} - m_0)]} \cdot \text{sh}\left(-\frac{\beta_k}{2} \cdot \Delta m\right) \text{d}x\,\text{d}y\right] \tag{4.3-1}$$

式中：N_z 为地震统计区个数；N_{ks} 为第 k 个地震统计区内潜在震源区个数。

这里只考虑对重大工程场址产生给定概率水平的地震动参数贡献最大的潜在震源区。

式（4.3-1）中控制年超越概率的影响因素包括以下三部分：

（1）根据概率地震危险性分析方法中地震活动性模型的基本假定①：地震统计区内地震活动的震级分布满足截断的古登堡-里克特（G-R）关系。将震级域离散为 N_m 个震级档，m_j 为第 j 个震级档 $m_j - \frac{1}{2}\Delta m \leqslant m_j \leqslant m_j + \frac{1}{2}\Delta m$ 的中心值（Δm 为震级间隔），则地震统计区的震级分布 $P(m_j)$ 为

$$P(m_j) = \frac{2\exp[-\beta(m_j - m_0)]}{1 - \exp[-\beta(m_{uz} - m_0)]} \cdot \text{sh}\left(\frac{\beta}{2}\Delta m\right) \tag{4.3-2}$$

式中：β 为地震统计区的统计参数，$\beta = b\ln 10$，代表区域内不同大小地震频数的比例关系；$\text{sh}\left(\frac{\beta}{2}\Delta m\right)$ 为以 $\frac{\beta}{2}\Delta m$ 为变量的双曲正弦函数；m_{uz} 为地震统计区的震级上限；m_0 为地震统计区的震级下限。

（2）根据概率地震危险性分析方法中地震活动性模型的基本假定②：地震统计区内地震活动在不同潜在震源区之间为不均匀分布，即地震统计区内各潜在震源区发生 m_j 震级档地震的概率满足不均匀分布。令地震统计区内 m_j 档地震发生在第 i 个潜在震源区上的概率为 f_{i,m_j}，也即所谓的潜在震源中各震级档的空间分布函数。当计入空间分布函数 f_{i,m_j} 的作用时，个别情况下，有可能使得某个震级档的概率分布特别突出。

（3）同样，根据概率地震危险性分析方法中地震活动性模型的基本假定③：同一个潜在震源区内地震活动满足均匀分布，即潜在震源区内各点发生 m_j 震级档地震的概率满足

均匀分布。在某震级档 m_j 条件下，考虑潜在震源区内的各点，能使得场点地震动加速度大于或等于给定的抗震设防概率水平相应的设计地震动峰值加速度，即年超越概率公式（4.3-1）中的 $P(A \geqslant a \mid m_j, (x, y)_{ki})$。

4.3.2.5　确定设定地震的主要步骤

确定设定地震的主要步骤可简要归纳如下：

（1）基于概率地震危险性分析方法和指定的概率水准（如 100 年超越概率 2％和 100 年超越概率 1％），得到与之对应的不确定性校正前后的地震动峰值加速度值。

（2）确定有贡献的潜在震源。对于重大工程的小概率设防概率水准（如 100 年超越概率 2％和 100 年超越概率 1％），通常只有 1～2 个有贡献的潜在震源区。选取对场址给定峰值加速度值贡献最大的潜在震源作为设定地震可能发生的区域。

（3）遵循发生概率最大的原则，综合考虑对年超越概率有影响的三大因素，确定发生概率最大的震级及其在潜在震源中所处的空间位置。若根据古登堡—里克特（$G-R$）震级-频度关系式 $\lg N = a - bM$，则震级小的地震发生概率大，但如果潜在震源中某个震级档的空间分布函数 f_{i,m_j} 的作用突出，再加上不同震级档条件下，能在场点产生大于或等于给定的地震动峰值加速度的潜源面积的影响，则最终得到的发生概率最大的震级可能并不是最小或最大地震。

（4）由（3）确定的发生概率最大的震级及其在潜在震源中所处的空间位置，可求出设定地震的震级（M）和震中距（R_{epi}）。

（5）已知设定地震的震级和震中距后，按 NGA 衰减关系求得与场地地震地质条件相关的加速度反应谱，并按峰值加速度值进行规一化。

以下几个关键点需要特别指出：

1）目前的工程抗震设计实践中，在按设防概率水准确定设计地震动峰值加速度值后，设计反应谱一般都取其均值，不需要对衰减关系作不确定性修正。这是因为不需要对 $S_a(T) = A_p \cdot \beta(T)$ 中的峰值加速度 A_p 和 $\beta(T)$ 都进行不确定性校正，应该采用与给定概率水平相当的、未经不确定性校正的场址峰值加速度值作为设定地震的约束值。

2）在根据未经不确定性校正的场址峰值加速度和最大贡献潜在震源寻找发生概率最大的设定地震的时候，采用与概率地震危险性分析完全一致的参数和衰减关系，也即完全基于概率地震危险性分析的结果确定设定地震的震级（M）和震中距（R_{epi}）。

3）计算设计反应谱 $S_a(T) = A_p \cdot \beta(T)$ 中的 $\beta(T)$ 时，直接选取适用于美国西部浅源地震条件的加速度反应谱各周期分量 $S_a(T)$ 的衰减关系，建议采用 NGA 衰减关系中由 Abrahamson 和 Silva 建立的 AS08 反应谱衰减关系。

基于上述步骤给出确定设定地震的场地设计反应谱的计算流程（图 4.3-5）。

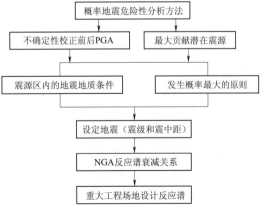

图 4.3-5　确定设定地震的场地设计反应谱的流程图

4.3.3　算例：白鹤滩工程场址设定地震场地相关设计反应谱研究

4.3.3.1　基本资料

在《中国地震动参数区划图》（GB 18306—2015）中，白鹤滩水电站坝址区 50 年超越概率 10% 的地震动峰值加速度为 0.2g [图 4.3 - 6]，坝址位于 0.20g 区内、靠近 0.30g 区的部位。根据中国地震灾害防御中心 2016 年 2 月提交的《金沙江白鹤滩水电站坝址设计地震动参数复核报告》，场址基岩水平向地震动峰值加速度：50 年 10% 超越概率水平为 208.9Gal，100 年 2% 超越概率水平为 450.8Gal（表 4.3 - 1）。

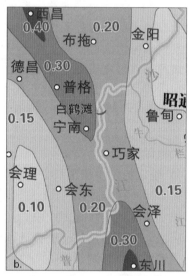

（a）GB 18306—2001　　　　　　（b）GB 18306—2015

图 4.3 - 6　白鹤滩坝址在《中国地震动参数区划图》上的位置

表 4.3 - 1　　　　　　　　　　场址基岩地震动水平向峰值加速度

基准年超越概率水平	50 年 63%	50 年 10%	50 年 5%	50 年 2%	100 年 2%	100 年 1%
加速度峰值/Gal	65.6	208.9	276.4	375.8	450.8	534.4

4.3.3.2　主要发震断裂及潜在震源区划分

白鹤滩坝址近场区位于川滇菱形块体东部边界的外侧。该块体的东北—东边界由鲜水河断裂带、安宁河断裂带、则木河断裂带和小江断裂带构成，属于全新世活动断裂，沿线地震活动强烈，多次发生 7 级以上地震，最大地震为 1833 年云南嵩明 8 级地震。此外，大凉山断裂带南段的四开-交际河断裂沿线虽无破坏性地震记载，但槽探揭示了数次全新世以来的古地震事件，估计震级都在 7 级左右。坝址距则木河断裂带（宁南段）普格-宁南次级断裂 [F_{1-1}] 直线距为 20km，距大凉山断裂带 [F_3] 交际河次级断裂 7km（图 4.3 - 7）。这两条断裂带上未来可能出现的强震活动是白鹤滩坝址地震危险性的主要来源。

《金沙江白鹤滩水电站坝址设计地震动参数复核报告》给出的潜在震源区划分方案图 4.3 - 8。其中的 4 号西昌 8.0 级潜在震源区的发震构造是则木河断裂带，10 号交际河 7.5

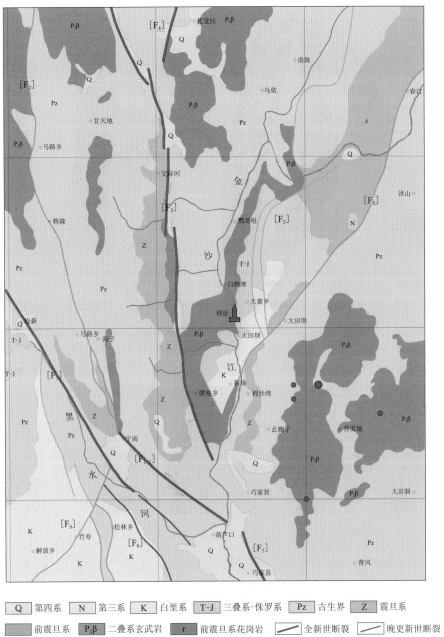

图 4.3-7　白鹤滩工程近场区地震构造图

图例：

Q 第四系	N 第三系	K 白垩系
T-J 三叠系-侏罗系	Pz 古生界	Z 震旦系

前震旦系　P₂β 二叠系玄武岩　r 前震旦系花岗岩　／全新断裂　／晚更新世断裂

／早第四纪断裂　／前第四纪断裂　／河流　● M=4.7~4.9 级地震　● M=5.0~5.9 级地震

[F₁]—则木河断裂；[F₂]—越西断裂；[F₃]—四开-交际河断裂；[F₄]—布托断裂；[F₅]—茂租断裂；
[F₆]—莲峰-巧家断裂；[F₇]—小江断裂；[F₈]—大桥河断裂；[F₉]—宁南-会理断裂

0　　5　　10km

级潜在震源区的构造依据是四开-交际河断裂。

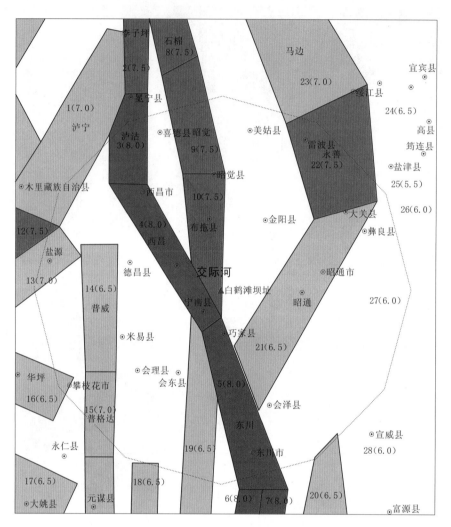

图 4.3-8　白鹤滩工程近场区潜在震源区划分图

对坝址地震危险性贡献最大的是 4 号西昌潜源，占 57%；其次是 10 号交际河潜源，占 40%（表 4.3-2）。

表 4.3-2　　　　　　　　　场地基岩峰值加速度潜在震源贡献率

潜在震源	加速度/Gal						
	1	10	30	70	100	200	300
	贡献率/%						
4 号西昌	7	17	24	37	44	54	57
10 号交际河	6	22	27	35	37	36	40
5 号东川	5	8	14	18	18	10	3

4.3.3.3　主要地震活动性参数

白鹤滩库坝区所处的区域地震带（即地震统计区）为鲜水河-滇东地震带。2016 年安评报告给出的鲜水河-滇东地震统计区的 b 值为 0.85，里氏 4.0 级以上地震的年平均发生率 v_4 为 32。主要潜在震源区的空间分布函数 f_{i,m_j} 赋值见表 4.3-3。

表 4.3-3　　　　　　　　　　　　主要潜在震源区的空间分布函数

编号	潜源名称	M_u /级	震级分档 m_j						
			4.0~4.9	5.0~5.4	5.5~5.9	6.0~6.4	6.5~6.9	7.0~7.4	≥7.5
			f_{i,m_j}						
4	西昌	8.0	0.00855	0.00628	0.00871	0.00604	0.01263	0.032827	0.077590
5	东川	8.0	0.00773	0.00949	0.0055	0.01279	0.01062	0.057447	0.084273
8	石棉	7.5	0.00782	0.00726	0.00651	0.00849	0.00922	0.022915	0
9	昭觉	7.5	0.00837	0.00596	0.00641	0.00836	0.0105	0.026033	0
10	交际河	7.5	0.00772	0.00553	0.00602	0.00783	0.01301	0.026033	0
6	嵩明	8.0	0.00852	0.00964	0.00941	0.00882	0.01937	0.021729	0.037102
7	宜良	8.0	0.00674	0.01509	0.00824	0.01183	0.02477	0.014854	0.053282

注　f_{i,m_j} 表示 m 档地震在第 i 个潜在震源区上的发生概率。

4.3.3.4　地震动衰减关系

在基岩地震动衰减模型中，考虑到加速度峰值和反应谱的高频分量在大震级和近距离的饱和特性，衰减关系式的形式为

$$\lg Y = C_1 + C_2 M + C_3 M^2 + C_4 \lg[R + C_5 \exp(C_6 M)] + \varepsilon \qquad (4.3-3)$$

式中：R 为震中距；M 为震级；$C_1 \sim C_6$ 为统计系数；ε 为满足正态分布的随机变量，其均值为 0，方差为 σ。

2016 年安评报告采用了俞言祥给出的川滇地区基岩峰值加速度衰减关系，统计系数的拟合结果见表 4.3-4。

表 4.3-4　　　　　　　　　西南地区水平向基岩峰值加速度衰减系数

方向	C_1	C_2	C_3	C_4	C_5	C_6	σ
长轴	0.537	1.167	−0.050	−2.17	2.17	0.383	0.232
短轴	−0.76	1.068	−0.045	−1.49	0.264	0.53	0.232

4.3.3.5　地震危险性计算结果

为了满足设定地震计算的需要，中国地震灾害防御中心补充提供了白鹤滩场址地震危险性分析中间步骤的计算成果，主要包含不确定校正前后的坝址基岩水平地震动峰值加速度年超越概率数值表（表 4.3-5），由表的数据可以得到场址地震动年超越概率曲线（图 4.3-9）；还提供了不确定校正前后、不同概率水平的场址基岩水平向峰值加速度计算结果（表 4.3-6）。

表 4.3-5　　　　　　　　　　　场址地震动年超越概率数值表

预定幅值 PGA/Gal	校正后	校正前	预定幅值 PGA/Gal	校正后	校正前
1	1.02×10	9.79×10^{-1}	300	8.30×10^{-4}	5.27×10^{-5}
10	2.46×10^{-1}	2.62×10^{-1}	400	3.31×10^{-4}	0
30	6.74×10^{-2}	5.09×10^{-2}	700	3.28×10^{-5}	0
70	1.78×10^{-2}	1.24×10^{-2}	1200	5.19×10^{-7}	0
100	9.56×10^{-3}	6.59×10^{-3}	1900	0	0
200	2.35×10^{-3}	1.31×10^{-3}			

表 4.3-6　　　　　　　　　　　场址基岩地震动水平向峰值加速度

超越概率水平		50 年 63%	50 年 10%	50 年 5%	100 年 2%	100 年 1%
PGA /Gal	不确定性校正后	65.6	208.9	276.4	450.8	534.4
	不确定性校正前	53.0	163.1	232.0	253.2	276.8

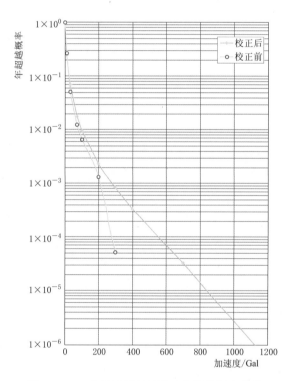

图 4.3-9　白鹤滩场址地震动年超越概率曲线

4.3.3.6　设定地震场地相关设计反应谱

1. 确定设定地震

由表 4.3-2 知，当给定加速度值位于 200~300Gal 之间时，对坝址地震危险性贡献最大的均为 4 号西昌 8.0 级潜在震源区，其次为 10 号交际河 7.5 级潜在震源区。依据设定地震的确定原则，应选取贡献最大的潜在震源区作为设定地震的发震构造，因此，选定 4 号西昌 8.0 级潜在震源区作进一步研究。西昌 8.0 级潜在震源区内的主干断裂为则木河断裂，距坝址最近 23km 左右。则木河断裂是全新世活动断裂，晚第四纪以来的活动以左旋走滑为主。

遵循发生概率最大的原则，根据确定设定地震的主要步骤（1）~（4）（见 4.3.2.5 部分），得到白鹤滩工程设定地震的震级（M）和震中距（R_{epi}），见表 4.3-7。

表 4.3-7　　　　　　　　　　　白鹤滩工程设定地震

潜在震源编号	场址加速度校正前/Gal	场址加速度校正后/Gal	震级 M/级	震中距 R_{epi}/km	发生概率
4	253.2	450.8	7.5	23.148	0.67588×10^{-6}
4	276.8	534.4	7.65	22.683	0.49651×10^{-6}

由上表可得到 100 年超越概率 2％对应的设定地震 $M=7.5$、$R_{epi}=23.148km$，100 年超越概率 1％对应的设定地震 $M=7.65$、$R_{epi}=22.683km$。由于则木河断裂的活动以左旋走滑为主，表 4.3-8 中震中距（R_{epi}）可等同于 AS08 衰减关系中 R_x 距离。

2. 确定场地相关设计反应谱

将不同超越概率设定地震的震级和距离代入 AS08 衰减关系，并对得到的加速度谱按照 PGA 进行归一化处理，即可得到白鹤滩工程不同概率水准的放大系数谱 $\beta(T)$，见图 4.3-10。将 $\beta(T)$ 谱值乘以地震危险性概率计算不确定校正后的相应概率水准的地震动峰值加速度（100 年 1％为 534.4Gal，100 年 2％为 450.8Gal），得到白鹤滩工程的加速度反应谱 $S_a(T)$，见图 4.3-11。图 4.3-10 中将设定地震确定的场地相关设计反应谱与新

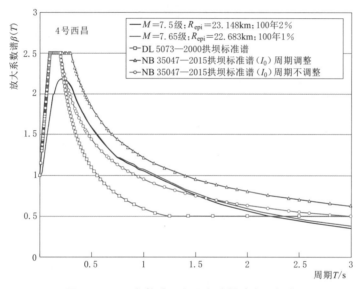

图 4.3-10　白鹤滩工程设定地震放大系数谱

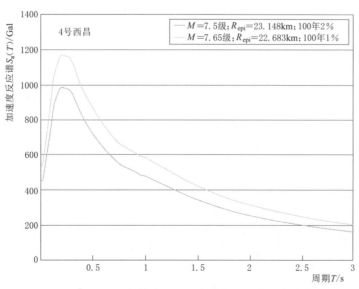

图 4.3-11　白鹤滩工程设定地震加速度反应谱

老规范标准谱进行了比较。白鹤滩坝址在《中国地震动参数区划图》（GB 18306—2015）中位于 0.45s 区，根据 NB 35047—2015 中的特征周期调整表，白鹤滩坝址标准反应谱的特征周期调整为 0.30s。图 4.3 - 10 DL 5073—2000 标准谱的参数为（$\beta_{\max} = 2.5$，$T_g = 0.2s$，$\gamma = 0.9$），NB 35047—2015 标准谱的参数为（$\beta_{\max} = 2.5$，$T_g = 0.30s$，$\gamma = 0.6$），NB 35047—2015 标准谱（T_g 不调整）的参数为（$\beta_{\max} = 2.5$，$T_g = 0.2s$，$\gamma = 0.6$）。

4.4 基于设计反应谱的地震动加速度时程合成

拟合目标谱法是以设计谱为目标，采用三角级数法，多次迭代拟合、完成满足给定精度要求的人造时程。其基本思路是用一组三角级数之和构造一个近似的平稳高斯过程，然后乘以强度包络线，得到幅值非平稳的地震动加速度时程。三角级数法拟合加速度时程框图见图 4.4 - 1。

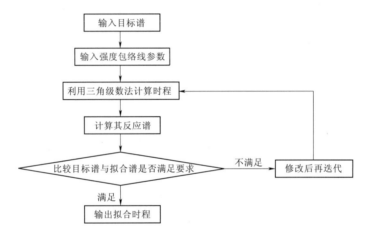

图 4.4 - 1 三角级数法拟合加速度时程框图

采用的模型如下：

$$\ddot{X}(t) = f(t) \sum_{k=0}^{n} C_k \cos(\omega_k t + \varphi_k) \qquad (4.4 - 1)$$

式中：$f(t)$ 为强度包线函数；φ_k 为（0，2π）区间内均匀分布的随机相位；ω_k 为第 k 个频率分量的圆频率，$\omega_k = 2\pi k / t_d$，t_d 为加速度时程的总持时。

构造一个具有零均值和功率谱密度 $S(\omega)$ 的高斯平稳随机过程 $a(t)$：

$$a(t) = \sum_{k=0}^{n} C_k \cos(\omega_k t + \varphi_k) \qquad (4.4 - 2)$$

式中：C_k 由给定的功率谱密度函数求得，即 $C_k = 2\sqrt{S(\omega_k)\Delta\omega}$，$\Delta\omega = \omega_{k+1} - \omega_k$。

$S(\omega)$ 可以通过与反应谱的经验关系近似计算，即

$$s(\omega) = \frac{\xi}{\pi\omega} \left[S_a^T(\omega) \right]^2 \frac{1}{\ln\left[\dfrac{-\pi}{\omega t_d} \ln(1 - P) \right]} \qquad (4.4 - 3)$$

式中：$S_a^T(\omega)$ 为给定的目标反应谱；ξ 为阻尼比，P 为响应峰值超越反应谱值的概率。

在数值计算中，通常用快速傅里叶变换（FFT）技术进行三角级数求和。

强度包络线可选取下面常用的形式：

$$f(t) = \begin{cases} (t/t_1)^2, & 0 \leqslant t < t_1 \\ 1, & t_1 \leqslant t < t_2 \\ e^{-c(t_1-t_2)}, & t_2 \leqslant t \end{cases} \tag{4.4-4}$$

由式（4.4-2）与式（4.4-4）的乘积，即可得到模拟地震动时程。

为了提高拟合的精度，还需要进行迭代调整。通用的方法是按式（4.4-5）调整式（4.4-1）中的傅氏幅谱：

$$S^{i+1}(\omega_k) = \frac{S_a^T(\omega_k)}{S_a(\omega_k)} S^i(\omega_k) \tag{4.4-5}$$

对上述幅值谱进行多次迭代修正，使计算反应谱 $S_a(\omega_k)$ 向目标反应谱 $S_a^T(\omega_k)$ 逼近，从而满足对地震动的模拟，式（4.4-5）中 $S^i(\omega_k)$ 为第 i 次迭代结果，$S^{i+1}(\omega_k)$ 为第 $i+1$ 次迭代的结果。在迭代调整过程中，相位谱 φ_k 始终保持不变。

依据上述方法人工拟合的随机地震动加速度时程，在一定意义上反映本地区的震源、传播路径和场地特性，但未考虑地震动的频率非平稳特性。实际地震动加速度时程的幅值和频率组成都具有随时间变化的非平稳特性，不考虑地震动频率非平稳特性的地震动输入可能会对结构响应有显著影响。由于大坝在强震作用过程中结构逐渐受到损伤，抗力不断劣化，固有周期会有所加长，对后到的地震动中的长周期分量更为敏感。因此，目前在大坝工程的地震反应分析中，考虑地震动加速度时程输入的幅值和频率非平稳性影响的研究已逐渐开展起来。

对工程结构的非线性地震反应分析，需直接输入地震动时程，目前的工程抗震都是通过拟合设计反应谱，人工生成幅值非平稳的地震动加速度时程，但频率含量仍是平稳的。地震动是强随机过程，兼有幅值和频率非平稳特性，地震动输入时程的频率非平稳性对工程结构非线性地震反应分析的影响，已日益受到工程界关注。现今较成熟的时频非平稳信号分析方法有时变功率谱、小波、Wigner-Ville 分布、ARMA（auto-regressive moving average）模型和 Hilbert-Huang 变换等，这些理论都曾指导合成时频非平稳地震动，但若用于工程实际，上述方法都有其局限性。例如，时变功率谱复杂的三维谱形求解相当困难（曹晖 等，2002），小波函数选取的多样性会导致同一工程的分析结果不唯一（李中付等，2001；石春香 等，2003），Wigner-Ville 分布的交叉项干扰难以根除（朱继梅，2000），频率非平稳的 ARMA 模型涉及复杂的 Kalman 滤波（曾珂 等，2005），Hilbert-Huang 变换中端点数据发散效应尚未解决（何鸣 等，2003）。常用的时变功率谱求解方法包括渐进功率谱、瞬时功率谱和小波功率谱等多种。渐进功率谱是时变的复调制函数和平稳功率谱的乘积，它由 Priestley（1965，1967）提出和发展，为非平稳随机信号谱提供了清晰的物理解释，但其复调制函数的确定比较困难。

中国水科院张翠然等（2007）在工程关注的大震、近场和基岩情况下，建立了适合中国大陆工程的目标渐进谱模型，并提出了一套拟合目标渐进谱的时频非平稳地震动合成的新方法。该方法不进行功率谱与反应谱的转换，充分考虑渐进谱与相位的相互影响，通过迭代使合成时程不仅保留目标渐进谱的时频非平稳特性，而且相位也具有与实际地震动相符合的时频非平稳性。图 4.4-2 为不同震级、距离条件下的渐进谱，相应的反映地震动时频非平稳特性的拟合地震加速度时程见图 4.4-3。

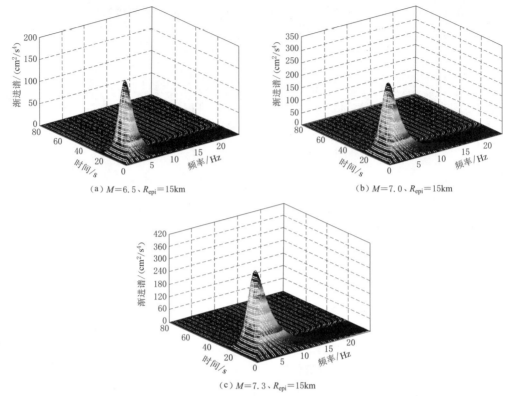

（a）$M=6.5$、$R_{epi}=15km$ （b）$M=7.0$、$R_{epi}=15km$

（c）$M=7.3$、$R_{epi}=15km$

图 4.4-2　不同震级、距离条件下的渐进谱

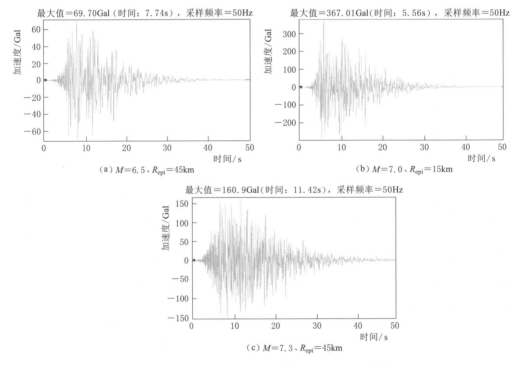

最大值$=69.70$Gal（时间：7.74s），采样频率$=50$Hz   最大值$=367.01$Gal（时间：5.56s），采样频率$=50$Hz

（a）$M=6.5$、$R_{epi}=45km$ （b）$M=7.0$、$R_{epi}=15km$

最大值$=160.9$Gal（时间：11.42s），采样频率$=50$Hz

（c）$M=7.3$、$R_{epi}=45km$

图 4.4-3　不同震级、距离条件下合成的地震动时程

4.5   最大可信地震的确定

4.5.1   综述

2008 年汶川地震后，国家发展改革委提出，为了防止次生灾害的发生，对重大工程，不能仅满足目前抗震设计中最大设计地震单一水准的要求，还需要校核在场地地震地质条件下可能发生的极端地震，即所谓最大可信地震（MCE）作用下不发生溃坝的灾变后果。MCE 是指工程意义上的校核地震，可由两种途径确定：①概率方法，根据地震危险性分析的结果，取重现期为 10000 年的地震；②确定性方法，按照确定设定地震的方法，选择关键潜在震源区，以其震级上限为震级 M，场址距主干断裂最近距离为震中距 R_{epi}。

使用上述方法确定"最大可信地震"存在无法克服的缺陷：①近场和大震的强震记录缺乏，将衰减关系用于近场和大震是对统计结果的外延，以此为基础确定"最大可信地震"具有较大不确定性；②大震时断层的破裂面常达几十千米，此时应按三维空间面源处理近场断层，不能将其视为点源而忽略震源体的影响；③大震且距离较小（如 10km 之内）的情况，必须考虑震源深度的影响，即区分震中距、断层距和震源距等；④在近场条件下，断层的破裂形式、上盘效应和破裂的方向性效应等近断层特性对地震动的影响不可忽视。

目前多采用"随机有限断层法"直接生成"最大可信地震"（高孟潭，2015），该方法的主要特点有：①属于半理论、半经验的方法，主要依据为地震学的物理模型；②确定性方法，没有概率的意义；③不依赖于地震危险性分析，不涉及衰减关系的外延；④考虑震源体的影响，将近场断层作为三维空间面源处理；⑤考虑震源深度的影响，距离 R 的概念明确；⑥模型包含上盘效应和破裂的方向性效应等近断层特性的影响。

同时，近年来基于物理机制的场址地震动模拟逐渐受到了青睐。该方法综合反映震源、传播介质、局部场地效应的影响，基于大规模强地面运动数值模拟技术，直接生成大坝场址的最大可信地震。

4.5.2   随机有限断层法确定最大可信地震

随机有限断层法合成地震动的步骤可简单概括为：①根据场址周围的发震构造，选择关键活动断层，确定其震级上限和场址距该断裂的最近距离；②将断层面离散为合适的子源，按照随机点源方法，计算各子源破裂在场址产生的地震动；③将全部点源在场址产生的地震动以考虑延迟的方式叠加，即得到最终的地震动时程。不同学者建立的有限断层模型，不同之处在于有限断层的划分、点源模型的选择和传播路径的假定。本书统一采用 Boore（2003）点源模型，这里不再详述。根据对震源谱拐角频率处理的不同，选用两种方法。

4.5.2.1   静拐角频率方法

静拐角频率方法采用的是 Beresnev 和 Atkinson 提出的静拐角频率（Beresnev et al.，1997），其具体内容包括：①将断层面离散为相等的矩形单元，每个单元可视为一个点源（常称为子源）；②破裂从震中发生，以速度 $y\beta$（y 为常数，β 为剪切波速）呈放射状向四周扩散，破裂传至单元中心时该子源触发；③一个子源可发生一次或多次子震，也可不发生子震；④考虑适当的时间延迟，叠加得到最终场址地震动时程。由于破裂从震源传播到各子源中心的时间不同，子源中不同子震的破裂先后不同，子源距场址的距离和方位也各不相同，因此考虑不同子源对场址地震动的贡献叠加时，必须注意时间延迟问题。

4.5.2.2 动拐角频率方法

静拐角频率方法合成的地震动时程依赖于子源尺寸和数量，须对二者进行约束，但事实上这一举措存在概念错误，直观来讲，合成时程应该与震源离散方式无关。同时，为保证地震矩守恒，常要求一些子源触发多次子震，即有限断层的某些部位辐射多次能量，但是该要求难以获得合理的物理解释，因为破裂在断层的任意部位只能发生一次。

Motazedian 等（2005）提出的动拐角频率法是基于 Beresnev 和 Atkinson 方法的改进，并没有颠覆原有方法的整体框架。设置破裂面积 $a_r(t)$ 与时间相关，初始为 0，最终达到整个断层面。若破裂在第 1 个子源破裂后终止，拐角频率反比于第 1 个子源的面积；同样，若破裂终止于第 n 个子源破裂完成后，则拐角频率反比于全部 n 个子源的面积。可以看出，依赖于累积破裂面积的拐角频率也随时间变化，从最开始的高拐角频率发展为后来的低拐角频率。设 M_0、f_0 分别为整个断层的地震矩和拐角频率，第 ij 子源的动拐角频率可定义为

$$f_{0ij}(t) = 4.9 \times 10^6 N_R(t)^{-1/3} \beta (\Delta \sigma / M_{0ave})^{1/3} \tag{4.5-1}$$

式中：$M_{0ave} = M_0/N$ 为子源平均地震矩（均匀滑动），N 为子源总数；$N_R(t)$ 为 t 时刻破裂子源的累积数量。

第 ij 子源的加速度谱为

$$A_{ij}(f) = CM_{0ij}H_{ij}(2\pi f)^2 / [1 + (f/f_{0ij})^2] \tag{4.5-2}$$

其中 f_{0ij} 为第 ij 子源的拐角频率，比例因子 H_{ij} 用来维持子源的高频分量谱水平，从而确保断层总能量守恒。对于高频分量，断层总辐射能 E 为第 ij 子源辐射能 E_{ij} 的 N 倍：

$$E_{ij} = E/N = (1/N) \int \left\{ CM_0(2\pi f)^2 / [1 + (f/f_0)^2] \right\}^2 \mathrm{d}f \tag{4.5-3}$$

结合式（4.5-2），得第 ij 子源在高频的辐射能为

$$E_{ij} = \int \left\{ CM_{0ij}H_{ij}(2\pi f)^2 / [1 + (f/f_{0ij})^2] \right\}^2 \mathrm{d}f \tag{4.5-4}$$

由式（4.5-3）和式（4.5-4），得

$$H_{ij} = \left(N \int \left\{ f^2 / [1 + (f/f_0)^2] \right\}^2 \mathrm{d}f \middle/ \int \left\{ f^2 / [1 + (f/f_{0ij})^2] \right\}^2 \mathrm{d}f \right)^{1/2} \tag{4.5-5}$$

将式（4.5-5）的积分表示为离散形式：

$$H_{ij} = \left(N \sum \left\{ f^2 / [1 + (f/f_0)^2] \right\}^2 \middle/ \sum \left\{ f^2 / [1 + (f/f_{0ij})^2] \right\}^2 \right)^{1/2} \tag{4.5-6}$$

当破裂扩散时总辐射能守恒，但能量分布向低频移动。

在实际震源体破裂的任意时刻，都可能只有部分断层参与错动，动拐角频率开始随时间降低，逐渐达到定值。Motazedian 和 Atkinson 定义一个参数来描述活动的最大破裂面积（active pulsing area），当活动面积为 50% 时，意味着在断层破裂过程中，最多只有50% 的子源参与活动并影响动拐角频率。减少活动面积，低频幅值和整体辐射能量将降低，但最终合成时程仍然与子源划分方案无关。另外由式（4.5-1）和式（4.5-2）可

知，应力降 $\Delta\sigma$ 可控制高频分量幅值，从而在动拐角频率方法中，只需改变活动面积和应力降，即可模拟不同的低、高频率幅值。

4.5.2.3 工程应用实例

鲜水河断裂带为我国西部著名的强震活动带，在大地构造上位于四川西部Ⅱ级构造单元松潘-甘孜地槽褶皱系内部，是松潘-甘孜地槽褶皱系内部两个次级构造单元的分界线。据统计，鲜水河断裂带发生过 8 次 7.0 级以上强烈地震和多次 6.0～6.9 级强地震，有强度大、频率高的地震活动特点。磨西断裂带为鲜水河断裂带的组成部分，地处鲜水河断裂带东南段，与色拉哈断裂呈左阶排列，发生于 1786 年 6 月 1 日的 7¾ 级地震，震中距磨西断裂带很近，地震强破坏区也波及磨西断裂带分布区。磨西断裂走向 335°～345°，倾向 SW 或 NE，倾角 60°～80°，总长约 150km，断裂活动方式以反时针错动为主。《四川省大渡河大岗山水电站预可行性研究报告》附件（3）《工程场地地震安全性评价报告》研究结果表明，鲜水河断裂南东段的磨西断裂具备发生 7.5 级左右大地震的构造背景，距工程坝址的最近距离约 4.5km。

以下将结合大岗山工程，预测其场地地震地质条件下可能发生的极端地震，即最大可信地震。结合图 4.5-1，针对大岗山的地质构造条件，认为磨西断裂对大岗山水电站坝址的安全影响较大。按照以上分析，设磨西断裂发生 7.5 级大地震，并选取坝址距断层的最近距离 4.5km 为断层距，该地震事件可理解为大岗山地震地质条件下可能发生的极端地震，即最大可信地震。另外，为保守起见，参照历史上发生 7¾ 级地震的位置（约 56km 处），将震级提升为 8.0 级，计算该条件下工程场址可能记录的地震动，此时的地震事件可理解为对磨西断裂发震能力最保守的估计，应该已超出最大可信地震的范畴。

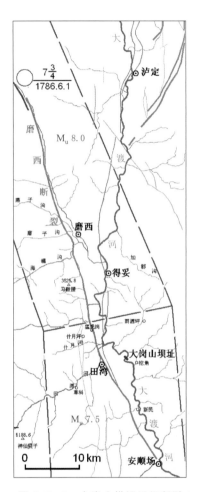

图 4.5-1 大岗山拱坝近场断裂

磨西断层的震源参数见表 4.5-1。

表 4.5-1 磨西断层震源参数

参 数 名 称		参 数 值	参 数 名 称	参 数 值
断层走向/倾角		345°/70°（90°）	几何扩散形式	$1/R$
断层尺度（长×宽）/(km×km)	$M=7.5$	约 96.61×22.39	窗函数	Saragoni-Hart
	$M=8.0$	约 190.55×32.36	Kappa 值	0.05

续表

参 数 名 称	参数值	参 数 名 称	参数值
断层深度/km	15	剪切波速/(km/s)	3.47
应力降/bar	50	破裂速度/(m/s)	0.8×剪切波速
品质因子 Q	250	介质密度/(g/cm³)	2.8

发震断层规模和模型参数确定后，可设计子源尺寸和子源划分方案。通过变换子源尺寸、断层倾角和初始破裂位置等参数，共选择 6 套震源方案，各方案的总体描述见表 4.5 - 2。

表 4.5 - 2　　　　　　6 套磨西断层震源布置方案的总体描述

方　案	方案 1	方案 2	方案 3	方案 4	方案 5	方案 6 - 1	方案 6 - 2
主震震级/级	7.5	7.5	7.5	7.5	7.5	8.0	8.0
断层尺度/(km×km)	95×25	99×27	95×25	95×25	95×25	186×30	190×30
断层倾角/(°)	70	70	70	90	70	70	70
子震震级	5.0	5.5	5.0	5.0	5.0	5.0	5.4
子源尺寸 ΔL/km	5	9	5	5	5	6	10
错动分布形式	非均匀	非均匀	均匀	非均匀	非均匀	非均匀	非均匀
初始破裂	中心	中心	中心	中心	边缘	边缘	边缘
震中距/km	9.96	9.96	9.96	4.5	46.089	49.022	46.089
方位角/(°)	75	75	75	75	152.52	153.278	152.52

根据上述 6 组磨西断裂震源设计方案，同时采用与静拐角频率方法和动拐角频率方法，针对每套方案分别进行独立的 30 次加速度合成。每种方法、方案合成的 30 条加速度时程 PGA 的平均值见表 4.5 - 3，相应的平均加速度反应谱见图 4.5 - 2 和图 4.5 - 3。

表 4.5 - 3　　　　　　大岗山坝址各方案对应的平均峰值加速度

方　案		方案 1	方案 2	方案 3	方案 4	方案 5	方案 6 - 1	方案 6 - 2
均值 /Gal	静拐角频率法	426.5	451.8	313.0	519.6	283.9	551.7	579.9
	动拐角频率法	486.8	367.5	449.8	574.1	393.5	679.6	559.4

4.5.3　用基于物理机制的数值模拟方法生成最大可信地震

坝址区地震动的形成经历了震源断层破裂、地震波传播和峡谷局部场地反应等物理过程，是一个非常复杂的自然现象，需要通过专门的地震危险性分析确定坝址地震动参数，分为概率分析法和确定性分析法。概率分析法认为某一特定区域内未来将要发生地震活动的时空分布、强度以及所产生的地震动都具有随机性，通过综合考虑所有潜在震源区可能发生的各级地震的可能贡献，给出坝址不同年限内不同超越概率的基岩峰值加速度和场地反应谱等地震动参数。确定性分析方法则专门针对某一场或几场特定地震，确定场地的地震动参数（U. S. Army Corps of Engineers，1995）。对于重大高坝工程来说，不仅需要关心在其使用年限内遭遇某一地震烈度的超越概率，同时也需要考虑最极端情况的地震，即 MCE，以应对可能出现的最不利事件。因此，采用确定性分析与概率分析同样重要，并

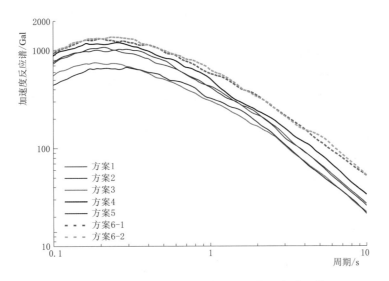

图 4.5－2　动拐角频率方法合成时程的反应谱比较

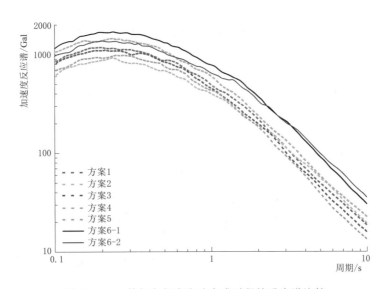

图 4.5－3　静拐角频率方法合成时程的反应谱比较

行不悖（张楚汉 等，2016）。

目前，不论是概率分析法还是确定性分析法，多基于宏观经验衰减关系来估计场址的地震动参数。衰减关系反映的是某一特定地区的地震宏观规律，不能反映由于发震震源、传播过程和局部场地效应差异而产生的场址地震动特异性。随着地震动模拟和预测方法的不断发展，以及计算机超大规模数值计算能力的提高，采用基于物理机制的数值方法模拟地震动成为了工程场址地震动预测的一个发展方向。

清华大学高坝抗震小组提出基于地震学理论，采用确定性数值方法，模拟生成坝址区地震动场的思路（He et al.，2015；贺春晖 等，2017），即：针对某一设定地震（如最大可信地震），通过大规模的数值计算，模拟地震波从震源断层破裂开始经传播介质到坝址峡谷区局部场地的整个物理过程，预测坝址区地震动特性及其三维分布规律，为高坝抗震分析与安全评价提供地震动输入荷载。

基于物理机制的数值模拟方法不再采用由统计规律得到的衰减关系，而是直接基于地震波产生和传播的物理机制预测整个场址区域的三维地震动场分布，为坝址区确定最大可信地震提供了一种新的分析手段。与传统采用衰减关系的地震危险性分析方法相比，可以考虑震源机制、传播介质和局部场地效应等关键因素，生成更符合实际发震断层构造、区域岩体动力特性以及坝址河谷地形地质条件的地震动，以合理评价高坝在极端地震荷载作用下的抗震安全性能。

4.5.3.1 震源-坝址地震动模拟的谱元法数值模型

采用谱元法模拟震源破裂的时空过程和地震波传播的物理机制，直接得到坝址峡谷的三维地震动场对应的时程，从而获取工程设计需要的各项地震动参数。

1. 震源模拟

数值模拟中，常采用运动学模型震源的破裂过程，即首先假定断层破裂部分的滑移是断层面坐标和时间的已知函数，与发震应力无关；然后根据发震断层尺寸以及与坝址区的距离关系，将震源模拟为点源模型或者有限断层模型。点源模型是将整个断层面假定成点源，忽略了断层面尺寸效应和方向性效应。有限断层模型是将断层划分成若干矩形子断层，而每一个子断层假定为一个点源。

2. 地形模拟

地形可以采用数字高程模型（DEM）进行模拟，精度一般能达到 $20\sim30m$。而高精度的机载激光雷达（LiDAR）能提供 2m 的地形精度。基于这些数据可以比较精确地模拟所研究区域的地形，特别是坝址区的地形。

3. 传播介质速度结构模拟

速度结构模型描述传播介质的波动传播特性，包括密度、P波波速和S波波速等参数。目前国外已经建立了一些精细的速度结构模型。但是我国相关的资料还比较分散，缺乏系统性的集成，对于资料缺乏地区，只能采取一些简单的近似处理方法。

4. 谱元法离散求解

谱元法本质上是一种高阶有限元方法。由于一个谱单元内，插值点位置与积分点位置重合，使质量阵为完全对角阵，提高了计算效率，适用于超大规模并行计算。因此，可以建立包含峡谷坝址及其潜在震源之间一定区域范围的超大规模计算模型，模拟潜在震源破裂和地震波的传播过程，生成坝址区的地震动场。

4.5.3.2 数值模型工程实例分析

以我国四川大岗山水电站高拱坝场址为背景，假设发震断层距坝址的最小距离为 $5.5km$，地震震级 $M_w=6.0$ 级，震源深度 10km，断层尺寸为 10km（走向）×9km（倾向）、倾角 $70°$，总地震矩为 $1.259×10^{25}$ dyne·cm，滑动角为 $0°$。以场址为中心，选取 $26.25km×40.00km×20.00km$ 区域为模型计算范围（图 4.5-4）。将计算区域均匀地划分为 $240×480×50$ 个谱单元，总自由度数约为 9.96 亿个。震源采用有限断层模型，划分为 90 个子断层，每个子断层尺寸为 $1km×1km$。沿场址横河向设置 9 个观测点以获得空间非均匀地面运动。

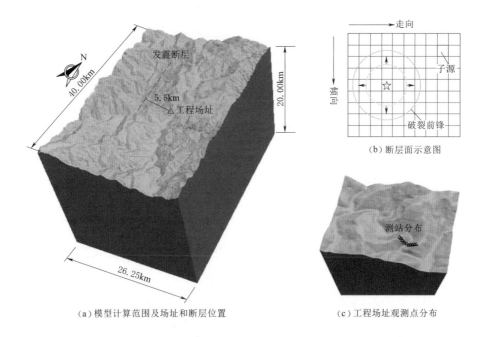

（a）模型计算范围及场址和断层位置　　　　（c）工程场址观测点分布

图 4.5－4　工程实例分析模型示意图

　　9 个观测点分别提取加速度时程最大值，见图 4.5－5 和表 4.5－4。可以看出，局部地面运动的空间分布和地形有紧密的联系，沿河谷两岸明显呈现不均匀的特性：竖直方向峰值为 289～336Gal，河谷和两岸差别不大；水平方向的峰值差别很大，横河向运动的峰值分布大致和地形轮廓一致，呈中间小两边大的近似 V 形分布，分布范围从河谷处最小的 141.3Gal 到左岸最大的 347.1Gal，相差近 2.5 倍；顺河向峰值则是呈右岸大、左岸小的分布趋势，峰值范围（136.3～321.3Gal）与横河向接近。

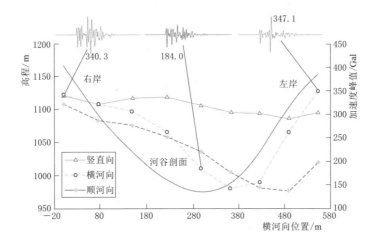

图 4.5－5　河谷横河向剖面加速度峰值分布

表 4.5－4　　　　　　　　　　　各观测点加速度峰值

测站编号	PGA/Gal		
	竖直向	横河向	顺河向
1	338.1	340.3	321.3
2	320.3	321.9	286.7
3	334.1	305.9	276.0
4	335.5	261.7	251.9
5	317.5	184.0	219.3
6	301.0	141.3	176.0
7	300.6	154.5	142.7
8	289.4	260.8	136.3
9	303.0	347.1	195.8

4.5.3.3　最大可信地震确定

在地震危险性分析中，不同的分析方法赋予最大地震不同的含义，在概率性分析中，用最大可能发生的地震（MPE）定义给定地震潜源的地震尺度上限；在确定性分析中，通常将最大地震定义为最大可信地震（MCE）（陈颙 等，1999）。

我国《水电工程水工建筑物抗震设计规范》（NB 35047—2015）将最大可信地震定义为根据工程场址地震地质条件评估的场址可能发生最大地震动的地震，并规定其峰值加速度按确定性方法或 100 年超越概率 0.01 的概率分析法的结果确定。

基于物理机制的数值模拟方法，属于确定性分析方法。基本思路是基于特定坝址区一定影响范围内的地震构造、断层状况及历史地震等，分析确定最大可信地震。即针对特定坝址具有显著影响的几组可能发震断层，分别分析其在发生可能的最大地震时坝址区的地震动荷载分布。进而可以根据坝体-库水-地基系统的动力响应和破损程度，评估最危险性的地震荷载工况。

基于物理机制的数值模拟方法确定最大可信地震，具有两方面的特点：一是考虑严格意义上的最大可信地震，具有明确的震级、震中距等物理参数；二是以得到的分布式地震动荷载作为输入条件，分析由此可能造成的坝体损坏程度、坝肩的滑移变形等指标，识辨最危险的地震荷载工况，而不是简单以某一点的峰值加速度 PGA 作为判别最危险的地震荷载判别指标。

第 5 章

大坝混凝土动态特性

混凝土的动态强度和变形特性是进行混凝土大坝抗震安全评价的基本指标。混凝土的动态强度与变形特性主要表现为其率敏感性，即随着加载速率（或应变速率、应变率）的增加，混凝土的动态强度和弹性模量随之增长（率效应）。

Abrams（1917）首先发现了混凝土的抗压强度率效应，标志着混凝土类材料动态力学性能研究的开始。从 20 世纪 50—60 年代开始，出于军工方面的需要，混凝土动态强度的研究取得了比较大的进展。

由于混凝土动力试验方式的不同，以及使用了不同的试件尺寸、材料强度和加载方式，混凝土动态强度的试验成果具有较大的离散性。为统一表征混凝土率效应，定义了动力强度和静力强度的比值为动力强度增长系数（dynamic increase factor，DIF）。对混凝土动态拉、压试验结果的统计表明（Bischoff et al.，1991；Malvar et al.，1998），混凝土静力强度（等级）越低，在相同应变率条件下 DIF 越高。同时，混凝土的动态强度增长有一个临界值，超过临界值以后混凝土强度随应变率的增长梯度显著加大。

以上研究成果使研究人员对混凝土的动态抗拉、抗压强度及其机理有了比较深入的认识，但仍有不足之处，如：研究单轴加载条件下动态强度比较多，研究多轴加载比较少；研究单调加载情况比较多，循环加载情况比较少；采用 Hopkinson 杆、落锤等装置等进行小试件动力试验比较多，较大试件动力试验很少；对动态强度特性的研究工作较多，对动态弹性模量、峰值强度应变、泊松比、破坏耗能等变形特性的相关研究较少；此外，温度、湿度等环境因素对混凝土动态特性的影响研究等仍显不足。

近年来，国内多家科研单位也开展了混凝土动态性能研究。大连理工大学完成了2000 多个试件的混凝土动态试验研究，涵盖了比较宽广的应变率范围（$10^{-5} \sim 10^{-0.3}/\text{s}$）；中国水科院开展了全级配混凝土动态抗压强度、弯拉强度以及相应的动态弹性模量的研究；清华大学开展了混凝土动态特性的机理研究；同时这三个单位也开展了相应的动态数值模拟研究。结合混凝土坝抗震设计的需要，国内的研究内容主要有以下几个方面：①混凝土单轴动态特性及率敏感性的机理与影响因素研究；②初始静载对混凝土动态强度的影响；③地震变幅循环荷载作用下的混凝土动态强度；④双轴与多轴动态强度研究；⑤全级配大坝混凝土的动态特性。

5.1 混凝土动态特性试验研究

5.1.1 混凝土单轴动态特性研究

大连理工大学使用伺服试验机（图 5.1 - 1）进行了不同环境因素（温度、湿度）条件下混凝土单轴受拉的动态试验研究（Yan et al.，2007，2009），试件尺寸见图 5.1 - 2。

混凝土试件共分 4 组：A 组、B 组为自然湿度、正常温度（20℃），其中 B 组水灰比高，强度低；C 组为饱和湿度、正常温度；D 组为自然湿度、较低温度（－30℃）。试件的强度等级正常为 C20，低强为 C10；应变率范围为 $10^{-0.3} \sim 10^{-5}/s$，涵盖了地震动作用于大坝的各种应变率范围，并留有一定裕度。试验结果见表 5.1-1 和图 5.1-3。

图 5.1-1　MTS 电液伺服动静态试验机

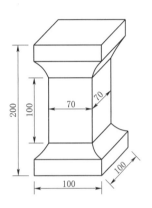

图 5.1-2　混凝土试件尺寸

（单位：mm）

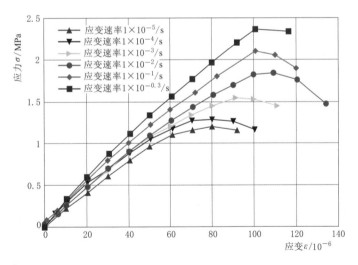

图 5.1-3　饱和混凝土典型的应力-应变曲线

各组试件试验结果的 DIF 拟合曲线为

A 组（正常）：

$$DIF = 1 + 0.134 \lg\left(\frac{\dot{\varepsilon}_t}{\dot{\varepsilon}_{ts}}\right) \qquad (5.1-1)$$

B 组（低强）：

$$DIF = 1 + 0.135 \lg\left(\frac{\dot{\varepsilon}_t}{\dot{\varepsilon}_{ts}}\right) \qquad (5.1-2)$$

C 组（饱和）：$$DIF=1+0.265\lg\left(\frac{\dot{\varepsilon}_t}{\dot{\varepsilon}_{ts}}\right)$$ （5.1-3）

D 组（低温）：$$DIF=1+0.115\lg\left(\frac{\dot{\varepsilon}_t}{\dot{\varepsilon}_{ts}}\right)$$ （5.1-4）

式中：$DIF=f_t/f_{ts}$，f_t 为应变率为 $\dot{\varepsilon}_t$ 时的动态抗拉强度，f_{ts} 为应变率为 $\dot{\varepsilon}_{ts}$ 时对应的静态抗拉强度；$\dot{\varepsilon}_t$ 为动态应变速率，本试验中在 $10^{-5}\sim10^{-0.3}/s$ 范围的变化；$\dot{\varepsilon}_{ts}$ 为拟静态应变速率，本试验中取 $10^{-5}/s$。

表 5.1-1　　　　　　　混凝土单轴拉伸动态试验及强度

试件组	应变率 /s^{-1}	实验温度 /℃	水灰比	含水量 /%	试件数	抗拉强度 f_t/MPa
A	10^{-5}	20	0.69	0.3	5	2.21
	10^{-4}	20	0.69	0.3	3	2.39
	10^{-3}	20	0.69	0.3	3	2.79
	10^{-2}	20	0.69	0.3	6	2.87
	10^{-1}	20	0.69	0.3	4	3.40
	$10^{-0.3}$	20	0.69	0.3	3	3.93
B	10^{-5}	20	1.02	0.3	4	1.18
	10^{-4}	20	1.02	0.3	3	1.36
	10^{-3}	20	1.02	0.3	3	1.44
	10^{-2}	20	1.02	0.3	3	1.54
	10^{-1}	20	1.02	0.3	5	1.82
	$10^{-0.3}$	20	1.02	0.3	4	1.88
C	10^{-5}	20	0.69	4.8	3	1.30
	10^{-4}	20	0.69	4.8	3	1.59
	10^{-3}	20	0.69	4.8	3	1.82
	10^{-2}	20	0.69	4.8	3	2.20
	10^{-1}	20	0.69	4.8	3	2.70
	$10^{-0.3}$	20	0.69	4.8	3	3.07
D	10^{-5}	-30	0.69	0.3*	3	2.53
	10^{-3}	-30	0.69	0.3*	4	2.93
	10^{-1}	-30	0.69	0.3*	4	3.79

＊指试件在低温受冻前的含水量。

对试验结果进行分析，得到以下主要结论：

（1）率敏感性的产生机理。

试验中各组混凝土试件的动力抗拉强度均随应变速率的增长而增长，但含水量高的试件（C 组）率效应更为显著。另外在试验中发现，随应变速率的增加，试件的断裂面从凹凸不平逐渐变得平直，直至穿透大粒径骨料将其劈裂（图 5.1-4）。这从另一角度进一步说明了混凝土率相关特性的产生机理，即不同应变率条件下裂缝扩展的阻力也不同。

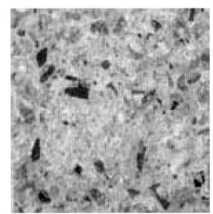

破坏现象　　　　　　　　　　　　　　　　　断裂面

（a）应变率 $10^{-5}/\mathrm{s}$

破坏现象　　　　　　　　　　　　　　　　　断裂面

（b）应变率 $10^{-3}/\mathrm{s}$

图 5.1-4　试件的断裂破坏随应变率的变化

混凝土是砂浆、骨料和界面等多种介质的复合体，裂纹一般从砂浆和骨料结合的交界面处萌生。在拟静态或低应变率加载时，微细裂缝逐渐桥连、产生大裂缝，直至贯穿全断面，断裂表面一般比较粗糙；但应变速率增加时，裂缝扩展速率加快，来不及向阻力较小的途径扩展，而是直接穿过骨料产生平直破坏。也就是说，随着应变率的增加，混凝土裂缝扩展的阻力随之增加，表现为动力强度的提高。

混凝土 DIF 一般在双对数坐标中可以表示为两段直线，在临界应变率后，动态强度随应变率的增加速率加快。关于这种规律的产生机理，许多研究者认为主要是孔隙中自由水的黏滞阻尼——即斯蒂芬效应（Stéfan effect）和惯性力共同作用的结果，其中比较有代表性的是 Rossi 等（1996）的总结：①当应变速率低于 $1/\mathrm{s}$ 时，率效应主要的物理机制是类似于 Stéfan effect 的黏滞阻尼作用；②当应变速率高于 10/s 时，惯性力将起控制作用；③黏滞作用与惯性作用同时也使混凝土的弹性模量有所增加，但增加的幅度与强度相比要小很多。

（2）环境因素影响的分析。

对大坝混凝土动态强度的研究，最为关注的是温度和湿度环境因素的影响。试验结果表明，随含水量增加，自由水的黏滞阻尼增加，混凝土的率相关效应增加。但需要指出的是，随含水量增加，混凝土的静态强度是下降的，这是因为孔隙自由水的存在促使胶体分子分离，减小了分子间的作用力（Ross et al.，1996）。如表 5.1-1 所示，A 组（含水量 0.3%）混凝土的静态抗拉强度为 2.21MPa，但 C 组（饱和含水量 4.8%）的静态抗拉强度为 1.30MPa，降低幅度达到 41.2%。

从 D 组实验结果可以看出，低温（-30℃）时混凝土的率敏感性比常温情况小；但低于 0℃后孔隙水冻结，混凝土的静态抗拉强度从 2.21MPa 提高至 2.53MPa。

（3）应变速率对弹性模量的影响。

混凝土拉应力达到抗拉强度的 40%～60% 前，基本处于弹性阶段，本试验取 50% 强度时的割线模量作为初始弹性模量。A、B、C 组试件初始弹量随应变率变化的试验结果见表 5.1-2，其中还给出了欧洲 CEB-FIP-2010 规范（CEB，2010）的建议值，介于 A、B 组和 C 组饱和试件的试验结果之间。由于孔隙自由水的黏滞阻尼作用，混凝土初始弹性模量也随着应变率的增长而有一定程度的增加，但增长的幅度与强度相比较小。

表 5.1-2　　　　　　　　　　　　　初始弹性模量随应变率的变化

试验组别	初始静态弹性模量 /GPa	应 变 率				
		$10^{-4}/s^{-1}$	$10^{-3}/s^{-1}$	$10^{-2}/s^{-1}$	$10^{-1}/s^{-1}$	$10^{-0.3}/s^{-1}$
		DIF				
A	28.6	1.040	1.090	1.101	1.114	1.121
B	20.3	1.013	1.049	1.093	1.120	1.180
C	18.9	1.283	1.308	1.458	1.707	2.001
CEB-FIP-2010		1.127	1.197	1.271	1.349	1.407

有的研究者指出动态弹性模量随应变率增长而增长，也有的研究者认为弹性模量基本不随应变率而变化。例如 Bischoff 等（1991）认为，率效应使动态强度较静态强度增加，相当于其内部裂缝减小，从而刚度（弹性模量）应随之增加；而在弹性阶段（应力低于 50% 抗拉强度阶段），混凝土的内部裂缝很少，故初始弹性模量可认为基本上不发生变化。

（4）应变速率对临界应变的影响。

关于临界应变（达到峰值应力对应的应变）的率效应，不同研究者也有不同结论。Bazant 等（1982）指出，临界应变随应变率的增长而缓慢增加。Bischoff 等（1991）总结的试验结果表明临界压应变随应变率的变化是不确定的，在应变率达到 10/s 时，临界压应变的增长范围为 -30%～40%，但他们认为出现负增长的试验结果是由试验设备的误差造成的。Grotes 等（2001）则认为即使在很高应变率（290～1500/s）的情况下，临界压应变的增长也极为有限。大连理工大学的试验结果表明，临界拉应变随应变率的增加有所增长。

值得指出的是混凝土试件含水量的影响，含水量越高，临界应变的率相关增长幅度越小。这可能是由于影响临界应变的因素比较复杂，Bischoff 和 Perry 认为，强度越高，临界应变值也越大。

（5）应变速率对泊松比的影响。

关于应变速率对泊松比影响的研究信息比较少。Takeda 等（1962）指出动态受拉试验中混凝土泊松比随应变率的增大而增大，但 Paulmann 等（1982）则表示即使在加载速率高达 0.2/s 时也没有观察到泊松比增大的情况。

在大连理工大学进行的试验中，A、B、C 各组试件均粘贴了纵向与横向应变片以观察泊松比的变化，但实测结果泊松比在 0.12～0.18 较大的范围内发生变化，没有率相关的规律性。试验结果还表明，饱和试件的泊松比较高，故建议泊松比的取值为 A 组 0.16、B 组 0.15、C 组 0.17，且不随应变率发生变化。

5.1.2　初始静载幅度对混凝土应变率效应的影响

混凝土坝在自重、水压等静力荷载作用下，处于一定的初始应力状态，若遭受地震、爆炸冲击等动力荷载作用，则需考虑初始静载对动力强度的影响。

Kaplan（1980）进行过高强水泥小试块（300～450MPa，试件尺寸 40mm×40mm）的有关动态抗压强度试验，分别采用了两组不同速率的先慢速后快速的加载速率，第一组试验结果表明随着静载幅度的提高，动态强度呈现下降的趋势；第二组在预静载水平较低时，动力强度有所增长，当初始静载超过 30% 的静态强度时，动态强度开始下降。

大连理工大学采用 20MPa 强度的混凝土试件研究了初始静载对混凝土动态抗压强度增强效应的影响（Yan et al.，2008），采用的加载应变速率由 10^{-5}/s 过渡到 10^{-2}/s，初始静载幅度分别取为静态抗压强度的 27.7%、55.4% 和 80.1%，试验结果如表 5.1-3 和图 5.1-5 所示。试验结果表明，随着初始静荷载幅度的增加，混凝土的动态强度随之下降。

表 5.1-3　　　　　　　初始静载对混凝土动态抗压强度的影响

加载方式	预加静载 f_0/MPa	预静载水平 /%	动态抗压强度 f_d/MPa	动态强度均值 /MPa		动态强度比值 $R_{sd}=f_d/f_{d0}$
纯动力（加载应变率为 10^{-2}/s）	0.00	0	20.83、19.58、20.63、21.63	纯动力抗压强度 f_{d0}	20.67	1.000
预加静载	4.72	27.7	20.13、20.80、20.49、19.59	动力抗压强度 f_d	20.25	0.980
	9.44	55.4	19.92、18.94、20.58、20.18		19.91	0.963
	13.66	80.1	19.74、19.46、19.00、18.50		18.50	0.929
纯静力（加载应变率为 10^{-5}/s）		100.0	16.28、16.85、17.37、17.05	纯静力抗压强度 f_s	17.05	0.825

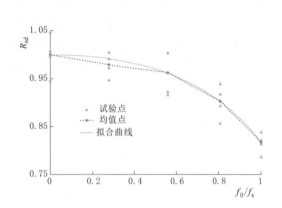

图 5.1 - 5　初始静载对混凝土动态抗压强度的影响

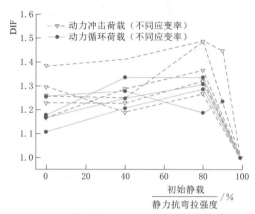

图 5.1 - 6　初始静荷载对动力弯拉强度影响

在动力抗拉强度研究方面，中国水科院等单位也开展了相关的研究工作，主要的动态弯拉试验研究成果见图 5.1 - 6（周继凯 等，2009a；侯顺载 等，2002；周继凯 等，2009b；陈厚群 等，2010)，图中初始静载的大小以其占静力抗弯拉强度的百分比表示，动力强度大小以动力强度增长系数 DIF 表示。试验中使用的有全级配混凝土和湿筛混凝土两种，动力加载方式包括冲击加载和循环变幅加载。初步研究成果显示，在先加载部分初始静力，再进行动力加载的情况下，动力强度总体呈现随初始静载增加先增大后减小的现象。

根据学者陈惠发等（2004）的研究，预加压应力幅度在抗压强度 f_{cs} 的 0.3 倍以内，混凝土处于弹性变形的范围内，内部损伤很小；应力幅值超过 $0.30 f_{cs}$ 以后，内部损伤发展，应力-应变曲线开始软化；应力在 $0.30 f_{cs} \sim 0.50 f_{cs}$ 范围内时，界面裂缝发展，但砂浆内的裂缝还比较细微，裂缝的发展比较稳定；应力在 $0.50 f_{cs} \sim 0.75 f_{cs}$ 内时，分散裂缝开始发生桥连，逐步形成大裂缝；应力达到 $0.75 f_{cs}$ 时，裂缝处于不稳定扩展的临界值。对受拉特性来说，当拉应力达到抗拉强度 f_{ts} 的 60％ 以内时，混凝土仍处于弹性范围内，应力超过此值后，界面裂缝发展；当应力达到 $0.75 f_{ts}$ 以后，即进入裂缝不稳定扩展阶段。总的看来，在应力达到抗压或抗拉强度的 50％ 以内时，混凝土基本上处于弹性阶段，具有良好的抵抗外加作用的能力，预加静载不产生结构性损伤，可以认为对动态强度不产生影响。

初始静载对混凝土动态拉、压强度的影响仍有待进一步研究，现行规范对混凝土动态强度的规定没有考虑其相关影响。

5.1.3　地震变幅循环荷载作用下的动态抗拉强度

大连理工大学开展了地震循环加载条件下的混凝土动态试验研究（林皋 等，2005）。为了模拟地震变幅循环加载作用，试验中荷载加载方式设为式（5.1 - 5）的形式，过程如图 5.1 - 7 所示。

$$F(t) = A_i \sin(2\pi f t) + F_0 \qquad (5.1 - 5)$$

式中：F_0 为初始静载幅度；A_i 为每循环的荷载幅度；f 为循环频率。

在单调和循环拉伸条件下，混凝土试件在破坏前的应力-应变关系接近直线，故可以按弹性分析来研究其特性，则应变速率为

$$\frac{d\varepsilon}{dt}=\frac{1}{E}\left(\frac{d\sigma}{dt}-\frac{\sigma}{E}\frac{dE}{dt}\right)\approx\frac{1}{E}\frac{d\sigma}{dt}=\frac{1}{ES}\frac{dF}{dt}$$

$$(5.1-6)$$

式中：S 为截面面积；E 为弹性模量。

因 E 值很大，式（5.1-6）括号内第二项与第一项相比可以忽略。将式（5.1-5）代入后得

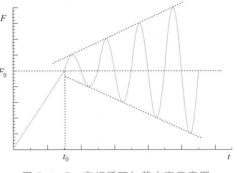

图 5.1-7　变幅循环加载方案示意图

$$\frac{d\varepsilon}{dt}=\frac{1}{ES}\left[2\pi fA\cos(2\pi ft)+\frac{dA}{dt}\sin(2\pi ft)\right]=\dot\varepsilon_1+\dot\varepsilon_2 \qquad (5.1-7)$$

$$\frac{dA}{dt}=\Delta Af \qquad (5.1-8)$$

式中：ΔA 为每循环增幅；第一项和第二项相位相差 $90°$。

式（5.1-7）第一项中，每个循环的最大应变率起主要作用，这表示在变幅循环荷载条件下，混凝土的强度仍由循环中的最大应变率起控制作用，从而可以根据单调加载条件下混凝土强度随应变率的变化，来估计地震作用变幅循环加载条件下混凝土的强度特性。

表 5.1-4、表 5.1-5 和图 5.1-8、图 5.1-9 为循环加载与单调加载试验条件下试验成果的比较。表 5.1-5 第 4 列为变幅循环加载条件下的试验值，第 7 列为根据其循环中的最大应变率按单调加载试验结果估计的变幅循环条件下的动态强度，二者差值在单调加载平均强度的一倍标准差 σ 以内（图 5.1-9 和图 5.1-10）。因此变幅循环加载条件下混凝土动强度主要与该循环的最大应变率相关，据此对于不规则变幅循环作用的地震波也可近似地确定各循环中混凝土动态强度的大小。

表 5.1-4　　　　　　　　　　　单调加载条件下混凝土动态抗拉强度

编　号	应变率/s^{-1}					
	10^{-5}	10^{-4}	10^{-3}	10^{-2}	10^{-1}	$10^{-0.3}$
	抗拉强度/MPa					
1	1.97	2.18	2.81	2.88	3.53	3.88
2	2.24	2.52	2.94	2.72	3.70	4.23
3	2.39	2.47	2.62	3.25	3.06	3.67
4	2.44	—	—	2.72	3.33	—
5	1.98	—	—	2.77	—	—
6	—	—	—	2.89	—	—
平均值 f_{td}	2.21	2.39	2.79	2.87	3.40	3.93
一倍标准差 σ	0.198	0.150	0.131	0.183	0.238	0.231

表 5.1-5　　　　　　　　　循环荷载条件下混凝土动态抗拉强度

预加荷载 /MPa	循环频率 /Hz	循环增幅 /MPa	平均强度 /MPa	MAX($\dot{\varepsilon}_1$) /($\times 10^{-4}$/s)	MAX($\dot{\varepsilon}_2$) /($\times 10^{-6}$/s)	$f_{td} \pm \sigma$
1.6	0.5	0.08	2.49	0.943	1.35	2.38±0.153
	2	0.08	2.74	4.39	4.86	2.54±0.143
	10	0.08	2.88	27.3	27.1	2.81±0.141
	20	0.08	2.86	54.1	54.7	2.83±0.156
	30	0.08	2.87	82.5	82.7	2.85±0.173
1.6	2	0.016	2.49	3.40	0.96	2.38±0.145
	2	0.034	2.82	4.65	2.07	2.55±0.152
	2	0.08	2.74	4.35	4.86	2.54±0.150
	2	0.32	2.73	4.31	19.4	2.54±0.150
2.0	2	0.08	2.51	1.95	4.86	2.43±0.136

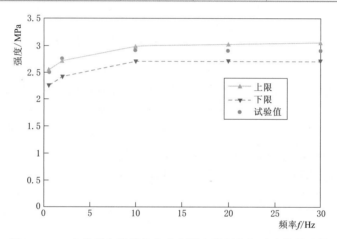

图 5.1-8　变化频率下混凝土动态强度预测值与试验值的比较

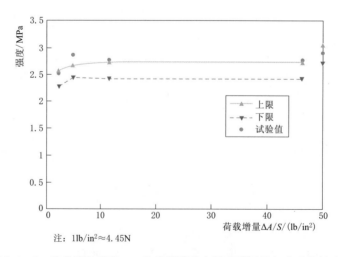

注：1lb/in² ≈ 4.45N

图 5.1-9　变化增长幅度 ΔA 条件下混凝土强度预测值与试验值的比较

　　还要注意到，地震作用下试件中的微裂纹数量和开裂程度将逐渐发展，从而不可恢复的变形也随之增长。图 5.1－10 表示随着循环次数的增加，循环应变的中轴线不断上移；图 5.1－11 则表示随着循环数的增加，应变偏离原点的程度也不断增长。在混凝土结构设计中应当考虑这种由于循环加载造成结构永久变形不断增加的影响。

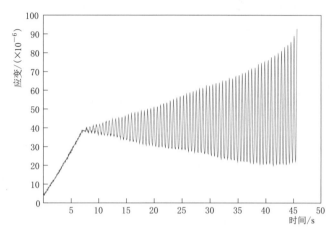

图 5.1－10　循环荷载下应变时程曲线

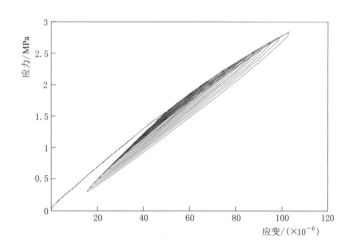

图 5.1－11　循环荷载下应力-应变曲线上升段

5.1.4　双轴与三轴动态拉压强度研究

　　大连理工大学开展了双轴比例加载下的混凝土动态试验研究（林皋 等，2005），试验结果见表 5.1－6 和图 5.1－12、图 5.1－13。试验中应变速率分别为 $10^{-5}/\mathrm{s}$、$10^{-4}/\mathrm{s}$、$10^{-3}/\mathrm{s}$、$10^{-2}/\mathrm{s}$，双轴比例加载采用的侧压比，即竖向应力和水平应力的比值，分别为 1∶0、1∶0.25、1∶0.5、1∶0.75、1∶1。图 5.1－12 中，纵坐标为抗压强度提高系数，定义为 $f_\mathrm{c}/f_\mathrm{us}$，其中，$f_\mathrm{c}$ 为混凝土的压缩强度，f_us 为拟静态荷载下的单轴抗压强度，本试

验中 $f_{us}=9.84$MPa；横坐标为水平荷载和竖向荷载的比值 α，无侧压时为 0，最大为 1。

表 5.1-6 双轴比例加载条件下混凝土动态强度

应变速率/s^{-1}	编号	侧 压 比				
		1:0	1:0.25	1:0.5	1:0.75	1:1
		动态强度/MPa				
10^{-5}	1	9.93	15.61	16.08	16.46	14.16
	2	9.67	14.34	15.85	17.03	13.48
	3	9.93	14.64	16.03	15.92	14.37
	4	9.83		16.55	16.15	
	均值	9.84	14.86	16.13	16.39	14.00
10^{-4}	1	10.59	15.28	17.35	17.20	16.07
	2	10.76	15.77	16.40	16.60	14.49
	3	10.52	15.38	16.29	16.46	16.05
	4	10.66		16.66		14.65
	均值	10.63	15.48	16.68	16.75	15.32
10^{-3}	1	11.75	15.66	17.68	17.85	17.40
	2	11.14	16.18	17.21	17.40	16.42
	3	11.25	16.67	17.19	17.97	15.61
	4	11.38			16.94	17.22
	均值	11.38	16.17	17.36	17.54	16.66
10^{-2}	1	12.78	17.30	17.66	18.08	18.00
	2	12.04	16.93	18.23	19.50	17.79
	3	12.15	17.23	19.17	19.62	18.23
	4			17.89	17.44	
	均值	12.32	17.15	18.24	18.66	18.01

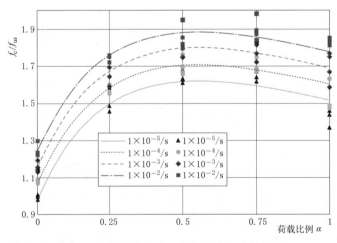

图 5.1-12 强度提高系数与应力组合的关系

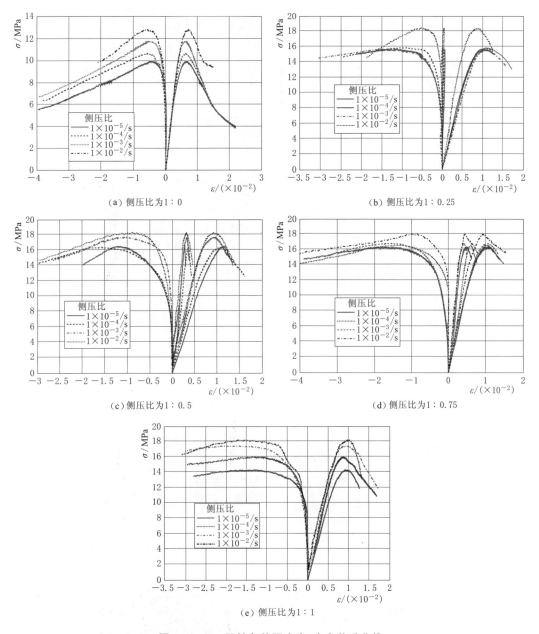

图 5.1 - 13　双轴条件下应力-应变关系曲线

　　不同应变率下的试件破坏形态见图 5.1 - 14，不同侧压比条件下的典型破坏形态见图 5.1 - 15，由图可以看出，混凝土试件的破坏形态主要决定于侧压比，应变率的影响较小。

　　对强度结果进行分析，混凝土动态强度随应变率的变化关系为

$$f_c / f_{us} = a + b \lg(\dot{\varepsilon} / \dot{\varepsilon}_s) \tag{5.1-9}$$

式中：f_c 为应变率为 $\dot{\varepsilon}$ 时的抗压强度；f_{us} 为拟静态荷载条件下的单轴抗压强度，相应应变率 $\dot{\varepsilon}_s = 10^{-5}/\text{s}$；$a$、$b$ 为试验常数。

（a）应变率为10^{-5}/s

（b）应变率为10^{-4}/s

（c）应变率为10^{-3}/s

（d）应变率为10^{-2}/s

图 5.1-14　不同应变率下的试件破坏形态（侧压比为 1∶0.5）

（a）侧压比为1∶0（$\alpha=0$）

（b）侧压比为1∶0.25（$\alpha=0.25$）

（c）侧压比为1∶0.75（$\alpha=0.75$）

（d）侧压比为1∶1（$\alpha=1$）

图 5.1-15　不同侧压比条件下试件的典型破坏形态（应变率为 10^{-2}/s）

当应变率一定时，假设混凝土强度与侧压比之间成立下列关系：

$$f_c/f_u = (c+d\alpha)/(1+\alpha)^2 \tag{5.1-10}$$

式中：f_c 和 f_u 分别为给定应变率下的双轴和单轴强度；c、d 为试验常数。

根据以上分析，综合考虑应变率与侧压比的影响后，混凝土双轴动态强度的表达式为

$$\frac{f_c}{f_{us}} = k_1 + k_2 \lg\left(\frac{\dot{\varepsilon}}{\dot{\varepsilon}_s}\right) + \frac{k_3}{(1+\alpha)^2} + \frac{k_4\alpha}{(1+\alpha)^2} \tag{5.1-11}$$

式中：试验常数 k_1、k_2、k_3、k_4 的拟合值分别为 -0.446，0.08745，6.42 和 1.433。拟合结果和试验值的相关系数为 0.958。

与双轴试验类似，大连理工大学也进行了三轴动态试验，对不同围压条件下的混凝土强度随应变率的变化关系进行研究。试验结果见表 5.1-7，拟合公式为式（5.1-13）。图 5.1-16 表示不同应变率条件下混凝土动态强度增长与围压的关系；图 5.1-17～图 5.1-19 给出应力-应变关系曲线。

表 5.1-7　　　　　　　　　　　不同围压条件下混凝土动态强度

侧压/MPa	应变率/s^{-1}		
	10^{-5}	10^{-4}	10^{-3}
	动态强度/MPa		
0	9.84	10.63	11.38
4	30.05	32.11	33.70
8	46.27	48.08	49.39
12	61.21	61.42	61.16
16	72.14	75.34	74.08

$$\frac{f_c}{f_u} = \sqrt{A(\dot{\varepsilon})\left(\frac{\sigma_{lat}}{f_{us}}\right)^2 + B(\dot{\varepsilon})\frac{\sigma_{lat}}{f_{us}} + 1} \tag{5.1-12}$$

其中 $\qquad\qquad\qquad A(\dot{\varepsilon}) = a + b\lg(\dot{\varepsilon}) \quad B(\dot{\varepsilon}) = c + d\lg(\dot{\varepsilon}) \tag{5.1-13}$

式中：f_c、f_u 分别为应变率为 $\dot{\varepsilon}$ 对应的动态抗压强度和单轴抗压强度；σ_{lat} 为侧向压力。

根据试验结果可以看出，三轴动态强度主要受围压影响。当围压小于单轴抗压强度的 1/2 时，混凝土动态强度随应变率的增加而增加，与无侧压的情况比较接近；当围压大于单轴抗压强度的 1/2、小于单轴抗压强度时，动态强度随应变率增加而增长的趋势减缓，小于无侧压的情况；当围压等于或大于单轴抗压强度时，混凝土的动态强度不再随应变率的增长而增长。

5.1.5　全级配大坝混凝土的动态特性

中国水科院结合小湾拱坝与大岗山拱坝工程（周继凯 等，2009a，2009b；陈厚群 等，2010）开展了全级配混凝土的动态强度与弹性模量的试验研究，取得了以下主要成果。

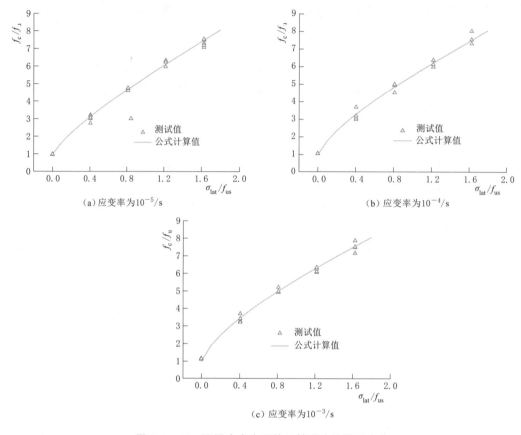

（a）应变率为 $10^{-5}/s$　　　　　　　　（b）应变率为 $10^{-4}/s$

（c）应变率为 $10^{-3}/s$

图 5.1-16　不同应变率下的三轴强度随围压变化

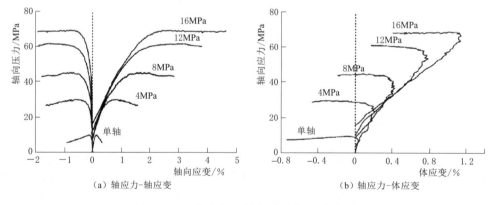

（a）轴应力-轴应变　　　　　　　　（b）轴应力-体应变

图 5.1-17　应变率 $10^{-5}/s$ 时的应力-应变关系

5.1.5.1　小湾拱坝混凝土动态抗压强度试验

试验包括了全级配试件与湿筛试件的静、动力抗压试验研究。试验中全级配圆柱形试件尺寸 $\phi 450\text{mm} \times 900\text{mm}$，立方体试件尺寸 $450\text{mm} \times 450\text{mm} \times 450\text{mm}$；湿筛圆柱形试件尺寸 $\phi 150\text{mm} \times 300\text{mm}$，立方体试件尺寸 $150\text{mm} \times 150\text{mm} \times 450\text{mm}$。主要试验结果见表 5.1-8 和表 5.1-9。

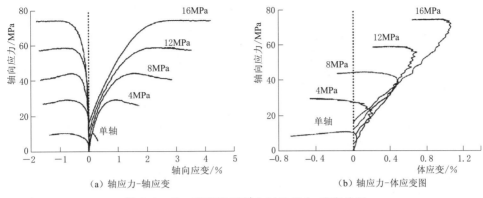

（a）轴应力-轴应变　　　　　　　　　　　（b）轴应力-体应变图

图 5.1-18　应变率 10^{-4}/s 时的应力-应变关系

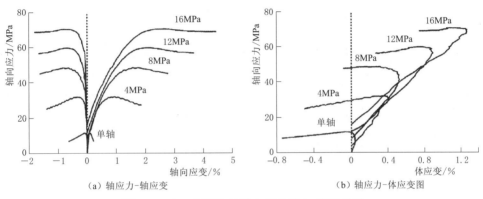

（a）轴应力-轴应变　　　　　　　　　　　（b）轴应力-体应变图

图 5.1-19　应变率 10^{-3}/s 时的应力-应变关系

表 5.1-8　　　　　　　　　　　　混凝土抗压强度试验结果

项　　目	试　　件	静　　态	动　　态
极限强度/MPa	全级配	28.99	33.66
	湿筛	37.01	45.89
强度比值	全级配/湿筛	0.78	0.73
强度增长率	全级配		16%
	湿筛		24%

表 5.1-9　　　　　　　　　　　　混凝土弹性模量及泊松比

项　　目	试　　件	静　　态	动　　态
弹性模量/GPa	全级配	28.41	33.40
	湿筛	28.88	35.24
弹模比值	全级配/湿筛	0.98	0.95
弹模增长率	全级配		18%
	湿筛		22%
泊松比	全级配	0.180	0.197
	湿筛	0.162	0.164

续表

项 目	试 件	静 态	动 态
泊松比比值	全级配/湿筛	1.11	1.08
泊松比增长率	全级配		9%
	湿筛		1.4%

根据试验结果，小湾拱坝的全级配试件和湿筛试件的静态立方体抗压强度比值约为0.78，与同类试验成果相当。工程设计中通常取全级配混凝土静态抗压强度为湿筛试件的67%～70%。

5.1.5.2 小湾拱坝混凝土动态弯拉强度试验

试验中，全级配试件尺寸 450mm×450mm×1700mm，湿筛试件尺寸 150mm×150mm×550mm，主要试验结果见表 5.1-10 和表 5.1-11。

表 5.1-10　　　　　　　　小湾拱坝混凝土弯拉强度试验结果

项 目	试 件	静 态	动 态
极限强度/MPa	全级配	2.30	2.90
	湿筛	3.84	4.73
强度比值	全级配/湿筛	0.60	0.61
强度增长率	全级配		26%
	湿筛		23%

表 5.1-11　　　　　　　　小湾拱坝混凝土弯拉弹性模量及泊松比

项 目	试 件	静 态	动 态
弹性模量/GPa	全级配	30.13	34.56
	湿筛	29.45	35.83
弹模比值	全级配/湿筛	1.02	0.96
弹模增长率	全级配		15%
	湿筛		22%
泊松比	全级配	0.197	0.182
	湿筛	0.173	0.175
泊松比比值	全级配/湿筛	1.14	1.04
泊松比增长率	全级配		−8%
	湿筛		1%

对混凝土坝强度安全起控制作用的通常是混凝土的抗拉强度。目前在我国的混凝土坝设计规范以及美国垦务局相关规范中，都建议采用弯拉强度作为大坝抗拉强度取值的依据。从试验成果来看，小湾拱坝全级配试件和湿筛试件的静态弯拉强度比为0.60，明显较立方体抗压强度的比值偏低，反映出更为显著的试件尺寸效应。

小湾拱坝全级配试件，动态抗压强度较静态抗压强度提高约 16%～22%，动态弯拉强度较静态抗拉强度提高约 26%～49%。试验成果还表明，无论是抗压强度和弯拉强度，全级配试件和湿筛试件的动态强度比值与静态强度比值均较接近，显示全级配和湿筛试件的应变率效应大致接近。

5.1.5.3　大岗山混凝土动态弯拉强度试验

对大岗山混凝土全级配和湿筛试件进行了静、动力弯拉强度试验，其中动力加载采用了冲击波和变幅三角波两种加载方式，试验结果见表 5.1－12 和表 5.1－13。

表 5.1－12　　　　　　　　　　大岗山拱坝混凝土弯拉强度试验结果

项　目	试　件	静态	冲击波动态加载	三角波动态加载
极限强度/MPa	全级配	2.97	4.18	3.49
	湿筛	6.46	8.42	7.17
强度比值	全级配/湿筛	0.46	0.50	0.49
强度增长率	全级配		41%	18%
	湿筛		30%	11%

表 5.1－13　　　　　　　　　　大岗山拱坝混凝土弯拉弹性模量

项目	试件	静态	冲击波动态	三角波动态
弹性模量/GPa	全级配	38.90	53.73	35.20
	湿筛	53.10	58.18	44.80
弹模比值	全级配/湿筛	0.73	0.92	0.79
弹模增长率	全级配		38%	－10%
	湿筛		10%	－16%

大岗山拱坝混凝土全级配试件的动态弯拉强度较静态抗拉强度提高约 18%～41%，湿筛试件的动态弯拉强度较静态抗拉强度提高约 11%～30%。

美国垦务局采取的大坝混凝土动态抗压和抗拉强度分别较其静态值大 20% 和 50%，其依据主要是坝体内钻芯的试件在冲击型加载下的劈拉试验成果，即动态抗拉强度的提高值明显高于抗压强度的提高值。依据混凝土全级配试件动态试验成果，我国现行《水电工程水工建筑物抗震设计规范》（NB 35047—2015）中规定大坝混凝土动态拉、压强度都较其静态值提高 20%，是基本合理和偏于安全的。

5.1.5.4　大坝混凝土静、动弹性模量

小湾和大岗山拱坝混凝土的动态弯拉试验结果表明，无论是全级配或湿筛试件，弯拉弹性模量和泊松比的静、动态值的差异均小于其静、动态强度值的差异，说明率效应对大坝混凝土弹性模量和泊松比的影响小于其对强度的影响。

在大坝设计中，考虑到混凝土在长期静态荷载作用下的徐变效应，其持久静态弹性模量都较试验室内几分钟完成加载过程测得的静态弹性模量值要低。我国《混凝土拱坝设计规范》（NB/T 10870—2021）和美国垦务局相关规范都将静态设计弹性模量（持久模量）取为试验室实测静态弹性模量的 2/3。

美国垦务局试验结果认为，统计平均意义上大坝混凝土动态弹性模量较静态弹性模量

的实测值差异不大，可以把根据试验结果确定的动、静态弹性模量取为相等。小湾、大岗山拱坝混凝土试验也得到了类似成果。因此，现行的《水电工程水工建筑物抗震设计规范》（NB 35047—2015）中规定，大坝混凝土的动态弹性模量较考虑了徐变影响的静态设计弹性模量（持久模量）提高50％。

目前混凝土坝工程全级配大坝混凝土的试验成果还不多，试验成果还存在一定程度的离散性。不同工程采用的混凝土配合比以及骨料、水泥等组分的物理化学性质的不同会直接影响大坝混凝土的强度特性，因此对于重要工程，开展大坝混凝土全级配试件的动态特性试验研究是十分必要的。

5.2 混凝土动态强度的数值模拟

5.2.1 基于随机力学模型的混凝土单轴受拉、受压模拟

采用 Weibull 函数描述混凝土细观单元力学性质的随机性，包括细观单元的弹性模量及抗拉强度均采用随机分布：

$$f(x) = \frac{m}{x_0}\left(\frac{x}{x_0}\right)^{m-1}\exp\left(-\frac{x}{x_0}\right)^m \tag{5.2-1}$$

式中：$f(x)$ 为变量 x（强度、弹性模量）的分布密度；m 为形状参数；x_0 为与所有单元平均值有关的参数。

强度是材料抵抗破坏的能力，弹性模量是材料抵抗变形的能力。在结构可靠度理论中一般把抗力考虑成多个基本随机变量的乘积的形式。材料的细观单元和结构构件有很好的对应关系，细观单元的材料性能参数属于结构构件抗力的范畴，与结构构件的抗力相当。基于此，细观材料的综合性能参数 R 表示为强度（f）和弹性模量（E）的乘积，即

$$R = fE \tag{5.2-2}$$

通过考虑强度和弹性模量的非均匀性，R 的非均匀性刻画了混凝土细观单元因微裂纹、微孔洞等缺陷造成的材料性能不均匀性。通过假定 R 和 E（或 f）间的线性相关系数以及 E（或 f）服从的概率分布形式得到它们的值。

$R = fE = \lambda E$，即分别采用 Weibull 分布生成综合参数 R 和弹性模量 E 的随机数，通过 λ 的取值确定强度 f。

混凝土弹脆性损伤判断考虑了损伤为各向同性及各向异性两种情况。对于各向异性损伤，在两个损伤主轴确定的正交损伤体系内建立本构关系矩阵 $[D_e^*]$，可表示为

$$[D_e^*] = \frac{E}{1-\mu^2}\begin{bmatrix} (1-D_1)^2 & \mu(1-D_1)(1-D_2) & 0 \\ \mu(1-D_1)(1-D_2) & (1-D_1)^2 & 0 \\ 0 & 0 & \frac{1}{2}(1-\mu)(1-D_1)(1-D_2) \end{bmatrix}$$

$$\tag{5.2-3}$$

其中 D_1、D_2 分别为两个主轴方向的损伤变量值。该矩阵需通过式（5.2-4）的坐标转换矩阵转至整体坐标系中：

$$[T] = \begin{bmatrix} \cos^2\theta & \sin^2\theta & \cos\theta\sin\theta \\ \sin^2\theta & \cos^2\theta & -\cos\theta\sin\theta \\ -2\cos\theta\sin\theta & 2\cos\theta\sin\theta & \cos^2\theta - \sin^2\theta \end{bmatrix} \quad (5.2-4)$$

采用随机力学模型，对混凝土单轴受拉和单轴受压破坏的损伤演化进行模拟，结果见图 5.2-1～图 5.2-4（唐春安 等，2003），其中图 5.2-1 和图 5.2-2 表示各向同性损伤的数值模拟结果；图 5.2-3 和图 5.2-4 表示各向异性损伤的数值模拟结果。

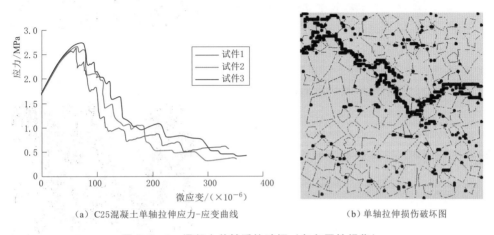

（a）C25混凝土单轴拉伸应力-应变曲线　　　　（b）单轴拉伸损伤破坏图

图 5.2-1　混凝土单轴受拉破坏（各向同性损伤）

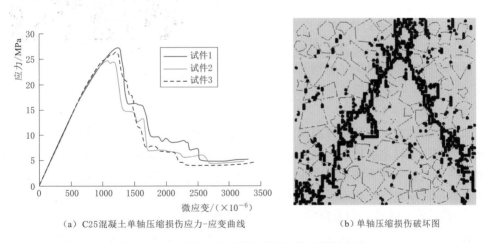

（a）C25混凝土单轴压缩损伤应力-应变曲线　　　　（b）单轴压缩损伤破坏图

图 5.2-2　混凝土单轴压缩破坏（各向同性损伤）

5.2.2　基于修正平行杆模型混凝土损伤破坏模拟研究

为了反映混凝土的细观力学特性，在平行杆模型 PBS（parallel bar system）基础上，结合现代非线性科学中协同学、突变论等有关原理以及声发射试验的有关成果建立了描述混凝土单轴拉伸破坏全过程的细观统计损伤模型——修正平行杆模型 IPBS（improved

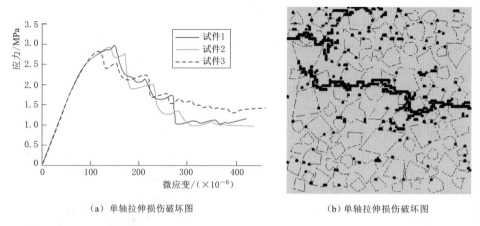

（a）单轴拉伸损伤破坏图　　　　　　　　　　（b）单轴拉伸损伤破坏图

图 5.2-3　混凝土单轴受拉破坏（各向异性损伤）

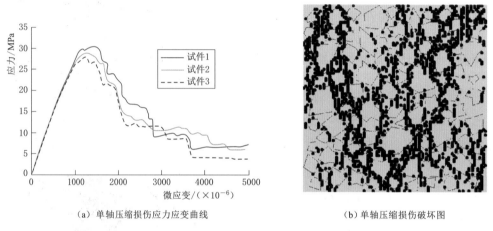

（a）单轴压缩损伤应力应变曲线　　　　　　　　（b）单轴压缩损伤破坏图

图 5.2-4　混凝土单轴压缩破坏（各向异性损伤）

parallel bar system）。

　　材料变形破坏的实质是细观屈服和断裂两种损伤模式的连续累积演化过程。将材料细观损伤对宏观力学性能的影响概括为两种损伤模式：①断裂损伤，表征微裂纹、微孔洞的萌生发展，导致有效受力面积的减小；②屈服损伤，表征微缺陷的相互作用和微结构受力骨架不可恢复的重组，导致有效受力部位变形模量的减小。

　　模型建立中，将材料宏观试验现象中出现的损伤局部化的临界状态，与突变论中描述的临界状态以及声发射中的峰值状态有机地进行了统一，临界状态对应于有效应力达到最大值。模型中所描述的均匀损伤和局部破坏两个阶段，与突变论中描述的分布式损伤和损伤累积诱发突变两个阶段完全对应。

　　（1）图 5.2-5 和图 5.2-6 给出了 IPBS 两种损伤模式的概率分布与应力-应变关系。

　　（2）该研究模拟了混凝土材料准静态单轴拉伸与循环加载断裂过程，见图 5.2-7。

　　（3）该研究模拟了不同抗拉强度（在 1~4MPa 范围内变化）的混凝土应力-应变关系，并与《混凝土结构设计规范》（GB 50010—2002）推荐曲线进行对比，见图 5.2-8。

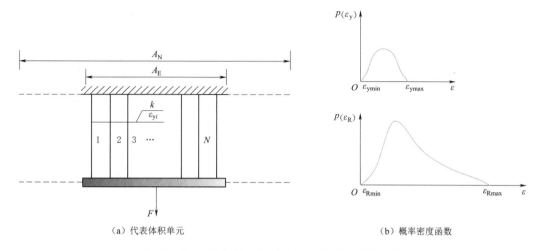

（a）代表体积单元　　　　　　　　　（b）概率密度函数

图 5.2-5　两种损伤（断裂和屈服损伤）的概率分布

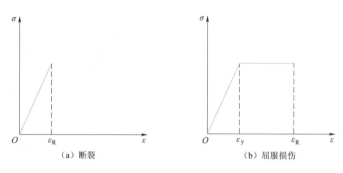

（a）断裂　　　　　　　　　　　（b）屈服损伤

图 5.2-6　两种损伤的应力-应变关系

（4）该研究模拟了饱和混凝土的动态力学行为，其中考虑了材料自身惯性效应和孔隙水黏性效应，见图 5.2-9。

（5）该研究模拟了混凝土单轴压缩与拉伸过程，并与《混凝土结构设计规范》（GB 50010—2002）推荐曲线进行对比，见图 5.2-10 和图 5.2-11。

5.2.3　基于细观颗粒元模型混凝土静动力抗拉强度模拟

颗粒元通过大量颗粒单元的相互作用来模拟散粒材料的力学行为。假设颗粒单元间具有黏结作用，则可以通过颗粒运动、黏结断裂及滑移模拟连续材料的损伤和断裂过程。在颗粒元计算流程中，根据颗粒位置和接触本构确定颗粒受到的接触力，再根据动力平衡方程计算颗粒运动进而更新颗粒位置，如此循环计算直至平衡或破坏。在细观层面模拟混凝土材料的力学性质，颗粒之间的作用应具有变形和强度特性。

以混凝土静、动力抗拉强度本构关系为研究对象，首先完成了静力条件下混凝土的直接拉伸、劈裂抗拉和弯拉试验。试验中采用一级配混凝土，骨料直径范围 5～20mm。混凝土标准立方体抗压强度为 34MPa。为进行不同抗拉强度的对比，设计静力抗拉试验中不同试件的受拉断面面积相等，单轴拉伸试件的尺寸为 100mm×100mm×400mm，劈裂

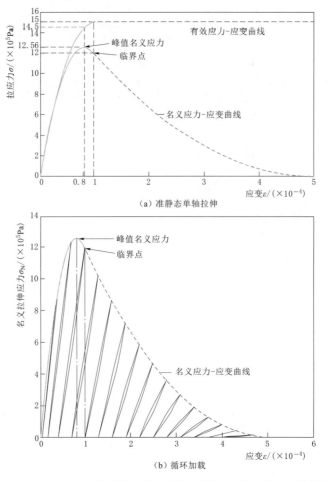

（a）准静态单轴拉伸

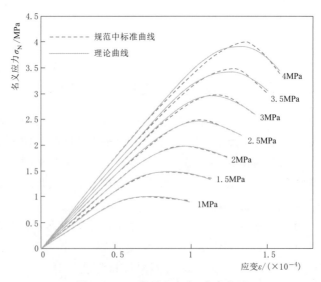

（b）循环加载

图 5.2-7　混凝土材料准静态单轴拉伸与循环加载断裂过程的模拟

图 5.2-8　混凝土应力-应变关系

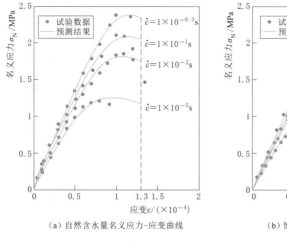

（a）自然含水量名义应力-应变曲线

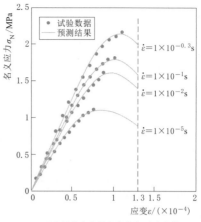

（b）饱和含水量名义应力-应变曲线

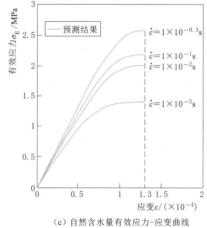

（c）自然含水量有效应力-应变曲线

图 5.2-9　混凝土应力-应变关系

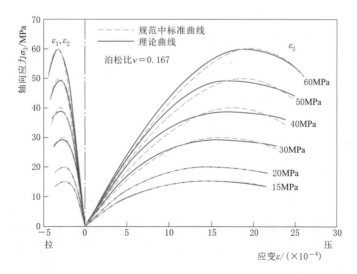

图 5.2-10　单轴压缩过程主轴方向与侧向应力-应变曲线

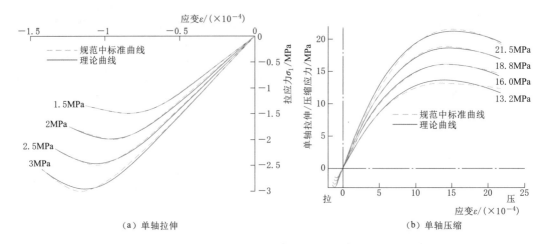

(a) 单轴拉伸 (b) 单轴压缩

图 5.2-11 具有相同初始弹模的单轴拉伸、单轴压缩应力-应变曲线

抗拉试件尺寸 100mm×100mm×100mm，弯曲试验试件尺寸 100mm×100mm×400mm。

动力劈拉强度数据来自霍普金森压杆（SHPB）冲击劈拉试验（Wu et al.，2014），试验中使用直径为 68mm、厚度为 30mm 的混凝土圆盘，静力标准立方体抗压强度为 21MPa。动力抗弯强度结果来自重力落锤试验（Wu et al.，2015），使用的梁试件和静力弯曲试验相同，跨度也为 300mm。

根据试件尺寸和骨料含量，生成的颗粒元模型和加载形式见图 5.2-12，图中黄色区域为骨料单元，灰色区域为砂浆单元。为获得完整应力-应变关系曲线，数值中采用位移加载：轴向拉伸试验控制试件刚性端的速度；劈裂抗拉试验控制刚性钢板的速度；弯曲试验同样采用三点加载，控制加载刚性钢板的速率。

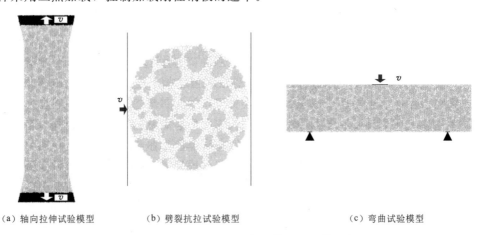

(a) 轴向拉伸试验模型 (b) 劈裂抗拉试验模型 (c) 弯曲试验模型

图 5.2-12 混凝土细观颗粒元模型和加载形式

比较直拉强度和劈拉强度的大小。欧洲的规范 Eurocode 2（ECS，2004）认为直拉强度是劈拉强度的 0.9 倍，但最新的欧洲混凝土协会 CEB-FIB 规范（CEB，2010）在此基础上修正为直拉强度和劈拉强度相等。关于弯拉强度的大小，Raphael（1984）根据众多试验结果认为，弯拉强度比直拉和劈拉强度高 35%，比美国混凝土协会 ACI 规范（ACI，

2011）规定值高 12%。

轴向拉伸（直拉）、劈裂抗拉（劈拉）、弯曲试验（弯拉）得到的混凝土抗拉强度结果见图 5.2-13。试验得到混凝土轴拉强度 $f_t=3.2$MPa，劈拉强度 $f_s=3.0$MPa，弯拉强度 $f_{fl}=4.4$MPa。直拉强度和劈拉强度相近，弯拉强度比前两者高 40%，接近 Raphael（1984）基于大量试验总结的混凝土不同抗拉强度关系。另外，不同试验方法得到的弹性模量也不相同，轴向拉伸与弯拉试验得到的混凝土弹性模量接近，为 32GPa 左右；劈裂抗拉试验中由于劈裂面同时受压，得到的弹性模量最小。

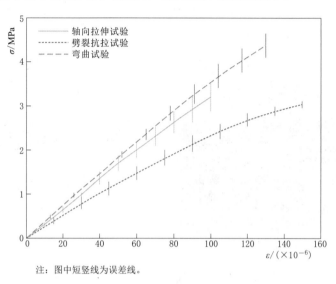

注：图中短竖线为误差线。

图 5.2-13 不同拉伸试验应力-应变曲线

基于细观颗粒元模型的数值模拟与试验结果比较见图 5.2-14 和图 5.2-15。由于采用位移加载，数值方法可以得到全过程曲线。在劈裂抗拉试验中，当试件达到开裂荷载

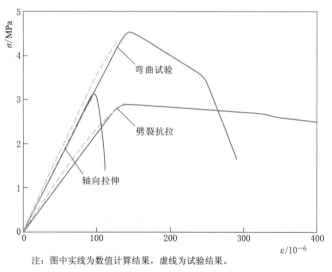

注：图中实线为数值计算结果，虚线为试验结果。

图 5.2-14 数值和试验应力应变曲线结果对比

时，荷载缓慢下降，可能是加载端压力约束与夹持作用造成的，而轴向拉伸试验中试件基本呈现脆性断裂，弯曲试验结果呈现一定的软化特征。由数值仿真和试验结果对比可见，在不同加载方式下数值结果与试验符合良好，同时得到了静力破坏的单一裂纹结果（图5.2-15）。

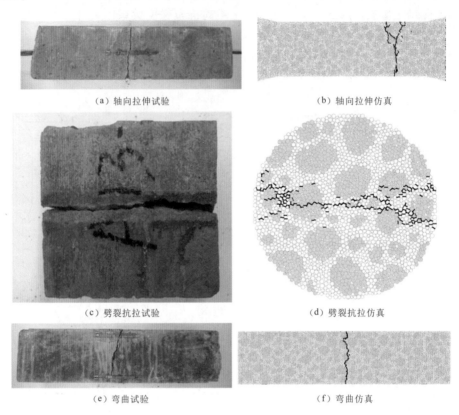

（a）轴向拉伸试验　　　　　　　　　　　（b）轴向拉伸仿真

（c）劈裂抗拉试验　　　　　　　　　　　（d）劈裂抗拉仿真

（e）弯曲试验　　　　　　　　　　　　　（f）弯曲仿真

图 5.2-15　试验破坏裂纹和颗粒元数值仿真结果对比

基于细观颗粒元模型，以不同的加载速率模拟动力受拉试验，并和已有动力试验结果进行对比。图5.2-16给出数值仿真和动力试验的结果，不同试验方法的率效应以动力强度增长系数 DIF 表示。在试验和数值结果中，各抗拉强度都随着应变率的提高而提高。数值仿真中弯拉强度的 DIF 结果和试验符合良好，但由于劈裂试验使用的混凝土试件静力抗压强度为 21MPa，低于数值模拟的 34MPa 混凝土，试验结果给出了更高的 DIF，符合一般统计规律（Malvar et al.，1998）。

基于数值模拟结果对混凝土不同抗拉强度 DIF 进行比较。三种抗拉强度 DIF 随应变率的提高都分为两个阶段，即 DIF 缓慢增加的低应变率阶段和 DIF 快速增加的高应变率阶段，在两个阶段间存在临界应变率。Malvar 等（1998）基于大量动力试验结果修正的欧洲混凝土协会公式（M-CEB公式）规定，DIF 增长速率的突变点对应的临界应变率为 $10^0/s$。在细观颗粒元的数值模拟结果中，弯拉强度的临界点出现得最早，应变率在 $10^{-1} \sim 10^0/s$ 量级时，DIF 即开始快速增加；直拉强度和劈拉强度的临界应变率接近，在 $10^0 \sim 10^1/s$ 范围内。在低应变率阶段，三种抗拉强度 DIF 的增长都较小，在高应变率阶

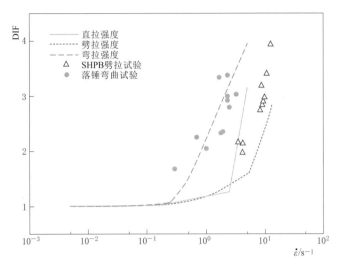

图 5.2 - 16　不同拉伸试验动力增强系数

段，弯拉强度应变率效应（DIF）最大，劈拉强度最低，直拉强度介于二者之间。

5.3　国内外大坝混凝土动态特性有关规定

　　20 世纪 50—60 年代，日本兴建了一批混凝土拱坝和重力坝。通过现场激振观测，得到大坝的振动频率，据此反推混凝土的动态弹模值，一般达到 30～40GPa，显著高于混凝土的静态弹模值。为了在工程设计中考虑这种影响，日本电力中央研究所的畑野正进行了一系列混凝土动态试验，得到混凝土的动态强度与动态弹性模量与加载速率或加载时间（从初始加载直至破坏的时间）的关系（图 5.3 - 1）（Hanato，1960）表达式为

$$\frac{1}{\sigma_u} = a + b\ln t_u \tag{5.3 - 1}$$

$$\frac{1}{E_s} = c + d\ln t_u \tag{5.3 - 2}$$

$$\varepsilon_c = e \tag{5.3 - 3}$$

式中：t_u 为破坏时间，即从初始加载至最大荷载发生的时间；σ_u 为混凝土强度；E_s 为动弹性模量；ε_c 为应变能力，即最大荷载所对应的应变；a、b、c、d、e 为试验常数。

　　畑野正认为，相应于地震工况的加载时间，混凝土的强度约提高 30%。

　　美国垦务局的 Raphael（1984）根据五座混凝土坝钻孔取样获得的试件，得出动载下的强度（表 5.3 - 1）。他采用的加载速率使在 0.05s 内达到最大应力，这相当于 5Hz 左右的振动频率。根据试验结果，Raphael 建议的大坝混凝土静动力抗拉强度的计算公式为

$$f_t = k f_{cs}^{2/3} \tag{5.3 - 4}$$

式中：f_{cs} 为混凝土的静态抗压强度，lb/in^2，$1lb/in^2 \approx 4.45N$。

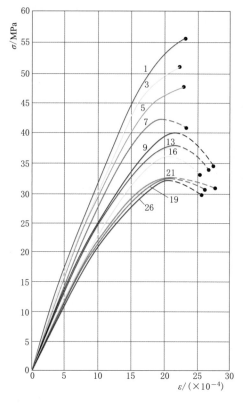

说明：
1—0.06s
3—0.13s
5—0.26s
7—0.59s
9—39.00s
13—103.00s
16—293.00s
19—740.00s
21—2320.00s
26—7320.00s

图 5.3－1　单轴抗压应力-应变曲线随加载时间长短的变化（混凝土水灰比为 13∶5）

表 5.3－1　　　　　　　　　　　大坝混凝土的动态强度　　　　　　　　　　单位：MPa

坝　名	直接拉伸强度			劈拉强度			抗压强度		
	慢速	快速	比值	慢速	快速	比值	慢速	快速	比值
美国 Crystal Spring 大坝	1.421	2.359	1.66	3.430	4.480	1.31	31.50	41.51	1.32
美国 Big Tujunga A 大坝	0.973	1.575	1.62	3.080	—	—	24.78	28.49	1.15
美国 Big Tujunga B 大坝	1.519	2.779	1.83	—	—	—	37.24	41.79	1.12
美国 Santa Anita 大坝	1.568	2.611	1.53	3.080	4.550	1.48	31.64	40.67	1.29
美国 Juncal 大坝	47.18	1.52	—	3.234	5.061	1.56	30.94	47.18	1.52
美国 Morris 大坝	—	—	—	3.318	4.858	1.46	37.03	54.46	1.47
均值	—	—	1.66	—	—	1.45	—	—	1.31

　　对静态抗压强度，取系数 $k=1.7$；对于动态抗拉强度，系数 $k=2.6$。也就是说，动态抗拉强度较静态抗拉强度提高约 50%。Raphael 还考虑到接近极限强度时，大坝断面内的应力将出现非线性分布，而将设计强度在此基础上进一步提高约 30%，称之为表观强度（图 5.3－2）。

　　美国（FEMA，2005）规定，应用于大坝抗震安全评价的混凝土强度包括抗压、抗拉和抗剪强度。抗拉强度应区分浇筑层面强度和整体混凝土强度，一般通过直接拉伸或劈拉试验研究确定。劈拉试验较为方便、经济，但劈拉试验的成果应通过直接拉伸试样测值的对比检验加以调整。动态强度可通过静态强度乘一个动态增强系数而确定，但最好通过试验直接确定。混凝土的动态强度与拌和稠度、浇筑方法、压实情况、配合比、骨料尺寸、砂浆特性等诸多因素有关。安全评价采用的混凝土动态强度还应与大坝内部的裂缝分布等诸多因素相关。

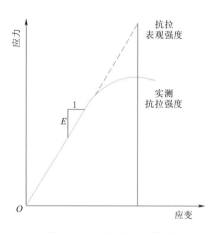

图 5.3-2　表观抗拉强度

　　美国能源规划委员会（FERC）制定的水电工程评价的工程导则拱坝一章（FERC，1999）指出，用线性应力-应变关系进行有限元分析时，根据 Raphael 的研究，可将混凝土的抗拉强度值适当增大，用表观抗拉强度比用实测抗拉强度可能更为恰当，弯拉试验可测定表观强度。如果只进行了劈拉试验，则可将劈拉强度乘以 1.35 的系数得到表观强度。但应指出，表观抗拉强度并不是"容许"拉应力。如果预测的拉应力小于表观抗拉强度，但在坝内扩展了比较大的范围，则设计者仍应对结果持怀疑态度，并重新进行分析，考虑接缝张开和混凝土裂缝对应力引起的重分布的影响。

　　美国垦务局《混凝土坝非线性分析的实践》一文中指出（Bureau of Reclamation，2006），Raphael 的研究表明如果按弹性模量为常数进行分析，则在接近破坏时混凝土的表观强度较考虑非线性特性的实际强度有所提高，表观强度试验值为劈拉强度试验值的 1.33 倍。垦务局报告中关于混凝土的抗拉强度还指出，评定混凝土的强度时应考虑坝身所处的应力状态：当大主应力为拉应力，小主应力又较小时，用单轴抗拉强度是适当的；当大主应力为压应力，而小主应力为拉应力时，应采用双轴抗拉强度。

　　美国陆军工程兵团拱坝工程设计手册（EM 1110-2-2201）（USACE，1994）指出，如设计初期没有大坝混凝土强度试验数据，混凝土静力抗拉强度可分别取静力抗压强度的 10%，动力抗拉、抗压强度可分别取静力抗拉、抗压强度的 1.3 倍。

　　美国 FERC、垦务局和陆军工程兵团都引述了 Raphael（1984）关于混凝土抗拉强度的总结成果。但应指出，Raphael 统计的混凝土直接拉伸、劈拉和弯拉强度关系主要依据的是 20 世纪 50—60 年代的试验成果，主要采用的是 15cm×15cm 矩形断面梁，而且数据离散性比较大。

　　这种规定对混凝土动态特性的考虑是十分初步的。在地震作用下，混凝土的振动响应随地震波的特性而变化，所以不同的大坝、不同的部位、不同的瞬时，其应变率的变化各不相同，从而混凝土的强度和弹模特性也随之变化。无视具体情况对所有大坝在地震作用下的强度和弹模而一律提高相同比例的做法略显粗略。实际上，混凝土的动态特性还和原材料的特性有很大的关联性，Raphael 的试验成果只是在特定条件下取得的。1998 年，美国垦务局在 Roosevelt 坝和 Warm Spring 坝上钻孔取样补充了混凝土动力试验，整理了共 470 个试件的资料，重新进行统计分析（Harris et al.，2000）。结果表明，混凝土动、静强度比值以及动、静弹性模量的比值离散性都很大，没有明显的规律性，见表 5.3-2 和

图 5.3 – 3～图 5.3 – 5。

<table>
<tr><td colspan="4">表 5.3 – 2   混凝土动、静态特性参数的比值</td></tr>
</table>

参　数	平均比值	比值变化范围	变异系数 C_v/%
极限抗压强度	1.07	0.75～1.45	20
弹性模量	0.89	0.7～1.1	17
劈拉强度	1.44	0.98～1.73	15
泊松比	1.05	0.69～1.67	27

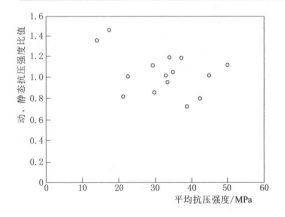

图 5.3 – 3　混凝土动、静态抗压强度比值
与静态抗压强度的关系

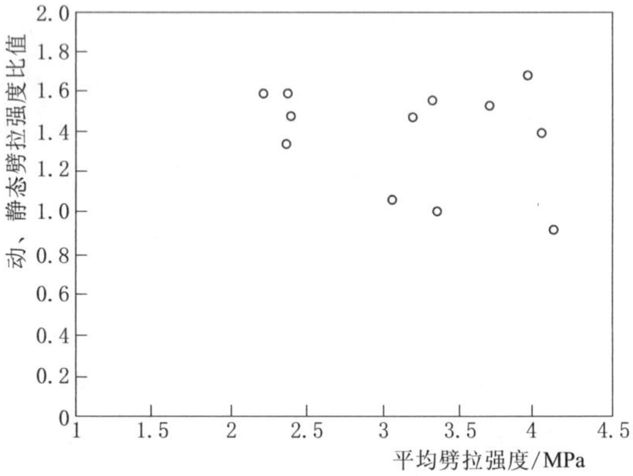

图 5.3 – 4　混凝土动、静态劈拉强度比值与
静态劈拉强度的关系

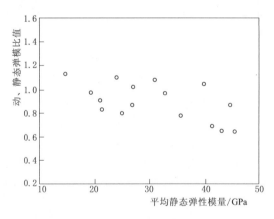

图 5.3 – 5　混凝土动、静态弹性模量比值与静态弹性模量的关系

相比而言，国际上欧洲混凝土协会 - 国际结构混凝土协会的规范（CEB - FIP - 2010）（CEB，2010）具体给出了不同应变率条件下的 DIF 公式：

对于抗压强度：
$$\begin{cases} \mathrm{DIF} = (\dot{\varepsilon}/\dot{\varepsilon}_{c0})^{0.014}, & \dot{\varepsilon} \leqslant 30/\mathrm{s} \\ \mathrm{DIF} = 0.012(\dot{\varepsilon}/\dot{\varepsilon}_{c0})^{1/3}, & \dot{\varepsilon} \geqslant 30/\mathrm{s} \end{cases} \tag{5.3 – 5}$$

对于抗拉强度：
$$\begin{cases} \mathrm{DIF} = (\dot{\varepsilon}/\dot{\varepsilon}_{t0})^{0.018}, & \dot{\varepsilon} \leqslant 10/\mathrm{s} \\ \mathrm{DIF} = 0.0062(\dot{\varepsilon}/\dot{\varepsilon}_{t0})^{1/3}, & \dot{\varepsilon} \geqslant 10/\mathrm{s} \end{cases} \tag{5.3 – 6}$$

式中，临界静力应变率 $\dot{\varepsilon}_{t0} = 10^{-6}/s$，$\dot{\varepsilon}_{c0} = 3 \times 10^{-5}/s$。

CEB-FIP-2010 的动态弹模公式为

$$\frac{E_t}{E_{ts}} = \left(\frac{\dot{\sigma}_t}{\dot{\sigma}_s}\right)^{0.025} \tag{5.3-7}$$

$$\frac{E_t}{E_{ts}} = \left(\frac{\dot{\varepsilon}_t}{\dot{\varepsilon}_s}\right)^{0.026} \tag{5.3-8}$$

式中：$\dot{\sigma}_t$、$\dot{\varepsilon}_t$ 分别为动应力和动应变的速率；$\dot{\sigma}_s$、$\dot{\varepsilon}_s$ 分别为拟静态应力和应变的速率，对于受拉的动态弹模，拟静态应力速率取为 0.03MPa/s，拟静态应变速率取为 $1 \times 10^{-6}/s$。

加拿大规范（CEA，1990）采用三水准分阶段的抗震安全评价方法。第一水准初评阶段，采用比较保守的设计指标和设计方法。第二水准简化设计阶段，基本上按 Raphael 的试验结果对混凝土的动态特性取值；混凝土动弹模取为静弹模的 1.25 倍，基岩动弹模与静弹模相同。混凝土阻尼比取为 5%，有裂缝后取为 7%，基岩阻尼比取为 10%；混凝土的动态抗压强度取为静态抗压强度 f_{us} 的 1.3 倍（f_{us} 代表无侧限静态抗压强度），动态抗拉强度取为静态抗拉强度 f_{st} 的 1.5 倍，无抗拉试验资料时可取为 $0.50 f_{us}^{2/3}$ MPa；结构缝面结合良好时，动态抗拉强度仍可取 $1.5 f_{st}$。第三水准精细化设计阶段，混凝土的动态特性（包括接缝面的动态特性）应通过现场钻孔取样进行试验得出。

我国现行规范《水电工程水工建筑物抗震设计规范》（NB 35047—2015）规定：工程设防为甲类的大体积混凝土水工建筑物，应通过专门的试验确定其混凝土材料的动态性能；对不进行专门的试验确定其混凝土材料动态性能的大体积混凝土建筑物，其混凝土动态强度的标准值可较其静态标准值提高 20%。另外，虽然试验资料表明大坝混凝土的动、静态弹性模量值差别不大，但由于静态弹性考虑了长期荷载作用下的徐变影响，规范中规定，动态弹性模量标准值可较其静态标准值提高 50%。

第 6 章

重力坝地震响应分析

大坝安全为公共安全的重大问题，受到世界各国的普遍关注。多次大地震后的大坝震害使得大坝抗震安全性成为关注重点之一，2005 年，美国联邦紧急事务管理局（FEMA）和美国跨部门大坝安全委员会（ICODS）出版了新的《联邦大坝安全导则：大坝抗震分析与设计》（FEMA，2005）。欧洲的地震活动性总体上不是很强，但全欧大坝会议工作小组在总结分析欧洲五个国家（奥地利、意大利、瑞士、罗马尼亚、英国）大坝抗震安全评价工作的基础上，区分了强震活动区、中强地震活动区与低强地震活动区的特点，完善了评价导则的内容（Reilly，2004）。日本大坝委员会大坝抗震安全分委会总结分析了 1984 年长野县西部地震、1995 年兵库县南部地震（即阪神地震）和 2000 年鸟取县西部地震等有关地震中大坝的表现，提出了"已建大坝抗震安全评价方法的现状与课题"的报告（日本大ダム会议，2002），以便为修订大坝抗震安全评价导则做准备。我国汶川地震之后，对大坝抗震安全性有了更深刻的认识，针对地震设防标准与抗震安全评价准则提出了若干新思路（林皋，2009；张楚汉，2009；陈厚群 等，2008；张楚汉 等，2009；陈厚群 等，2009；张楚汉 等，2016）。

在美国、日本和加拿大等国家，重力坝在坝工建设中占有较大的比重，建坝历史也比较长。如美国超过 200m 高的混凝土坝有 3 座，最高的是 223m 高的胡佛重力拱坝和 219m 高的德沃夏克重力坝。日本没有超过 200m 的高坝，最高的是 186m 的黑部拱坝和 157m 的奥只见重力坝。这些国家所处地区地震活动比较强烈，他们的筑坝经验值得借鉴（Canadian Electrical Association，1990；USCOLD Committee on Earthquakes，1992；Yamaguchi et al.，2004）。

在美国、加拿大和日本等国家的规范标准中，线弹性分析方法被认为是比较成熟而普遍采用的分析方法，其分析结果可用来对大坝的潜在震害做出有价值的初步判断。但在强震作用下，要对大坝抗震安全性和超载潜力做出全面而可靠的判断则需要依赖非线性动力分析。美国和日本都开展了这方面的研究并进行了成果交流（Ghanaat，2002），他们主要采用基于弥散型裂缝的方法进行大坝的非线性静、动力分析，其中，日本还进行了重力坝非线性断裂长度的分析，这些研究目前尚处于探索阶段（Bhattacharjee et al.，1993；Darbre，2004）。

美国关于大坝抗震安全评价的另一倾向是重视风险分析，例如，美国垦务局（USBR）、联邦能源监管委员会（FERC）和美国陆军工程师团（USACE）都对所管理的大坝引入了风险分析方法。

我国在重力坝非线性动力分析方面也取得了较为前沿的研究成果。中国水利水电科学研究院提出了坝-基体系总体分析法，既能考虑坝和地基交界面所发生的非线性变形，也能考虑大坝混凝土材料的非线性损伤特性，并在坝-基体系总体模型中引入透射边界考虑地基辐射阻尼的影响（陈厚群 等，2012；李德玉 等，2013；郭胜山 等，2013）。清华大学研究提出了多种坝体非线性响应分析模型，包括：①基于扩展有限元的粘聚裂缝模型（XFEM-COH）；②基于有限元弥散型裂缝的塑性损伤耦合模型（FE-PD）；③Drucker-Pager（D-P）弹塑性模型等。这些模型用以实现坝体混凝土材料的地震损伤断裂模拟，了解强震作用下大坝混凝土塑性屈服和损伤开裂的发生发展过程。清华大学同时提出了大坝配筋的钢筋钢化模型，模拟抗震加固措施效果（周元德 等，2004；方修君等，2008；Pan et al.，2009，2011；Long et al.，2008）。此外，清华大学还研究了坝基接触面的本构关系，根据屈服范围，用残余滑动位移和抗滑安全系数来判断坝基接触面的抗震安全性。大连理工大学假定混凝土单元的力学参数服从 Weibull 随机分布，提出了基于混凝土细观不均匀性的混凝土坝地震损伤破坏计算模型（Zhong et al.，2011）。针对坝基交界面的动态稳定性问题，大连理工大学提出了基于三维 DDA 的分析方法（Wang et al.，2009）。

大连理工大学和清华大学相继开展了混凝土坝的地震风险研究，初步建立了基于性能的混凝土坝抗震安全风险评价体系，提出了地震动不确定性的计算模型；建立了重力坝的震害等级划分，据此分析研究了重力坝各级震害的易损性曲线，并对大坝运行期的地震风险做出估计，为混凝土坝安全评价找到了一个全新的研究方向（范书立 等，2008；沈怀至 等，2008a，2008b）。

大坝非线性分析与风险分析的研究虽然已经取得一定进展，但由于问题复杂，许多方面仍有待深入，尤其要指出的是坝基交界面的动态稳定性研究还存在许多不确定性：一方面缺乏实际地震观测资料；另一方面现有的计算模型在许多方面都做了简化，对分析结果产生的影响缺乏合理评估，如将坝基交界面都假定为平直的水平面进行分析，对地震变幅循环荷载作用下的抗剪参数均假设在地震作用过程中保持恒定不变等，这些假定尚缺乏试验成果的检验。但是这一阶段的研究已为大坝非线性动力分析与地震风险分析打下了良好的基础。

美国标准 FEMA2005（FEMA，2005）指出，大坝抗震安全评价的全面而可靠的分析还依赖于很多领域研究的进展，包括地震动的不均匀输入，水库边界和库底的能量吸收，边界条件非线性机制的模拟，混凝土、岩体材料强度和变形非线性特性的计算模型，坝体-地基系统非线性响应的分析方法，性能标准，破坏模式等。

综合来看，我国在重力坝地震动力响应和安全评价技术方面，通过长期深入研究取得了以下成果。

1. 坝-基动力相互作用研究

无限地基辐射阻尼效应以及地震动输入方式始终是坝工界关心的前沿课题。清华大学在坝体-坝基动力相互作用的模拟研究（Zhang et al.，1988）中，提出了一类无限边界单元（Zhang et al.，1991），并与边界元-有限元耦合以模拟混凝土坝相连的无限地基，得出了考虑辐射阻尼可以降低地震响应 25%～30% 的重要结论。在此基础上提出了大坝-地基-库水动力相互作用的时域模型，把无限地基的辐射阻尼效应与大坝地震动输入的自由场幅差、相差效应统一在一个模型中（Zhang et al.，1995），并实现了大坝非线性地震响应的求解（Zhang et al.，2000；Liu，2002；Zhang et al.，2009）。各研究团队分别采用不同模型对此问题开展研究（楼梦麟 等，1984；林皋 等，1991；陈健云 等，2004；陈厚群，2006；何建涛 等，2010；何建涛 等，2012），获得基本共识，即：考虑无限地基的辐射阻尼可较大幅度地降低重力坝的地震响应。但出于问题的复杂性，一般多按均质地基进行分析，尚应开展非均质地基影响研究（李建波等，2004；Lin Gao et al.，2007）。此外，清华大学针对均质无限地基开展了坝-基动力相互作用简化计算模型的研究（Pan et al.，2009），以便于工程应用。

2. 坝体-库水动力相互作用研究

库水的可压缩性、水库边界和库底淤沙的吸收作用对坝面动水压力的影响是客观存在且不容忽视的。通常，在重力坝地震响应分析中都忽略库水的可压缩性，按Westergaard（1933）的简化公式来计算地震动水压力，存在很大的近似性。很多学者就此课题开展研究，得出了若干规律性认识（Zhang et al.，2001；王进廷 等，2003；邱流潮 等，2004；Wang et al.，2010）。近年来，大连理工大学、清华大学等采用比例边界有限元法（scaled boundary finite element method，SBFEM）建立了坝体-库水动力相互作用的计算模型（Yan，2004；Lin et al.，2007a；Wang et al.，2011；高毅超 等，2013），考虑因素更全面，提高了动水压力的计算精度。计算结果表明，考虑库水可压缩性和水库边界吸收作用以后，坝面各点的地震动水压力并不同时达到最大值，动水压力与坝体惯性力之间存在相位差，库水振动的能量向无限地基传递，使坝面动水压力值有很大程度的降低。可见，按Westergaard公式进行计算是偏于保守的。

3. 坝体混凝土断裂特性研究

在温度、湿度等环境因素以及各种荷载的作用下，重力坝的迎水坝面通常会出现裂缝，有必要对其断裂特性进行研究（Zhang et al.，2002；林皋 等，2007；陈健云 等，2007；刘钧玉 等，2008；Leng et al.，2008）。此外，由于水力劈裂作用，将使坝的断裂特性发生变化，值得关注。大连理工大学建立了坝面裂缝水力劈裂的计算模型（Liu et al.，2007；刘钧玉 等，2009），研究表明在重力坝坝踵处，当裂纹内水压强度增加时，界面裂纹将由压剪状态转为拉剪状态，而且，裂纹开裂模式主要取于裂纹内水压的分布规律。

4. 坝体、地基稳定性研究

对于坝和地基中存在的潜在不稳定滑动面，当前抗震设计一般采用拟静力法来计算其安全系数，评价其抵抗地震作用的安全性，未能反映地震作用的瞬时、往复循环加载的特点。大连理工大学建立了三维不连续变形（DDA）的计算模型（Lin et al.，2007b），研究了潜在滑动体的动态稳定性，发现动态失稳与静态失稳存在很大的差别。清华大学提出三维离散刚体弹簧元模型，用于大坝与坝基系统的整体稳定性分析（鲁军 等，1996；崔玉柱 等，2002），并进一步提出三维模态变形体离散元方法（Jin et al.，2011），实现了结构从线弹性变形，到塑性损伤，再到断裂，直至最后破损溃决的全过程仿真模拟。中国水科院则以动接触力模型模拟大坝基岩结构面的接触滑移关系，或以弹塑性模拟地基软弱带岩体材料，通过非线性超载分析研究大坝破坏机理以及失稳模式（涂劲等，2018；涂劲 等，2019）。

5. 坝体抗震工程措施研究

适当的抗震工程措施可以显著提高重力坝的整体性和抗震安全性。各研究单位针对大坝跨缝钢筋、阻尼器、坝面钢筋网等加固措施开展了多方面研究，取得了相应成果（Zhang et al.，2000；罗秉艳 等，2007；沈怀至 等，2007）。清华大学提出了大坝混凝土配筋的钢筋刚化模型（Long et al.，2008），分析了坝面加筋对防止裂缝扩展的作用。大连理工大学研究了纤维加强复合材料（FRP）对提高重力坝抗震稳定性的有效作用（王娜丽 等，2012）。

以上研究对于加深认识重力坝在地震作用下的动力响应特性和失稳破坏机制，提高大坝抗震分析设计水平具有重要的理论与实际意义。

鉴于重力坝的非线性动力分析以及大坝抗震安全评价仍然存在诸多不确定性，许多问题有待开展进一步的深入研究，所以，国外规范强调，不论采用何种方法进行分析，大坝抗震安全性均需要依靠工程经验，并结合计算分析结果进行综合分析评价。

6.1 材料力学法

《水工建筑物抗震设计规范》（DL 5073—2000）规定，我国重力坝抗震分析仍以材料力学法为基本分析方法，该方法基于水平剪切梁模型，假定坝体水平层面上的垂直向应力按直线分布，基本概念明确，有长期的工程设计、建设经验积累和较为成熟的强度控制标准。对于中等高度的重力坝，应用这一方法设计，可以保证工程的安全性；对于较高的重力坝，特别是地基条件比较复杂的情况下，该方法的计算结果在地基附近约 1/3 坝高范围内与坝体实际应力状态存在一定的差别，需要采用有限元方法进行补充分析。

重力坝的抗震设计包含坝体强度分析和整体稳定分析，其中，坝体强度分析采用同时计入弯曲和剪切变形的动、静力材料力学分析方法，坝基抗滑稳定分析采用刚体极限平衡法，按抗剪断强度公式计算。对于地震作用效应，当采用拟静力法计算时，需将地震荷载乘以折减系数 ξ 进行折减，通常 $\xi = 0.25$，对高坝工程，还应采用反应谱法或时程分析法进行计算，地震荷载不需折减。对于无限地基，多采用伏格特（Vogt）地基模型来考虑地基柔性的影响。

重力坝的强度承载能力和抗滑稳定应满足如下的极限状态设计式：

$$\gamma_0 \psi S(\gamma_G G_k, \gamma_Q Q_k, \gamma_E E_k, a_k) \leqslant \frac{1}{\gamma_d} R\left(\frac{f_k}{\gamma_m}, a_k\right) \qquad (6.1-1)$$

式中：γ_0 为结构重要性系数；ψ 为设计状况系数，取 0.85；$S(\cdot)$ 为结构的作用效应函数；G_k 和 γ_G 分别为永久作用标准值及其分项系数；Q_k 和 γ_Q 分别为可变作用标准值及其分项系数；E_k 和 γ_E 分别为地震作用标准值及其分项系数，$\gamma_E = 1.0$；a_k 为几何参数标准值；γ_d 为承载能力极限状态的结构系数；$R(\cdot)$ 为结构的抗力函数；f_k 和 γ_m 分别为材料性能标准值及其分项系数。

承载力极限状态设计式并非确定性标准，而是基于概率统计的可靠度理论，作用分项系数和材料分项系数反映了荷载和结构的变异性。在设计地震条件下，当采用拟静力法时，按抗震规范，结构系数 γ_d 分别为抗压、抗拉与抗滑稳定控制指标，即 γ_c、γ_t 和 γ_{sg}（重力坝）；当采用动力法时，应分别调整为 $\overline{\gamma}_c$、$\overline{\gamma}_t$ 和 $\overline{\gamma}_{sg}$。

下面介绍材料力学动力分析的方法。

6.1.1 频率和振型计算方法

将坝体用剪切梁单元进行离散，沿高度方向分为 N 层单元，包括坝顶和建基面在内，共形成 $N+1$ 个层面。各层质量集中于各层单元中心，分别用 d_i、B_i、A_i 和 L_i 表示第 $i(i=1,2,3,\cdots,N)$ 层的沿坝轴线方向的宽度、沿上下游方向的长度、面积和层高，如图 6.1-1 所示，从而可将坝体看作是由各层集中质量所形成的多质点体系，进行动力分析。

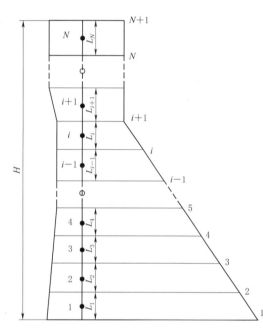

图 6.1-1 材料力学法动力计算模型示意图

根据结构动力学基本原理（R. W. 克劳夫 等，1985）可知，无阻尼多自由度体系的频率方程为

$$|\boldsymbol{K}-\omega^2\boldsymbol{M}|=0 \qquad (6.1-2)$$

式中：$\boldsymbol{K}$ 为刚度矩阵；$\boldsymbol{M}$ 为质量矩阵；ω 为频率。

对于具有 N 个自由度的结构系统，展开式（6.1-2）可以得到一个关于 ω^2 的 N 次代数方程，由这个方程的 N 个根（$\omega_1^2,\omega_2^2,\omega_3^2,\cdots,\omega_N^2$）就可得系统的 N 个自振频率（$\omega_1,\omega_2,\omega_3,\cdots,\omega_N$）。

将每一个频率 $\omega_j(j=1,2,3,\cdots,N)$ 代入齐次无阻尼多自由度体系运动方程，可得：

$$(\boldsymbol{K}-\omega_j^2\boldsymbol{M})x_j=0 \qquad (6.1-3)$$

则可以得到其相对应的振型向量 $\boldsymbol{x}_j$。进而，由 N 个振型向量构成了振型向量矩阵 $\boldsymbol{X}=[\boldsymbol{x}_1, \quad \boldsymbol{x}_2, \quad \cdots, \quad \boldsymbol{x}_N]$。

为了方便分析计算，频率方程式（6.1-2）也可以用柔度矩阵 $\boldsymbol{\delta}$ 表示为

$$\left|\frac{1}{\omega^2}\boldsymbol{I}-\boldsymbol{\delta M}\right|=0 \qquad (6.1-4)$$

式中：$\boldsymbol{\delta K}=\boldsymbol{I}$，$\boldsymbol{I}$ 为单位矩阵。

在上述公式求解中，可采用以下方法（王良琛，1981）形成重力坝材料力学法剪切梁单元的刚度矩阵或柔度矩阵。

6.1.1.1 柔度矩阵

对于考虑弯曲和剪切所产生的水平变形，悬臂梁柔度矩阵的元素 δ_{ij} 表示在第 j 个自由度处施加单位水平力时，在第 i 个自由度处产生的水平位移，其表达式为

$$\delta_{ij}=\int_0^{y_j}\left[\frac{\overline{M}_i(y)\overline{M}_j(y)}{EI(y)}+\frac{c\overline{Q}_i(y)\overline{Q}_j(y)}{GA(y)}\right]\mathrm{d}y \quad (i=1,2,\cdots,N;j=1,2,\cdots,i)$$

$$(6.1-5)$$

式中：y 为沿坝体高程方向的坐标，坝基面处，$y=0$，$y_j=\sum\limits_{m=1}^{j}L_m$ 为第 j 个节点距坝底的

距离，L_m 为第 j 个节点高程以下、从坝底起算的第 m 个坝体单元的长度；E、G 分别为坝体混凝土材料的弹性模量和剪切模量；$\overline{M}_i$ 和 $\overline{Q}_i$ 分别为在第 i 个节点水平方向上施加单位力作用时在坝体各截面所产生的弯矩和剪力；c 为剪切因子，对于实体重力坝，截面为矩形时 $c=1.2$。$I(y)$ 和 $A(y)$ 分别为距坝基面高度为 y 的坝体截面的惯性矩和截面面积：

$$I(y) = \frac{d \times B^3(y)}{12} \qquad (6.1-6)$$

$$A(y) = d \times B(y) \qquad (6.1-7)$$

式中，d 表示截面宽度，在材料力学法中，$d=1$；$B(y)$ 表示截面的高度，即截面所在高程的坝体厚度。

对于轴向受力所产生的竖向变形，悬臂梁柔度矩阵元素 δ_{ij} 表示在第 j 个节点处施加单位竖向力时，在第 i 个节点处产生的竖向位移，表达为

$$\delta_{ij} = \int_0^{y_j} \frac{\overline{N}_i(y)\overline{N}_j(y)}{EA(y)}\mathrm{d}y, \ i=1,2,\cdots,N；j=1,2,\cdots,i \qquad (6.1-8)$$

式中：$\overline{N}_i$ 为在 i 节点竖直方向上施加单位力作用时在坝体层面内所产生的轴力。

根据式（6.1-5）和式（6.1-8）可得柔度矩阵为

$$\boldsymbol{\delta} = \begin{bmatrix} \delta_{11} & \delta_{12} & \cdots & \delta_{1N} \\ \delta_{21} & \delta_{22} & \cdots & \delta_{2N} \\ \vdots & & & \\ \delta_{N1} & \delta_{N2} & \cdots & \delta_{NN} \end{bmatrix} \qquad (6.1-9)$$

6.1.1.2　质量矩阵

将各层单元的分布质量简化为位于单元中心处的集中质量，则第 i 层单元的集中质量可表示为

$$m_{di} = \rho \frac{B_i + B_{i+1}}{2} d_i L_i \qquad (6.1-10)$$

式中：ρ 为混凝土密度。

集中质量矩阵可表示为

$$\boldsymbol{M} = \begin{bmatrix} M_{11} & & \cdots & 0 \\ & M_{22} & \cdots & \\ & & \ddots & \\ 0 & & \cdots & M_{NN} \end{bmatrix} = \begin{bmatrix} m_{d1} & & \cdots & 0 \\ & m_{d2} & \cdots & \\ & & \ddots & \\ 0 & & \cdots & m_{dN} \end{bmatrix} \qquad (6.1-11)$$

对于水平地震激励，还需要考虑库水与坝体的动力相互作用的影响，根据《水电工程水工建筑物抗震设计规范》（NB 35047—2015），当采用动力法进行计算时，直立坝面上作用的地震动水压力可按式（6.1-12）进行计算：

$$p_w(h) = \frac{7}{8}\rho_w a_h \sqrt{H_0 h} \qquad (6.1-12)$$

式中：$p_w(h)$ 为水深 h 处的地震动水压力；ρ_w 为库水密度；a_h 为水平向地震加速度；H_0 为库水深度。

将式（6.1-12）计算的地震动水压力折算为坝面单位法向地震加速度所对应的坝面附加质量：

$$m_{wi} = \frac{7}{8} \rho_w d_i \int_0^{L_i} \sqrt{H_0 h_i} \qquad (6.1-13)$$

式中：d_i、h_i 分别为坝体迎水面第 i 个节点所分配的面积和所处位置的水深。

则质量矩阵可表示为

$$\boldsymbol{M} = \begin{bmatrix} M_{11} & \cdots & 0 \\ & M_{22} & \cdots \\ & & \ddots \\ 0 & \cdots & M_{NN} \end{bmatrix} = \begin{bmatrix} m_{d1}+m_{w1} & \cdots & 0 \\ & m_{d2}+m_{w2} & \cdots \\ & & \ddots \\ 0 & \cdots & m_{dN}+m_{wN} \end{bmatrix}$$

$$(6.1-14)$$

6.1.2 地震荷载作用计算方法

由各阶振型的振动周期 $T_j (j=1,2,\cdots,N)$ 可求出相应的地震加速度放大系数反应谱值 $\beta_j(T)$。竖向地震的加速度放大系数反应谱取与水平地震一致，只是竖向设计地震动峰值加速度 a_v 取为水平值 a_h 的 2/3（张光斗 等，1992）。

坝体第 j 振型所引起的沿地震方向作用于重力坝质点 i 的地震荷载 F_{ji} 可表示为

$$F_{ji} = a_h C_z \beta_j \gamma_j [X_{ji} M_{ii}] \qquad (6.1-15)$$

其中

$$\gamma_j = \frac{\sum_i M_{ii} X_{ji}}{\sum_i M_{ii} X_{ji}^2} \qquad (6.1-16)$$

式中：β_j 为对应于重力坝第 j 振型自振周期 T_j 的地震加速度反应谱值；γ_j 为振型参与系数；a_h 为水平向地震系数；C_z 为综合影响系数，取 0.25，对于竖向地震作用，应当用 a_v 代替 a_h，并乘以 0.5 的遇合系数。

核算重力坝抗滑稳定时，作用在重力坝上沿地震方向的水平地震总惯性力为

$$Q_0 = a_h C_z \sum_i M_{ii} \sqrt{\left[1 - \sum_j \gamma_j X_{ji}\right]^2 + \sum_j \left[\gamma_j \beta_j X_{ji}\right]^2} \qquad (6.1-17)$$

式（6.1-17）也可用于竖向地震惯性力的计算，但需用 a_v 代替 a_h，并乘以 0.5 的遇合系数。

值得指出的是，按照新版《水电工程水工建筑物抗震设计规范》（NB 35047—2015），竖向地震响应与水平向地震响应组合时，建议采用平方和开平方（SRSS）的方法。

6.1.3 坝体应力计算方法

根据《混凝土重力坝设计规范》（NB/T 35026—2014），实体重力坝坝体计算截面正应力和主应力（应力均以压应力为正）的计算公式为

上游坝面垂直向正应力：

$$\sigma_y^u = \frac{\sum W}{T} + \frac{6 \sum M}{T^2} \qquad (6.1-18)$$

下游坝面垂直向正应力：

$$\sigma_y^d = \frac{\sum W}{T} - \frac{6 \sum M}{T^2} \tag{6.1-19}$$

上游坝面剪应力：

$$\tau^u = (p - \sigma_y^u) n_1 \tag{6.1-20}$$

下游坝面剪应力：

$$\tau^d = (\sigma_y^d - p') n_2 \tag{6.1-21}$$

上游坝面主应力：

$$\sigma_1^u = (1 + n_1^2) \sigma_y^u - n_1^2 p \tag{6.1-22}$$

$$\sigma_2^u = p \tag{6.1-23}$$

下游坝面主应力

$$\sigma_1^d = (1 + n_2^2) \sigma_y^d - n_2^2 p' \tag{6.1-24}$$

$$\sigma_2^d = p' \tag{6.1-25}$$

式（6.1-18）～式（6.1-25）中，上标 u、d 分别表示上游和下游；T 为坝体计算截面沿上、下游方向的长度，m；n_1 为上游面坡度；n_2 为下游面坡度；p、p' 为计算截面在上、下游坝面所承受的水压力强度（如有淤沙压力，应计入在内），Pa；$\sum W$ 为计算截面上全部垂直力之和，以向下为正，N；$\sum M$ 为计算截面上全部垂直力及水平力对于计算截面形心的力矩之和，以使上游面产生压应力为正，N·m。

对于静荷载，考虑坝体自重、水重、静水压力、扬压力、泥沙压力的作用，应用上述应力计算公式可计算出静荷载所产生的应力响应。

对于动荷载，假设总的地震动应力响应 S（可以是正应力、剪应力、主应力）由前 m 个振型响应进行叠加，可由振型应力 $S_j (j=1,2,\cdots,m)$ 采用平方和开平方的形式计算得到，即

$$S = \sqrt{\sum_{j=1}^{m} S_j^2} \tag{6.1-26}$$

式中：S_j 为第 j 振型动应力，由振型地震荷载 F_{ji} 产生。

重力坝抗震分析还需要同时考虑水平顺河向和竖向地震的共同作用，则总的地震动应力为

$$S = \sqrt{S_h^2 + S_v^2} \tag{6.1-27}$$

式中，S_h 和 S_v 分别为由水平顺河向和竖向地震单独作用时所产生的动应力。

将动荷载产生的动应力和静荷载产生的静应力进行叠加，即得到总的坝体应力响应。

6.1.4　抗滑稳定计算

重力坝的抗滑稳定分析需依据《混凝土重力坝设计规范》NB/T 35026—2014）采用下式计算抗滑稳定校核的作用效应函数、抗力函数和抗力作用比函数：

抗滑稳定校核的作用效应函数：

$$S = \sum P_R \tag{6.1-28}$$

抗滑稳定校核的抗力函数：

$$R = f_R' \sum W_R + c_R' A_R \tag{6.1-29}$$

抗滑稳定校核的抗力作用比函数：

$$K' = \frac{R}{S} \tag{6.1-30}$$

式中：$\sum P_R$ 为计算截面以上坝体部分的全部水平作用力之和；$\sum W_R$ 为计算截面以上坝体部分的全部竖向向下作用力之和；f'_R 为计算截面抗剪断摩擦系数；c'_R 为计算截面抗剪断黏聚力；A_R 为计算截面面积。

6.2　线弹性动力分析方法

作为现阶段重力坝设计的基本手段，传统的材料力学法在分析方法、地震作用效应和结构性能控制方面均做了简化，无法全面考虑以下重要因素对重力坝抗震特性的影响：大坝混凝土分区对应力分布的影响；大坝断面变化及其对应力集中的影响；坝与无限地基动力相互作用即振动能量向无限地基耗散的影响；坝与库水动力相互作用即库水可压缩性、水库边界吸收等因素对地震动水压力的影响；等等。这些因素对重力坝的抗震安全，特别是高坝的抗震安全具有重要作用。因此，为了获得较为合理的坝体-库水-地基体系的地震响应，引入有限元方法进行重力坝抗震分析是十分必要的。采用有限元法进行动力分析时，原则上可以采用振型叠加法与时程分析法，但振型叠加法难以进行坝体-无限地基、坝体-库水动力相互作用分析，所以，有限元法动力分析应以时程分析法为主。

6.2.1　重力坝与无限地基的动力相互作用分析

6.2.1.1　主要计算模型概述

结构与无限地基的动力相互作用，即振动能量向无限地基的耗散和地震动输入，其相关研究已取得了很多成果。早期采用的无质量地基模型，假设远场地基为刚性地基，只考虑坝体近场地基的弹性，不考虑无限地基辐射阻尼效应，且地震荷载以惯性荷载的形式施加在坝体和近场地基的质点上。近年来，考虑无限地基的柔性和辐射阻尼、地震动波动输入方式被广泛应用于我国的坝工抗震研究中。其中，获得相对普遍应用并取得一定经验的方法有：清华大学研发的有限元-边界元-无穷边界元（FE-BE-IBE）耦合方法，中国水利水电科学研究院发展的透射边界方法，大连理工大学发展的比例边界有限元法（SBFEM）与阻尼影响抽取法，等等。此外，黏弹性边界与弹簧阻尼边界等相对近似的方法也获得较普遍的应用。需要指出，这些方法大都建立在均质无限地基假定的基础上，或是主要适用于均质无限地基。例如，透射边界方法假定外行散射波为平面波，原则上也只能适用于均质无限地基。重力坝的地震响应受到地基不均质性的影响，虽然，比例边界有限元法在一定程度上可以考虑非均质无限地基的影响，但实际的非均质地基存在一定数量的断层与软弱带，且具有一定的成层特性，即使采用 SFBEM 计算模型进行模拟还有一定的困难。因此，对这些方法所获得的计算成果及其在大坝抗震设计中的应用，还需进行一定的工程判断与分析。

6.2.1.2　坝与无限地基动力相互作用对重力坝地震响应的影响分析

无质量地基的假定，忽略了无限地基的能量耗散，使计算的地震响应结果偏大，不符实际。当考虑坝与地基动力相互作用时，由于能够反映坝体振动能量向无限地基中传播和耗散，这就使得结构动力位移与应力响应均有所降低，对重力坝的地震响应产生重要影响。

下面以黏弹性人工边界模型为例，分析无限地基辐射阻尼对重力坝地震响应的影响。

黏弹性人工边界方法即通过在坝体-近场地基的截断边界处施加弹簧与阻尼器来实现坝体振动产生的散射波向边界外侧无限地基的传播，模型示意如图 6.2-1 所示。

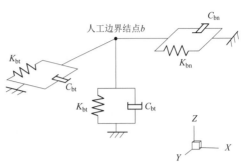

当假定散射波为球面波，且垂直入射到截断边界处，则可推导得到的沿边界面法向分布的阻尼器系数 C_{bn} 和弹簧系数 K_{bn}，以及沿边界面切向分布的阻尼器系数 C_{bt} 和弹簧系数 K_{bt}，分别表示为

图 6.2-1　黏弹性边界示意图

$$C_{bn}=\rho c_p, \; K_{bn}=\alpha_n\frac{G}{r_b}, \; C_{bt}=\rho c_s, \; K_{bt}=\alpha_t\frac{G}{r_b}$$

$$(6.2-1)$$

式中，下标 b 表示截断边界面；下标 n、t 分别表示边界面的法向和切向；r_b 为散射源到截断边界面处的距离；G 为剪切模量；ρ 为质量密度；$c_s=\sqrt{G/\rho}$ 为剪切波速；$c_p=\sqrt{(\lambda+2G)/\rho}$ 为纵波波速；λ 为拉梅常数；α_n 和 α_t 为系数，分别取值为 4.0 和 2.0。

如果能精确确定散射波源到人工边界的距离 r_b，则当施加由式（6.2-1）所确定的物理元件阻尼器和弹簧的系数时，就可以较高精度模拟散射波在截断边界处的透射。一般情况下，假设地震波从模型底面垂直入射，并将入射波折减一半进行输入，地震荷载为作用在截断边界面上的、由入射地震动在半平面空间所产生的自由场应力，及自由场速度、位移响应与分布黏性阻尼器和弹簧作用所产生的应力。在有限元动力分析时，可将这些作用在截断边界面上的应力等效为节点力，作为已知的外荷载施加在截断边界的节点上。

由于地震波由基底输入，向上传播到达坝基交界面，可在交界面上形成具有幅差、相差的非均匀加速度分布，因此，这一地基辐射阻尼模型同时也反映了地震非均匀输入的特性。

某重力坝工程坝高 200m，断面如图 6.2-2 所示，采用的计算参数为：坝体弹性模量 $E_d=33\mathrm{GPa}$，泊松比 $\nu=0.2$，结构阻尼比 5%。设计地震水平峰值加速度 0.37g，竖向峰值加速度为水平向的 2/3。地震加速度时程为根据《水工建筑物抗震设计规范》（DL 5073—2000）规定的标准反应谱拟合得到的人工波时程。

图 6.2-2～图 6.2-4 分别给出了无质量地基模型和考虑无限地基辐射阻尼的弹性无限地基模型计算所得的重力坝最大动位移和大、小主应力分布的对比。

从图中可见，考虑无限地基辐射阻尼后，坝体动力响应分布规律和无质量地基的计算结果非常相似，但大坝地震响应的总体水平显著降低，坝体最大动位移和大、小主应力水平大约降低了 30%～40%。可见，无限地基辐射阻尼对地震过程中大坝振动能量的削弱作用是显著的，可以在大坝抗震设计中适当加以考虑，或至少作为一种安全储备。

6.2.1.3　坝与无限地基动力相互作用的简化分析模型

为了模拟结构振动产生的能量在无限地基中的耗散，即辐射阻尼的影响，通常在截断

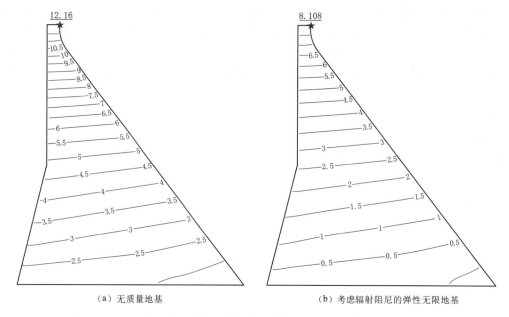

（a）无质量地基　　　　　　　　　　　（b）考虑辐射阻尼的弹性无限地基

图 6.2-2　地震作用下坝体水平顺河向最大动位移分布比较（单位：cm）

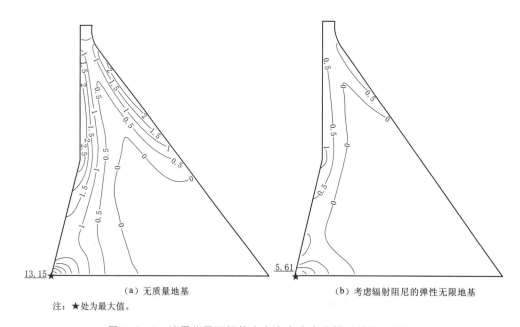

（a）无质量地基　　　　　　　　　　　（b）考虑辐射阻尼的弹性无限地基

注：★处为最大值。

图 6.2-3　地震作用下坝体大主应力分布比较（单位：MPa）

边界上近似地施加弹簧-阻尼边界。为了进一步简化计算，清华大学还研究了两种近似方法。

（1）采用无质量地基的计算模型，但在坝与地基交界面上引入粘性阻尼器吸收外行波能量，模拟辐射阻尼的影响。阻尼器参数：

$$C_H = \gamma_H \zeta C_S, \quad C_V = \gamma_V \zeta C_P \tag{6.2-2}$$

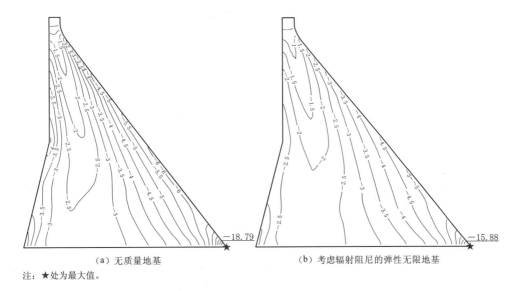

（a）无质量地基　　　　　　（b）考虑辐射阻尼的弹性无限地基

注：★处为最大值。

图 6.2-4　地震作用下坝体小主应力分布比较（单位：MPa）

式中：C_H、C_V 为水平和竖向阻尼器参数；ζ 为地基介质质量密度；C_S、C_P 为地基介质的 S 波和 P 波波速；γ_H、γ_V 为修正参数，清华大学通过试算统计，建议 $\gamma_H=0.76$，$\gamma_V=0.68$。

这种简化模型的计算误差可控制在 8% 以内。

（2）增加坝体的结构阻尼以代替地基的辐射阻尼影响，地基弹性仍通过无质量地基模型考虑。清华大学建议的等效结构阻尼比 $\bar{\xi}$ 的计算式如下：

$$\bar{\xi}=0.05\times\left[1+\exp\left(\frac{1}{E_R/E_C}-1\right)\right]\alpha H\sum_{i=1}^{3}\omega_i \qquad (6.2-3)$$

式中：E_R/E_C 为基岩与坝体混凝土弹性模量的比值；H 为坝高，m；$\omega_i(i=1,2,3)$ 为坝体第 i 阶圆频率；α 为参数，建议值为 $1.13\times10^{-4}\text{s}/(\text{m}\cdot\text{rad})$。试算结果表明，地震动位移响应的计算误差可控制在 7% 以内。

这种方法一般只宜在中、低重力坝初步抗震分析中应用。

6.2.2　坝体与库水的动力相互作用研究

假设水库域为棱柱形，沿顺河向水库断面保持不变，向上游无限延伸。

地震时，地面运动和动水压力作用使坝体产生变形，坝体变形又改变了库水区域的边界条件，影响坝面动水压力分布，因此需要考虑坝体与库水的动力相互作用。

由于库水黏性很小，一般假定为理想流体，动水压力方程可以表示为

$$\frac{\partial^2 p}{\partial x^2}+\frac{\partial^2 p}{\partial y^2}+\frac{\partial^2 p}{\partial z^2}=\frac{1}{C^2}\frac{\partial^2 p}{\partial t^2} \qquad (6.2-4)$$

式中：$p(x,y,z,t)$ 为动水压力；C 为水中声波波速；y 轴为竖向，即水深方向，向上为正；x 轴为水平顺河向方向，指向上游为正。

半无限水库域的边界条件为

（1）在库水表面，当忽略库水表面波的影响时，则有

$$p = 0 \qquad (6.2-5)$$

如果考虑表面波的影响，则相应的边界可表示为

$$\dot{u}_n = \frac{1}{\rho g}\dot{p} \qquad (6.2-6)$$

式中：$\dot{u}_n$ 为库水表面法向速度；ρ 表示库水密度；g 为重力加速度；$\dot{p}$ 表示动水压力关于时间的一阶偏导数。

（2）在坝水交界面处，有

$$p_{,n} = -\rho \ddot{u}_n \qquad (6.2-7)$$

式中：$p_{,n}$ 为动水压力 p 沿坝面法向的方向导数；$\ddot{u}_n$ 为坝面的法向加速度。

（3）考虑库底淤沙对动水压力波的吸收效应，则库底边界条件可表示为

$$p_{,n} = -\rho \ddot{v}_n + q\dot{p} \qquad (6.2-8)$$

式中：$\ddot{v}_n$ 为库底边界的法向加速度，随地震激励方向而变化；q 为水库边界阻抗系数，该系数与边界反射系数 $\alpha(0 \leqslant \alpha \leqslant 1)$ 有关。两参数的定义式如下：

$$\alpha = \frac{1-qc}{1+qc}, \quad q = \frac{\rho}{\rho_r c_r}, \quad c_r = \sqrt{\frac{E_r}{\rho_r}} \qquad (6.2-9)$$

式中：E_r，ρ_r 分别为水库基岩弹性模量与质量密度；c_r 为水库基岩等效波速。

当基础为刚性时，动水压力波全部反射，相当于不考虑边界系数影响，此时 $\alpha = 1$，$q = 0$；当压力波完全被吸收时，$\alpha = 0$，$q = 1/c$。

（4）在无限远边界，动水压力应满足 Sommerfeld 辐射边界条件，表示坝面振动产生的动水压力波向无限远处传播且不再返回，其表达式为

$$\lim_{x \to \infty}\left(\frac{\partial p}{\partial x} - \frac{1}{c}\dot{p}\right) = 0 \qquad (6.2-10)$$

6.2.2.1 不可压缩库水

如果假定库水为不可压缩流体，则式（6.2-4）简化为

$$\nabla^2 p = 0 \qquad (6.2-11)$$

忽略了库水可压缩性以后，动水压力对坝体振动的影响，相当于在坝体上游面附加了一定的质量，附加质量模型使得坝体动力响应的分析计算大为简化，但目前关于库水可压缩性的影响仍是一个有争议的问题，值得进一步深入研究。

1. Westergaard 附加质量模型

1933 年，美国学者 Westergaard（1933）假定库区为横截面相同且延伸至上游无限远的半无限长棱柱体、库底刚性、库水无黏性，作无旋、小变形运动，并忽略表面波影响，建立了坝面动水压力的二维计算模型，给出了地面水平简谐运动时可压缩库水作用于刚性直立坝面的动水压力的级数形式解，当不考虑库水可压缩性时，坝面动水压力等价于一定体积的水体随坝体运动时产生的惯性力，即"附加质量模型"，并给出了相应的计算公式：

$$m_w(h) = \frac{7}{8}\rho_w \sqrt{H_0 h} \qquad (6.2-12)$$

式中：h 为计算点处的水深，$m_w(h)$ 为水深 h 处的库水附加质量集度；ρ_w 为水体密度；

H_0 为库水深度。

Westergaard 附加质量模型概念明确、形式简单、易于计算，因此，被很多国家的大坝抗震设计所采用，一直沿用至今。目前我国现行的《水电工程水工建筑物抗震设计规范》（NB 35047—2015）仍推荐采用这一模型考虑动水压力的影响。

2. 库水有限元附加质量模型

由于 Westergaard 附加质量模型是基于库区为无限长棱柱体、坝体和地基均为刚性，以及库水不可压缩的假定条件下建立的，没有考虑坝体变形、库底边界形状以及库水-地基动力相互作用等因素的影响，因此，考虑上述影响因素的附加质量有限元计算模型也得到了广泛应用。首先利用加权余量等方法获得式（6.2-4）的弱形式，然后将坝体近场水域进行有限元离散，再利用坝体上游面、库水表面及上游无限远和库底的边界条件，并略去表面波影响，则可得库水有限元附加质量表达式为（李瓒等，2000）

$$M_w = L^T H L \tag{6.2-13}$$

式中：H 为经静力凝聚以后，只包括坝体迎水面节点的库水刚度矩阵；L 为由坝面动水压力等效为坝面节点力的转换矩阵。

6.2.2.2　可压缩库水

常用的考虑库水可压缩性的动水附加压力有限元计算模型，可分为频域子结构和时域整体两种类型。

1. 有限元频域子结构模型

美国加州大学伯克利分校的 Chopra 教授及其合作者，基于子结构概念和频域分析方法，建立了一种坝体-库水动力相互作用分析的频域子结构模型（Fok et al.，1985），即将坝体、地基、库水分别作为子结构，在频域内进行求解。考虑二维平面内的重力坝-库水-地基系统，其中坐标 x 轴为顺河向（指向上游为正），y 轴为竖直向（向上为正）。

（1）坝体和近场地基子结构。坝体-近场地基二维有限元离散方程可以表示为

$$M\ddot{u}(t) + C\dot{u}(t) + Ku(t) = R_b(t) + R_h(t) \tag{6.2-14}$$

式中：M、C 和 K 分别为坝体和近场地基质量、阻尼和刚度矩阵；$u(t)$、$\dot{u}(t)$ 和 $\ddot{u}(t)$ 分别为坝体和近场地基节点的位移、速度和加速度向量；$R_b(t)$ 为近场地基和远场无限地基相互作用力向量；$R_h(t)$ 为坝体上游坝面承受的动水压力向量。

在频域中，式（6.2-14）可以表示为

$$[-\omega^2 M + (1+i\eta_s)K]\overline{u}(\omega) = \overline{R}_b(\omega) + \overline{R}_h(\omega) \tag{6.2-15}$$

式中：$\overline{u}(\omega)$、$\overline{R}_b(\omega)$ 和 $\overline{R}_h(\omega)$ 为与 $u(t)$、$R_b(t)$ 和 $R_h(t)$ 对应的频域向量，可由傅里叶变换获得；η_s 为坝体滞回阻尼系数；ω 为激励频率；i 为虚数单位。

把坝体自由度分成坝体-地基交界面自由度（用下角 i 表示）及坝体内部自由度（用下标 i 表示）两部分，则式（6.2-15）可以改写为

$$\left[-\omega^2 \begin{bmatrix} M_d & 0 \\ 0 & M_i \end{bmatrix} + (1+i\eta_s)\begin{bmatrix} K_{dd} & K_{di} \\ K_{di}^T & K_{ii} \end{bmatrix}\right]\left\{\begin{matrix} \overline{u}_d(\omega) \\ \overline{u}_i(\omega) \end{matrix}\right\} = \left\{\begin{matrix} \overline{R}_h(\omega) \\ \overline{R}_b(\omega) \end{matrix}\right\} \tag{6.2-16}$$

通常把坝体动力响应 $\overline{u}(\omega)$ 分解为自由场位移 $\overline{u}^f(\omega)$ 和散射场位移 $\overline{u}^s(\omega)$ 两部分，即

$$\overline{\boldsymbol{u}}(\omega)=\overline{\boldsymbol{u}}^{s}(\omega)+\overline{\boldsymbol{u}}^{f}(\omega) \tag{6.2-17}$$

对于坝基面均匀输入的情况，即坝基面所有节点的自由场运动均相同时，由式（6.2-17）可将式（6.2-16）进一步改写为

$$\left[-\omega^2\begin{bmatrix}\boldsymbol{M}_d & \boldsymbol{0} \\ \boldsymbol{0} & \boldsymbol{M}_i\end{bmatrix}+(1+i\eta_s)\begin{bmatrix}\boldsymbol{K}_{dd} & \boldsymbol{K}_{di} \\ \boldsymbol{K}_{di}^{T} & \boldsymbol{K}_{ii}\end{bmatrix}\right]\begin{Bmatrix}\overline{\boldsymbol{u}}_d^{s}(\omega) \\ \overline{\boldsymbol{u}}_i^{s}(\omega)\end{Bmatrix}$$
$$=\begin{Bmatrix}\overline{\boldsymbol{R}}_h(\omega) \\ \overline{\boldsymbol{R}}_b(\omega)\end{Bmatrix}+\omega^2\begin{bmatrix}\boldsymbol{M}_d & \\ & \boldsymbol{M}_i\end{bmatrix}\begin{Bmatrix}\overline{\boldsymbol{u}}_d^{f}(\omega) \\ \overline{\boldsymbol{u}}_i^{f}(\omega)\end{Bmatrix} \tag{6.2-18}$$

（2）库水子结构。利用傅里叶变换，动水压力方程式（6.2-4）变为亥姆霍兹（Helmholtz）方程：

$$\frac{\partial^2\overline{p}}{\partial x^2}+\frac{\partial^2\overline{p}}{\partial y^2}=\frac{\omega^2}{C^2}\overline{p} \tag{6.2-19}$$

式中：$\overline{p}$ 是频率 ω 的函数，与 $p(t)$ 构成一对傅里叶变换对。

与坝体动力响应类似，动水压力 $\overline{p}(x,y,\omega)$ 也分解为两部分，分别由自由场和散射场运动所引起，记为 $\overline{p}^{f}(x,y,\omega)$ 和 $\overline{p}^{s}(x,y,\omega)$，则动水压力可表示为

$$\overline{p}(x,y,\omega)=\overline{p}^{f}(x,y,\omega)+\overline{p}^{s}(x,y,\omega) \tag{6.2-20}$$

式中，自由场运动所产生的频域动水压力 $\overline{p}^{f}(x,y,\omega)$ 为方程（6.2-19）在下列边界条件（上游坝面、库水和基岩交界面、水库自由表面）及 $x=\infty$ 辐射条件下的解答：

$$\frac{\partial}{\partial n}\overline{p}^{f}(s,\omega)=-\rho u_{dn}^{f}(s)$$
$$\frac{\partial}{\partial n}\overline{p}^{f}(s',\omega)=-u_{fn}^{f}(s') \tag{6.2-21}$$
$$\overline{p}^{f}(x,H,\omega)=0$$

式中：H 为水库自由表面的 y 坐标值；s 为坝体上游表面的参数坐标；s' 为库水和基岩交界面的参数坐标；$u_{dn}^{f}(s)$ 为坝体自由场向量 $\overline{\boldsymbol{u}}_d^{f}(\omega)$ 沿上游坝面的内法向分量；$u_{fn}^{f}(s)$ 为基岩自由场 $\overline{\boldsymbol{u}}_f^{f}(\omega)$ 沿库水和基岩交界面的内法线的分量。

式（6.2-20）中，散射场运动所产生的频域响应函数 $\overline{p}^{s}(x,y,\omega)$ 为方程（6.2-19）在下列边界条件（上游坝面、库水和基岩交界面、水库自由表面）及 $x=\infty$ 辐射条件下的解答：

$$\frac{\partial}{\partial n}\overline{p}^{s}(s,\omega)=-\rho u_{dn}^{s}(s)$$
$$\frac{\partial}{\partial n}\overline{p}^{s}(s',\omega)=0 \tag{6.2-22}$$
$$\overline{p}^{s}(x,H,\omega)=0$$

式中：$u_{dn}^{s}(s)$ 为坝体自由场向量 $\overline{\boldsymbol{u}}_d^{s}(\omega)$ 沿上游坝面的内法向分量；$u_{dn}^{s}(s)$ 表示基岩自由场 $\overline{\boldsymbol{u}}_f^{s}(\omega)$ 沿库水和基岩交界面内法向分量。

与动水压力 $\overline{p}(x,y,\omega)$ 相关的动水压力荷载 $\boldsymbol{R}_h(t)$ 的频域响应函数可表示为

$$\overline{\boldsymbol{R}}_h(\omega)=\overline{\boldsymbol{R}}_h^{f}(\omega)+\overline{\boldsymbol{R}}_h^{s}(\omega) \tag{6.2-23}$$

式中：$\overline{\boldsymbol{R}}_h^{f}(\omega)$ 和 $\overline{\boldsymbol{R}}_h^{s}(\omega)$ 分别为动水压力函数 $-\overline{p}^{f}(x,y,\omega)$ 和 $-\overline{p}^{s}(x,y,\omega)$ 的等效

节点力。

2. 有限元时域整体模型

时域整体分析方法是截取一定范围的地基和库水，建立坝体-地基-库水分析模型，然后在截断边界上设置人工边界，模拟无限库水和无限地基的辐射阻尼效应。下面介绍一种用于坝体-地基-库水系统动力响应分析的、与多次透射边界相结合的显式有限元时域整体模型（王进廷，2001）。

（1）坝体。坝体节点位移和速度的显式有限元计算格式为

$$u_{1li}^{P+1} = \frac{\Delta t^2}{2} m_{1l}^{-1} f_{1lj}^{P} + u_{1li}^{P} + \Delta t \dot{u}_{1lj}^{P} - \frac{\Delta t}{2} m_{1l}^{-1} (\Delta t k_{1linj} - c_{1linj}) u_{1nj}^{P} - \frac{\Delta t}{2} m_{1l}^{-1} c_{1linj} u_{1nj}^{P-1} - \Delta t^2 m_{1l}^{-1} c_{1linj} \dot{u}_{1nj}^{P}$$

$$(6.2-24)$$

$$\dot{u}_{1li}^{P+1} = \frac{\Delta t}{2} m_{1l}^{-1} f_{1li}^{P+1} + \frac{1}{\Delta t}(u_{1li}^{P+1} - u_{1li}^{P}) - \frac{1}{2} m_{1l}^{-1}(\Delta t k_{1linj} + c_{1linj}) u_{1nj}^{P+1} + \frac{1}{2} m_{1l}^{-1} c_{1linj} u_{1nj}^{P}$$

$$(6.2-25)$$

式中：下标 1 表示坝体，下标 l、n 表示节点号；i、j 为笛卡儿坐标系坐标轴方向（i、$j=1$，2）；上标 $P-1$、P、$P+1$ 表示 $(P-1)\Delta t$、$P\Delta t$、$(P+1)\Delta t$ 时刻；Δt 为离散时间步距；m_l 为节点 l 的集中质量；c_{linj} 为 n 节点 j 方向对于 l 节点 i 方向的阻尼系数；k_{linj} 为 n 节点 j 方向对于 l 节点 i 方向的刚度系数；u_{li}、$\dot{u}_{li}$ 为 l 节点 i 方向的位移和速度；f_{li} 为作用在 l 节点 i 方向的外力。

（2）库水。库水的黏性系数很小，一般假定为理想流体，但为了消除多次透射人工边界高频失稳问题，需要引入数值很小的且与刚度成正比的阻尼。库水节点的位移和速度计算公式如下：

$$u_{2li}^{P+1} = \Delta t^2 m_{2l}^{-1} f_{2li}^{P} + 2u_{2li}^{P} - u_{2li}^{P-1} - \Delta t^2 m_{2l}^{-1}(k_{2limj} u_{2mj}^{P} + c_{2limj} \dot{u}_{2mj}^{P}) \quad (6.2-26)$$

$$\dot{u}_{2li}^{P+1} = \frac{3u_{2li}^{P+1} - 4u_{2li}^{P} + u_{2li}^{P-1}}{2\Delta t} \quad (6.2-27)$$

式中：下标 2 表示流体（库水）。

（3）固体与流体交界面。在固体（坝体和地基）与流体（库水）交界面处，需满足固体和流体两部分节点的法向位移、速度连续，以及剪应力为 0 的界面条件，因此，交界面上节点位移、速度以及界面连续性条件的显式有限元格式如下：

$$u_{1lx}^{P+1} = u_{1lx}^{P} + [\Delta t c_{1lxnj}(2\Delta t \dot{u}_{1nj}^{P} - u_{1nj}^{P} + u_{1nj}^{P-1}) - \Delta t^2 c_{2lxmj} u_{2mj}^{P}]/(2m_{1l} + m_{2l})$$
$$+ [m_{2l}(u_{2lx}^{P} - u_{2lx}^{P-1}) + 2\Delta t m_{1l} \dot{u}_{1lx}^{P} + \Delta t^2 k_{1lxnj} u_{1nj}^{P} + \Delta t^2 k_{2lxmj} u_{2mj}^{P}]/(2m_{1l} + m_{2l})$$

$$(6.2-28)$$

$$u_{2lx}^{P+1} = u_{1lx}^{P+1} \quad (6.2-29)$$

$$u_{1ly}^{P+1} = u_{1ly}^{P} + \Delta t \dot{u}_{1ly}^{P} - \frac{1}{2} \Delta t^2 m_{1l}^{-1} k_{1lynj} u_{1nj}^{P}$$

$$- \frac{1}{2} \Delta t m_{1l}^{-1} c_{1lynj}(2\Delta t \dot{u}_{1nj}^{P} - u_{1nj}^{P} + u_{1nj}^{P-1}) \quad (6.2-30)$$

$$u_{2ly}^{P+1} = 2u_{2ly}^{P} - u_{2ly}^{P-1} - \Delta t^2 m_{2l}^{-1}(k_{2lymj} u_{2mj}^{P} + c_{2lymj} \dot{u}_{2mj}^{P}) \quad (6.2-31)$$

$$\dot{u}_{2lx}^{P+1} = \dot{u}_{1lx}^{P+1} \quad (6.2-32)$$

$$\ddot{u}_{1ly}^{P+1} = \frac{1}{\Delta t}(u_{1ly}^{P+1} - u_{1ly}^{P}) - \frac{1}{2}m_{1l}^{-1}c_{1lynj}(u_{1nj}^{P+1} - u_{1nj}^{P}) - \frac{\Delta t}{2}m_{1l}^{-1}y_{1lynj}u_{1nj}^{P-1} \qquad (6.2-33)$$

$$\ddot{u}_{2ly}^{P+1} = \frac{3u_{2ly}^{P+1} - 4u_{2ly}^{P} + u_{2ly}^{P-1}}{2\Delta t} \qquad (6.2-34)$$

式中：下标 x、y 分别为笛卡儿坐标系的两个坐标轴，其中 x 表示交界面的法向，y 表示交界面的切向。

3. 比例边界元有限元模型

二维重力坝-库水系统如图 6.2-5（a）所示，水库域为上游坝面、水平面、库底平面围成的二维无限域，自由表面与库底平面相互平行。假设只考虑地震沿顺河向作用的情况，则库底边界条件式（6.2-8）中，$\ddot{v}_n = 0$。对于二维库水域，采用比例边界有限元进行离散（Lin et al.，2007a），其中只需对坝-水交界面采用有限元离散，由于水域的上表面（自由表面）和下表面（库底面）互相平行，因此，可将相似中心取在下游的无限远处。对于水域中的任意一点 M，可建立比例边界坐标系，其中，径向坐标轴 ξ 定义为与自由表面平行、且指向上游的射线，并假定在坝-水交界面处径向坐标 ξ 为 0；环向坐标定义为过 M 点且与自由表面相平行的直线与坝面交点 M' 在所属一维有限单元 BC 的自然坐标，即图中的 η。

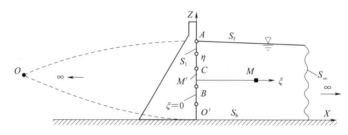

图 6.2-5　水库域及坝面水库边界比例边界坐标

引入权函数 w，可以得到动水压力方程（6.2-4）及其边界条件等效积分的弱形式：

$$\int_V \nabla^T w \ \nabla p \, dV + \frac{1}{C^2}\int_V w\ddot{p}\, dV - \rho\int_{S_1} w\ddot{u}_n \, dS + q\int_{S_2} w\dot{p}\, dS = 0 \qquad (6.2-35)$$

式中：S_1 为坝体上游面，是库水与坝体的接触面；S_2 为库底边界。

对于任意点 M 处的标量权函数和动水压力进行离散，最终可得时域动水压力控制方程及上游坝面所应满足的边界条件：

$$[E^0]\{p\}_{,\xi\xi} + ([E^1]^T - [E^1])\{p\}_{,\xi} - [E^2]\{p\} - [M^0]\{\ddot{p}\} - [C^0]\{\dot{p}\} = 0 \qquad (6.2-36)$$

$$([E^0]\{p\}_{,\xi} + [E^1]\{p\} - [M^1]\{\ddot{u}_n\})|_{\xi=0} = 0 \qquad (6.2-37)$$

式中：$[E^0]$、$[E^1]$、$[E^2]$、$[M^0]$、$[C^0]$、$[M^1]$ 为系数矩阵，根据上游坝面离散的有限元计算得到，p 表示作用在坝-水交界面节点处的动水压力，是径向坐标 ξ 的函数。

在频域中，相应的控制方程和边界条件如下：

$$[E^0]\{P(\xi,\omega)\}_{,\xi\xi} + ([E^1]^T - [E^1])\{P(\xi,\omega)\}_{,\xi} + (\omega^2[M^0] - i\omega[C^0] - [E^2])\{P(\xi,\omega)\} = 0 \qquad (6.2-38)$$

$$([E^0]\{P(\omega)\}_{,\xi}+[E^1]\{P(\omega)\}-[M^1]\{A_n\})|_{\xi=0}=0 \qquad (6.2-39)$$

式中：A 表示频域加速度幅值；$P(\omega)$ 表示频域坝面动水压力的幅值。

为了求解二阶常微分方程组式（6.2-38），可由系数矩阵定义 Hamilton 矩阵 $[Z]$：

$$[Z]=\begin{bmatrix} -[E^0]^{-1}[E^1]^{\mathrm{T}} & [E^0]^{-1} \\ [E^2]-[E^1][E^0]^{-1}[E^1]^{\mathrm{T}}-\dfrac{\omega^2}{c^2}[M^0]+i\omega q C^0 & [E^1][E^0]^{-1} \end{bmatrix} \qquad (6.2-40)$$

则频域坝面动水压力 $P(\omega)$ 表达式为

$$\{P(\omega)\}=[M^1]^{\mathrm{T}}[\Phi_{12}][\Phi_{22}]^{-1}[M^1]\{A_n\}=[M^f]\{A_n\} \qquad (6.2-41)$$

式中：$[\Phi]$ 为矩阵 $[Z]$ 的特征矢量函数。

由式（6.2-41）可见，坝面动水压力可根据坝面有限元单元和坝面加速度计算得到，这给坝体-库水-地基系统的动力相互作用分析带来了方便。

将总位移 $\{u^t\}$ 分解为拟静位移 $\{\hat{u}\}$ 与动位移 $\{\tilde{u}\}$ 之和，即

$$\begin{Bmatrix} u_{\mathrm{d}}^t \\ u_{\mathrm{b}}^t \end{Bmatrix}=\begin{Bmatrix} \hat{u}_{\mathrm{d}} \\ \hat{u}_{\mathrm{b}} \end{Bmatrix}+\begin{Bmatrix} \tilde{u}_{\mathrm{d}} \\ \tilde{u}_{\mathrm{b}} \end{Bmatrix} \qquad (6.2-42)$$

式中：下标 b 为坝基交界面自由度；下标 d 为坝体结构的内部自由度。拟静位移表示不考虑坝体的质量矩阵和阻尼矩阵的影响，由自由场响应所引起的坝体位移响应，可以表示为

$$\{\hat{u}_{\mathrm{b}}\}=\{u_{\mathrm{g}}\} \qquad (6.2-43)$$

$$\{\hat{u}_{\mathrm{d}}\}=[T_{\mathrm{db}}]\{\hat{u}_{\mathrm{b}}\}=[T_{\mathrm{db}}]\{u_{\mathrm{g}}\} \qquad (6.2-44)$$

式中：$\{u_{\mathrm{g}}\}$ 为在坝基交界面处由地震激励所产生的自由场位移幅值。

矩阵 $[T_{\mathrm{db}}]$ 由下式计算得到：

$$[T_{\mathrm{db}}]=-[K_{\mathrm{dd}}]^{-1}[K_{\mathrm{db}}] \qquad (6.2-45)$$

则坝体-库水-地基系统频域动力平衡方程如下

$$\left(-\omega^2\begin{bmatrix} [M_{\mathrm{dd}}] & [M_{\mathrm{db}}] \\ [M_{\mathrm{bd}}] & [M_{\mathrm{bb}}] \end{bmatrix}+(1+i2\zeta)\begin{bmatrix} [K_{\mathrm{dd}}] & [K_{\mathrm{db}}] \\ [K_{\mathrm{bd}}] & [K_{\mathrm{bb}}] \end{bmatrix}+\begin{bmatrix} 0 & 0 \\ 0 & [S_{\mathrm{b}}^{\infty}(\omega)] \end{bmatrix}-\omega^2\begin{bmatrix} [Q_{\mathrm{p}}(\omega)] & \\ & 0 \end{bmatrix}\right)\begin{Bmatrix} \tilde{u}_{\mathrm{d}}(\omega) \\ \tilde{u}_{\mathrm{b}}(\omega) \end{Bmatrix}$$

$$=\omega^2\begin{bmatrix} [M_{\mathrm{dd}}] & [M_{\mathrm{db}}] \\ [M_{\mathrm{bd}}] & [M_{\mathrm{bb}}] \end{bmatrix}\begin{bmatrix} T_{\mathrm{db}} \\ I \end{bmatrix}\{u_{\mathrm{g}}(\omega)\}+\omega^2\begin{Bmatrix} [Q_0] \\ 0 \end{Bmatrix}\{u_{\mathrm{g}}(\omega)\} \qquad (6.2-46)$$

式中：ζ 为坝体滞回阻尼比；$[M]$、$[K]$ 分别为坝体质量和刚度矩阵；$[S_{\mathrm{b}}^{\infty}]$ 为无限地基频域动刚度；$[Q_0]$ 为坝体发生刚体运动时产生的坝面动水附加质量；$[Q_{\mathrm{p}}]$ 为坝体相对于坝基的运动所产生的坝面动水附加质量。

6.2.2.3　重力坝与库水动力相互作用的主要研究成果

目前重力坝抗震设计中关于地震动水压力的计算通常采用 Westergaard 提出的不考虑库水可压缩性的附加质量模型。不计库水的可压缩性时，精确的附加质量阵应是与频率无关的常数矩阵，且是满阵，即具有空间耦合性，而 Westergaard 简化公式是根据刚性坝面的假定推导得出的，未考虑坝体弹性变形的影响，附加质量阵是对角阵，忽略了坝面各点动水压力之间的空间耦合作用。

美国学者 Chopra 教授对地震动水压力进行了多年研究，他认为库水可压缩性以及水库边界对压力波的吸收效应对坝面地震动水压力的大小和分布具有重要的影响（Chopra, 2012）。尽管在地震动水压力的研究方面已提出了很多计算方法，但由于缺乏实际观测资料，很难对算法的准确性进行验证。日本针对川浦坝（坝高 117.5m）进行了多年的地震动水压力与人工激励动水压力的试验，其结果与考虑库水可压缩性的计算结果是相符的。基于比例边界有限元（SBFEM）方法的动水压力计算模型，可以考虑库水的可压缩性以及水库边界能量吸收的影响。相关计算结果表明，库底的吸收条件和无限远边界条件可耗散动水压力波的能量，同时地震动水压力与坝体惯性力之间存在相位差，从而也可导致地震动水压力对坝体地震响应的影响大幅度地降低。研究中还发现，水库几何形状也将对地震动水压力值产生影响。此外，清华大学将库底淤沙作为固液两相介质，研究了淤沙层对大坝动力响应的影响。研究结果表明，饱和淤沙层对坝体地震响应的影响很小，可以忽略不计。

1. 坝与库水动力相互作用对重力坝地震响应的影响分析

本节采用比例边界有限元法建立动水压力计算模型，以高 100m 的重力坝为例研究坝面动水压力大小和分布以及坝体-库水动力相互作用对坝体地震响应的影响，对规律性的认识加以分析。

图 6.2-6 为顺河向激励时，不同库底反射系数条件下，作用于重力坝刚性坝面总动水压力与总静水压力之比的频率响应函数，图中，pg 表示坝面动水压力所形成的总的合力，g 为重力加速度，F_{st} 表示坝面静水压力所形成的总的合力（在图 6.2-10 和图 6.2-11 中，纵坐标的含义与图 6.2-6 相同），$\omega_1 = 7.2\pi$ 是无限水库域的第 1 阶频率，定义为 $\omega_1 = \pi C/(2H)$（C 为水中声速，H 为坝高），一般高于重力坝的第 1 阶振动频率，对于高 100m 的重力坝，$\omega_1 = 7.2\pi$。由图 6.2-6 可见，随着反射系数 α 的减小，库岸对压力波的吸收作用增强，动水压力有很大程度的降低。图 6.2-7 为刚性地基顺河向加速度激励频率与水库基频相同时，不同反射系数对刚性坝面动水压力的影响，由图可见，随着反射系数的增加，坝面动水压力值增加。图 6.2-8 为不同激励频率条件下坝面动水压力沿高程分布图，由图可见，当 $\omega/\omega_1 > 1.0$ 时，动水压力低于 Westergaard 公式计算值。

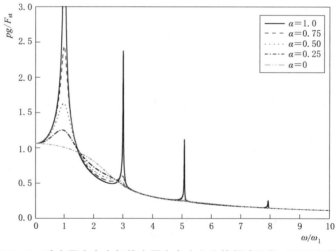

图 6.2-6　动水压力合力与静水压力合力之比的频响函数（顺河向激励）

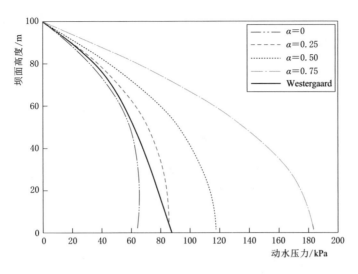

图 6.2-7　当激励频率等于水库基频（$\omega/\omega_1=1.0$）时，不同库底反射系数下的
坝面动水压力分布图

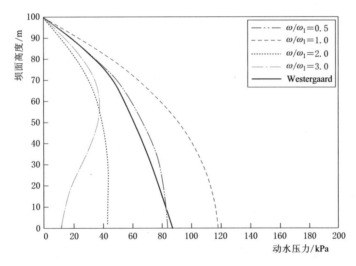

图 6.2-8　不同激励频率条件下坝面动水压力分布图（反射系数 $\alpha=0.5$）

　　图 6.2-9 为近场水域形状不规则的水库，河底倾斜，坝前水深在长为 1.5 倍坝高范围内减为 $0.5H$。图 6.2-10 和图 6.2-11 分别为顺河向和竖向激励条件下，动水压力合力与静水压力合力之比的频响函数；与棱柱形库水域相比（图 6.2-6），共振峰点较多，在相同反射系数条件下，共振幅值也略有增加。图 6.2-12 为顺河向激励条件下，当激励频率与水库基频相同时，不同反射系数对坝面动水压力的影响；与棱柱形库水域相比（图 6.2-7），动水压力值偏小。

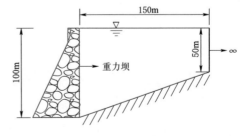

图 6.2-9　水库形状

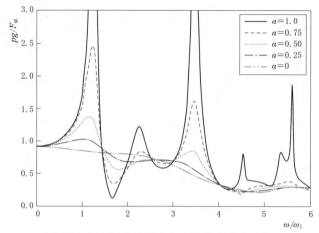

图 6.2 - 10　动水压力合力与静水压力合力之比的频响函数（顺河向激励）

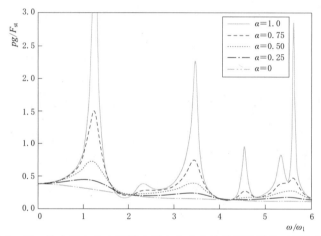

图 6.2 - 11　动水压力合力与静水压力合力之比的频响函数（竖向激励）

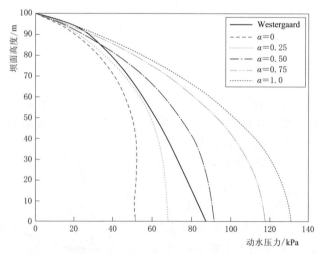

图 6.2 - 12　当激励频率等于水库基频（$\omega/\omega_1=1.0$）时，不同反射系数下的
坝面动水压力分布图（顺河向激励）

当坝上游面倾度发生变化时，动水压力的大小和分布也将发生变化。图 6.2-13 表示上游坝面下部出现折坡但库底与水面平行的库区条件（记作库区 1）。图 6.2-14 为同时考虑上游坝面下部出现折坡和坝前近场水域库底倾斜的库区条件（记作库区 2）。图 6.2-15～图 6.2-17 和图 6.2-18～图 6.2-20 分别为顺河向激励时，两种库区条件下，刚性坝面动水压力的频响函数和不同库底反射系数、不同激励频率条件下的坝面动水压力分布图。

针对重力坝-库水-地基系统，采用比例边界有限元方法进行了动力响应分析，其中，无限库水域和无限地基域均采用 SBFEM 计算模型，能

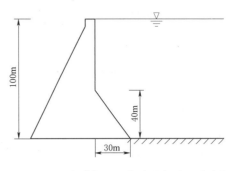

图 6.2-13　上游坝面下部出现折坡、库底与水面平行的库区形状（库区 1）

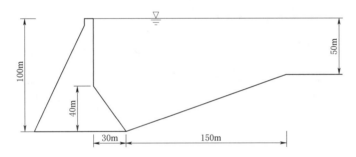

图 6.2-14　上游坝面下部出现折坡、库底倾斜的库区形状（库区 2）

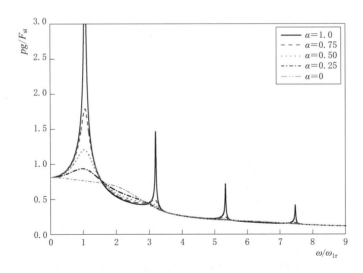

图 6.2-15　动水压力合力与静水压力合力之比的频响函数（库区 1）

够考虑无限水域和无限地基的辐射阻尼效应。假设水库为棱柱形无限水域，考虑两种库水模型：①库水可压缩，库底反射系数 0.5，记作库水模型 1；②库水不可压缩，附加质量按 Westergaard 公式进行计算，记作库水模型 2。假设坝高为 100m，采用 Koyna 地震波

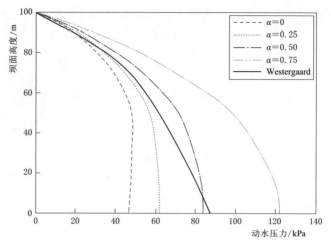

图 6.2 - 16　在水库域基频 $(\omega/\omega_1 = 1.0)$ 激励时, 不同反射系数的
坝面动水压力分布图 (库区 1)

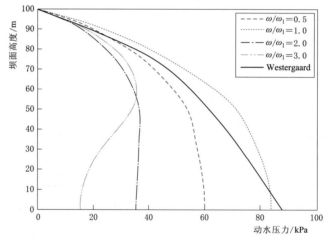

图 6.2 - 17　$\alpha = 0.5$ 时不同激励频率条件下动水压力分布图 (库区 1)

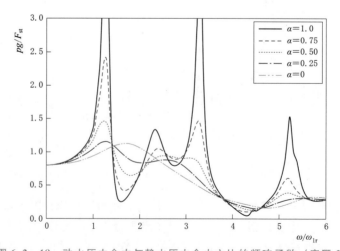

图 6.2 - 18　动水压力合力与静水压力合力之比的频响函数 (库区 2)

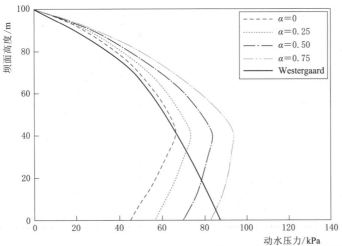

图 6.2 - 19　在水库域基频（$\omega/\omega_1 = 1.0$）激励时，不同反射系数的
坝面动水压力分布图（库区 2）

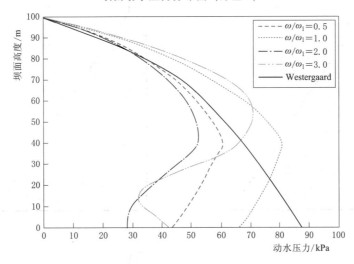

图 6.2 - 20　$\alpha = 0.5$ 时不同激励频率的动水压力分布图（库区 2）

作为地震动输入，峰值加速度为 0.4g，计算了三种地震荷载工况，分别记为工况 1～工况 3，其中，工况 1 为仅水平顺河向激励，工况 2 为仅竖向激励，工况 3 为水平顺河向和竖向同时激励（竖向峰值加速度取为水平峰值加速度的 2/3）。图 6.2 - 21 和图 6.2 - 22 分别为采用两种库水模型、在不同地震动激励条件下坝体最大拉、压主应力极值分布图（图中负号表示压应力），对比可见，采用两种库水模型得到的坝体应力分布较为相似，但 Westergaard 附加质量模型得到的应力值较大，尤其是在拉、压应力最大值所在的坝踵位置处，应力值显著偏大；而在坝体内部，两种模型的应力值差别相对较小。

根据采用比例边界有限元动水压力模型的计算结果，对重力坝地震动水压力分布可以总结出以下规律：

（1）考虑库水的可压缩性时，将出现水库共振频率，无限库水域基频一般高于坝体基频，并与地震波的主频率相差较大，发生共振或接近共振的可能性较小。

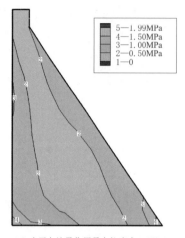

（a）水平向地震作用最大拉应力（工况1）

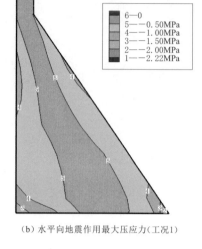

（b）水平向地震作用最大压应力（工况1）

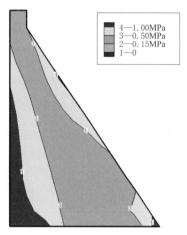

（c）竖直向地震作用最大拉应力（工况2）

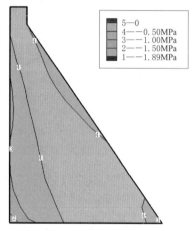

（d）竖直向地震作用最大压应力（工况2）

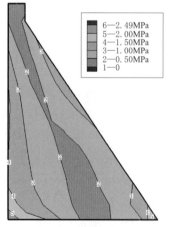

（e）水平与竖向同时激励最大拉应力（工况3）

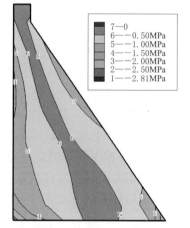

（f）水平与竖向同时激励最大压应力（工况3）

图 6.2－21　不同地震荷载作用下重力坝拉、压主应力极值分布图（库水模型 1）

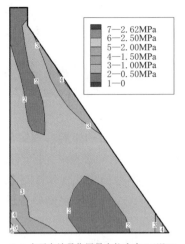

（a）水平向地震作用最大拉应力（工况1）

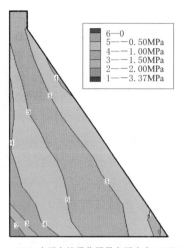

（b）水平向地震作用最大压应力（工况1）

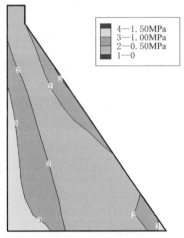

（c）竖直向地震作用最大拉应力（工况2）

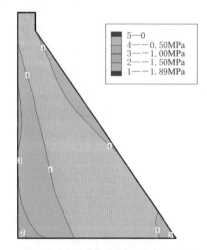

（d）竖直向地震作用最大压应力（工况2）

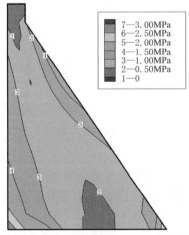

（e）水平与竖向共同激励时最大拉应力（工况3）

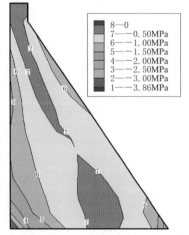

（f）水平与竖向共同激励时最大压应力（工况3）

图 6.2-22　不同地震荷载作用下重力坝拉、压主应力极值分布图（库水模型 2）

（2）考虑库水可压缩性影响后，动水压力频域解为复数，说明坝面各点动水压力之间存在相位差，在时域中并不同时达到最大值和最小值；同时也表明动水压力与坝体所受到的地震惯性力之间也存在相位差，使得坝体地震响应有减小的趋势。

（3）考虑库底边界吸收影响后，随着反射系数的减小，动水压力值增大，但与 Westergaard 动水压力模型相比，对于较大库底反射系数，动水压力值相对较大。

库水可压缩性、库岸边界吸收作用对不同库区形状的重力坝-库水体系的坝面动水压力的分布、大小、相位，进而对坝体地震响应均产生重要而复杂的影响，现有研究成果尚未取得统一的认识，因此还需开展深入的研究。水库底部常有大量的泥沙淤积，会使得反射系数较小，在这种条件下，采用 Westergaard 动水压力模型得到的坝体响应较大，偏于保守；同时基于简便易行的考虑，目前规范中仍采用 Westergaard 简化模型考虑动水压力的作用是合适的。

2. 坝与库水-淤沙动力相互作用对重力坝地震响应的影响分析

清华大学进行了坝体-库水-淤沙-地基系统（图 6.2-23）地震响应的研究，其中，库水假设为理想流体，以位移为未知变量；淤沙模拟为固液两相介质，采用 Biot 方程进行描述，以固体骨架位移和孔隙水位移为未知变量；坝体和地基分别视为黏弹性和弹性固体介质，以位移为未知变量。系统运动方程采用显式有限元法求解，计算模型周边采用多次透射人工边界，如图 6.2-24 所示。

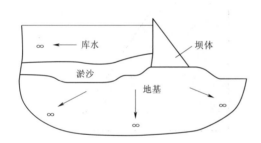
图 6.2-23　坝体-库水-淤沙-地基系统示意

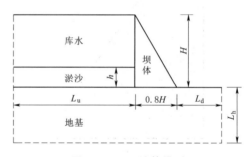
图 6.2-24　计算模型

计算参数选取如下：

（1）坝体混凝土密度 $\rho_d = 2483 \text{kg/m}^3$，剪切模量 $G_d = 1.149 \times 10^{10} \text{Pa}$，泊松比 $\nu_d = 0.2$，瑞利（Raleigh）阻尼系数 $\alpha_d = 1.1088$、$\beta_d = 0.000936$（对应于频率 2Hz、15Hz 时的阻尼比为 0.05）。

（2）库水为理想液体，库水密度 $\rho_w = 1000 \text{kg/m}^3$，体积模量 $K_w = 2.0 \times 10^9 \text{Pa}$，为了消除多次透射人工边界的高频振荡，库水中引入很小的不影响结果的瑞利阻尼，阻尼系数 $\alpha_w = 0$、$\beta_w = 0.0001$。

（3）地基为弹性介质，密度和剪切模量与坝体的密度和剪切模量相同，$\rho_f = 2483 \text{kg/m}^3$，$G_f = 1.149 \times 10^{10} \text{Pa}$，泊松比 $\nu_f = 1/3$；为了消除多次透射人工边界的高频振荡，地基中也引入了很小的不影响结果的瑞利阻尼，阻尼系数 $\alpha_f = 0$、$\beta_f = 0.0001$。淤沙层模拟为液固两相介质，采用 Biot 波动方程，固体骨架密度 $\rho_s = 2640 \text{kg/m}^3$，孔隙流体密度 $\rho_l = 1000 \text{kg/m}^3$，孔隙率 $n = 0.6$，骨架剪切模量 $G_s = 7.7037 \times 10^6 \text{Pa}$，泊松比 $\nu_s = 0.35$，

耗散常数 $b=3.5316\times10^{6}\,\mathrm{N/m^{4}}$（对应于渗透系数 $k=10^{-3}\,\mathrm{m/s}$），假定两相介质的固体骨架颗粒不可压缩，则 Boit 弹性常数 $R=nK_{1}$，$Q=(1-n)K_{1}$，$N=G_{s}$，$A=2G_{s}\nu_{s}/(1-2\nu_{s})+Q^{2}/R$，其中 K_{1} 为孔隙流体的体积模量，对于饱和介质 $K_{1}=K_{w}=2.0\times10^{9}\,\mathrm{Pa}$，$R=1.2\times10^{9}\,\mathrm{Pa}$，$Q=0.8\times10^{9}\,\mathrm{Pa}$，$N=7.7037\times10^{6}\,\mathrm{Pa}$，$A=5.5131\times10^{8}\,\mathrm{Pa}$；对于非饱和多孔介质孔隙流体体积模量由下式确定：

$$\frac{1}{K_{1}}=\frac{1}{K_{w}}+\frac{1-S}{p_{0}} \tag{6.2-47}$$

式中：S 为饱和度；p_{0} 为绝对孔隙压力。

假定饱和度为 99.5%，p_{0} 对应于 100m 水深处的静水压力，则可以得到：$K_{1}=1.786\times10^{8}\,\mathrm{Pa}$，$R=1.072\times10^{8}\,\mathrm{Pa}$，$Q=7.1468\times10^{7}\,\mathrm{Pa}$，$N=7.7037\times10^{6}\,\mathrm{Pa}$，$A=6.5720\times10^{7}\,\mathrm{Pa}$。

图 6.2-25 和图 6.2-26 分别为 50% 单位水平向地震动谐波加速度入射时，淤沙层厚度对坝顶加速度频率响应的影响。从图中可以看出，随着饱和淤沙层厚度的增加（图 6.2-25），坝体加速度响应幅值有所减小，但不是很明显，基本可以忽略。随着非饱和淤沙层厚度的增加（图 6.2-26），坝体响应的第一共振峰的幅值和频率都逐渐减小。因为水库淤沙基本上处于饱和状态，所以水库淤沙对重力坝地震响应的影响可以忽略不计。

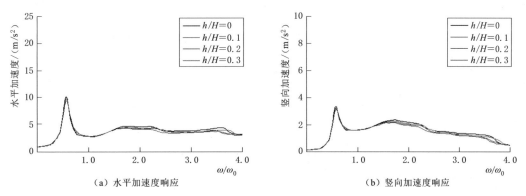

图 6.2-25　水平向地震动激励时饱和淤沙层厚度对坝顶响应的影响

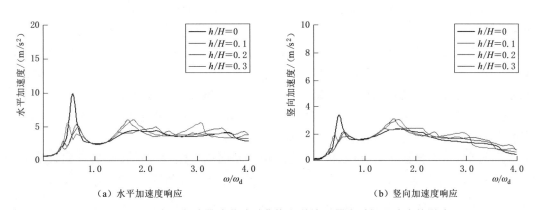

图 6.2-26　水平向地震动激励时非饱和淤沙层厚度对坝顶响应的影响

6.2.3　等效应力法在重力坝抗震分析中的应用

有限元分析法在计算重力坝静、动力响应的时候，由于应力奇异性和网格敏感性，容易在坝踵和坝趾部位出现应力集中，得到比较高的应力值，难以据此客观评价这些区域的强度安全（范书立等，2007）。为了解决这一问题，中国水利水电科学研究院编制了有限元等效应力法程序，其基本思想为：利用有限元法进行大坝-库水-地基系统在静、动荷载作用下的响应分析，得到建基面的有限元应力后，通过数值积分计算全部垂直力的总和 $\sum W$ 和全部垂直力对计算截面形心处的力矩总和 $\sum M$，然后按平截面变形假定换算出坝踵和坝趾处的等效竖向应力 σ_y' 和 σ_y''，即

$$\left. \begin{array}{l} \sigma_y' = \dfrac{\sum W}{B} + \dfrac{6\sum M}{B^2} \\[3mm] \sigma_y'' = \dfrac{\sum W}{B} - \dfrac{6\sum M}{B^2} \end{array} \right\} \tag{6.2-48}$$

式中：B 为计算截面宽度；y 表示竖向坐标轴。

采用振型分解反应谱法分析时，先分别计算水平顺河向与竖向各主要振型的振型应力，换算为等效竖向应力，然后按平方和开平方的方法得出水平顺河向和竖向地震分别作用下的等效竖向应力，再采用平方和开平方的方法得出考虑水平和竖向地震作用的等效应力。

为了检验等效应力方法的有效性，选取两座坝高分别 70m 和 170m 的标准非溢流坝段剖面，分别按有限元等效应力法和材料力学法计算坝踵和坝趾处的应力，并进行比较，见表 6.2-1，可见二者的差值不超过 5%，因此这一方法可用于大坝的抗震安全评价。

表 6.2-1　　　　　　　　有限元等效应力法与材料力学法计算结果的对比

坝高/m		70		170	
部位		坝踵	坝趾	坝踵	坝趾
等效应力 /MPa	等效应力法	−0.243	−1.253	−0.498	−3.023
	材料力学法	−0.255	−1.240	−0.484	−3.036

为了研究有限元网格尺寸对建基面拉应力区相对宽度的影响，选择了 70～230m 范围内几种坝高的重力坝，对其在烈度为Ⅶ度、Ⅷ度和Ⅸ度的地震作用下拉应力区的相对宽度与网格尺寸的关系进行对比。发现当单元尺寸小于 1m 时，不同坝高建基面垂直拉应力区相对宽度，大体上趋于一稳定值。因此，对于 70～230m 高的重力坝，进行有限元动力分析时，只要保证单元尺寸小于 1m，就基本上可以忽略网格尺寸的影响。

研究还表明，坝踵拉应力区的范围，对坝体和坝基弹性模量的比值 E_c/E_f 比较敏感：随着 E_c/E_f 比值的增大，坝踵拉应力范围将有所减小。

对重力坝进行弹性动力分析时，发现高坝建基面应力超过抗拉强度的范围普遍小于 7%，即一般小于坝踵至帷幕中心线的距离，而且坝越高，超强拉应力区的范围越小；但Ⅸ度区 70m 和 130m 高度的重力坝，拉应力超过抗拉强度的范围有可能大于 7%（图 6.2-27），这时可采取一定的抗震措施提高坝踵稳定安全度。

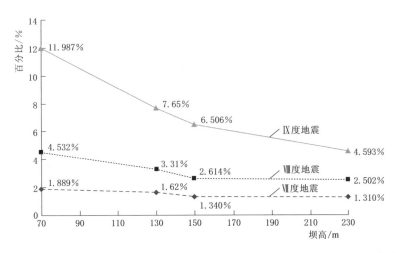

图 6.2-27　在不同地震烈度区域不同高度的坝体建基面应力超过抗拉强度区域的范围

需要指出，有限元等效应力法应用于标准非溢流坝段剖面，得出与材料力学法相近的结果，但应用于其他非规则重力坝剖面，如溢流坝段、厂房坝段，其与材料力学法的对比情况还有待研究。

6.3　非线性动力分析方法

在目前各国大坝抗震设计的实践中，线弹性动力分析为各国普遍采用的方法，这种方法也相对比较成熟，其结果可以对重力坝的震害、抗震薄弱环节与非线性地震响应的发展程度做出有价值的初步判断。但强震作用下对坝的抗震安全性和超载能力做出全面而可靠的估计还需有赖于非线性动力分析。因此，各国都十分重视大坝非线性动力分析方法的研究，并且已经取得了一定的进展，我国在该方面也取得了很好的研究成果。但大坝的非线性动力分析目前仍处于发展阶段，还没有一种方法得到普遍认可。

依靠非线性动力分析对大坝在设计地震作用下的损伤破坏做出准确而可靠的评价还有一定的难度。目前，结构的地震响应主要建立在确定性分析基础上，而实际上地震具有高度的不确定性，而且，结构和地基的振动特性、材料的动力性能也都在一定程度上存在不确定性。为了对大坝的抗震安全性尽可能有比较全面的了解，发展了两种抗震安全性的评价方法：一种是大坝地震风险分析，从概率角度对大坝的抗震安全性做出估价；另一种是对大坝极限抗震能力（或超载潜力）的估计。后一种方法避免了对地震动不确定性的评定，不过，仍然有很多问题没有解决，主要是如何评定大坝的失效；此外，对接近失效时大坝的振动特性以及材料的动力特性还缺乏深入的了解。所以，目前主要发展的是大坝地震风险分析方法，以期对大坝遭受地震后的损伤破坏概率做出评价。

本节主要介绍重力坝的非线性动力分析和地震风险分析的研究成果，并对重力坝抗震安全评价准则进行讨论。

6.3.1 非线性动力响应分析

6.3.1.1 主要计算模型

非线性动力分析目前尚处于发展阶段。有关混凝土的非线性分析，文献中提出了很多方法，但实际应用于混凝土大坝抗震分析的并不多，而且都做了一定的简化。美国和日本多采用弥散型裂缝模型（Smeared Crack Model），单元应力超过抗拉强度后进入下降段，用降低单元刚度的方法来反映裂缝的萌生和发展。计算中保持单元网格不变，通过调节应力-应变软化关系来保持单元内部单位断裂能的恒定，消除网格尺寸影响。清华大学发展了基于扩展有限元的黏聚裂缝模型（XFEM-COH）和基于弥散型裂缝的塑性损伤耦合模型（FEPD），同时应用 Drucker-Prager 弹塑性模型进行对照比较。大连理工大学发展了反映混凝土细观非均匀性的地震损伤破坏计算模型。中国水利水电科学研究院将坝和地基交界面看作是接触面，采用接触单元来模拟交界面处的接触非线性现象，从而可研究交界面处可能出现的开裂范围。这些模型各有一定特点，同时又存在一定的局限性，都有待于实际工程检验，以进一步完善。

6.3.1.2 基于扩展有限元的黏聚裂缝模型和基于弥散型裂缝的塑性-损伤耦合模型

清华大学在原有基本方法的基础上加以发展和改进，提出了三种计算模型：

（1）基于扩展有限元法的黏聚裂缝模型（XFEM-COH），属于离散型的裂缝计算模型；可不必预先假定裂缝扩展路径，也不必进行网格重剖分，通过调整应力-应变软化关系曲线以保证产生单位面积裂缝消耗的能量恒定，从而可消除单元网格尺寸对计算结果的影响。

（2）基于有限元弥散裂缝的塑性-损伤耦合模型（FEPD），本质上为弥散型裂缝模型，在裂缝扩展过程模拟中，可自动确定裂缝起裂和扩展方向，也无需对网格进行重剖分。

（3）Drucker-Prager（D-P）弹塑性模型，屈服面在主应力空间为圆锥面，在 π 平面中截线为圆，根据混凝土受拉破坏的特点，采用莫尔-库仑准则的内接圆。

在实际应用中，三种模型的材料本构关系均假定了线性软化的下降段，如图 6.3-1 所示，裂缝描述如图 6.3-2 所示。

以高 103m 的印度 Koyna 重力坝为例，应用三种模型进行了比较分析。计算荷载包括坝体自重、静水压力和地震作用。假定水平向地震加速度峰值为 $0.49g$，竖向地震加速度峰值为 $0.34g$。计算中坝踵部分混凝土保持线弹性，不考虑损伤开裂。坝体采用平面四节点单元，单元尺寸约 2.0m，如图 6.3-3 所示。三种模型得到的坝顶顺河向位移时程如图 6.3-4 所示，坝的断裂过程如图 6.3-5～图 6.3-7 所示。

比较三种模型的计算结果可见，XFEM-COH 和 FEPD 模型计算的坝顶位移比较接近。三种模型得到的坝体开裂过程也基本一致，上、下游面裂缝在地震过程中交替张开、闭合，并不断向坝体内扩展；但三种模型所得的裂缝形态和分布范围结果差别较大：XFEM-COH 和 FEPD 获得的上、下游面裂缝在地震结束后基本贯穿坝体上部，而 D-P 模型得到的上、下游面裂缝均仅向坝体扩展约 1/3 坝体厚度。此外，XFEM-COH 上、下游面产生的均为曲线状的单一裂缝，FEPD 裂缝为条带状，D-P 模型裂缝在屈服区呈片状出现。

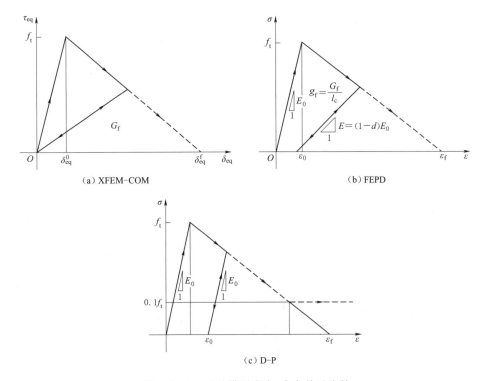

图 6.3-1　三种模型应力-应变关系比较

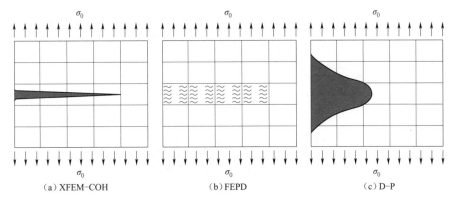

图 6.3-2　三种模型裂缝描述比较

6.3.1.3　反映混凝土细观非均匀性的地震损伤破坏计算模型

在非线性动力分析模型中，通常都将混凝土看作宏观均质材料。实际上，混凝土由骨料、水泥砂浆和界面等细观结构组成，当结构受力和变形都在弹性范围内时，宏观应力-应变关系符合线性规律，从而可将混凝土在宏观上看作均质材料；但如果需要研究混凝土结构的损伤演化问题和非线性产生的物理机制时，材料细观组成的不均匀性就不可忽略了。唐春安等（2003）应用 Weibull 模型反映细观不均匀性的影响，研究岩石的破裂过程，取得了比较大的成功。然而，对于大体积混凝土结构的地震响应分析，若是从严格的

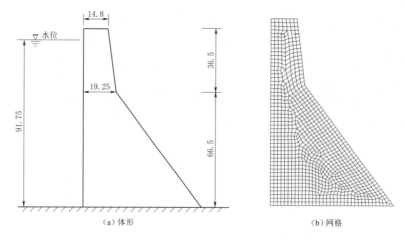

（a）体形　　　　　　　　　　（b）网格

图 6.3 - 3　Koyna 坝体形和网格剖分（单位：m）

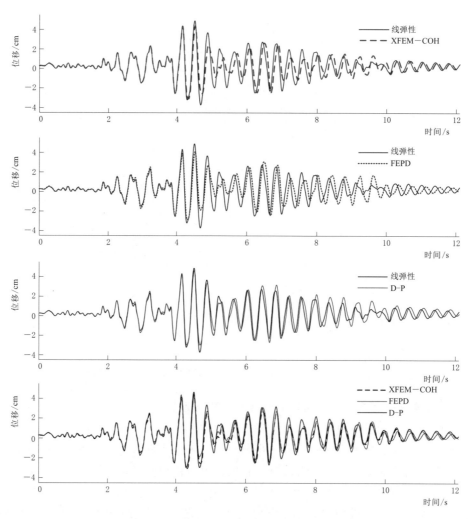

图 6.3 - 4　三种模型计算的坝顶水平向位移时程

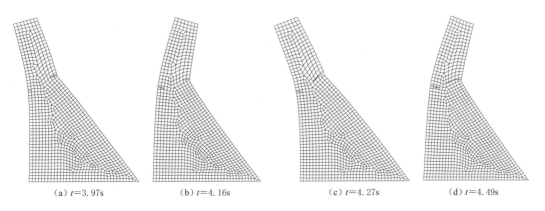

（a）$t=3.97$s　　　（b）$t=4.16$s　　　（c）$t=4.27$s　　　（d）$t=4.49$s

图 6.3 - 5　XFEM - COH 模型计算的 Koyna 坝开裂过程

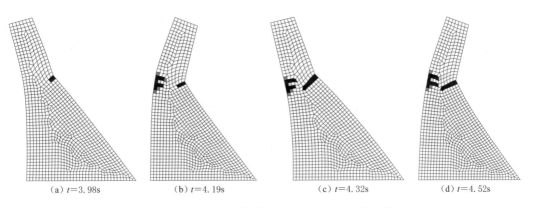

（a）$t=3.98$s　　　（b）$t=4.19$s　　　（c）$t=4.32$s　　　（d）$t=4.52$s

图 6.3 - 6　FEPD 模型计算的 Koyna 坝开裂过程

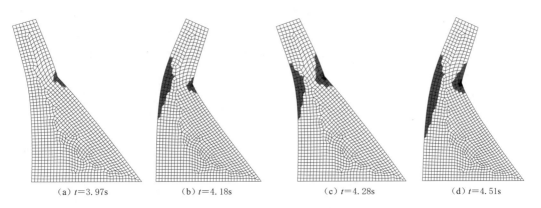

（a）$t=3.97$s　　　（b）$t=4.18$s　　　（c）$t=4.28$s　　　（d）$t=4.51$s

图 6.3 - 7　D - P 模型计算的 Koyna 坝开裂过程

细观尺度上考虑微裂纹的产生及扩展，以目前的计算机软、硬件发展水平来说，显然是不现实的。但如果将结构离散后的有限元模型视为一个样本空间，每一个单元为一个样本点，那么在样本点足够多，也就是单元数量足够多的情形下，单元的材料特性就可以认为服从某种随机分布规律。因此，在宏观均质假定基础上考虑细观不均匀性的影响，是模拟混凝土坝地震破坏的一条有效途径。以随机分布函数反映细观不均匀性可以认为是一种等价模型。采用这种模型需要划分大量的单元，同时单元尺寸要足够细。这种做法的优点是每个单元可以采用比较简化的本构模型，例如，采用弹性损伤模型就足以反映脆性材料破坏的特点；另外，由于单元划分得很细，则各向异性损伤、单元尺寸对断裂能的影响都被淡化了，给计算带来比较大的方便。计算结果表明，这种模型可以模拟混凝土坝地震损伤发展的进程，直观显示裂缝的形成和扩展，以及地震破坏的形态。

假设混凝土单元的模量和强度等参数服从 Weibull 分布，其概率密度函数为

$$f(x) = \frac{\alpha}{\beta}\left(\frac{x}{\beta}\right)^{\alpha-1}\exp\left[-\left(\frac{x}{\beta}\right)^{\alpha}\right] \quad x \geqslant 0 \tag{6.3-1}$$

式中：α 和 β 为参数。

α 表征了整个随机样本中样本点的离散程度或均质度，α 越大越均匀，当 α 趋于无穷大时，认为该分布趋于均匀分布。β 在一定程度上代表了分布的均值，α 越大，β 越接近均值。具体到混凝土参数随机分布样本，均值决定了材料参数的整体水平，而均质度则体现了材料参数分布的不均匀程度。均值与均质度的具体取值可通过材料试验与数值试验的比较来确定。

在单元尺寸足够小的前提下，采用弹性损伤力学的本构关系来描述细观单元的性质。按照应变等效原理，认为应力 σ 作用在受损材料上引起的应变与有效应力作用在无损材料上引起的应变相同，因而，受损材料的本构关系可以通过无损材料的名义应力与应变的关系表示，即

$$\sigma = E\varepsilon = E_0(1-D)\varepsilon \tag{6.3-2}$$

式中：E_0 和 E 分别为材料的初始弹性模量和损伤后的弹性模量；D 为损伤变量，$D=0$ 对应无损伤状态，$D=1$ 对应完全损伤状态。

当单元的最大拉应力达到混凝土的单轴抗拉强度时，该单元开始发生拉伸损伤。对于图 6.3-8 给出的带残余强度的双折线本构曲线，拉伸损伤变量 D_t 的演化方程可采用下式来表示：

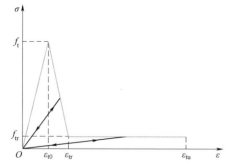

图 6.3-8　带残余强度的双折线损伤演化模型

$$D_t = \begin{cases} 0, & \varepsilon_t < \varepsilon_{t0} \\ 1 - \left(\dfrac{\lambda-1}{\eta-1} + \dfrac{\eta-\lambda}{\eta-1}\dfrac{\varepsilon_{t0}}{\varepsilon_t}\right), & \varepsilon_{t0} \leqslant \varepsilon_t < \varepsilon_{tr} \\ 1 - \dfrac{\lambda\varepsilon_{t0}}{\varepsilon_t}, & \varepsilon_{tr} \leqslant \varepsilon_t < \varepsilon_{tu} \\ 1, & \varepsilon_t \geqslant \varepsilon_{tu} \end{cases} \tag{6.3-3}$$

式中：ε_t 为主拉应变；ε_{t0}、ε_{tr}、ε_{tu} 分别表示拉伸弹性极限应变、残余强度对应的应变以及极限应变；λ 为残余强度系数，$\lambda = f_{tr}/f_t$，f_t 和 f_{tr} 分别指单轴抗拉强度和极限抗拉强度，易知 $0 \leqslant \lambda \leqslant 1$；$\eta$ 为残余应变系数，$\eta = \varepsilon_{tr}/\varepsilon_{t0}$，$\eta \geqslant 1$，$\eta = 1$ 表明退化为弹脆性损伤演化方程。

同时考虑单元在压缩或剪切作用下的损伤。当单元的应力状态满足莫尔-库仑准则时，认为单元开始发生剪切损伤。莫尔-库仑准则中的内摩擦角 φ 取为 $30°$，根据单轴受压状

态下的莫尔-库仑准则反算求得黏聚力 $c = \dfrac{1-\sin\varphi}{2\cos\varphi} f_c$。剪切损伤变量 D_c 的演化方程采用如图 6.3-9 所示的幂函数形式：

$$D_c = \begin{cases} 0 & \varepsilon_c > \varepsilon_{c0} \\ 1 - (\varepsilon_{c0}/\varepsilon_c)^N & \varepsilon_{c0} \geqslant \varepsilon_c > \varepsilon_{cu} \\ 1 & \varepsilon_c \leqslant \varepsilon_{cu} \end{cases} \tag{6.3-4}$$

式中：f_c 表示单轴抗压强度，ε_{c0} 和 ε_{cu} 分别表示压缩弹性极限应变和极限应变。定义 ζ 为极限应变系数，$\zeta = \varepsilon_{cu}/\varepsilon_{c0}$，文中取 $\zeta = 100.0$；ε_c 为单元的单轴压缩应变，多轴条件下用等效应变 $\bar{\varepsilon}$ 代替，$\bar{\varepsilon} = \sqrt{\langle -\varepsilon_1 \rangle^2 + \langle -\varepsilon_2 \rangle^2 + \langle -\varepsilon_3 \rangle^2}$；$N$ 为与下降段形状有关的参数。

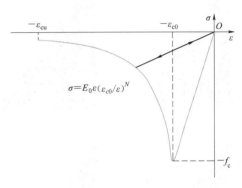

图 6.3-9　幂函数下降段的损伤演化模型

考虑到混凝土材料拉压性态的不同，程序设计中优先判断拉损伤。只有当单元在本次迭代未产生新的拉损伤时才采用莫尔-库仑准则判断是否产生剪切损伤，损伤的数值由剪切损伤演化方程求得。

将大坝已承受静态作用的变形和应力响应作为初始状态，在静力响应基础上考虑动力荷载作用进行非线性动力响应分析。在每一荷载步内，先根据前一荷载步末的刚度阵，求解得到节点位移场和应力场。再进行损伤判断，如无单元产生损伤，则进入下一荷载步计算；否则，需根据损伤值更新单元刚度阵，重新求解位移和应力场，直到不再出现新单元损伤、且前后两次迭代的位移之差的范数满足给定的收敛准则，进入下一荷载步计算。

对金安桥重力坝岸坡挡水坝段（高 104m）在幅值为 0.6g 的地震加速度时程激励下的非线性响应进行模拟，大坝的损伤破坏过程和破坏形态见图 6.3-10。

6.3.1.4　考虑重力坝-地基交界面开裂的接触单元模型

为了判断大坝-地基系统在地震作用下可能出现的开裂范围，中国水利水电科学研究院将非线性限定于坝和地基接触面上，引入无厚度的 Goodman 接触单元，可以模拟坝和地基之间的开裂范围。坝和地基均假定为线弹性材料，其中，对于地基，分别采用两种模

（a）　　　　　　　（b）　　　　　　　（c）　　　　　　　（d）

图 6.3-10（一）　混凝土重力坝地震损伤发展进程

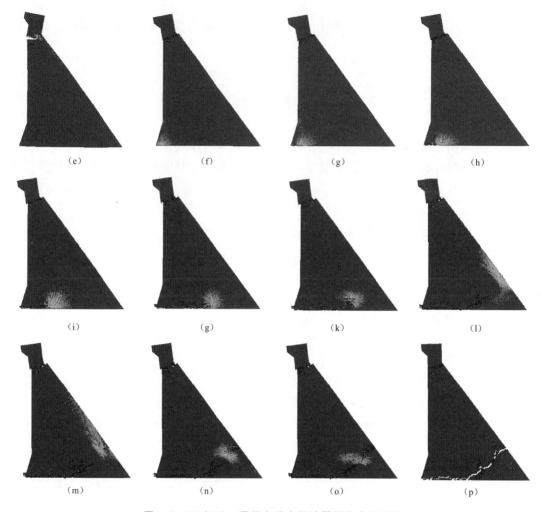

图 6.3 - 10（二） 混凝土重力坝地震损伤发展进程

型进行模拟：无质量地基模型和考虑散射波动向无限远传播的透射边界模型。

1. 基于无质量地基模型的坝-基交界面接触非线性分析

接触面单元的两侧由两个节点组成，由法向和切向弹簧相连，同时假定接触面上法向应力和接触面的切向位移之间，以及剪应力与接触面的法向位移之间无耦合效应。为了节省计算自由度，采用子结构方法，将坝与地基系统划分为若干子结构。一种途径是采用模态综合法，只保留子结构的少数低阶模态，通过子结构交界面上的位移协调条件合成为缩减了的整体结构模态，然后进行动力响应分析。另一种途径是采用界面位移综合法，将子结构的内部自由度，直接凝聚到子结构的交界面上，然后进行交界面上自由度的动力响应分析。将重力坝-地基系统划分为三个子结构：坝体、无质量地基、坝与地基接触界面，如图 6.3 - 11

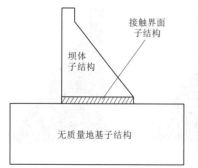

图 6.3 - 11 坝-基系统子结构划分

所示。坝和地基均为线性子结构，接触界面为非线性子结构，开裂后自由度发生变化。采用该方法计算了 70m、150m 和 230m 高的重力坝在Ⅶ、Ⅷ、Ⅸ度地震作用下的开裂范围（表 6.3-1）。表 6.3-1 中，括号内的数值代表完全线弹性分析计算所得的建基面应力超过抗拉强度的范围。从计算结果可见，按线弹性分析所得的超过抗拉强度的范围来判断坝踵区的开裂范围是偏于危险的。同时，还研究了坝体和坝基弹性模量比 E_c/E_f 以及接触单元抗拉强度对开裂范围的影响，见表 6.3-2 和表 6.3-3。表中 H 表示坝高，所有开裂范围均表示为坝底宽度的百分比。

表 6.3-1　　　　　　　　　不同坝高不同地震烈度情况下坝踵开裂范围

地震烈度/度	开裂范围/%		
	$H=70\mathrm{m}$	$H=150\mathrm{m}$	$H=230\mathrm{m}$
Ⅶ	13.05（1.89）	9.38（1.34）	5.94（1.31）
Ⅷ	34.16（4.53）	23.60（2.61）	11.25（2.50）
Ⅸ	56.78（11.99）	40.35（6.51）	30.43（4.59）

表 6.3-2　　　　　　不同坝体坝基模量比 E_c/E_f 情况下坝踵开裂范围

地震烈度/度	开裂范围/%					
	$E_c/E_f=0.5$		$E_c/E_f=1.0$		$E_c/E_f=2.0$	
	$H=70\mathrm{m}$	$H=150\mathrm{m}$	$H=70\mathrm{m}$	$H=150\mathrm{m}$	$H=70\mathrm{m}$	$H=150\mathrm{m}$
Ⅶ	13.05	17.00	13.05	9.38	0.00	5.49
Ⅷ	42.20	30.20	34.16	23.60	24.11	15.73
Ⅸ	63.31	49.95	56.28	40.35	53.26	33.75

表 6.3-3　　　　　　接触单元不同抗拉强度 σ_t 情况下坝踵开裂范围

坝高/m	开裂范围/%			
	$\sigma_t=2.0\mathrm{MPa}$	$\sigma_t=2.4\mathrm{MPa}$	$\sigma_t=3.0\mathrm{MPa}$	$\sigma_t=4.0\mathrm{MPa}$
70	37.17	34.16	31.14	26.12
150	24.61	23.60	21.06	21.06

2. 基于透射边界模型的坝-基交界面接触非线性分析

为了考虑无限地基的能量耗散，建立坝和近场地基系统的整体有限元计算模型，在无限地基近场和远场之间设置人工边界，按透射边界模型建立边界条件，使振动能量向无限地基散发。在坝和地基交界面处设置动接触面边界，按接触状态计算法向接触力和切向摩擦力引起的节点位移，判断界面是否开裂。计算了龙开口、鲁地拉、官地、大朝山等 4 座重力坝在设计地震和校核地震作用下的坝踵开裂范围（表 6.3-4），计算结果显示，4 座重力坝的坝踵开裂范围均未超过帷幕中心线。

6.3.2　重力坝的地震风险分析

与大坝相关的风险分析开始于 20 世纪 80 年代初，并逐渐发展成为大坝安全评价的一个重要方面。美国垦务局（USBR）从 20 世纪 80 年代中期起对所属 400 多座大坝应用风

表 6.3 - 4 　　　　　　　　四座重力坝在地震作用下的坝踵开裂范围

重力坝	坝高 /m	底宽 /m	坝坡坡比		地震加速度		帷幕中心线至坝踵距离/m	坝踵开裂宽度/m		开裂宽度百分比/%	
			上游底部	下游	设计地震	校核地震		设计地震	校核地震	设计地震	校核地震
龙开口	101.0	82.55	1:0.2	1:0.75	0.394g	0.484g	11.60	6.00	9.00	7.30	10.90
鲁地拉	106.0	81.30	1:0.2	1:0.75	0.360g	0.438g	7.07	3.30	6.60	4.06	8.12
大朝山	79.0	53.30	直立	1:0.7	0.269g	0.351g	5.50	0.92	6.42	1.66	11.6
官地	154.0	130.50	1:0.2	1:0.75	0.345g	0.407g	23.00	6.00	18.0	4.60	13.80

险分析方法进行评价；美国联邦能源管理委员会（FERC）在 2004 年对管辖下的 2400 多座注册大坝提出的大坝性能监测计划中引入了风险概念；美国陆军工程师兵团（USACE）在 2005 年对所属 600 多座大坝引入了风险分析方法。

地震风险分析近年来在抗震安全评价领域得到了广泛的关注与研究。大坝地震风险分析是指对大坝在运行期内遭受地震作用及发生某种程度地震灾害和社会后果概率的研究论证，其概念如图 6.3 - 12 所示。目前国内的风险分析多为洪水事故概率及其灾害风险评估，对大坝的地震风险分析与评估还处于探索阶段。

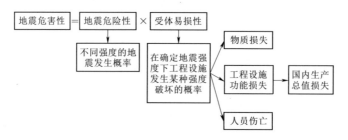

图 6.3 - 12　地震风险分析概念图

6.3.2.1　地震动不确定性计算模型

根据大坝场地的地震安全性评价报告，可以获得大坝场地设计地震加速度的年超越概率曲线如图 6.3 - 13（图中，$1Gal = 10^{-3}g$）所示，可作为地震动不确定性分析的依据。我国具有较丰富的历史地震资料，根据主要地震影响区（包括华北、西北、西南、新疆等

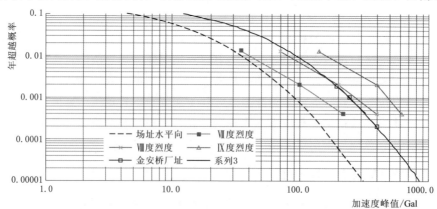

图 6.3 - 13　场地地震加速度年超越概率曲线

地区）地震发生概率的统计分析，在规定的 50 年运行期内，其烈度的概率分布大致如图 6.3 - 14 所示。众值烈度（I_m）、基本烈度（I_0）和罕遇烈度（I_g）的超越概率 f 分别为 63.2%、10%～13% 和 2%～3%，将烈度换算为相应的加速度，在加速度年超越概率曲线上可以得到相应的计算点（图 6.3 - 13），它们的分布规律与场地地震安评报告所得到的加速度年超越概率的分布曲线是相似的。图中以金安桥混凝土

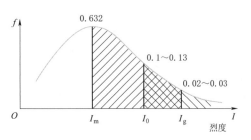

图 6.3 - 14　我国主要地震影响区烈度超越概率

重力坝为例，绘出了该坝地震安评报告所给出的年超越概率曲线。进而分析得出金安桥混凝土重力坝 100 年运行期内可能遭遇的最大地震加速度的累积概率曲线和概率密度分布曲线（图 6.3 - 15 和图 6.3 - 16），据此可以建立地震加速度的样本空间，进行概率统计分析。

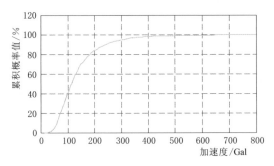

图 6.3 - 15　场地最大地震加速度累积概率曲线

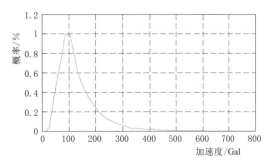

图 6.3 - 16　场地最大地震加速度概率密度分布曲线

6.3.2.2　大坝性能参数的不确定性

在大坝建造过程中，由于试验、量测及施工等客观条件和人为因素的影响，大坝抗震分析中的材料性能参数实际上都不是确定的量，而是在一定范围内发生变化。这种不确定性将对大坝地震响应产生重要的影响，因此在大坝的地震风险分析中有必要考虑大坝性能参数的不确定性影响。

混凝土重力坝的性能参数主要包括混凝土抗拉强度、弹性模量、泊松比及阻尼比等参数。参考美国核电站结构设计规程的建议，可将混凝土弹性模量和强度等存在不确定性的材料参数视为随机变量，并依据其概率密度函数作为随机样本的取值空间，其分布形式如图 6.3 - 17 所示，其中，假设弹性模量、强度和泊松比的统计特征均服从正态分布规律（图中括号内的数值表示超越概率为 10% 和 90% 时，距离平均值的偏差比），阻尼比

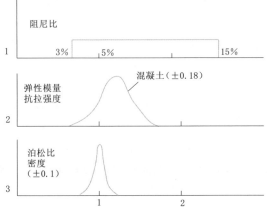

图 6.3 - 17　大坝性能参数不确定性的计算模型

假定在 3%～15% 的范围内是均匀分布的。

6.3.2.3 震害等级划分

大坝在遭受不同地震荷载作用时会出现不同的破损状态。以金安桥大坝为例，采用反映混凝土细观非均匀性的地震损伤破坏计算模型进行了大坝震害的数值模拟研究，根据计算结果，考虑不同破损程度导致后果的严重性及修复的难易度，同时参考房屋建筑震害等级的划分标准，将混凝土坝震害等级分为五个级别，各级破坏的示意如图 6.3－18 (a)～(e) 所示。

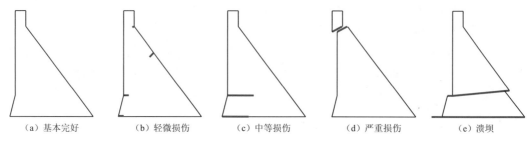

图 6.3－18 震害等级划分图

(1) 基本完好：坝体基本完好，仅个别地方有细微裂缝，不影响坝的正常使用。

(2) 轻微损伤：坝体个别地方有较明显裂缝，裂缝长度小于坝体厚度的 1/3，稍加修复大坝即可使用。

(3) 中等损伤：坝体大部分地方出现明显裂缝，裂缝长度大于坝体厚度的 1/3，坝体未断裂，经修复方能恢复原设计功能。

(4) 严重损伤：裂缝贯通，坝头断裂，难以修复使用。

(5) 溃坝：坝体下部断裂，大坝完全破坏，丧失挡水能力，已无修复可能。

6.3.2.4 地震易损性分析

混凝土坝的地震易损性分析是指大坝在不同地震动峰值加速度作用下发生各级破损的概率。一般而言，地震易损性分析研究讨论的是确定易损性曲线的过程。坝体地震易损性求解方法主要有两种：一种是根据震后调查的混凝土坝的实际破坏状态建立震害等级与峰值加速度的统计关系，这种方法可信度较高，但由于受到具体条件的限制，原则上只适用于与数据源类似的情况，但大坝的结构型式多样，坝址所在的场地条件、地震环境等情况各不相同，因此需要大量的统计资料，实现比较困难，难于推广使用；另一种是采用数值方法进行大坝的地震响应分析来研究上述关系，该方法可以弥补实际地震破坏资料的匮乏，不受具体条件的限制，操作简单可行，便于推广应用。

地震易损性分析方法是，首先对材料参数根据其概率分布特征，利用随机抽样方法获得多组样本，并对每组样本采用 Weibull 模型来反映细观不均匀性的影响；然后针对不同强度的地震作用采用损伤力学模型进行非线性有限元分析，通过将大坝最终的破坏形态与大坝震害等级划分标准相对照，可确定达到各级震害状态的地面峰值加速度（PGA），并拟合出易损性曲线参数，代入易损性公式中得到大坝的地震易损性曲线。易损性公式为

$$F = \Phi\left(\frac{\ln(\mathrm{PGA}) - m_{\mathrm{PGA}}}{\sigma_{\mathrm{PGA}}}\right) \tag{6.3-5}$$

式中：F 为给定 PGA 时发生各级震害的概率，即易损性；Φ 为标准正态分布函数；m_{PGA}、σ_{PGA} 为达到某一震害等级所需加速度峰值的对数平均值和对数标准差，可采用拟合的方法求得。

求 m_{PGA}、σ_{PGA} 的过程如下。

引入中间变量，将式（6.3-5）右端括号内设为 Z，即

$$Z = \frac{\ln(PGA) - m_{PGA}}{\sigma_{PGA}} \tag{6.3-6}$$

令

$$X = \ln(PGA) \tag{6.3-7}$$

则式（6.3-6）可写为

$$Z = \frac{1}{\sigma_{PGA}} X - \frac{m_{PGA}}{\sigma_{PGA}} \tag{6.3-8}$$

显然在纵坐标为 Z、横坐标为 X 的坐标系中，式（6.3-8）为一条直线，$-\dfrac{m_{PGA}}{\sigma_{PGA}}$、$\dfrac{1}{\sigma_{PGA}}$ 分别为直线方程的截距和斜率。拟合求得 m_{PGA}、σ_{PGA} 后，将其代入式（6.3-5），可得到以 PGA 为自变量的正态分布函数，从而可以绘制易损性曲线。

大坝地震易损性分析基本流程如图 6.3-19 所示。

6.3.2.5　基于易损性的地震风险分析方法

基于易损性的大坝地震风险分析是通过坝体-地基系统的有限元分析进行统计概率分析。基于概率的风险分析能够使业主根据这一结果采取降低风险的抗震措施，对优化大坝抗震设计、提出加固和维修措施，提高大坝抗御地震灾害的能力具有重要的意义，其主要步骤如下：

（1）地震危险性分析：具体可参见图 6.3-12，坝址区地震加速度概率密度分布曲线如图 6.3-16 所示。

（2）地震易损性分析：分析不同地震等级下大坝破损程度的概率分布规律，给出地震易损性曲线，具体可参见图 6.3-19。

（3）风险分析：根据第一步的地震危险性分析结果，利用步骤（2）给出的易损性曲线拟合函数，得到大坝的失效概率：

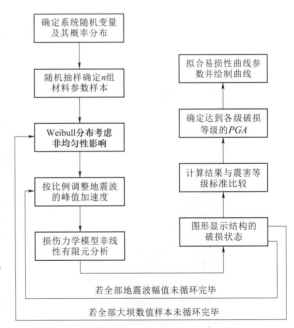

图 6.3-19　大坝地震易损性分析基本流程图

$$p_f(*i) = \int F(*i \mid a) f(a) \mathrm{d}a \tag{6.3-9}$$

式中：i 为坝体地震震害等级，取值为 1～5，分别对应 6.3.2.3 节中定义的五个震害等级，i 越大，震害越严重；$p_f(*i)$ 为坝体发生第 i 个等级以及比第 i 个等级更为严重的震害的总概率；a 为地震动峰值加速度。根据下式可求得坝体出现第 i 级震害的概率：

$$p_f(1) = 1 - p_f(*1) \tag{6.3-10}$$

$$p_f(i) = p_f(*(i-1)) - p_f(*i) \tag{6.3-11}$$

式中：$p_f(i)$ 为坝体出现第 i 级震害的概率。

6.3.2.6 金安桥重力坝的地震易损性和风险分析

1. 大连理工大学分析成果

以高 104m 的金安桥重力坝挡水坝段为例，进行了地震易损性分析和风险分析。根据场地地震安评报告，金安桥重力坝地震加速度的年超越概率曲线如图 6.3-13 所示。

挡水坝段承受的静荷载包括坝体自重、扬压力和对应于正常蓄水位的上游面水压力。动力计算中，采用 Westergaard 附加质量来模拟坝体-库水动力相互作用的影响。地震加速度时程归一化曲线如图 6.3-20 所示。

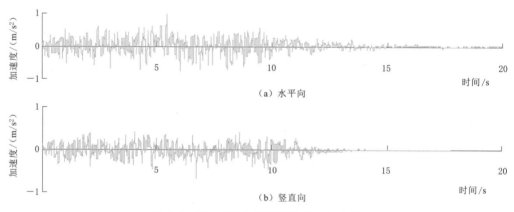

（a）水平向

（b）竖直向

图 6.3-20　地震加速度时程归一化曲线

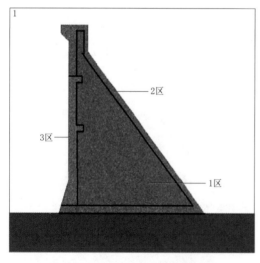

图 6.3-21　挡水坝段计算模型及
混凝土分区（单位：MPa）

有限元模型及坝体分区示意如图 6.3-21 所示。图中 1、2、3 区的混凝土强度等级分别为 C15、C20、C25。图中的灰色代表了弹性模量的相对大小，颜色越浅的单元，弹性模量越高。计算分析中采用无质量地基假定，地基的模拟范围为坝底向下、及向坝上游方向和下游方向各延伸 2 倍坝高（图中只显示了部分地基区域）。

计算参数如下：坝体混凝土 C15、C20、C25 的静态抗压强度 f_c 分别为 15MPa、20MPa、25MPa，弹性模量分别为 22GPa、25.5GPa、28GPa，泊松比 0.17，密度 2400kg/m³。动强度和动弹模在对应静参数基础上均提高 30%。地基的等效动弹模为 16.5GPa，泊松比为 0.25。设计地震波加速度峰值为 0.399g，考虑到地震动的不确定性，另分析了加速度幅值为 0.2g、0.3g、0.5g、0.6g、0.8g 的情况。

考虑了材料参数的 30 组随机样本，与 6 个不同加速度幅值的地震动输入分别组合，共进行了 180 个样本的非线性有限元分析，得到了 180 组大坝响应。几种具有代表性的大坝破坏形态如图 6.3-22（a）～（g）所示。

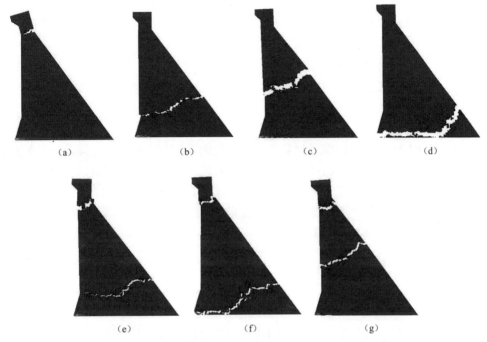

图 6.3-22　大坝典型破坏形态

根据大坝的震害等级划分标准，对 180 个样本的非线性时程分析所得到的大坝破损程度进行了统计分析，并对易损性曲线参数进行了拟合，计算结果见表 6.3-5。

表 6.3-5　　　　　　　　　不同峰值加速度作用下大坝地震易损性参数值

震害等级	m_{PGA}	σ_{PGA}
轻微损伤	5.7765	0.3538
中等损伤	6.0443	0.3535
严重损伤	6.1432	0.3145
溃坝	6.4866	0.4528

将表 6.3-5 中的 m_{PGA} 和 σ_{PGA} 代入式（6.3-5）中，得到了以地震峰值加速度为变量的易损性曲线（图 6.3-23）。

图 6.3-23 的易损性曲线给出了大坝在不同强度地震作用下产生的各级震害的概率分布规律：地震动幅值增大，震害程度加剧；在设计地震 0.399g 作用下，产生中等及以上损伤的概率为 43.8%，溃坝概率为 13.6%；2 倍设计地震动作用时，溃坝概率达到 66.9%。

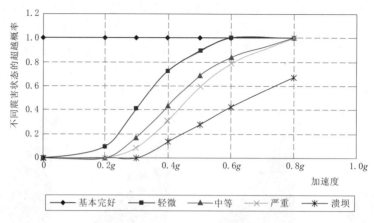

图 6.3-23　大坝易损性曲线

在大坝运行期间内，发生设计地震的概率大约为 2%。将地震危险性分析及易损性分析的结果代入式（6.3-9）～式（6.3-11）中，可得到 100 年设计基准期内大坝的地震风险概率（表 6.3-6）：基本完好的概率为 93.6%，轻微损伤的概率为 3.6%，中等损伤的概率为 1.0%，严重损伤和溃坝的概率则小于 1%。

表 6.3-6　　　　　　　　100 年设计基准期的金安桥重力坝地震风险概率

震害等级	基本完好（1级）	轻微损伤（2级）	中等损伤（3级）	严重损伤（4级）	溃坝（5级）
风险概率	0.935640	0.035520	0.010411	0.008727	0.009702

2. 清华大学分析成果

清华大学也进行了大坝地震易损性和地震风险分析研究，并应用于金安桥重力坝。其地震易损性分析公式与式（6.3-5）相同。

地震风险分析时，地震动峰值加速度的概率 F_a 分布服从极值 Ⅱ 型分布：

$$F_a(a) = \exp(-a/a_g)^k \qquad (6.3-12)$$

式中：a 为峰值加速度；a_g 为众值加速度；k 为形状参数。

地震易损性分析在于计算大坝遭遇不同概率水平的地震作用后产生损伤程度的估计。清华大学将大坝地震损伤划分为三个级别：B_1 级属于未损伤或轻微损伤，坝处于弹性范围，DCR≤1（DCR 为应力需求比，即最大拉应力与混凝土抗拉强度的比值），坝基交界面屈服比不大于 0.20，残余滑动位移小于排水孔幕直径的 3%；B_2 级属轻微至中等程度损伤，坝体出现局部开裂时 DCR 和超强应力累积持时位于美国陆军工程师团规定的容许范围内，坝基交界面屈服比 0.2～0.5，残余滑动位移达到排水孔幕直径的 3%～20%；B_3 级属严重损伤破坏，建议 DM 值（DM 为损伤指标）取 0.8，坝基交界面屈服比 0.5～0.8，残余滑动位移达到排水孔幕直径的 20%～50%。

针对金安桥重力坝，计算了坝体、坝体-地基交界面和坝体-地基体系的地震易损性曲线，如图 6.3-24～图 6.3-26 所示，图中的易损性曲线可以用简单函数拟合，即

$$f(B_i^* \mid a) = \alpha_i + \beta_i / (1 + a/\delta_i)^{\mu_i} \qquad (6.3-13)$$

式中：a 为地震加速度；α_i、β_i、δ_i 和 μ_i 为拟合参数。

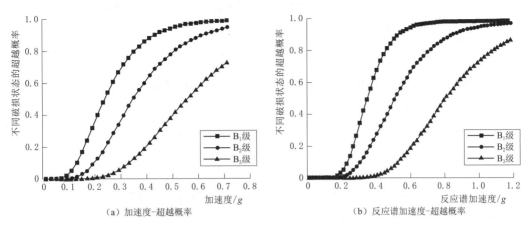

图 6.3－24　金安桥重力坝坝体地震易损性曲线

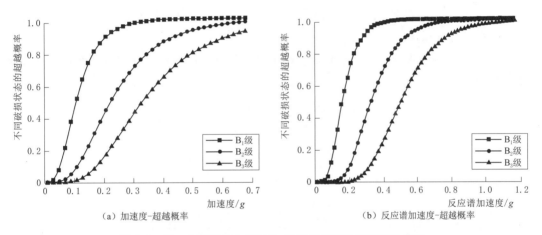

图 6.3－25　金安桥重力坝坝体-地基交界面地震易损性曲线

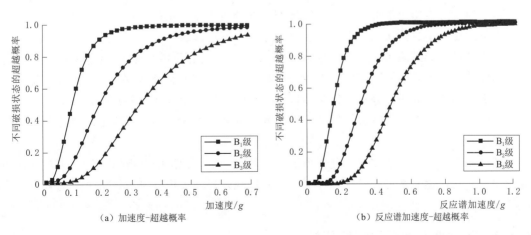

图 6.3－26　金安桥重力坝坝体-地基体系易损性曲线

根据坝址地震加速度的概率分布和大坝地震易损性曲线即可估计大坝的地震易损性概率。

$$p_f(B_i^*) = \int f(B_i^* \mid a) f_a(a) \mathrm{d}a \qquad (6.3-14)$$

式中：$p_f(B_i^*)$ 为大坝发生 B_i 级（$i=1$、2、3）易损性的概率；

通过数值积分可以求解式（6.3-14）。

大坝的地震风险性，即大坝发生各级损伤的概率为

$$p_f(B_1) = 1 - p_f(B_1^*) \qquad (6.3-15)$$

$$p_f(B_i) = p_f(B_{i-1}^*) - p_f(B_i^*),\ i=2,3 \qquad (6.3-16)$$

根据大坝发生各级损伤的概率以及各级损伤可能造成的经济损失和人员伤亡，即可估计大坝的地震风险性：

$$L(z) = \sum_{i=1}^{3} p_f(B_i) \left[C_{fd}(i) + C_{fi}(i) \right] \qquad (6.3-17)$$

式中：$L(z)$ 为大坝的地震损伤风险的期望值；$C_{fd}(i)$ 为 i 级损伤的直接经济损失；$C_{fi}(i)$ 为 i 级损伤的间接经济损失。

我国目前还缺乏有关 $C_{fd}(i)$ 和 $C_{fi}(i)$ 的统计数据。清华大学统计的金安桥大坝地震风险概率见表 6.3-7。

表 6.3-7 金安桥重力坝-地基系统的地震风险概率

部 位	风 险 概 率		
	B_1 级	B_2 级	B_3 级
坝体	0.19	0.07	0.014
坝基交界面	0.64	0.23	0.084
坝体-地基系统	0.70	0.31	0.092

6.3.2.7 基本结论

地震风险分析给出了大坝发生各级损伤破坏的概率分布规律，使得对大坝的抗震安全性，可以获得一个总体认识。

典型的破坏形态除了坝头折断、坝踵开裂以外，还有下游面起裂、贯穿至上游的情况，且随着地震动峰值加速度的增大越发明显，这种破坏形态是以往研究中常常忽略的。

根据坝体震害等级划分标准得到的以地震动峰值加速度为变量的易损性曲线，能反映出大坝随地震荷载发生不同破损等级的易损性概率变化规律，同时也为地震风险分析提供了依据。

基于易损性的大坝地震风险分析可以加深对大坝抗震性能的了解以及发现大坝存在的关键问题，对优化大坝抗震设计、加固和维修措施，提高大坝抗御地震灾害能力具有重要的意义。

6.3.3 重力坝的地震可靠度分析

可靠度分析是对地震作用下大坝安全裕度或失效概率的一种估计，是抗震安全评价的

有效方法。基于响应面法和有限步长的可靠性指标计算的一般方法，对金沙江龙开口碾压混凝土重力坝在地震作用下的几种最可能出现的破坏形式进行了研究，探讨在复合强度准则下，各失效路径对响应的功能目标可靠度的影响，并根据系统可靠度理论，研究了不同失效路径相互作用下重力坝的系统可靠度。

重力坝的动力失效一般是从局部开始，进而逐步破坏而形成失效路径，因此须确定失效强度准则来判断局部失效。根据碾压混凝土重力坝的可能破坏形式，采用复合强度准则，来刻画混凝土、岩石的力学性质，即：对坝体混凝土采用 Hsiegh - Ting - Chen 四参数破坏准则，对基岩采用 Drucker - Prager 强度准则，对抗滑稳定破坏采用刚体极限状态方程作为判断准则。

（1）混凝土四参数破坏准则：

$$G(\overline{X}) = R - (AJ_2/R_c + B\sqrt{J_2} + C\sigma_1 + DI_1) \qquad (6.3 - 18)$$

式中，A、B、C、D 为 4 个基本参数，由试验确定，分别取为 2.0108、0.9714、9.1412、0.2312；σ_1、I_1、J_2 分别为第一主应力、第一应力不变量和第二偏应力不变量；R_c 为混凝土抗压强度。

（2）Drucker - Prager（简称 D - P）准则：

$$G(\overline{X}) = K - (E\sigma_m + \sqrt{J_2}) = 0 \qquad (6.3 - 19)$$

式中：$\sigma_m = I_1/3$，$E = 3f/\sqrt{9 + 12f^2}$，f 为内摩擦系数；c 为凝聚力；$K = 3c/\sqrt{9 + 12f^2}$。

（3）抗滑稳定破坏准则：

$$G(\overline{X}) = \sum_{i=1}^{d} (-f\sigma_{yi} + c - \tau_{xyi})b_i = 0 \qquad (6.3 - 20)$$

式中：d 为滑动面上单元总数；σ_{yi} 和 τ_{xyi} 分别为单元 i 的正应力和剪应力；b_i 为单元 i 沿滑动面方向的边长。

失效路径是指结构部分单元在加载过程中逐步破坏，这些破坏的单元在结构内部所形成的通道。重力坝主要依靠坝体自重产生的抗滑力来满足稳定要求，同时依靠坝体自重产生的压应力来抵消由于水压力所引起的拉应力以满足强度要求。对于碾压混凝土重力坝，铺筑层面多，如果层面结合良好，抗剪强度高，则碾压混凝土和常态混凝土无甚差别；如果层间结合差，抗剪强度低，就会影响坝体的安全性，除了像常态混凝土坝一样，需计算坝基面抗滑稳定以外，还需计算坝体沿碾压混凝土层面的抗滑稳定安全度。碾压混凝土重力坝的可能失效路径主要有三种——地基失效、坝体失效以及沿碾压层面的滑动，其中将地基失效与坝体失效作为两条互相独立的失效路径，分别单独计算。事实上，由于坝体型式的不同，破坏路径也不同：可能存在起始破坏发生于坝体，进而发展到地基；或起始破坏发生在地基，进而发展到坝体，并最终稳定下来。有的坝体在坝踵处有一个向上伸出的台阶，在荷载作用下较容易发生破坏，而该破坏路径继续向地基发展的可能性较大，故可将此交叉路径也作为一条主要破坏路径加以考虑。在破坏路径的搜寻中，可以将坝踵与地基的交界处作为破坏路线的起始位置。一般来说，由于水压力的存在，对于像混凝土这种抗拉强度远低于其抗压强度的材料，静力工况下，坝趾处压应力很低，不会发生压剪屈服，故将起始的破坏单元选择在坝踵附近比较合理。计算坝踵附近若干坝体与地基单元的可靠性指标，找出坝体、地基可靠性指标最小的单元，分别以这两个单元作为坝体、地基初始失效单元，将其刚度置为0，继续搜寻在坝体与地基内部的下一可能失效单元，直到该失效路径达到稳定为止。关于失效路径的稳定性，一直以来并没有确定的标准，本书中，假设将失效路径累积失效概率小于1.00%作为失效路径达到稳定的标准，即如果失效概率小于1.00%，则不再继续搜寻下一可能失效单元，认为该路径已达到稳定。失效模式是指结构失效的方式，是与一定的功能目标联系在一起的概念。如果一个结构有多项功能目标，则该结构就有多种失效模式。如重力坝，有防洪、发电、航运、灌溉等功能目标，如果某一项功能不能得到满足，即认为该功能目标失效，该功能的失效即可作为重力坝体系的一种失效模式，每一种失效模式的发生都会导致重力坝体系失效。

如果某一失效路径不能影响重力坝的任何一项功能目标，那么这条路径就不能作为重力坝体系失效路径的一种。失效路径对重力坝体系可靠性的影响必须与该坝的功能目标联系起来，体现重力坝的承载能力极限状态或正常使用极限状态，如满足强度和层面抗滑稳定性要求体现了重力坝的承载能力极限状态；水工建筑物的正常工作、发电等体现的则是重力坝的正常使用极限状态。失效路径必须对大坝安全、使用或效益等产生不利影响，这种影响可以是由于坝体破坏而引起的安全裕度的降低；可以是破坏路径发展继而穿透防渗帷幕，使得渗径减小，扬压力增大，从而影响了重力坝的抗滑稳定性；也可以是地基破坏路径的发展导致坝身变位过大，使得泄洪闸门等水工建筑物不能正常工作，影响了重力坝的正常使用；还可以是大坝蓄水能力降低，影响发电效益等等。

在计算各失效路径可靠性指标时，要将路径失效与大坝的三个主要功能目标，即强度安全、抗滑稳定与水工建筑物正常工作联系在一起，使得可靠性指标的含义更加明确，更有针对性。强度安全是指坝体不能出现大范围的破坏，降低大坝的强度安全裕度，继而影响其承载能力。强度安全失效体现为坝体部分单元失效，而这些单元的分布可以分散在坝体中，即失效路径并不连续；也可以是比较集中，形成连续的失效路径。两种比较理想的分布形式分别如图6.3-27和图6.3-28所示。

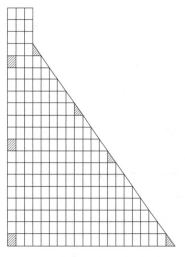

图6.3-27　分散型失效路径

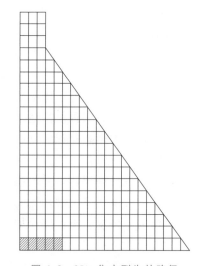

图6.3-28　集中型失效路径

对于上述两种坝体失效路径，不应直接将失效路径稳定后的累积失效概率作为该强度失效模式的失效概率，而应考虑失效路径的不同形式，将失效路径单元面积与整个坝体单元面积建立起如下的关系：

（1）分散型的失效路径：由于失效单元分布在坝体不同位置处，没有形成确定性贯通路径的趋势。从偏于安全的角度考虑，认为每一个失效单元均存在一条贯通坝体的失效路径，且以该单元水平延伸方向在坝体内的路径作为其失效路径（该路径最短、失效概率最大），用该单元面积与该路径所有单元面积的比值作为该单元对应的强度失效概率 P_{fi}。假设最不利的情况，各失效路径相互独立，则求出每个单元对应的强度失效概率后，用下式对路径形成后强度失效概率进行计算：

$$P_f = 1 - \prod_{i=1}^{n}(1 - P_{fi}) \qquad (6.3-21)$$

再用该分散型失效路径的累积失效概率乘以 P_f 即可得到最终对应的强度失效概率。

（2）集中型的失效路径：其对应的强度失效概率，应该是用该路径稳定后的累积失效概率，乘以该路径单元面积与该路径延伸方向在坝体内的面积的比值。之所以采用这一面积比值，是因为一旦该路径贯通，坝体即变成机构，不能继续承载，若采用与总面积的比值则可能过小估计该破坏模式的失效概率，得到一个偏于危险的大坝可靠性指标。

抗滑稳定指大坝在自重、水推力、扬压力、地震力等荷载作用下，能维持坝体的稳定，不会发生滑动。水工建筑物的正常工作是指各种水闸、溢洪道、隧洞等在失效路径发生的情况下仍能正常使用。为简化计算，可将重力坝中各种闸门能正常工作作为水工建筑物正常工作的标准。对于闸门能否正常工作，可通过闸门上、下两点在荷载作用下产生的相对转角的大小来判断，若转角过大，则闸门不能正常启闭。而由于坝型、闸门类型的不同，迄今为止，关于相对转角的控制值并没有统一的标准。针对不同的控制标准下的可靠性指标进行计算，可在实际工程中作为参考。计算中取闸门高度 10m、闸门顶部距坝顶 15m，最后利用条件概率公式求解各失效模式对应的失效概率 P_f。

以龙开口水电站挡水坝段为研究对象进行可靠性分析。该坝段高 114m，正常蓄水位时坝前水深 109m。工程位于青藏地震区的鲜水河-滇东地震带内，外围地震活动强烈，根据主要潜在震源区对坝址场地地震危险的概率分析，确定在平均土质条件下 50 年超越概率 10% 的场地烈度为 7.8 度，相应的水平向基岩峰值加速度为 0.394g。坝址基岩主要为二叠系玄武岩组中段致密块状玄武岩夹角砾熔岩，坝址为弱褶皱构造区，在岩层受褶皱过程中形成了小规模断层和挤压带及节理。坝体材料分区如图 6.3-29 所示，A 为坝体 C15 区，B 为坝体 C20 区，C 为地基，计算参数见表 6.3-8。

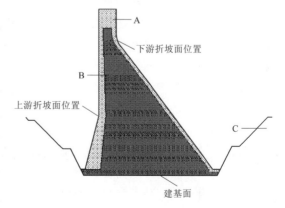

图 6.3-29　坝体及地基材料分区图

表 6.3-8　　　　　　　　　　　材 料 力 学 参 数

随机变量	分布	均值	变异系数	随机变量	分布	均值	变异系数
C15 区弹模	正态	22000MPa	0.1	地基内摩擦系数 f_3	对数正态	1.00	0.15
C20 区弹模	正态	25500MPa	0.1	建基面黏聚力 c_1	正态	0.61MPa	0.2
地基弹模	正态	20000MPa	0.1	上、下游折坡面黏聚力 c_2	正态	1.16MPa	0.2
C15 区密度	正态	2400kg/m³	0.02				
C20 区密度	正态	2400kg/m³	0.02	地基黏聚力 c_3	正态	1.00MPa	0.2
地基密度	正态	2800kg/m³	0.02	C15 区 f_{c15}	对数正态	19.6MPa	0.15
建基面内摩擦系数 f_1	对数正态	0.82	0.15	C20 区 f_{c20}	对数正态	25.4MPa	0.15
上、下游折坡内摩擦系数 f_2	对数正态	1.08	0.15				

　　研究时共考虑了七条失效路径（图 6.3-30）。针对地基，着力于寻求两条主要失效路径：一是向防渗帷幕发展，即沿建基面向下游发展，简称地基失效路径 1；二是沿地基向下自由发展，即沿坝踵处向地基深处发展，简称地基失效路径 2。针对坝体，同样为两条失效路径：一条在坝内发展的坝体失效路径（路径 3）；另一条由坝体发展至地基，沿建基面向下游延伸，简称坝体地基交叉失效路径（路径 4）。针对层面抗滑稳定，路径比较确定，由于模型为碾压混凝土重力坝，除了计算建基面（路径 7）外，对上、下游折坡面（路径 5、路径 6）这两个典型碾压层也需进行计算。

　　根据重力坝的不同功能目标，可以通过失效路径确定不同失效模式的可靠性指标。计算中采用了三个主要功能目标，分

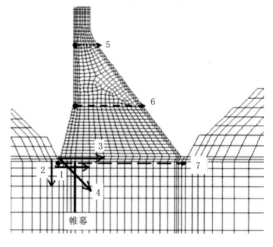

图 6.3-30　失效路径示意图
1～7—失效路径编号

别是对应于承载能力极限状态的强度安全、抗滑稳定以及闸门能否启闭。虽然在挡水坝段并不存在闸门，但龙开口水电站冲沙底孔坝段和挡水坝段相连。从抗震的角度考虑，碾压混凝土重力坝各坝段之间需要进行横缝灌浆，并且灌浆高度不应小于坝高的 1/3，各坝段之间下部变形相互影响，因此计算中也将闸门是否能够启闭作为一种失效模式。各失效路径均要考虑与三个功能目标的关系及对功能目标的影响。地基失效路径 1 和坝体地基失效路径 2 都会增加坝体变位、减小建基面有效长度，可能影响闸门启闭和建基面的抗滑，两种功能目标下的失效概率均需要进行计算。在地基失效路径 2 中，坝体拉应力区范围减小，对抗滑有利，因而，只需要针对其对闸门启闭的影响进行计算。坝体失效路径上的失效单元很少，对其他两种功能目标的影响微小，因而，只需计算其失效路径本身的累积失效概率，作为坝体强度的失效即可。

6.3.4　重力坝抗震措施的计算模型与加固效果研究

在强烈地震荷载作用下，混凝土重力坝振动剧烈，坝体中上部高程的上下游面局部区域的拉应力有可能超过混凝土材料的抗拉强度，而发生一定程度的损伤开裂，降低大坝的整体稳定性和抗震安全性能，必要的时候可采取一定的抗震加固措施，提高结构安全度。

目前重力坝的抗震加固措施主要包括大坝上部结构的体型优化，坝面配置抗震钢筋，分区提高混凝土强度等级或采用纤维增强型材料，等等。对于重力坝抗震措施的加固效果，也开展了相应的理论研究并取得了一定成果。

6.3.4.1　坝面配置抗震钢筋的分析模型与加固效果

1. 混凝土本构模型

在大坝地震非线性响应的有限元分析中，对于混凝土材料非线性的模拟采用塑性损伤本构模型。该模型假定混凝土主要的两种失效模式是拉伸开裂和压缩破碎。屈服面的演化由拉伸等效塑性应变 $\tilde{\varepsilon}_t^{pl}$ 和压缩等效塑性应变 $\tilde{\varepsilon}_c^{pl}$ 控制，它们分别对应于拉伸破坏和压缩破坏。这里主要关注拉伸破坏。

在单轴拉伸荷载作用下，混凝土的力学行为以图 6.3-31 中的软化段描述。在软化段，混凝土的弹性模量受损降低，降低的程度可以用拉损伤因子 d_t 描述：

$$d_t = 1 - \frac{E}{E_0} \qquad (6.3-22)$$

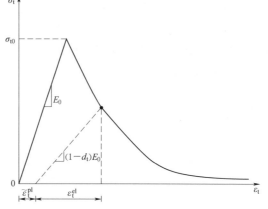

图 6.3-31　单轴拉伸荷载作用下，混凝土的应力-应变全曲线

式中：E 为损伤后的弹性模量；E_0 为未损伤的弹性模量；$0 \leqslant d_t \leqslant 1$，$d_t = 0$ 表示未发生拉损伤；$d_t = 1$ 表示发生完全损伤，弹性模量降低至 0。

定义该材料模型的关键是定义软化段，从而可确定混凝土的应力-应变全曲线。以金安桥重力坝为工程实例进行非线性地震响应分析，假设软化段为线性，则可根据断裂能开裂标准来定义软化段。假定断裂能 $G_f = 500N/m$，单元特征长度 h 取 1.25m，混凝土抗拉强度 $f_t = 2.3MPa$，则混凝土应力-应变全曲线如图 6.3-32 所示。

2. 钢筋混凝土的钢筋刚化本构模型

对于有开裂的钢筋混凝土受弯构件，其受拉区相邻两条裂缝之间的完整混凝土通过与钢筋的胶结-滑移相互作用分担了部分钢筋受拉荷载，所以开裂后的受拉区混凝土仍然对整个构件的抗弯刚度有一定贡献，致使构件刚度要比受拉区仅考虑钢筋贡献得到的刚度要高。由钢筋-混凝土相互作用引起的构件刚度增加称为受拉刚化效应（tension stiffening effect），它对钢筋混凝土受弯构件在混凝土开裂后的力学行为有显著影响。

在嵌入式钢筋混凝土有限元单元模型中，钢筋-混凝土相互作用效应主要通过调整混

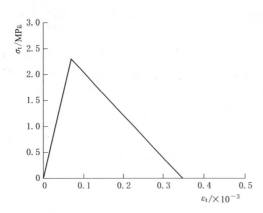

图 6.3 - 32　计算采用的混凝土应力-
应变全曲线

凝土或钢筋刚度进行数值模拟，其中，Lin 等 (1975)、Gilbert 等 (1978) 研究了以增加混凝土软化刚度方式引入受拉刚化效应的混凝土刚化模型，而清华大学水工振动组发展了基于钢筋刚度调整的钢筋刚化模型，获得了与混凝土刚化模型基本一致的结果。下面对此模型进行简要介绍。

钢筋刚化模型基于嵌入式钢筋混凝土有限元框架建立，具体思路是：将钢筋单元嵌入混凝土单元中，假设钢筋-混凝土之间无相对滑移，可以求出钢筋各点应变与所在单元结点位移之间的函数关系；按虚功原理分别在钢筋积分域和混凝土积分域计算二者应变能变分，经叠加获得整个钢筋混凝土单元整体刚度。上述钢筋弥散方式反映了配筋位置对构件刚度的影响。对配筋混凝土单元，将混凝土材料赋为素混凝土、同时调整钢筋应力-应变曲线计入钢筋-混凝土相互作用的影响，此即钢筋刚化模型。

欧洲混凝土协会 (CEB) 和美国混凝土协会 (ACI) 均给出了钢筋混凝土直拉构件受拉荷载曲线。以 ACI 建议公式为基础，基于 Bazant 钝断裂带模型推导出钢筋刚化模型的解析式。钢筋混凝土直拉构件受拉荷载与混凝土开裂应变 ε_c 之间满足以下条件：

$$\varepsilon_c = \frac{f_s}{E_s}\left[1 - k\left(\frac{f_{scr}}{f_s}\right)^2\right] \tag{6.3 - 23}$$

$$f_{scr} = P_{cr}/A_s = (1/\rho - 1 + n)f_t \tag{6.3 - 24}$$

式中：f_s 为裂缝面钢筋应力，即 $f_s = P/A_s$，P 为钢筋混凝土构件总荷载，A_s 为钢筋面积；E_s 为钢筋弹性模量；f_{scr} 为混凝土起裂时裂缝面钢筋应力；ρ 为截面配筋率；n 为钢筋与混凝土刚度比，$n = E_s/E_c$；E_c 为混凝土弹性模量；f_t 为混凝土抗拉强度；k 为折减系数，首次加载取 $k = 1$，循环加载取 $k = 0.5$。

基于混凝土刚化思路，推导 f_s 和构件总应变 ε 关系。假设直拉构件满足：①钢筋-混凝土无相对滑移；②ε 满足 $\varepsilon = \varepsilon_e + \varepsilon_c$，$\varepsilon_e$ 为混凝土弹性应变；③$\varepsilon_e = \sigma_{rc}/E_c$，$\sigma_{rc}$ 为刚度调整后的混凝土应力。经推导得

$$f_s = \begin{cases} (1/\rho - 1 + n)E_c\varepsilon & (0 \leqslant \varepsilon < \varepsilon_t) \\ \dfrac{1}{2}\left(E_s\varepsilon + \sqrt{(E_s\varepsilon)^2 + 4a^2 f_{scr}^2}\right) & (\varepsilon_t \leqslant \varepsilon < \varepsilon_y) \\ f_y & (\varepsilon_y \leqslant \varepsilon) \end{cases} \tag{6.3 - 25}$$

式中：$a = \sqrt{(1-\rho)/(1-\rho+n\rho)}$；$\varepsilon_t = f_t/E_c$，为混凝土起裂应变；$\varepsilon_y$ 为裂缝截面处钢筋发生屈服时的构件总应变。

该曲线如图 6.3 - 33 所示。

根据 Bazant 钝断裂带模型，已知混凝土断裂能 G_f，由网格尺寸 h 和 f_t 可以得到混凝土极限应变 ε_f。以单线性软化为例，$\varepsilon_f = 2G_f/(f_t h)$，则素混凝土应力 σ_c 与应变 ε 满足下式：

$$\sigma_c = \begin{cases} E_c \varepsilon, & 0 \leq \varepsilon < \varepsilon_t \\ \dfrac{\varepsilon - \varepsilon_f}{\varepsilon_t - \varepsilon_f} f_t, & \varepsilon_t \leq \varepsilon < \varepsilon_f \\ 0, & \varepsilon_f \leq \varepsilon \end{cases}$$

$$(6.3 - 26)$$

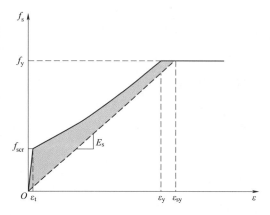

图 6.3 - 33　裂缝面钢筋应力-总应变曲线

根据荷载平衡方程：

$$f_s A_s = \sigma_s A_s + \sigma_c A_c \tag{6.3 - 27}$$

式中：σ_s 为钢筋平均应力；A_s 为钢筋面积；A_c 为混凝土面积。

式 (6.3 - 27) 满足 $A_s/A_c = \rho/(1-\rho)$，将式 (6.3 - 25)、式 (6.3 - 26) 代入式 (6.3 - 27)，即得

$$\sigma_s = \begin{cases} E_s \varepsilon, & 0 \leq \varepsilon < \varepsilon_t \\ \dfrac{1}{2}\left(E_s \varepsilon + \sqrt{(E_s \varepsilon)^2 + 4a^2 f_{scr}^2}\right) - \dfrac{1-\rho}{\rho}\dfrac{\varepsilon - \varepsilon_f}{\varepsilon_t - \varepsilon_f} f_t, & \varepsilon_t \leq \varepsilon < \varepsilon_f \\ \dfrac{1}{2}\left(E_s \varepsilon + \sqrt{(E_s \varepsilon)^2 + 4a^2 f_{scr}^2}\right), & \varepsilon_f \leq \varepsilon < \varepsilon_y \\ f_y, & \varepsilon_y \leq \varepsilon \end{cases}$$

$$(6.3 - 28)$$

如图 6.3 - 34 所示，A、B、C 点分别对应混凝土起裂、极限应变和截面钢筋屈服三个特征点。虽然式 (6.3 - 28) 是基于单线性软化假定得到，但该思路对其他形式的混凝土软化曲线依然适用。对于受弯构件，式 (6.3 - 25) 和式 (6.3 - 26) 只适用于拉应力区，此时 ρ 须用钢混凝土区有效配筋率 ρ_{ef} 替换。

由于钢筋混凝土中钢筋仅考虑轴向应力-应变关系，所以将式 (6.3 - 26) 确定的钢筋一维本构关系与混凝土弥散裂缝模型相结合，即得到基于钢筋刚化方法的弥散钢筋混凝土有限元。

按刚化模型调整后的钢筋本构关系如图 6.3 - 35 所示。

3. 金安桥重力坝坝面抗震钢筋的加固效果分析

金安桥碾压混凝土重力坝最大坝高 160m，坝顶长 640m，地震设防烈度为 9 度，100 年超越概率 2% 的设计地震动水平

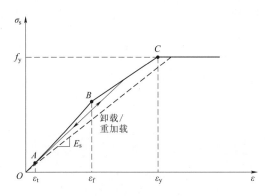

图 6.3 - 34　刚度调整后钢筋应力-应变曲线

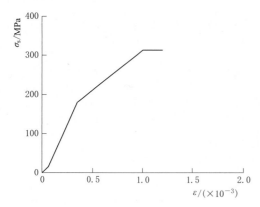

图 6.3 - 35　计算中按刚化模型调整后的
钢筋应力-应变关系

峰值加速度为 $0.3995g$。选取典型非溢流坝段（5 号坝段），以二维非线性有限元开展坝面抗震钢筋加固效果研究。

在研究中，以等效裂缝张开位移（即等效缝宽）作为衡量坝体损伤开裂的主要指标，并且将等效裂缝张开位移大于 $0.1mm$ 的裂缝视为宏观裂缝加以重点研究，等效裂缝张开位移小于 $0.1mm$ 的微裂纹则忽略不计。

等效裂缝的张开位移定义：对于标量损伤模型，基于连续介质损伤力学，损伤因子 d_t 与应力张量 $\boldsymbol{\sigma}$、总应变张量 $\boldsymbol{\varepsilon}$ 之间满足以下关系：

$$\boldsymbol{\sigma} = (1 - d_t)\boldsymbol{D}_e : \boldsymbol{\varepsilon} \qquad (6.3 - 29)$$

式中：$\boldsymbol{D}_e$ 为线弹性刚度张量。

非弹性应变张量 ε_{in} 为

$$\boldsymbol{\varepsilon}_{in} = \boldsymbol{\varepsilon} - \boldsymbol{\varepsilon}_e = \boldsymbol{\varepsilon} - \boldsymbol{D}_e^{-1} : \boldsymbol{\sigma} = d_t \boldsymbol{\varepsilon} \qquad (6.3 - 30)$$

假定 $\boldsymbol{\varepsilon}_{in}$ 的第一主应变 ε_{in}^{max} 方向为裂缝法向，并且开裂应变 $\varepsilon_c = \varepsilon_{in}^{max}$，由此等效裂缝张开位移 w 满足：

$$w = h\varepsilon_{in}^{max} = hd_t\varepsilon^{max} \qquad (6.3 - 31)$$

式中：ε^{max} 为总应变张量 $\boldsymbol{\varepsilon}$ 的第一主应变分量；h 为单元断裂带宽度。

无抗震钢筋时的计算结果如图 6.3 - 36～图 6.3 - 42 所示。其中，图 6.3 - 36～图 6.3 - 38 为正常蓄水位下的结果，图 6.3 - 39～图 6.3 - 42 为死水位下的结果。图中，横坐标 X 表示裂缝扩展的深度（从起裂点往扩展深度方向算），纵坐标 COD 表示裂缝的等效张开位移。

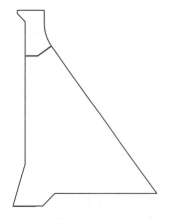

图 6.3 - 36　正常蓄水位下不配筋时坝体的
等效裂缝分布示意图

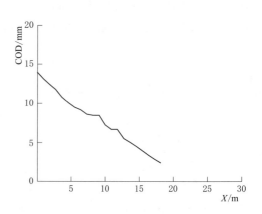

图 6.3 - 37　正常蓄水位下不配筋时下游面
上部等效裂缝的规模

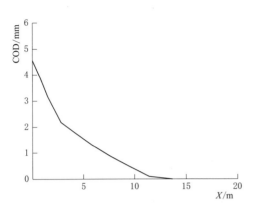

图 6.3-38　正常蓄水位下不配筋时坝踵区
等效裂缝的规模

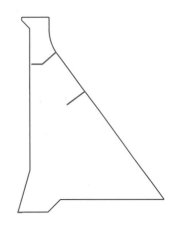

图 6.3-39　死水位下不配筋时坝体的
等效裂缝分布示意图

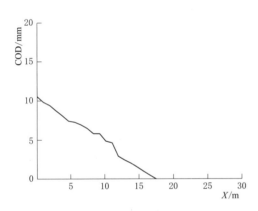

图 6.3-40　死水位下不配筋时下游面
上部等效裂缝的规模

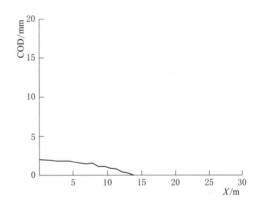

图 6.3-41　死水位下不配筋时下游面
中部等效裂缝的规模

　　由计算结果知，在正常蓄水位、设计地震作用下，坝体下游面上部（反弧段）出现裂缝，裂缝向上游面发展，贯穿上部坝体，裂缝最大张开位移发生在下游面上部反弧段，达 14mm（见图 6.3-37）；同时坝踵区出现深 13.6m 的裂缝。死水位时，下游面上部（反弧段）出现裂缝，裂缝向上游面发展，接近贯穿；下游面中部 1378.2m 高程附近也出现裂缝，裂缝以接近垂直于下游坝面的方向向上游发展；坝踵区裂缝很小。

　　由不配筋时的计算结果得知，地震作用下坝体中上部可能出现的裂缝都是从下游面往上游方向发展的，另外坝踵也可能出现较

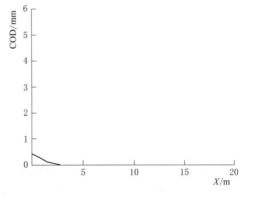

图 6.3-42　死水位下不配筋时坝踵区
等效裂缝的规模

大的损伤开裂区，因此在下游面和坝踵区布置抗震钢筋，而上游面不设钢筋。计算中抗震钢筋的布置如图 6.3－43 所示。为了对死水位条件下下游面中部 1378.2m 高程处的裂缝起到有效的抑制作用，下游面钢筋从 1378.2m 高程往下继续延伸 10m。计算中采用钢筋直径 36mm，钢筋间距 200mm，排距 300mm。

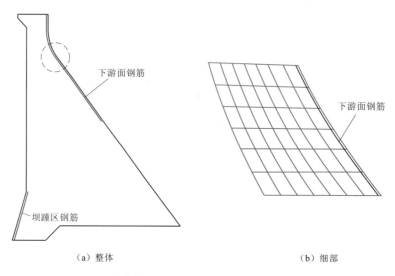

（a）整体 （b）细部

图 6.3－43 计算模型中抗震钢筋布置示意图（以 1 排为例）

正常蓄水位条件下配筋 1 排 $\phi36@200$ 时坝体的等效裂缝分布和规模如图 6.3－44～图 6.3－46 所示，配筋 2 排 $\phi36@200$ 时坝体的等效裂缝分布和规模如图 6.3－47～图 6.3－49 所示。死水位条件下配筋 1 排 $\phi36@200$ 时坝体的等效裂缝分布和规模如图 6.3－50～图 6.3－53 所示，配筋 2 排 $\phi36@200$ 时坝体的等效裂缝分布和规模如图 6.3－54～图 6.3－57 所示。

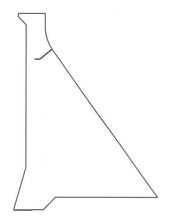

图 6.3－44 正常蓄水位下配筋 1 排 $\phi36@200$ 时坝体的等效裂缝分布示意图

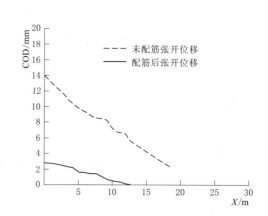

图 6.3－45 正常蓄水位下配筋 1 排 $\phi36@200$ 时下游面上部等效裂缝的规模

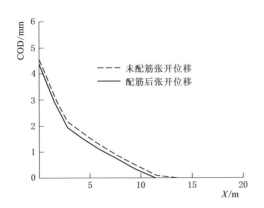

图 6.3-46　正常蓄水位下配筋 1 排 $\phi 36@200$ 时坝踵区等效裂缝的规模

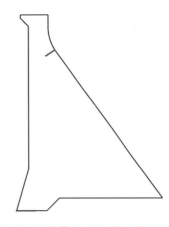

图 6.3-47　正常蓄水位下配筋 2 排 $\phi 36@200$ 时坝体的等效裂缝分布示意图

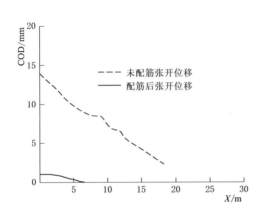

图 6.3-48　正常蓄水位下配筋 2 排 $\phi 36@200$ 时下游面上部等效裂缝的规模

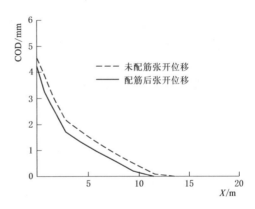

图 6.3-49　正常蓄水位下配筋 2 排 $\phi 36@200$ 时坝踵区等效裂缝的规模

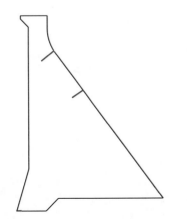

图 6.3-50　死水位下配筋 1 排 $\phi 36@200$ 时坝体的等效裂缝分布示意图

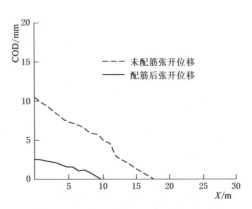

图 6.3-51　死水位下配筋 1 排 $\phi 36@200$ 时下游面上部等效裂缝的规模

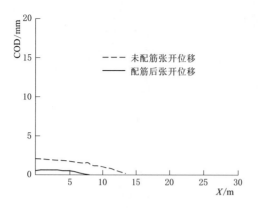

图 6.3-52 死水位下配筋 1 排 φ36@200 时
下游面中部等效裂缝的规模

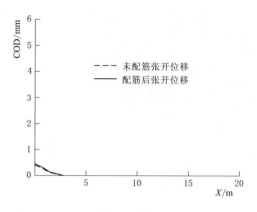

图 6.3-53 死水位下配筋 1 排 φ36@200 时
坝踵区等效裂缝的规模

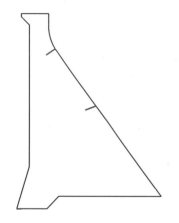

图 6.3-54 死水位下配筋 2 排 φ36@200 时
坝体的等效裂缝分布示意图

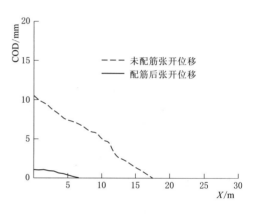

图 6.3-55 死水位下配筋 2 排 φ36@200 时
下游面上部等效裂缝的规模

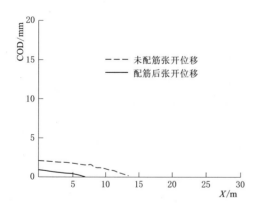

图 6.3-56 死水位下配筋 2 排 φ36@200 时
下游面中部等效裂缝的规模

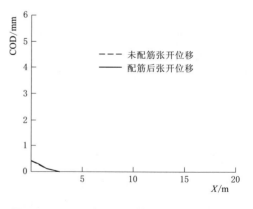

图 6.3-57 死水位下配筋 2 排 φ36@200 时
坝踵区等效裂缝的规模

对抗震钢筋的加固效果分析如下：

（1）在正常蓄水位下，配置 1 排 $\phi36@200$ 的钢筋后，下游面上部裂缝的最大张开位移由 14.0mm 减小为 2.6mm，扩展深度由 18.2m（贯穿）减小为 12.8mm，效果显著；坝踵区裂缝的最大张开位移由 4.6mm 减小为 4.4mm，扩展深度由 13.6m 减小为 11.4m，效果不明显。

（2）在正常蓄水位下，配置 2 排 $\phi36@200$ 的钢筋后，下游面上部裂缝的最大张开位移由 14.0mm 减小为 1.1mm，扩展深度由 18.2m（贯穿）减小为 6.6m，效果显著；坝踵区裂缝的配筋效果和配置 1 排钢筋的效果差别不大。

（3）在死水位条件下，配置 1 排 $\phi36@200$ 的钢筋后，下游面上部裂缝的最大张开位移由 10.5mm 减小为 2.5mm，扩展深度由 17.5m 减小为 9.7mm，效果显著；下游面中部裂缝的最大张开位移由 2.1mm 减小为 0.6mm，扩展深度由 13.8m 减小为 8.0m，效果显著；坝踵区裂缝的规模无明显变化。

（4）在死水位条件下，配置 2 排 $\phi36@200$ 的钢筋后，下游面上部裂缝的最大张开位移由 10.5mm 减小为 1.0mm，扩展深度由 17.5m 减小为 6.6m，效果显著；下游面中部裂缝由 1378.2m 高程转移至钢筋头附近（图 6.3－54），最大张开位移为 0.9mm，扩展深度为 6.9m；坝踵区裂缝的规模无明显变化。

（5）总体上看，配置抗震钢筋后对于坝体的裂缝发展起到了明显的限制作用，钢筋使得主要裂缝的等效缝宽和扩展深度都比未配筋时有明显减小；配筋不能起到完全防止裂缝发生的作用，但可以减小裂缝的规模，而且坝体一旦发生开裂，抗震钢筋可以显著提高坝体的整体性，尤其在主震后还有余震发生时，抗震钢筋可以进一步提高坝体的稳定安全系数。

6.3.4.2　纤维增强复合材料用于重力坝抗震的加固效果研究

近年来，出现了以纤维增强复合材料（fibre reinforced polymer，FRP）代替钢材对结构进行外贴加固的技术，大连理工大学开展了利用 FRP 对重力坝进行抗震加固的应用效果研究。

以 Koyna 混凝土重力坝为工程实例，结合重力坝的强震损伤破坏过程的模拟（详见 6.3.1.3 部分），研究了 FRP 板材和 FRP 筋加固重力坝的效果。为方便计算，分析中不考虑 FRP 板、FRP 筋与混凝土之间的滑移。考虑到地震作用下大坝混凝土裂缝反复张合给数值模拟带来的强非线性，以及 FRP 材料在往复荷载作用下需通过反复迭代确定其拉压状态，对动力方程的求解采用单步 α-Newmark 算法。该算法无条件稳定，且通过控制其中的自由变量 α 可控制高频耗散的程度。

针对 Koyna 混凝土重力坝抗震薄弱部位，将 FRP 材料加固区域确定为上游坝面 $0\sim5$m、$42.7\sim71.0$m 高程范围和下游坝面 $55.0\sim76.5$m 高程范围，如图 6.3－58 所示。FRP 板表面加固方

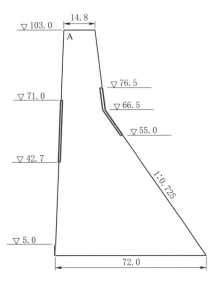

图 6.3－58　FRP 加固方案（单位：m）

案就是在加固范围内铺设厚度为 0.002m 的 FRP 板；FRP 筋加固方案就是在坝踵处内插 ϕ10 的 FRP 筋 1 根，折坡处坝段内插 ϕ10 的 FRP 筋，其中，上游 4 根、下游 5 根，FRP 筋间距均为 0.2m。

FRP 材料参数为：密度 1500kg/m³，弹性模量 50GPa，泊松比 0.30，抗拉强度 3500MPa；坝体混凝土材料参数为：密度 2460kg/m³，动弹性模量 31.027GPa，泊松比 0.20，动抗拉强度 2.9MPa，动抗压强度 29MPa。采用无质量地基模型对地基进行模拟，模拟范围从坝基面向上游、向下游及向下各延伸 2 倍坝高。

假设大坝在正常蓄水位下工作，受到幅值为 0.4g 的地震加速度激励，竖直向地震动幅值为水平向幅值的 2/3，归一化地震波加速度时程曲线见图 6.3-59。

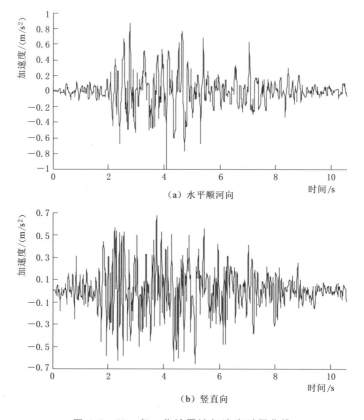

（a）水平顺河向

（b）竖直向

图 6.3-59　归一化地震波加速度时程曲线

通过对比分析可见：①对于不采取加固措施的情况，在地震发生约 4.70s 时，坝体下游折坡处因拉应力过大最先出现裂缝，之后应力集中区沿裂缝向坝体内部发展；同时，在往复荷载作用下，在略低于下游折坡点高程的上游坝面起裂（从图中来看，上游面的起裂位置的高程低于下游折坡点的高程），该裂缝向下游发展并逐渐与下游裂缝连通。至地震动时程结束时，坝踵未出现明显裂缝。②对于 FRP 板表面加固和 FRP 筋内插加固两种情况，坝体的高应力区范围均较加固前增大，说明混凝土的强度得到更大程度的发挥。在整个地震过程中，大坝均未产生明显裂缝，FRP 板单元最大拉应力达到 297.4MPa，远小于 FRP 板的抗拉强度；FRP 筋单元最大拉应力达到 368.5MPa，最大压应力接近 284.1MPa，也远小于 FRP 筋的抗拉强度和抗压强度。

图 6.3-60 给出了地震动激励结束时大坝最终的损伤破坏形态：不采取任何加固措施时大坝折坡处形成贯穿裂缝导致大坝破坏；采用 FRP 板表面加固和 FRP 筋内插加固后的折坡处未产生裂缝，基本保持完好。由图可明显看出，采用 FRP 材料加固后，大坝的抗裂性能得到大幅提高，地震损伤破坏情况得到缓解。

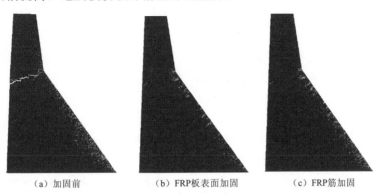

（a）加固前　　　　　　（b）FRP板表面加固　　　　　（c）FRP筋加固

图 6.3-60　大坝损伤破坏形态

通过坝顶的水平顺河向位移时程响应（见图 6.3-61）可进一步了解加固效果：对于未加固大坝，约 5.20s 坝顶出现较大位移，并逐渐增大，说明裂缝逐渐贯穿，大坝头部破坏；采用 FRP 板和 FRP 筋加固后，在整个地震动激励过程中，坝顶位移绕基准轴（静力荷载对应的位移值）来回摆动，说明振动能量始终可以传递到坝顶，大坝在强震作用下的整体性得以保持。对于两种加固方案，坝顶水平顺河向位移时程基本一致。

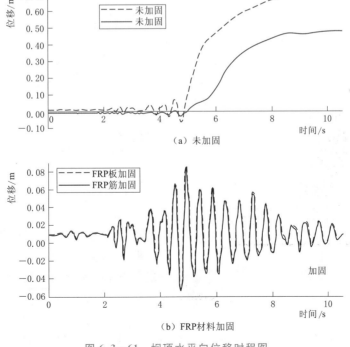

图 6.3-61　坝顶水平向位移时程图

　　FRP 板材和筋材加固方案均能较好地约束混凝土的变形，可不同程度地增强大坝的防震抗裂能力，保证了其整体性。从研究结果来看，两种方案的加固效果相当，但此处未涉及其性价比的比较。从施工方式来看，FRP 板材施工方便，FRP 筋材易于调整和加密，但需预制，应用相对复杂。具体选择何种加固方案，应结合工程实际作具体研究。

6.4　重力坝的稳定分析

　　坝基的动态稳定性及其抗震加固措施对重力坝的抗震安全性具有重要影响。工程设计中一般采用拟静力分析的结果进行坝基动态稳定性校核，即将地震作用以方向和大小都不变的拟静力作用代替，不能反映地震作用瞬时、往复、变化的特点。实际上，地震动态稳定与拟静力稳定有本质差别。美国 FEMA2005 准则和加拿大 CEA1990 准则认为，强震时瞬时失稳发生滑移是容许的，可采用 Newmark 滑块法计算累积滑移变形，只要总的滑移变形不超过容许值，大坝仍然是安全的。美国标准认为动态失稳机制目前还缺乏深入分析，建议采用比较保守的抗剪强度参数值进行震后稳定检验，如对可能开裂的剪切面不计黏聚力和降低摩擦力等。

　　大连理工大学发展了三维 DDA 的方法，研究了坝体、坝基和坝肩岩体中楔形块体的地震动态失稳问题。清华大学研究了坝与地基交接面的屈服区，据此判断地震时坝基面的抗滑稳定性。

6.4.1　重力坝的坝基抗滑稳定分析

　　抗滑稳定安全系数是重力坝的抗震性能评价的重要指标之一。清华大学以金安桥重力坝为例建立了计算模型，如图 6.4-1 所示，坝体部分采用有限元断裂损伤模型，坝底面设置一无厚度的刚性单元，坝与地基交界面假设为一平直面，其法向本构关系采用指数型应力位移关系，切向摩擦采用莫尔-库仑（Mohr-Coulomb）定律。分析坝基交界面的滑动稳定时，Chopra 和 Fenves 假设坝体为刚性，地基为弹性，形成刚性-弹性接触点对；而常规分析时一般将坝体与地基场假定为弹性。为了满足交界面的接触条件，采用拉格朗日乘子法。共选择 6 条实测的基岩地震波进行分析：petr—1992 年 Petrolia 大坝，pac—1971 年 Pacoima 大坝，imp—1979 年 Impval 大坝，hal—1994 年 Northridge Newhall 大坝，corr—1989 年 Loma Prieta Corralit 大坝，koy—1967 年 Koyna 大坝。计算的 0.4g 地震加速度作用下坝体损伤与坝基屈服区如图 6.4-2 所示；计算中未考虑坝基交界面的黏聚力作用。坝体与地基性能响应与地基激励加速度的关系如图 6.4-3 所示，从图中可得到以下结论：

　　（1）在地震加速度小于 0.1g 时，坝

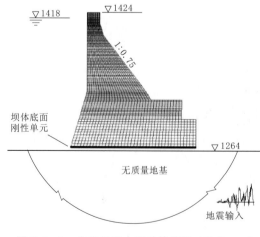

图 6.4-1　金安桥重力坝计算模型（单位：m）

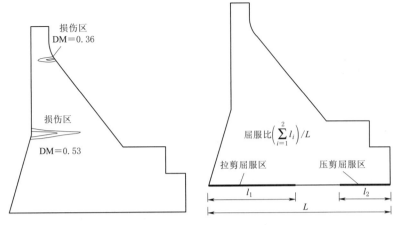

图 6.4 - 2　坝体损伤与坝基屈服区分布（$a=0.4g$）

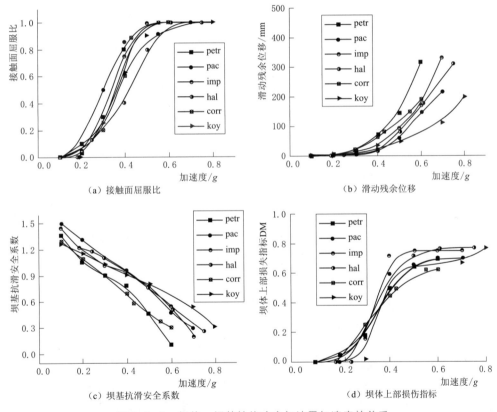

（a）接触面屈服比

（b）滑动残余位移

（c）坝基抗滑安全系数

（d）坝体上部损伤指标

图 6.4 - 3　坝体、坝基性能响应与地震加速度的关系

基交界面不发生屈服；加速度增至 $0.25g$ 时，出现小范围屈服；加速度达到 $0.40g$ 以后，屈服区长度可达坝基面的 40%。

（2）当加速度小于 $0.30g$ 时，滑动残余位移很小；加速度达到 $0.40g$ 时，滑动残余位移显著增加。

（3）当加速度小于 $0.40g$ 时，抗滑安全系数瞬态值均大于 1.0。

（4）当加速度达到 $0.40g$ 时，坝体上部损伤指标（DM）达到 0.5 以上，说明需要进行抗震加固。

计算中分别研究了坝基交界面为刚性-弹性接触和弹性-弹性接触对抗滑稳定性的影响，发现后者离散性稍大，但平均趋势接近。

6.4.2 重力坝坝基岩体的地震动态稳定分析

重力坝坝基岩体的地震动态稳定也是抗震安全性评价的重要内容。

坝址的地形、地质条件一般都比较复杂，存在着大量的节理、裂隙、断层等软弱层面，在坝基和坝肩中可能会形成对坝体稳定性产生威胁的潜在滑动块体。

在工程设计中，一般都采用拟静力方法（地震系数法）或永久位移法对地震作用下的潜在滑动体的抗滑稳定安全进行评价。在计算中，假定滑动体的地震惯性力为不随时间变化的静力荷载作用在滑动体上。在中强和强烈地震所对应的加速度作用下，计算出的抗滑稳定安全系数可能小于 1.0。当块体发生滑动时，美国规范采用 Newmark（1965）提出的刚性滑块方法计算地震作用产生的永久位移，但该方法忽略了动态滑动特性的影响，而且永久位移的控制也是一个亟待解决的问题。为了对滑动体的动态稳定机制获得进一步的认识，可采用非连续变形分析（DDA）方法来研究这一问题。众所周知，DDA 是对不连续介质进行数值分析的有效方法，但目前 DDA 只在二维块体系统的分析中取得成功，其主要原因是对于三维块体接触问题，现有各种方法还难以准确地判断出块体之间的接触关系。因此在现有三维算法中，一般都将块体简化为球体、椭球体等较为理想的几何形状，难以可靠地反映从岩体中切割出来的带棱角的三维块体的真实几何特性。近年来提出的切割体法可有效地克服现有接触判断方法的不足，可实现三维楔形块体的地震动态稳定分析。

6.4.2.1 重力坝-地基系统的地震稳定性分析

以图 6.4-4 所示的 121.5m 高的重力坝为例进行重力坝－地基系统的地震稳定性分析。坝基中存在 4 组节理面，其形状如图 6.4-5 所示，4 组节理面在坝基中相互交错并切割形成了一个潜在滑动区域。采用三维 DDA 程序计算了其稳定性和失稳破坏形态。不同强度折减系数对应的坝基中 7 号块体的位移时程如图 6.4-6 所示，抗滑稳定系数 K 略大于 3.1，失稳破坏发生时 7 号块体滑出形态如图 6.4-7 所示。

6.4.2.2 重力坝坝体开裂后上部块体的地震稳定性分析

Koyna 重力坝在 1967 年 Koyna 地震时震动剧烈，发生严重震害，在坝体头部的上、下游面都观察到裂缝出现。裂缝中有水渗出，表明裂缝可能会全断面贯通。针对 Koyna 地震所产生的巨大侧向力作用，研究了坝头部断裂块体的侧向和转动稳定性。由于无法确切知道裂缝在何时贯通，现假设裂缝在地震开始前就已形成，也就是说，计算的位移可能较实际值偏大。假设坝体头部的两种裂缝形态如图 6.4-8 所示（ X 轴为水平顺河向，Y 轴为竖向，Z 轴为水平横河向），头部形心处的位移时程如图 6.4-9 所示，头部发生周期性的上、下游方向的滑移和顺时针、逆时针方向的转动。最后，地震在 $t=10.56s$ 时结束，坝的头部也在 $t=12.7029s$ 时停止颤动。这一结果表明，结构在动力情况下的稳定与拟静力条件下的稳定是有很大差别的。图 6.4-10 表示谐振波作用下 Koyna 坝头部的变形过程。

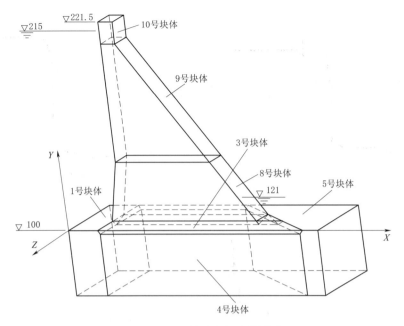

图 6.4-4　某重力坝计算模型

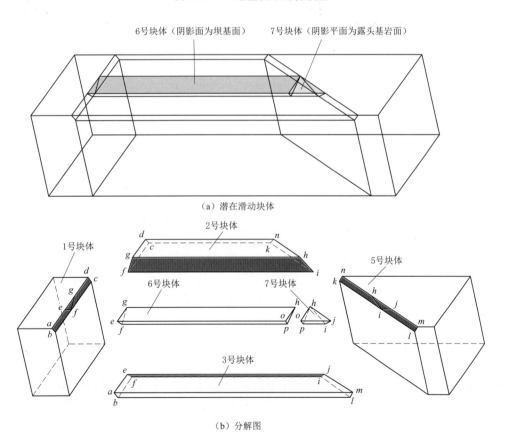

（a）潜在滑动块体

（b）分解图

图 6.4-5　坝基中潜在滑动块体及其分解图

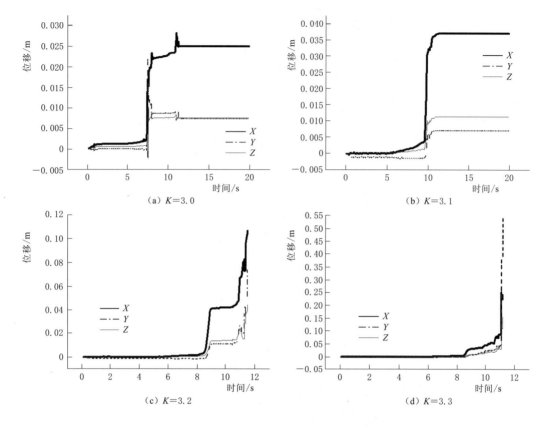

图 6.4-6　不同强度折减系数对应的滑动块体位移图

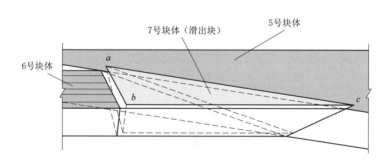

图 6.4-7　失稳破坏发生时坝基岩块的剪断及滑动形态

6.4.2.3　楔形体的地震稳定性分析

为了更深入地认识动态稳定和拟静态稳定两者性质的差别，对楔形体（图 6.4-11）的动态抗滑稳定和拟静态抗滑稳定的安全系数进行了比较。地震激励仍选用 Koyna 波，最大加速度 $a=3.72\text{m/s}^2$。计算得出的拟静态稳定系数 $K=0.9$，小于 1.0。然而，由于地震动的瞬态和振荡特性，实际的动态稳定系数远大于 1.0，计算结果显示，当 $K'=1.21$ 时，楔形体围绕其中心位置发生振荡，地震趋于结束时，振荡的幅度也逐渐减小，

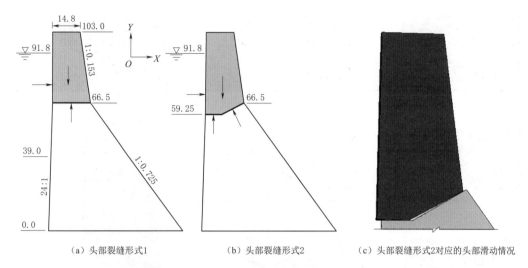

图 6.4-8　Koyna 坝的两种裂缝形态与折线形裂缝情况下坝头部的滑移（单位：m）

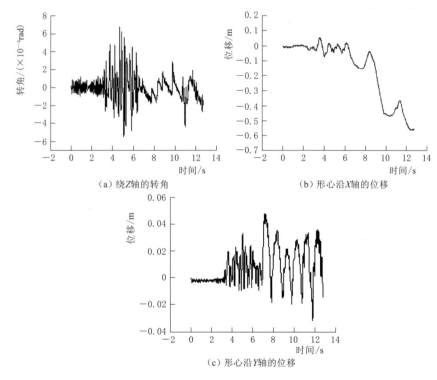

图 6.4-9　Koyna 地震波作用下头部形心的转动、平移和上下变形

直至完全停止；而当 $K'=1.22$ 时，楔形体的运动逐步随时间增长，最后达到失稳状态，如图 6.4-12 所示。从而，动态稳定系数可估计为 $K=1.21$，见表 6.4-1。图 6.4-13 表示强度折减系数 $K'=1.22$ 时楔形体形心的位移时程。

对不同的地震激励加速度值，计算了相应的动态抗滑稳定和拟静态抗滑稳定系数，并

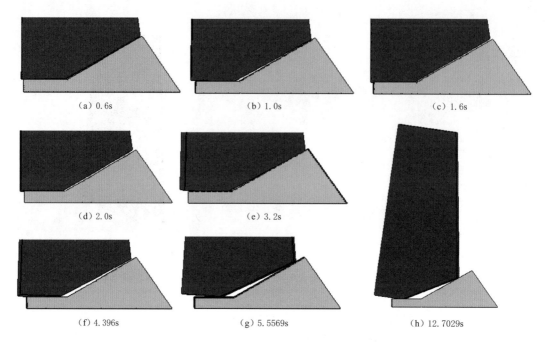

（a）0.6s	（b）1.0s	（c）1.6s

（d）2.0s	（e）3.2s	

（f）4.396s	（g）5.5569s	（h）12.7029s

图 6.4-10　谐波作用下 Koyna 坝头部的平移和摆动过程

进行了比较，列入表 6.4-1 和图 6.4-13 中。可以看出，地震激励加速度愈高，拟静态抗滑稳定系数的数值偏离动态抗滑稳定系数的数值就愈大。

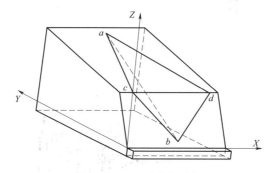

图 6.4-11　对称楔形体

表 6.4-1　　　　　　　　　　楔形体的动态稳定系数与拟静态稳定系数

工　况	1	2	3	4
静态稳定系数	1.564	1.564	1.564	1.564
作用地震加速度	0	0.186g	0.322g	0.556g
动态稳定系数	1.564	1.25	1.21	1.08
拟静态稳定系数	1.564	1.10	0.90	0.70
动态稳定系数与拟静态稳定系数的比值	1.0	1.14	1.34	1.54

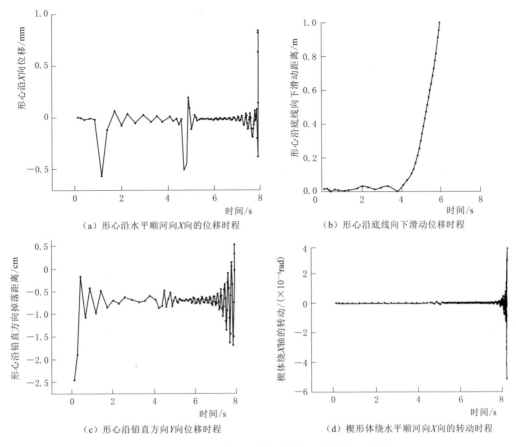

（a）形心沿水平顺河向X向的位移时程　　　　（b）形心沿底线向下滑动位移时程

（c）形心沿铅直方向Y向位移时程　　　　（d）楔形体绕水平顺河向X向的转动时程

图 6.4 - 12　K＝1.22 时楔形体的平动和转动时程

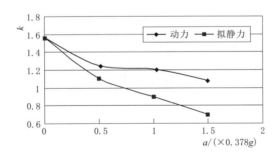

图 6.4 - 13　不同激励加速度作用下楔形体动态
稳定系数与拟静态稳定系数的比较

6.5　动力模型试验

结构动力模型试验与破坏试验是了解结构动力响应、震害形态、抗震薄弱部位和超载能力的重要途径之一。由于结构动力响应和破坏过程的影响因素众多且相互耦合，为了使模型响应与原型响应具有较好的相符性，对模型相似理论、模型材料的选择和制备、试验设备和技术等方面的研究都提出了严格的要求。大连理工大学自 20 世纪 50 年代末就在我国率先开展了混凝土拱坝、土石坝振动模型试验，在模型试验理论和技术研究等方面取得了很多创新性的研究成果，通过大量的动力模型试验和破坏试验，加深了混凝土大坝结构动力特性和破坏形态的认识。本节将简要介绍重力坝动力模型试验的相似律、仿真材料选择、试验设备与技术的研究工作，以及部分试验成果。

6.5.1 模型相似关系和相似律

在进行动力模型试验时，模型应在几何、物理条件、边界条件等方面与原型结构保持一定的相似关系，进行动力破坏试验时，还要求模型与原型之间应满足内力、重力、惯性力、面力、材料应力-应变曲线、材料累积损伤曲线、材料断裂特性的相似关系。

6.5.1.1 模型相似关系

（1）几何相似。几何相似是指原型和模型的几何尺寸、结构布置应保持相似。几何比尺是定义模型几何相似关系的基本量，定义为原型各部分尺寸和模型各相应部分尺寸的比例，用 λ 来表示。

（2）物理条件相似。物理条件相似是指原型和模型所用材料的物理、力学特性和承受荷载后引起的变形必须相似。在弹性范围内，常采用弹性模量、剪切模量、泊松比、密度、黏滞系数、阻尼系数来描述材料的物理、力学性质，这些参数和应力状态应满足物理相似条件的要求。当结构进入破坏状态时，还要求材料性能随时间变化规律、各种极限强度等力学特性应满足相似条件的要求。

（3）边界条件相似。边界条件相似是指原型和模型所受的外力、荷载施加顺序、边界约束条件保持相似。

6.5.1.2 模型相似律

对于现有模型材料，要保证在动力试验中满足所有的几何和物理、力学参数相似关系几乎是不可能的，因此，根据试验目的和要求，只能针对影响结构动力响应的主要因素通过试验技术使其满足相似性要求。为此，针对不同的作用力形式，林皋于 1958 年提出了结构动力模型试验的三种基本的相似换算关系，即弹性相似律、重力相似律和弹性力-重力相似律，及各换算关系的适用条件（林皋，1958），并于 2000 年对上述思想做了进一步的发展和补充（林皋 等，2000）。下面，对三种基本相似律作简要介绍。

1. 弹性相似律

结构动力平衡方程可表示为

$$\boldsymbol{M}a + \boldsymbol{C}v + \boldsymbol{K}u = \boldsymbol{F}(t) \tag{6.5-1}$$

式中：$\boldsymbol{M}$、$\boldsymbol{C}$、$\boldsymbol{K}$ 为结构的质量、阻尼和刚度矩阵；a、v、u 分别为节点加速度、速度、位移向量；$\boldsymbol{F}(t)$ 为外荷载向量。

式（6.5-1）表明，影响结构振动的主要作用力为惯性力、阻尼力与弹性恢复力。在研究结构的振动特性（自振频率与振动模态）时，可以主要保持惯性力与弹性恢复力的相似，因此，从力的相似关系要求可推出：

$$\lambda_d \lambda^3 \lambda_u \lambda_t^{-2} = \lambda_E \lambda \lambda_u \tag{6.5-2}$$

或写成

$$\lambda_t^2 = \lambda^2 \lambda_d \lambda_E^{-1} \qquad (6.5-3)$$

式中：下标 t、d、E、u 分别表示时间、质量密度、弹性模量和位移，λ、λ_t、λ_d、λ_E 和 λ_u 分别代表原型和模型间的几何比尺、时间比尺、质量密度比尺、弹性模量比尺和变形比尺，均为物理量的原型值与模型值之比。

如以下标 p 代表原型，m 代表模型，则式（6.5-3）也可写成

$$\frac{t_p}{t_m} = \lambda \sqrt{\frac{d_p E_m}{d_m E_p}} \qquad (6.5-4)$$

根据这种相似关系，密度比尺 λ_d、弹性模量比尺 λ_E、模型比尺 λ 都可以自由选择，这就给模型设计带来很大的方便。λ_d、λ_E 和 λ 一旦确定，则由式（6.5-3）可得 λ_t，从而可据此导出原型和模型间其他物理量（应力、速度、加速度、频率等）的相似换算关系。

当研究结构在弹性阶段的动力响应时，还应保持作用外力 F 的相似条件，则外力 F 的相似比尺 λ_F 可由下式得出：

$$\lambda_F = \frac{F_p}{F_m} = \lambda_E \lambda \lambda_u \qquad (6.5-5)$$

由式（6.5-5）可见，在弹性小应变范围内，由于叠加原理是适用的，因此，λ_u 不一定等于 λ，而可以自由选定，这样可通过适当增大试验中模型的变形，提高量测精度，而并不影响相似关系式（6.5-3），只是应力、速度和加速度的比例关系需按变形比尺作相应的调整而已。在研究地震作用的动力响应时，变形比尺 λ_u 可以按原型和模型中地震波振幅的比尺加以调整，在小应变范围内，提高模型中地震动输入的幅度，使得模型动力响应幅度增加，便于量测。但是对几何大变形问题以及应力-应变间存在非线性关系（如恢复力与位移呈非线性关系）的情况，则应保持变形比尺与几何比尺的一致性，即 $\lambda_u = \lambda$，而且，模型与原型中的应力-应变关系也应保持相似。

进行结构动力破坏试验研究时，还应保持材料的抗力相似。例如，对于重力坝和拱坝等大体积混凝土结构来说，其震害的主要形式为混凝土的动态断裂，如果以材料的抗拉强度 σ_t 来代表结构的抗力强度，则由抗力和作用力（地震力）相似条件可表示为

$$\lambda^2 \frac{\sigma_p}{\sigma_m} = \lambda^3 \frac{d_p a_p}{d_m a_m} \qquad (6.5-6)$$

式中：a 代表结构产生初始裂缝（材料达到抗拉强度）时的激励加速度。

据此，可由实测的模型产生初始裂缝时的起裂加速度 a_m，换算出原型中的起裂加速度 a_p（朱彤 等，2004）：

$$a_p = \frac{\sigma_p d_m a_m}{\lambda \sigma_m d_p} \qquad (6.5-7)$$

按照相似性要求，式（6.5-6）表示的力相似关系还应等于式（6.5-3）所表示的力相似关系，即模型和原型中地震波形应相似，其中，地震波幅值按变形比尺进行换算，地震波历时按照式（6.5-4）进行换算。对于混凝土重力坝或拱坝等结构，在裂缝出现前或微裂缝出现的初期，结构基本处于弹性阶段，因此按照上述关系进行换算是可行的。

2. 重力相似律

弹性恢复力在动力响应中主要反映结构的刚度与频率特性，而作用在结构上的惯性力

则随着结构固有频率与外加激励（地震波或外加动荷载）频谱特性的不同，其分布就会有很大差别。在结构动力模型试验中，一般情况下，保持弹性恢复力相似是十分重要的条件，但在某些特殊情况下，放弃对弹性恢复力的相似要求又是可行的。如果在模型设计中要求满足重力相似条件，即惯性力与重力的比例相同，这就意味着放弃了弹性恢复力相似的要求。重力相似关系的表达式为

$$\lambda_d \lambda^4 \lambda_t^{-2} = \lambda_d \lambda^3 \qquad (6.5-8)$$

从而得出

$$\lambda_t = \lambda^{1/2} \ 和 \frac{t_p}{t_m} = \sqrt{\lambda} \qquad (6.5-9)$$

当模型材料与模型比尺选定后，如果假定 $\lambda_d = \lambda$，则其他物理量之间的相似关系均可根据 λ_d、λ_E 和 λ 推导得出（孙亚峰，2006），如果，变形比尺 λ_u 等于几何比尺 λ，则有

$$\lambda_t = \sqrt{\lambda_u} \qquad (6.5-10)$$

重力相似律常被用作土工建筑物临近破坏阶段的代表性相似关系。

3. 弹性力-重力相似律

这是一种更为严格的相似要求。研究结构的动力破坏现象时，需将静力荷载与动力荷载进行组合，而重力在静力荷载中占有很大的比重，因此对结构的破坏也产生重要的影响。

这时，模型相似条件为同时满足式（6.5-3）和式（6.5-1）或者式（6.5-3）和式（6.5-10）。由式（6.5-3）和式（6.5-9），消去 λ_t 后，可得出弹性力-重力的相似要求为

$$\lambda = \lambda_E \lambda_d^{-1} \qquad (6.5-11)$$

当变形比尺 λ_u 与几何比尺 λ 不相同时，上式变为

$$\lambda^2 = \lambda_u \lambda_E \lambda_d^{-1} \qquad (6.5-12)$$

式（6.5-11）表明，模型材料一旦选定后，λ_E 和 λ_d 的比值相应确定，模型的几何比尺也就随之确定，而没有选择的余地，这将给模型设计带来很大困难。即使采用式（6.5-12）作为相似准则，可供选择的模型材料也很少，这就需要研究模型设计的技巧。

研究拱坝、重力坝等混凝土坝的动力破坏问题时，由于静水压力对坝的破坏产生重要影响，因此也需要采用弹性力-重力相似律。此外，还需要考虑库水对坝振动产生的影响。在不计水的压缩性影响的条件下，为了保证作用于坝体上动水压力相似性条件，则要求原型与模型中液体质量密度的比值与坝体材料质量密度的比值相等，即

$$V_p / V_m = d_p / d_m \qquad (6.5-13)$$

式中：V_p 和 V_m 分别代表原型和模型中液体的质量密度。

但上式不能保证静水荷载的相似条件。研究坝的弹性动力响应时，可以只满足式（6.5-13）和式（6.5-3）所要求的相似条件，这在模型设计时并不难办到。这样，根据弹性力-重力相似律的要求，动力破坏试验应同时满足式（6.5-13）与式（6.5-11）所要求的条件，即

$$\lambda = \lambda_E \lambda_d^{-1} = \lambda_E \lambda_V^{-1}, \quad \lambda_t^2 = \lambda \qquad (6.5-14)$$

对于高混凝土坝，在进行动力破坏试验时，由于试验条件、试验设备的限制，几何比尺通常在几十分之一到几百分之一，是小比尺的模型试验。同时，为了获得较好的试验效果，常通过降低模型材料弹性模量或提高材料质量密度（从而增大惯性力作用），使得模型在地震荷载作用下能产生较大的动力变形。因此，在选择模型材料时，很难找到满足式（6.5-14）要求的液体来模拟理想库水。对于静水压力和坝材料自重所要求的相似条件，可采用弹簧、气压或滑轮等方式进行加载来实现，如图 6.5-1 所示。

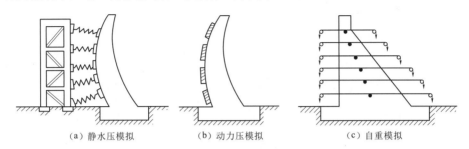

（a）静水压模拟　　　　　（b）动力压模拟　　　　　（c）自重模拟

图 6.5-1　水压力和自重的相似性模拟

对于动水压力，为了保证振动过程中相似性条件的满足，还需要在模型坝面上贴上一定的铁块或铅块，用附加质量的方法近似满足动水压力的相似条件，如朱彤 等（2017）提出根据模型结构的密度调节加载所需的静水和动水压力，其中，静水压力可准确控制，动水压力部分可通过调节附加质量达到较高精度。

6.5.1.3　混凝土坝动力破坏试验的相似条件

对于开裂阶段的混凝土坝动力破坏试验，大连理工大学倪汉根教授建议满足如下四种相似条件（倪汉根 等，1994）。

1. 内力-重力-惯性力-面力相似

相似条件可表示为

$$\lambda_\sigma \lambda^2 = \lambda_\gamma \lambda^3 = \lambda_a \lambda_\rho \lambda^3 = \lambda_p \lambda^2 \tag{6.5-15}$$

式中：λ_σ、λ_γ、λ_a 和 λ_p 分别表示应力、重量密度、加速度和面力荷载比尺。若模型和原型所在场地的重力加速度相等，则有

$$\lambda_a = 1, \quad \lambda_\gamma = \lambda_\rho, \quad \lambda_\sigma = \lambda_\gamma \lambda \tag{6.5-16}$$

2. 应力-应变曲线相似

对于材料超过线弹性范围以后，应力-应变特性不能采用弹性模量常数 E 来描述，因此，为了达到破坏相似，对于不同的加载速率，应力-应变曲线应保持相似，即应有

$$\frac{\sigma_p(\varepsilon_1, T_{1p})}{\sigma_m(\varepsilon_1, T_{1m})} = \frac{\sigma_p(\varepsilon_2, T_{2p})}{\sigma_m(\varepsilon_2, T_{2m})} = \cdots = \frac{\sigma_p(\varepsilon_n, T_{np})}{\sigma_m(\varepsilon_n, T_{nm})} = \lambda_\sigma \tag{6.5-17}$$

式中：$\sigma_p(\varepsilon_i, T_{ip})$、$\sigma_m(\varepsilon_i, T_{im})$ 分别表示对原型、模型材料加载，经过时间 T_{ip}、T_{im} 后使材料发生破坏的加载速率条件下与应变 ε_i 所对应的应力。

3. 累积损伤曲线相似

地震是一种随机往复荷载，结构在地震荷载作用下做循环往复运动，这将使结构内部发生疲劳损伤，因此，对于随机往复荷载作用，需满足原型和模型材料的累积损伤曲线相

似，可表示为

$$\frac{[\sigma_{\mathrm{d}}(a_i, N_1)]_{\mathrm{p}}}{[\sigma_{\mathrm{d}}(a_i, N_1)]_{\mathrm{m}}} = \frac{[\sigma_{\mathrm{d}}(a_i, N_2)]_{\mathrm{p}}}{[\sigma_{\mathrm{d}}(a_i, N_2)]_{\mathrm{m}}} = \cdots = \frac{[\sigma_{\mathrm{d}}(a_i, N_i)]_{\mathrm{p}}}{[\sigma_{\mathrm{d}}(a_i, N_i)]_{\mathrm{m}}} = \lambda_\sigma \qquad (6.5-18)$$

其中，$[\sigma_{\mathrm{d}}(a_i, N_i)]_{\mathrm{p(m)}}$ 表示在动应力和静应力之比为 a_i、振动次数为 N_i 时，原型（模型）的动应力。

4. 断裂特性相似

材料在破坏时，应满足 I 型断裂的断裂韧度相似：

$$\lambda_{K_{\mathrm{IC}}} = \lambda^{3/2} \qquad (6.5-19)$$

式中：$\lambda_{K_{\mathrm{IC}}}$ 表示原型和模型材料的 I 型断裂强度因子比尺。

6.5.1.4 起裂加速度

混凝土坝在地震作用下的破坏主要表现为混凝土发生动态断裂，因此，在大坝抗震安全性评价时，可选择大坝薄弱部位首次出现裂缝的坝基激励加速度作为评价指标。根据弹性力相似律，可得原型大坝的起裂加速度为

$$A_{\mathrm{c}} = a_{\mathrm{c}} \frac{1}{\lambda} \frac{\rho_{\mathrm{m}}}{\rho_{\mathrm{p}}} \frac{\beta_{\mathrm{m}}}{\beta_{\mathrm{p}}} \frac{R_{\mathrm{tp}}}{R_{\mathrm{tm}}} C_{\mathrm{r}} C_{\mathrm{h}} C_{\mathrm{s}} K_{\mathrm{h}} K_{\mathrm{i}} \qquad (6.5-20)$$

式中：C_{r}、C_{h}、C_{s} 分别代表加载速率、加载历史和尺寸因素对断裂强度影响的修正系数；K_{h} 和 K_{i} 代表高阶模态影响和坝基相互作用影响的修正系数；R_{tp} 和 R_{tm} 分别代表原型和模型坝材料的动态抗拉强度；β_{p} 和 β_{m} 分别代表不同的地震波形、不同的材料阻尼条件下原型和模型坝的动力响应放大系数。

6.5.1.5 阻尼对试验结果的影响

在结构振动过程中有三种阻尼因素，即材料阻尼、结构阻尼、辐射阻尼或称几何阻尼，对结构动力响应产生较大影响，值得注意。其中，材料阻尼对模型的动力响应特性影响很大，但目前所采用的黏性阻尼和滞变阻尼理论对阻尼机制的反映尚不够全面。在模型试验中应尽量采用仿真材料，使模型材料的阻尼机制和原型材料比较接近。混凝土坝在强震时结构缝的张合与缝间摩擦产生的阻尼可看作是结构阻尼。在模型试验中，常通过适当改变结构缝中的填充材料和缝的结构形式以反映其对结构动力响应的影响，并对试验结果进行一定的修正。辐射阻尼是由于振动能量向无限地基散逸所产生的阻尼作用，由于重力坝模型一般均固定在相对刚性的振动台台面上，且振动台的台面运动为作动器产生的指定运动，因此很难合理再现原型结构与柔性基岩的动力相互作用。

6.5.2 模型材料及相关力学特性

对于能够满足弹性、弹塑性乃至断裂破坏等各个阶段原型材料特性的模型材料称为仿真模型材料，要求其物理力学特性（如密度、弹性模量、泊松比等）、强度和断裂特性（如抗拉强度、抗压强度、断裂能等）、阻尼特性（如阻尼比）和本构关系都要与原型混凝土保持一定的相似关系，而且，材料性能还应易于保持稳定和加工成型，制作周期较短。此外，材料强度应尽量低，以便在振动台的有效功率范围内就可使模型产生破坏（朱彤等，2004）。

近年来，对于不同的模型仿真材料的组成、成分配比、容重、泊松比、应力-应变关

系、弹性模量、早强特性、抗拉强度、抗压强度、剪切强度、断裂韧度等物理力学特性参数和应变率、养护条件、添加剂等相关因素的影响进行了系统的研究。经过多年试验工作经验的积累，大连理工大学利用水泥、重晶砂、矿石粉、速凝剂等材料配合，并严格控制含水量和浇筑施工工艺，设计制成一种低强度的混凝土仿真材料。此种仿真材料具有较好的线弹性和脆性断裂破坏特性，同时，由于采用了与混凝土材料相似的配方，因此，这种材料具有与混凝土材料比较相似的应力-应变、累积损伤和断裂等特性。由于这种仿真材料的低强度，还可以比较方便地对模型坝从弹性微振、产生裂纹的中强振直到断裂破坏的强振全过程进行模拟（朱彤等，2004）。

6.5.3　重力坝动力模型试验案例

本节分别以坝高 160m 的某碾压混凝土重力坝的挡水坝段和坝高 200m 的某碾压混凝土重力坝溢流坝段为例，简要介绍动力模型试验设计方法和试验结果。

6.5.3.1　试验设备

大连理工大学抗震研究所拥有 MTS 水平与垂直两向激振的水下振动台，台面呈椭圆形，长轴 4m，短轴 3m，其平面形状如图 6.5-2 所示，振动台基本参数见表 6.5-1。

表 6.5-1　　　　　　　　　水下振动台主要技术参数

特　性	说　明	特　性	说　明
振动方向	水平＋竖向＋摇摆	最大水平加速度	1.0g
控制模式	数字控制	最大竖向位移	±50mm
振动台最大载重	10t 力	最大竖向速度	±35cm/s
最大水平位移	±75mm	最大竖向加速度	0.7g
最大水平速度	±50cm/s	工作频率	0.1～50Hz

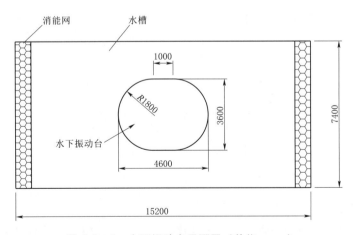

图 6.5-2　水下振动台平面图（单位：mm）

6.5.3.2　模型材料

模型仿真混凝土选用普通硅酸盐水泥、重晶砂、矿石粉作为原料，加水拌和浇制而成。该材料密度高，可达混凝土材料的 1.1～1.4 倍，弹性模量值较低，养护时间短，具有较好的线弹性和脆性断裂特性，能全面反映大坝的动力特性及动态断裂破坏过程。

两个重力坝坝段模型的材料实测参数如下：

（1）挡水坝段：密度为 $2750kg/m^3$，弹性模量变化范围为 $480\sim980MPa$，极限抗压强度变化范围为 $0.7\sim0.8MPa$，极限抗拉强度变化范围为 $0.03\sim0.08MPa$，试验中测量值为 $0.049MPa$，阻尼比小于等于 5%。

（2）溢流坝段：密度为 $3010kg/m^3$，弹性模量变化范围为 $480\sim980MPa$，极限抗压强度变化范围为 $0.6\sim0.9MPa$，阻尼比小于等于 5%。

6.5.3.3 模型比尺

根据振动台尺寸、最大载重、最大输出频率以及仿真混凝土材料的动弹性模量，确定挡水坝段的几何比尺为 $1:75$（实际厚度为 20m，模型厚度为 267mm），模型尺寸如图 6.5-3 所示；溢流坝段的几何比尺为 $1:100$，模型照片如图 6.5-4 所示。根据弹性力-重力相似率和几何比尺，按照量纲分析法可确定质量、位移、弹模、时间、应力等物理量的比尺。

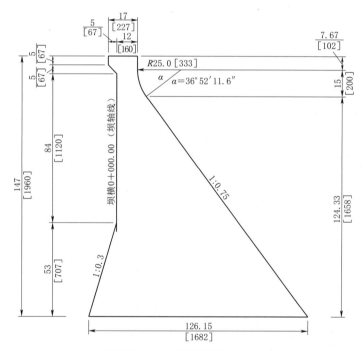

注：数值单位为m；［］内数值单位为mm。

图 6.5-3 挡水坝段模型尺寸图

6.5.3.4 试验荷载

（1）自重。根据自重相似性要求，加速度比尺为 1，再由弹性模量和几何比尺，根据弹性力相似要求，可确定密度比尺为

$$\lambda_\rho = \lambda_E/\lambda \tag{6.5-21}$$

（2）水压力。为模拟库水的动水压力对大坝动力响应的影响，在模型坝迎水面设置一水槽，试验时水槽内充水至换算后的模型正常高水位，在震动台激励作用下，水体与坝体

一起振动，来近似模拟动水压力。

（3）地震荷载。先由规范反应谱生成地震波，再根据时间比尺确定激振时间间隔与持续时间。

6.5.3.5　试验结果

1. 挡水坝段

（1）动力特性。在弹性范围内对模型进行白噪声扫频，并根据传递函数得到模型在空库和满库条件下的基频分别为 28Hz 和 26Hz，经时间比尺换算后，原型坝的基频分别为 3.23Hz 和 3.0Hz，与有限元分析得到的相应条件下的基频（空库 3.13Hz，满库 2.91Hz）相近。

（2）起裂加速度。在不同地震动输入水平下，加速度沿坝高的分布如图 6.5-5 所示，由图可见，随着高度的增加，加速度放大倍数有增大的趋势；随着输入加

图 6.5-4　溢流坝段试验模型

速度的增加，坝顶加速度放大倍数呈现减小的趋势，反映了坝体材料损伤程度对大坝动力特性的影响。

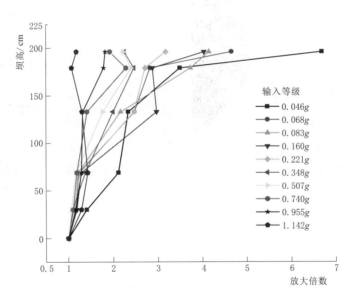

图 6.5-5　加速度放大倍数沿坝高的分布

（3）破坏形态。在不同地震动输入水平下，坝体开裂破坏部位和发展过程如图 6.5-6 所示。为便于识别，将开裂部位均用黑色墨水重描。由图可见，满库情况下挡水坝段首先在模型地震动输入峰值为 0.22g（对应原型峰值加速度 0.484g）时，从下游面坝头折

坡点处出现裂缝；继续激振，在模型峰值加速度为 0.348g（对应原型峰值加速度 0.766g）及至 0.74g（对应原型峰值加速度 1.629g）过程中，裂缝沿下游面横向发展，先贯通下游面，再沿坝厚度方向向上游发展，贯通整个截面。

（a）模型加速度0.22g　　　　　　　　（b）模型加速度0.348g

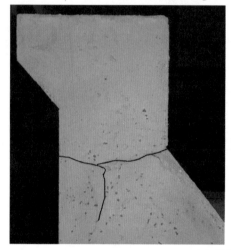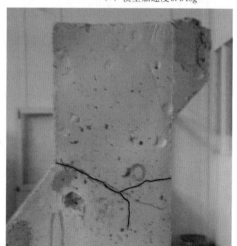

（c）模型加速度0.74g

图 6.5-6　挡水坝段模型破坏过程

2. 溢流坝段

（1）动力特性。在弹性范围内对模型进行白噪声扫频，并根据传递函数得到模型在空库和满库条件下的基频分别为 21.3Hz 和 17.2Hz，经时间比尺换算得到原型坝在空库和满库条件下的基频分别为 1.39Hz 和 1.1Hz，与相应条件下有限元分析得到的基频（空库 1.5Hz，满库 1.21Hz）较为相近。

（2）加速度响应沿坝高的分布。在不同幅值激励条件下，加速度沿坝高的分布如图 6.5-7 所示，由图可见：①当输入地震动幅值小于 0.29g 时，随着坝高的增加，加速度放大倍数增大；②当输入地震动幅值大于 0.29g 时，随着坝高的增加，加速度放大倍数

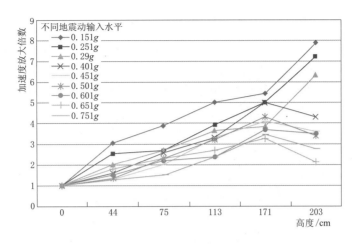

图 6.5 - 7　加速度放大倍数沿坝高的分布

逐渐增大，但在距坝顶 1/6 坝高处，即闸墩顶部和导墙相交部位，加速度放大倍数突然减小，从后续试验结果来看，该部位产生裂缝，为整个模型的薄弱区域；③随着地震动输入加速度水平的增加，加速度放大倍数呈现减小的趋势，放大系数增长率有所降低；④在强烈地震作用下，由于闸墩顶部和导墙出现裂缝，导致坝体整体刚度减小、模型频率降低。

（3）破坏形态。当输入地震动峰值为 $0.453g$ 时，在上游面闸墩底部首先开裂，裂缝深度约为 3cm；继续激振，当输入地震动峰值为 $0.552g$ 时，该裂缝迅速向下游延伸，并且沿导墙与闸墩顶部连接处开裂；当输入地震动峰值为 $0.711g$ 时，裂缝贯穿导墙，闸墩完全破坏，如图 6.5 - 8 所示。

图 6.5 - 8　溢流坝段导墙与闸墩顶部
连接处最终破坏形式

6.6　大坝极限抗震能力分析

大坝的极限抗震能力是指其抵御超设计概率水平地震作用的能力，在假定地震作用的反应谱和持时等不变的前提下，采用大坝处于"溃坝"临界状态时的超设计地震的基岩峰值加速度与设计地震加速度的比值来表征。

6.6.1　重力坝强震破坏机理及破坏模式

柯依纳（Koyna）、新丰江等重力坝工程震害实例和大量重力坝的抗震研究成果均表明，由于坝体刚度突变以及显著的头部动力放大效应，重力坝头部下游折坡部位应力集中效应显著，是重力坝抗震最为薄弱的部位。强震作用下出现自下游面直至上游面的贯通性裂缝导致大坝遭受结构性破坏是重力坝最为常见的破坏模式。一些研究成果也表明，当地震作用强烈时，处于较低高程的上游折坡部位亦可能出现局部开裂，但由于坝体断面相对较大，往往难以形成上、下游面贯通性开裂。

然而，Koyna、新丰江等重力坝震害实例同时也表明，尽管强震均造成了头部折坡部位的贯通性开裂，但震后均保持静力稳定，经加固后，至今仍能正常运行。显然，对于重力坝，在强震时出现贯通性开裂的安全极限状态的判据尽管是偏于安全的，但尚不足以反映结构实际工作性态。因此，对最大可信地震作用下已出现头部贯通性开裂的情况，头部块体的震后失稳成为另一种可能的重力坝强震破坏模式。

对于地质条件复杂的坝基岩体，由于存在软弱构造带，地震作用下的损伤破坏主要表现为软弱带与相邻岩体结构面的相对错动和软弱带本身的塑性变形。随着地震超载倍数的增加，这一区域的非线性变形、错动加剧，直至相对滑动流动状态，导致地基变形突增，威胁大坝整体安全。同样，对于坝下存在明确深层滑动组合的情况，当整个滑动面屈服（拉裂、剪断）贯通后，同样会引起沿滑动面的非线性变形突增，导致大坝失稳。因此对于地质条件较差的重力坝，坝基软弱带岩体或深层滑动面的非线性变形过大导致大坝失稳破坏是这类重力坝潜在的破坏模式。

重力坝通常按照"无拉应力准则"设计，在静态荷载组合作用下，坝踵部位通常处于轻微受压状态，导致强震作用下坝踵部位不可避免地出现拉应力。由于岩体本身非线性本构关系的复杂性以及作为初始条件的岩体地应力场和蓄水后的渗透压力场存在的较大不确定性，目前在大坝分析中通常将岩体作为线弹性体来考虑。由于坝踵部位应力集中效应显著，常常导致坝踵区较高的拉应力超过混凝土的弹性抗拉极限而出现受拉损伤，有时损伤范围甚至会超过帷幕中心线。因此，尽管现行抗震规范对于地震作用下重力坝坝踵损伤范围没有做出规定，但在一些研究成果中，常常以坝踵开裂损伤区超出帷幕中心线、危及坝基稳定安全作为一种可能的重力坝地震失稳破坏模式，进而作为评价重力坝抗震安全的依据。

从 Koyna 坝、新丰江坝遭受强震后坝踵部位混凝土与基岩胶结良好、并未出现破坏的实际震害来看，重力坝坝踵开裂失稳模式实际上可能并不存在。其原因在于，地震作用下坝踵部位的拉应力将首先使存在微细裂隙且几无抗拉强度的相邻岩体出现受拉损伤，使坝踵区拉应力得以释放，而混凝土本身将不再发生损伤。中国水利水电科学研究院结合汶川地震中遭遇地震的沙牌拱坝进行的震情验证研究表明，将地基岩体视为线弹性体，甚至作为以 D-P 模型模拟的弹塑性体的分析结果都无法反映这一实际情况。鉴于强震作用下岩体的破坏机理及其对重力坝安全的影响仍处于探索阶段，目前阶段，建议坝踵损伤扩展超过帷幕中心线导致大坝可能失稳，不宜作为重力坝可能的强震失稳破坏模式。

6.6.2　重力坝极限抗震能力研究实例

中国水利水电科学研究院结合三峡、向家坝和托巴三座重力坝，按照《水电工程水工建筑物抗震设计规范》(NB 35047—2015) 的相关规定和要求，进行了大坝极限抗震能力研究。

上述研究中，设计反应谱均采用基于设定地震的场地相关反应谱；无限地基辐射阻尼效应以黏弹性人工边界模拟；库水的动力作用以 Westergaard 附加质量模拟；坝体或地基中的接触非线性以动接触力模型模拟；坝体材料非线性以计入残余变形影响的损伤模型模拟；各项静力作用、大坝及地基材料的静动物理力学参数均按相关规范取值。

6.6.2.1　三峡重力坝

三峡工程位于长江三峡西陵峡河段，是世界最大的水利水电枢纽工程，具有防洪、发电以及航运等多方面的综合利用效益。拦河大坝为混凝土重力坝，泄洪坝段居中，两侧为电站厂房坝段和非溢流坝段。坝轴线全长 2309.47m，坝顶高程 185m，最大坝高 181m。水库正常蓄水位 175m，总库容 393 亿 m^3，其中防洪库容 221.5 亿 m^3。

三峡大坝坝址区工程地质条件优越，区域构造稳定性较好，地震活动性水平不高。经国家地震部门评定，坝址区地震基本烈度为Ⅵ度。三峡大坝为 1 级壅水建筑物，其工程抗震设防类别为甲类，100 年超越概率 2% 的设计地震基岩水平向峰值加速度为 $0.110g$，100 年超越概率 1% 的最大可信地震基岩水平向峰值加速度为 $0.135g$。

对三峡大坝左厂 3 号坝段和泄 2 号坝段共两个代表性坝段进行了极限抗震能力研究，图 6.6-1、图 6.6-2 分别为两坝段的有限元模型。

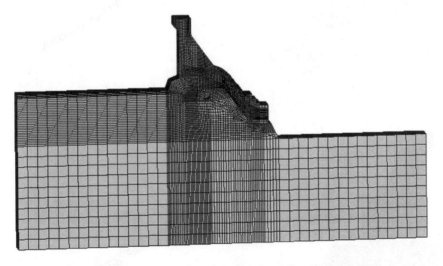

图 6.6-1　三峡大坝左厂 3 号坝段大坝-地基系统有限元模型

1. 左厂 3 号坝段计算结果及分析

图 6.6-3、图 6.6-4 分别为设计地震、最大可信地震作用下的大坝坝体损伤和滑动面 JLABCFHI 缝面相对滑移最大值分布图。图 6.6-5~图 6.6-8 为各超地震荷载工况下大坝坝体损伤和滑动面 JLABCFHI 缝面相对滑移最大值分布图，由此可得到以下分析结果：

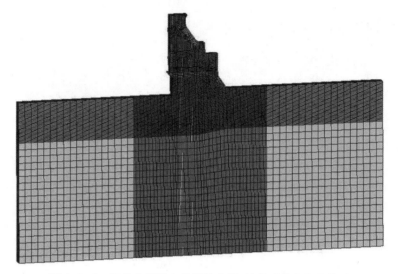

图 6.6-2　三峡大坝泄 2 号坝段大坝-地基系统有限元模型

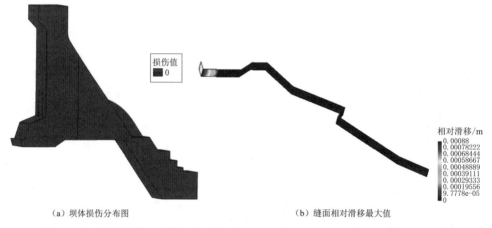

（a）坝体损伤分布图　　　　　　　　　　　（b）缝面相对滑移最大值

图 6.6-3　设计地震下坝体损伤和滑动面 JLABCFHI 缝面相对滑移最大值分布图

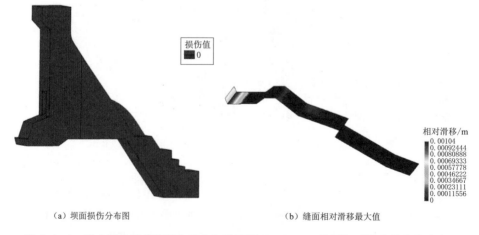

（a）坝面损伤分布图　　　　　　　　　　　（b）缝面相对滑移最大值

图 6.6-4　最大可信地震下坝体损伤和滑动面 JLABCFHI 缝面相对滑移最大值分布图

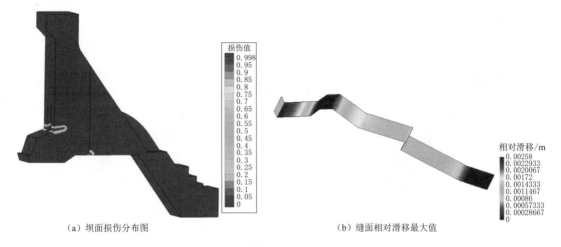

（a）坝面损伤分布图　　　　　　　　　　（b）缝面相对滑移最大值

图 6.6-5　超载倍数为 3 时坝体损伤和滑动面 JLABCFHI 缝面相对滑移最大值分布

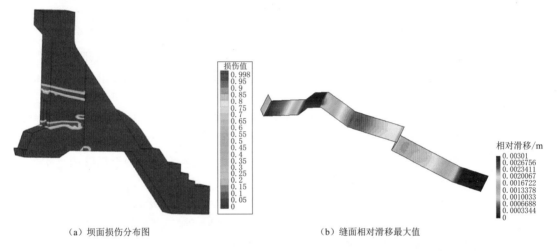

（a）坝面损伤分布图　　　　　　　　　　（b）缝面相对滑移最大值

图 6.6-6　超载倍数为 4 时坝体损伤和滑动面 JLABCFHI 缝面相对滑移最大值分布

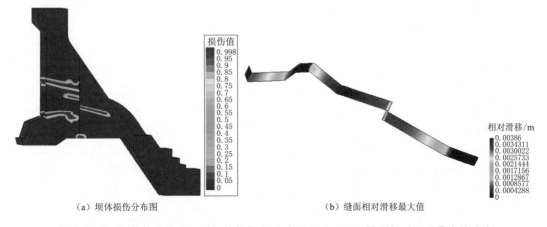

（a）坝体损伤分布图　　　　　　　　　　（b）缝面相对滑移最大值

图 6.6-7　超载倍数为 4.9 时坝体损伤和滑动面 JLABCFHI 缝面相对滑移最大值分布

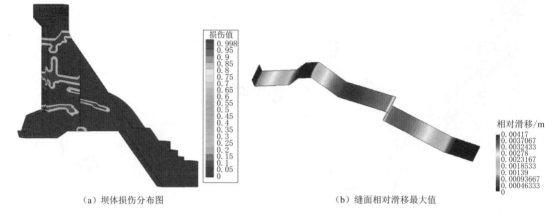

（a）坝体损伤分布图　　　　　　　　　（b）缝面相对滑移最大值

图 6.6－8　超载倍数为 5.0 时坝体损伤和滑动面 JLABCFHI 缝面相对滑移最大值分布

（1）设计地震下，左厂 3 号坝段坝体未出现损伤，控制性深层滑动面仅有极轻微损伤。

（2）最大可信地震作用下，左厂 3 号坝段坝体未出现损伤，控制性深层滑动面仅有局部极轻微滑移。

（3）地震超载倍数为 3 时，大坝坝体在进水孔两侧边墙根部和纵缝底端开始出现了局部损伤。滑动面的滑动范围有所扩展，最大滑移量有所增加，但并未形成沿整个滑面的整体滑动。

（4）地震超载倍数为 4 时，滑动面 JLABCFHI 的滑移发生范围基本保持不变，仍没有产生沿整个滑面的整体滑动。大坝坝体损伤发展开始加剧，进水口两侧边墙根部损伤形成宏观开裂的范围已接近坝体纵缝，而在近 1/2 坝高处形成自上游坝面至纵缝的近水平向宏观开裂损伤，纵缝底端附近的损伤也有所扩展。

（5）地震超载倍数为 4.9 时，滑动面 JLABCFHI 仍没有产生沿整个滑面的整体滑动，大坝坝体损伤发展进一步加剧，在进水口底板高程至近 1/2 坝高高程间出现了自坝体纵缝向下游扩展的两条近水平向的开裂损伤，但尚未贯通坝体。

（6）地震超载倍数达 5.0 时，滑动面 JLABCFHI 没有产生沿整个滑面的整体滑动。大坝坝体损伤急剧扩展，大坝头部折坡部位在出现了贯通坝体的近水平向折线形宏观开裂损伤的同时，向下部高程扩展，几乎与近 1/2 坝高处向上部高程扩展的宏观开裂损伤连通，大坝已遭受严重损伤破坏。

（7）随着地震超载倍数的增加，由于滑动面 JLABCFHI 上游齿槽的阻滑作用和下游岩桥较高的抗剪断参数，该滑面难以形成沿滑动面的整体滑动，不构成左厂 3 号坝段抗震安全的控制因素。

（8）如以大坝坝体出现贯通性宏观开裂损伤为判别准则，体现三峡大坝左厂 3 号坝段极限抗震能力的抗震安全系数为 4.9。

2．泄 2 号坝段计算结果及分析

图 6.6－9、图 6.6－10 分别为设计地震、最大可信地震作用下的大坝坝体损伤分布图。图 6.6－11～图 6.6－14 为各超设计地震荷载工况下大坝坝体损伤分布图，由此可得到以下分析结果：

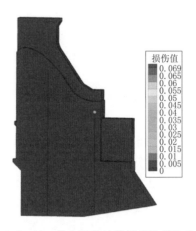

图 6.6 - 9　设计地震下坝体损伤分布　　图 6.6 - 10　最大可信地震下坝体损伤分布

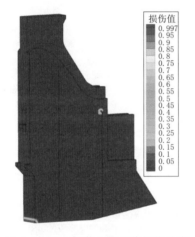

图 6.6 - 11　超载 2 倍坝体损伤分布　　图 6.6 - 12　超载 2.5 倍坝体损伤分布

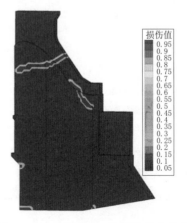

图 6.6 - 13　超载 2.9 倍坝体损伤分布　　图 6.6 - 14　超载 3.0 倍坝体损伤分布

（1）设计地震作用下，大坝坝体无损伤发生，大坝抗震安全性可以得到保证。

（2）最大可信地震作用下，纵缝 2 顶端附近出现了极微小的局部轻微损伤。坝体其余部位未发生损伤，大坝整体处于线弹性状态。

（3）地震超载倍数为 2（PGA＝0.22g）时，坝踵部位出现深度约 2m 左右的局部损伤，纵缝 2 顶端附近也出现了范围不大的轻微损伤。总体上，大坝损伤范围仍很小，损伤轻微。

（4）地震超载倍数为 2.5 时（PGA＝0.275g），坝踵损伤深度增加至约 4m，纵缝 2 自顶端向上游侧的斜上方扩展较显著，纵缝 2 底端开始出现局部轻微损伤。

（5）地震超载倍数为 2.9 时（PGA＝0.319g），坝踵部位损伤深度增加至约 10m（但仍未达帷幕中心线），纵缝 2 顶端、底端附近的损伤范围保持不变。纵缝 1 顶部损伤虽有较明显扩展但仍属轻微。在导流底孔进口底坎根部（高程 46m 附近）、深孔进口侧墙附近开始出现了局部轻微损伤。

（6）地震超载倍数为 3 时（PGA＝0.33g），坝踵、纵缝 2 顶底端、导流底孔进口和深孔进口侧墙的损伤范围基本未扩展，但在纵缝 1 顶端附近，大坝损伤自顶端开始分别沿下游斜上方和沿上游近水平向的损伤迅速发展，直至整个坝体出现贯通性宏观开裂，大坝出现了严重损伤破坏。

（7）以坝体出现贯通性宏观开裂为判别依据，体现三峡大坝泄 2 号坝段极限抗震能力的抗震安全系数为 2.9。

6.6.2.2 向家坝重力坝

向家坝水电站是金沙江下游河段规划的最末一个梯级电站，坝址位于四川省宜宾市和云南省水富县交界处。电站上距溪洛渡河道里程为 156.6km，下距宜宾市 33km，离水富县城 1.5km。水库正常蓄水位 380.00m，死水位 370.00m，水库总库容 51.63 亿 m³，调节库容 9.03 亿 m³，为不完全季调节水库。电站装机容量 6400MW，保证出力 2009MW，多年平均年发电量 308.8 亿 kW·h，灌溉面积 375.48 万亩。

向家坝水电站属一等大（1）型工程，工程枢纽主要由挡水建筑物、泄洪消能建筑物、冲排沙建筑物、左岸坝后引水发电系统、右岸地下引水发电系统、通航建筑物及灌溉取水口等组成。其中拦河大坝为混凝土重力坝，最大坝高 162.00m。

大坝抗震设防类别为甲类，100 年超越概率 2% 的设计地震基岩水平向峰值加速度 0.226g，100 年超越概率 1% 的最大可信地震基岩水平向峰值加速度 0.282g。

对向家坝大坝的典型挡水坝段和泄水坝段进行了极限抗震能力研究。图 6.6-15 和图 6.6-16 分别为两坝段的有限元模型。

1. 挡水坝段计算结果及分析

图 6.6-17 为设计地震作用结束后建基面开裂范围。图 6.6-18 为最大可信地震作用结束后建基面开裂范围。图 6.6-19 为坝顶顺河向相对位移及头部折坡处缝面相对错动随超载倍数变化情况。图 6.6-20 为头部折坡部位缝面开裂范围随超载倍数变化情况。由计算结果可见：

（1）在设计地震和最大可信地震作用下，大坝头部缝面未出现开裂。建基面大部分区域均未出现开裂破坏，基岩内软弱带和断层破碎带未出现进入塑性的单元。

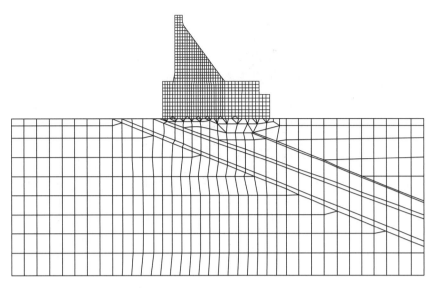

图 6.6－15　向家坝挡水坝段坝体地基有限元模型

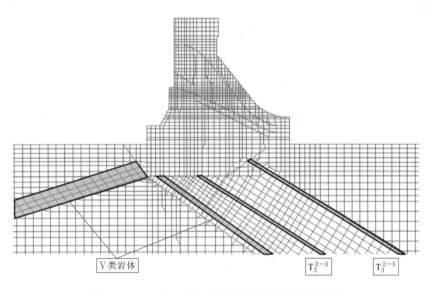

V 类岩体　　　　T_3^{2-3}　　　T_3^{2-5}

图 6.6－16　向家坝泄水坝段坝体地基有限元模型

（2）大坝头部折坡部位接触缝面在 1.5 倍设计地震前未发生开裂。

（3）在地震超载倍数超过 1.6 后，坝头折坡部位从下游侧开始出现开裂，并随着超载倍数的增加，开裂深度逐渐加大。在超载倍数达到 1.9 时，坝头折坡部位设水平缝位置 16m 的厚度完全裂通，坝头水平缝出现贯通性开裂，此时水平缝上下侧的坝体之间开始出现整体的顺河向错动，坝顶顺河向震后残余位移也随之出现较大增长，到超载 2 倍时接近 8cm。

（4）根据上述分析，若以头部水平缝面开裂贯通为判别依据，体现向家坝挡水坝段极限抗震能力的抗震安全系数为 1.9。

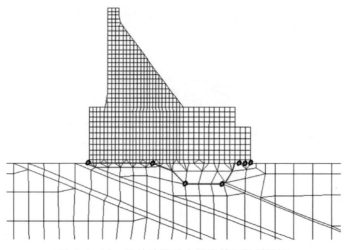

图 6.6-17　设计地震后大坝建基面开裂情况

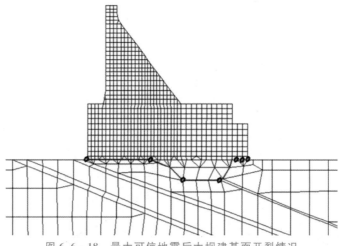

图 6.6-18　最大可信地震后大坝建基面开裂情况

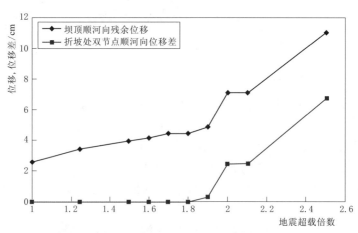

图 6.6-19　坝顶顺河向相对位移及头部折坡处缝面相对错动
随超载倍数变化情况

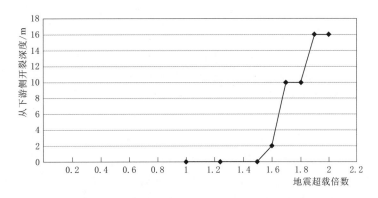

图 6.6 - 20　头部折坡部位缝面开裂范围随超设计地震荷载倍数变化情况

2. 泄水坝段计算结果及分析

表 6.6 - 1 为设计地震和最大可信地震震后 T_3^{2-3} 及 T_3^{2-5} 的顶、底面的最大残余错动量。表 6.6 - 2 为随地震超载头部水平缝面开裂范围的发展情况。图 6.6 - 21 为 T_3^{2-3} 与 T_3^{2-5} 顶、底面震后错动量随地震超载倍数变化情况。由计算成果可得到以下结论:

表 6.6 - 1　　　　　　　　　　T_3^{2-3} 及 T_3^{2-5} 顶、底面最大错动量

作用荷载	错动量/cm			
	T_3^{2-5} 顶面	T_3^{2-5} 底面	T_3^{2-3} 顶面	T_3^{2-3} 底面
设计地震	2.3	4.2	3.4	1.6
最大可信地震	3.5	8.1	3.4	1.9

表 6.6 - 2　　　　　　　　　　坝体头部折坡处水平缝开裂深度

超设计地震荷载倍数	1.0	1.248	2.0	2.6	2.8	3.0
开裂深度/m	0	0	7.5	7.5	17	17

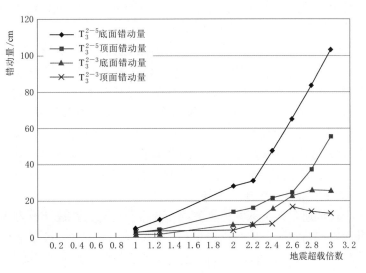

图 6.6 - 21　T_3^{2-3} 与 T_3^{2-5} 顶、底面震后错动量随超设计地震荷载倍数的变化

（1）在设计地震作用下，基岩内软弱带和断层破碎带没有进入塑性状态。T_3^{2-3} 及 T_3^{2-5} 的顶、底面出现局部残余错动。

（2）在最大可信地震作用下，基岩内软弱带和断层破碎带仍未进入塑性状态。T_3^{2-3} 及 T_3^{2-5} 的顶、底面的残余错动量较设计地震有所增加。

（3）与挡水坝段通常表现出来的头部折坡部位为抗震薄弱部位的一般规律不同，泄水坝段基岩中三条主要的软弱带与坝基面相交，将地基分割为条带状，加之软弱带自身的塑性变形和顶、底面的错动，使得软弱带形成的坝基下方倾向下游的条状区域成为抗震薄弱部位。地震作用下泄水坝段坝基下方条状区域的损伤破坏主要表现为软弱带顶面、底面的错动和软弱带的相对错动。随着地震超载倍数的增加，这一区域的非线性变形、错动加剧，直至进入塑性流动状态，最终威胁大坝整体安全；而大坝坝体本身的动态及残余位移响应增加减缓。

（4）大坝头部折坡部位接触缝面在 2.0 倍设计地震荷载时开始发生开裂，开裂深度为 7.5m；在 2.8 倍设计地震荷载作用时，下游侧开裂深度为 17m，即头部折坡部位总厚度的 34%；超载倍数进一步增加时，头部开裂不再进一步扩展。

（5）随地震超载倍数增加，T_3^{2-3} 与 T_3^{2-5} 岩组顶、底面的残余错动随超载倍数增加而增加，尤以靠下游侧的 T_3^{2-5} 的错动发展更为显著。由图 6.6-21 可见，4 个接触缝面最大残余错动量的拐点分布在地震超载倍数为 2.2～2.8。

（6）根据以上分析，对于向家坝泄水坝段，按照基岩内残余错动随地震作用增加的曲线上出现拐点作为评判依据，并考虑偏于安全的原则，体现其极限抗震能力的抗震安全系数为 2.2。

6.6.2.3 托巴重力坝

托巴水电站是澜沧江干流上游河段（云南省境内）规划的第四个梯级，电站位于云南省迪庆藏族自治州维西傈僳族自治县境内，其上游为里底梯级，下游与黄登梯级相衔接。

托巴水电站属一等大（1）型工程，枢纽主要建筑物由挡水建筑物、泄洪消能建筑物、右岸地下输水发电系统等组成。挡水建筑物采用碾压混凝土重力坝，坝顶高程 1740.00m，最大坝高 158.00m，坝顶长 498.00m。

该工程挡水建筑物抗震设计类别为甲类。根据地震危险性分析成果，挡水建筑物抗震设计标准以 100 年为基准期，超越概率 0.02 确定设计地震加速度代表值，相应的设计地震基岩水平向峰值加速度为 0.375g。由概率法得到超越概率为 100 年 1% 的基岩水平向加速度峰值为 0.440g，由构造法得到的基岩水平峰值加速度最大值为 0.391g。出于工程安全考虑，大坝校核地震动参数取高值 0.440g。

对托巴大坝抗震能力相对较弱的典型挡水坝段进行了计算分析。图 6.6-22 和图 6.6-23 分别为大坝-地基系统有限元模型图和接触缝面设置图。

1. 基于大坝混凝土损伤的非线性分析

图 6.6-24 为设计地震作用下托巴坝体损伤分布，可见，在设计地震作用下大坝下游折坡高程、建基面附近出现了一定程度的损伤。图 6.6-25 为最大可信地震作用下坝体损伤分布（损伤值很小），可见，在最大可信地震作用下大坝下游折坡高程、建基面附近的损伤程度加剧，头部折坡高程出现贯通性损伤。

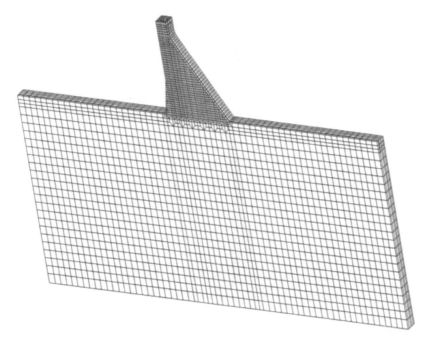

图 6.6 - 22 大坝-地基三维有限元模型

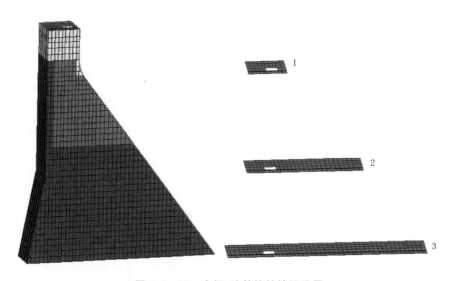

图 6.6 - 23 大坝-地基接触缝面设置

2. 基于缝面接触非线性及震后静力稳定的分析评价

基于大坝混凝土损伤模型的分析结果表明，在最大可信地震作用下托巴大坝挡水坝段的头部折坡部位已形成贯通性损伤开裂区。

为进一步研究论证最大可信地震作用下的大坝抗震安全性，在下游折坡、上游折坡和建基面设置了 3 条具有初始强度的接触缝面，采用接触模型进行大坝非线性分析。通过各缝面在最大可信地震作用下的开裂破坏状况，核算大坝震后的静力稳定性，评价大坝的抗震安全。

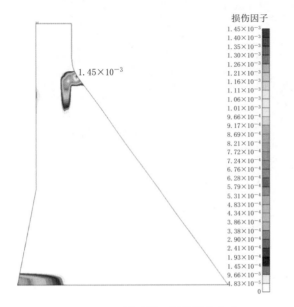

图 6.6 - 24　设计地震下坝体损伤分布

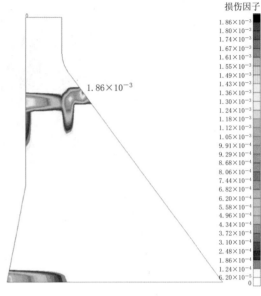

图 6.6 - 25　最大可信地震下坝体损伤分布

图 6.6 - 26 为设计地震作用下各缝面破坏范围分布，可见，在设计地震作用下，坝体中设置的 3 条水平缝面均出现了不同程度的破坏，其中头部缝面破坏最为严重。图 6.6 - 27 为最大可信地震作用下各缝面破坏范围分布，可见，在最大可信地震作用下缝面破坏进一步加剧，头部缝面已形成贯通性破坏，且出现了约 6mm 的向下游的残余错动，如图 6.6 - 28 所示。

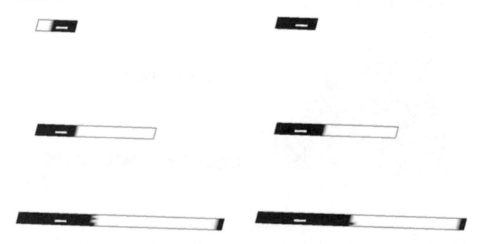

图 6.6 - 26　设计地震下缝面破坏分布　　　　图 6.6 - 27　最大可信地震下缝面破坏分布

无论采用坝体损伤模型还是缝面接触模型，其结果均显示最大可信地震下托巴大坝已出现了头部折坡部位的贯通性破坏。而我国新丰江大坝和印度 Koyna 大坝的实际震害中尽管出现了贯通性开裂，但经加固修复后至今仍在正常运行，这一事实说明，重力坝头部折坡部位出现贯通性开裂并不意味着大坝会丧失承载能力而溃决。

为进一步研究论证非溢流坝段的抗震安全性，本节采用动接触力模型，参照美国陆军工程师兵团的工程师手册《重力坝设计》（*Gravity Dam Design*，US Army Corps of Engineers，EM1110-2-2200）的相关规定，借鉴中国水科院抗震中心完成的《印尼 Upper Cisokan 抽水蓄能电站工程下库碾压混凝土重力坝三维有限元动力分析研究》中世界银行特别咨询团的相关建议，根据大坝的震后静力稳定性进行大坝极限抗震能力评价。

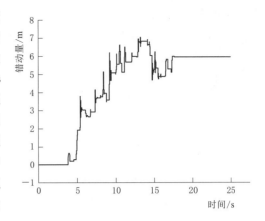

图 6.6-28　最大可信地震作用下头部折坡缝面错动量时程

参照 Cisokan 大坝计算中世界银行特别咨询团专家的建议，当缝面错动量小于排水孔直径的 30％时，大坝排水功能可保持正常。托巴大坝在最大可信地震作用下头部缝面震后残余错动量约为 6mm，远小于大坝排水孔直径 15cm 的 30％（45mm），其排水系统可维持正常工作。考虑到缝面已发生整体滑动，核算中缝面扬压力取值如下：排水孔前缝面扬压力取上游水头，排水孔后缝面扬压力取为 0.2H（H 为上游水头）、缝面发生整体错动后，其黏聚力取为 0。由表 6.6-3 可见，最大可信地震后，头部坝体震后静力抗滑稳定安全系数为 3.46，远大于 EM1110-2-2200 中规定的不小于 1.3 的要求。

表 6.6-3　　　　　　　　　　坝体头部震后静力抗滑稳定验算表

水平合力/N	竖向合力/N	摩擦系数	安全系数
7.68×10^7	2.81×10^8	0.945	3.46

为论证托巴大坝的极限抗震能力，采用动接触模型进行了地震超载计算。计算结果表明，当超设计地震荷载倍数为 1.4 时，上游折坡缝面出现了贯通性开裂，但其残余错动量为 40.8mm，未超过排水孔孔径的 30％（45mm），排水功能仍可维持正常；核算其震后静力稳定安全系数为 1.54，大于 1.3。但当超设计地震荷载倍数为 1.5 时，缝 2 的残余错动量达 53.9mm，已超过排水孔孔径的 30％（45m），在假定排水功能失效的条件下，按照缝面扬压力取全水头计算，该缝面的震后静力稳定安全系数仅为 0.47，大坝将失稳破坏。

按照大坝震后静力稳定性评价，体现托巴大坝极限抗震能力的抗震安全系数为 1.4。

6.6.3　重力坝极限抗震能力评价指标

应该指出，尽管近年来在重力坝抗震方面取得了大量研究成果，但由于在地震作用、大坝及地基岩体非线性本构模型、地基岩体中初始地应力场及压力场等方面仍然存在较大不确定性，加之可提供验证的重力坝强震破坏的震害实例不多，目前高混凝土坝真实的抗震安全极限状态尚不十分明晰。

在上述重力坝抗震研究的实例中，对于工程抗震设计中的各个环节，包括地震作用和结构系统抗力等参数均在考虑其固有的不确定性基础上偏于安全地取值，因此可认为，目前研究所给出的大坝抗震安全极限状态应是偏于安全的。

重力坝强震破坏模式及其抗震安全极限状态列于表 6.6 - 4。

表 6.6 - 4　　　　　　　　　重力坝强震破坏模式及抗震安全极限状态

强震破坏模式	抗震安全极限状态
坝体中上部折坡部位近水平向损伤扩展导致的结构性破坏	头部出现贯通性宏观开裂
坝基软弱岩体或深层滑动面非线性变形发展导致的变形或失稳破坏	地震超载倍数与典型部位非线性变形关系曲线上出现拐点
坝体出现近水平向贯通性宏观开裂，震后头部块体静力失稳	头部块体震后静力稳定安全系数小于 1.3

为定量描述重力坝的极限抗震能力，给出抗震安全系数 K_{DE}：

$$K_{DE} = \frac{PGA_{SSU}}{PGA_{DE}}$$

式中：K_{DE} 为抗震安全系数；PGA_{SSU} 为达到抗震安全极限状态时的基岩水平向峰值加速度；PGA_{DE} 为设计地震的基岩水平向峰值加速度。依据上述评价指标，本节计算的 3 座重力坝的抗震安全系数列于表 6.6 - 5。

表 6.6 - 5　　　　　　　　　重力坝抗震安全系数 K_{DE}

坝名	坝段	K_{DE}	抗震安全极限状态
三峡	左厂 3	4.90	坝体出现贯通性宏观开裂
	泄 2	2.90	坝体出现贯通性宏观开裂
向家坝	挡水	1.90	坝体出现贯通性宏观开裂
	泄水	2.20	地震超载与典型部位非线性变形曲线上出现拐点
托巴	挡水	1.40	头部块体震后静力稳定安全系数小于 1.3

第 7 章

拱坝抗震分析

拱坝是利用河谷地形建造的一种大型空间壳体结构，利用拱壳结构合理的应力分布抵挡水、砂压力及各种荷载。拱坝的主要特点为：高度超静定结构，具有相当强的自身调节能力，有较高的工程安全度；能充分发挥材料特性，混凝土方量小，建设工期较短，经济性好。从抗震角度而言，地震荷载能在拱、梁系统中调整，具有良好的抗震能力。尽管如此，鉴于问题的复杂性和一旦失事其后果的严重性，对高拱坝的抗震问题，必须给予足够的重视。迄今为止，国内外拱坝遭受震害的实例不多，尤其是修建在强震区的 200m 以上高拱坝经受强震作用的实例就更少。正是由于缺乏工程实例的借鉴，在我国西部地区修建的高拱坝规模、难度、复杂性都属世界前列，其工程抗震设计和安全评价面临严峻挑战，也给工程抗震学科提出了许多亟待解决的前沿课题。

在众多学者和科研人员的努力研究和工作下，拱坝的抗震设计理论和分析方法都得到了极大的发展。拱坝抗震分析方法，已经从原来的拟静力方法发展到动力分析方法，从拱梁分载法发展到有限元方法，从仅考虑坝体分析发展到考虑拱坝-地基-库水相互作用分析，从坝体应力分析与坝肩稳定隔离计算发展到将拱坝坝体与周围介质建立统一模型分析。在拱坝-地基-库水体系的动力相互作用、无限地基的辐射阻尼作用、坝体及基岩的几何非线性和材料非线性问题的计算分析等方面都取得了一系列研究成果，建立了比较完善的坝体-地基-库水非线性动力损伤分析方法。

7.1 拱坝动力分析

常用的拱坝抗震动力分析方法主要有拱梁分载法和有限元法。

7.1.1 拱梁分载法

20 世纪初，美国惠勒和瑞士斯托克等提出了拱梁分载的概念（李瓒 等，2000）。20 世纪 30 年代，美国垦务局进行胡佛（Hoover）坝等拱坝的设计时，系统研究了拱梁分载法的理论和计算方法，并制成供计算应用的各种图表，使该法逐渐成熟。此后，通过计算结果与结构模型试验成果的对比，逐步证实拱梁分载法的可靠性。20 世纪 60 年代，由于电子计算机的发展和应用，逐步采用解算代数方程组的办法来代替试算，名称也随之改为拱梁分载法；很多国家有专用计算程序可供应用。

7.1.1.1 拱梁分载法基本原理

拱梁分载法的理论基础可追溯于工程力学上的两条基本理论，即内外力替代原理和唯一解原理。以图 7.1-1 所示的拱坝为例进行说明（假定地基为刚体）。从坝体中切出一片梁，不仅把外荷载 p 施加在梁上，而且把梁的两个侧面上的应力也都作为表面荷载作用在梁上，然后按一根独立的梁进行计算。根据内外力替代原理，只要所加的表面力系确实是该面上的真实应力，所得的梁的变形和应力就应该是准确值。同样，从坝中切取出一片水平拱，将其上下两个表面上的应力作为边界荷载施加在两个表面，再按独立拱进行计算，得到准确的变形和应力。如果梁和拱在某点相交，则由两套系统算出来的该点变形应该一致，因为二者都表示该点的真实变形。反过来说，如果将拱坝切割为梁系和拱系，并且在各切割面上施加某种内力系，调整这些内力系，使拱和梁这两套系统在外荷载和内力系作用下的变形处处一致，根据唯一解原理可知，所加的内力系一定代表切割面上真正应力的影响，所以，求出的梁、拱应力及变形就是拱坝的真实应力和变形。因此，就拱梁分载法的原理而言，它是一个准确的计算方法。通常此法只得出了近似的结果，并非是原理上的问题，而是由于在计算中采取了一些简化假定，或划分的梁、拱系统单元过少，使计算的结果准确性降低。

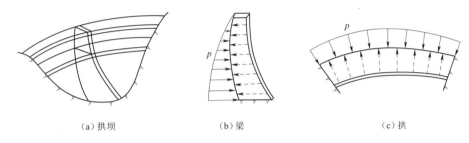

（a）拱坝   （b）梁   （c）拱

图 7.1-1　拱梁分载法的计算图形

7.1.1.2　拱梁分载法基本假定

在满足内外力替代原理和唯一解原理的前提下，为了简化计算以达到实用的目的，在拱梁分载法计算中作了下述假定，其中多数假定与拱坝实际工作状态大体相符，不致引起太大的误差：

（1）假定库岸和库底在承受水库水压下不产生变形。

（2）坝段在横缝灌浆以前由于自重、温度变化和干缩等产生的变形，在拱起作用前已经存在，假定这些荷载不再向两侧传递，不参加变形协调方程的计算。

（3）拱坝和基岩的连接面，在平面上与拱弧线正交，即为半径方向。

（4）假定拱的平均温度变化随每个拱圈的平均水平厚度而变化，不均匀温度变化是从坝上游面到下游面的温度变化和两拱座之间的温度变化。

（5）当坝内产生过大的拉应力时，假定混凝土截面裂开，所有荷载由截面未裂开的部分承受。

（6）在计算变形时，假定拱的法向截面在变形后仍保持平面。

（7）假定混凝土和基岩都是均匀、各向同性的弹性体。

7.1.1.3　拱梁分载法动力分析

1. 柔度矩阵

当不考虑初始荷载引起的初变形时，梁上的分配荷载可表示为

$$X = (C + A)^{-1} AP \tag{7.1-1}$$

式中：C 和 A 为梁系数矩阵和拱系数矩阵，由相应的梁变形系数与拱变形系数项组合而成；X 为梁上分配的荷载列阵；P 为作用在节点上的总径向荷载。

则梁的变形为 CX，拱的变形为 $A(P-X)$。

根据结构力学中柔度矩阵的定义，柔度矩阵中任一元素 f_{ij} 为 j 自由度作用单位力在 i 自由度产生的变形。由此可建立拱梁分载法的柔度矩阵表达式 $\boldsymbol{F}$，即为 $\boldsymbol{P}=\boldsymbol{I}$（单位荷载矩阵）时梁的变形表达式，故有

$$\boldsymbol{F}=\boldsymbol{C}(\boldsymbol{C}+\boldsymbol{A})^{-1}\boldsymbol{A} \tag{7.1-2}$$

拱梁分载法柔度矩阵不具备有限元法刚度矩阵（柔度矩阵的逆矩阵）的稀疏性和带状分布，当考虑地基变形时，此柔度矩阵为一满阵，且为对称矩阵。

2. 质量矩阵

用拱梁分载法对拱坝进行动力分析，其所用的质量矩阵与有限元法中的质量矩阵有所不同。在拱梁分载法中，外荷载采用三角形分布荷载形式，所以决定惯性力的质量分布形式也应与荷载分布形式相一致。假定质量沿坝体中轴面随坝体厚度呈线性变化，在每一个拱、梁交点，其质量即为该点的质量强度，表达式为

$$m_i=\rho_c t_i/g \tag{7.1-3}$$

式中：ρ_c 为混凝土的密度；t_i 为拱和梁交点 i 的坝体厚度；g 为重力加速度；$i=1,2,\cdots,N$，N 为拱、梁交点总数。

质量矩阵呈对角形式，对于 N 个交点的拱坝质量矩阵为

$$\boldsymbol{M}_{3N \times 3N}=\mathrm{diag}(m_1,m_2,\cdots,m_N,m_1,m_2,\cdots,m_N,0,0,\cdots,0) \tag{7.1-4}$$

前 N 个质量相应于径向惯性力；中间的 N 个质量相应于切向惯性力；忽略扭转惯性力的影响，最后 N 个相应于扭转惯性力的质量为 0。

考虑水库动力作用的库水附加质量 $\boldsymbol{M}_a$ 的计算，采用广义的 Westergaard 公式，参见 7.2.1.1 节。

3. 系统特征方程求解

根据柔度矩阵和质量矩阵，可建立系统的特征方程：

$$\left[\frac{1}{\omega_j^2}\boldsymbol{I}-\boldsymbol{F}(\boldsymbol{M}+\boldsymbol{M}_a)\right]\boldsymbol{Y}_j=0 \tag{7.1-5}$$

式中：ω_j、$\boldsymbol{Y}_j$ 为系统的第 j 阶自振圆频率和振型向量。

求解式（7.1-5），可得到系统的振型和频率，如上所述一般参与叠加只需几个低阶振型。对于用柔度矩阵表示的特征方程，当只求几个低阶振型时，一般用 Stodola 迭代方法较为方便。

4. 动力反应分析

根据自振特性分析求得的频率和振型，可利用振型叠加法计算拱坝的动力反应。对于工程上常用的反应谱分析计算，首先要求出振型参与系数，第 j 振型的顺河向（y 方向）和横河向（x 方向）振型参与系数 η_j^y 和 η_j^x，可以按下式计算：

$$\begin{cases} \eta_j^y=\dfrac{\sum\limits_i\left\{\displaystyle\int_s M^y(S)Y_j^y(S)\mathrm{d}S\right\}}{\sum\left\{\displaystyle\int_s M_{(s)}^x[Y_j^x(S)]^2\mathrm{d}S+\displaystyle\int_s M_{(s)}^y[Y_j^x(S)]^2\mathrm{d}S\right\}} \\[4mm] \eta_j^x=\dfrac{\sum\limits_i\left\{\displaystyle\int_s M^x(S)Y_j^y(S)\mathrm{d}S\right\}}{\sum\left\{\displaystyle\int_s M^x(S)[Y_j^x(S)]^2\mathrm{d}S+\displaystyle\int_s M^y(S)[Y_j^y(S)]^2\mathrm{d}S\right\}} \end{cases} \tag{7.1-6}$$

式中：Σ 指按拱求和；$\int_s$ 是指沿各拱中心轴线做曲线积分，可用辛普森三点公式进行积分计算；$M^x(S)$ 和 $M^y(S)$ 分别表示沿拱中心轴线各点在 x 方向和 y 方向的质量强度，可由质量矩阵 $(M+M_a)$ 中径向和切向质量强度换算求得；$Y_j^x(S)$ 和 $Y_j^y(S)$ 分别表示沿拱中心线第 j 振型在 x 方向和 y 方向的分量，同样也可以通过径向和切向振型分量换算求得。

计算出振型参与系数后，便可计算地震荷载，相应于第 j 振型作用在拱、梁交点 i 的 x 方向和 y 方向的地震荷载为

$$\begin{cases} P_j^x(i)=K_H^x C_Z \beta_j^x \eta_j^x Y_j^x(i)W^x(i) \\ P_j^y(i)=K_H^y C_Z \beta_j^y \eta_j^y Y_j^y(i)W^y(i) \end{cases} \tag{7.1-7}$$

式中：K_H^x 和 K_H^y 为横河向和顺河向水平地震系数；C_Z 为综合影响系数；β_j^x 和 β_j^y 为相应 j 振型自振周期 $T_j=(2\pi/\omega_j)$ 的地震加速度反应谱值；$Y_j^x(i)$ 和 $Y_j^y(i)$ 为 j 振型在 i 点的 x 方向和 y 方向的分量；$W^x(i)$ 和 $W^y(i)$ 为 i 点的 x 方向和 y 方向重量强度，$W^x(i)=gM^x(i)$，$W^y(i)=gM^y(i)$。

计算出各阶振型的 $P_j^x(i)$ 和 $P_j^y(i)$ 后，可换算成各阶振型的径向和切向地震荷载，并组成一地震荷载矩阵 P^{ea}。再计算出梁上的分配荷载 $X^{ea}=(C+A)^{-1}AP^{ea}$，则拱上的分配荷载为 $P^{ea}-X^{ea}$。根据梁、拱各自分配到的地震荷载，可以很容易地计算出梁、拱的各阶振型动应力。然后再用 SRSS（平方和开平方）方法组合各振型反应，求出拱坝总的地震动应力。

对于基于振型叠加法的反应历程分析，首先求出广义坐标 $q_j(t)$（$j=1, 2, \cdots, m$，m 为参与叠加的振型数），其中振型参与系数 η_j 应按式（7.1-6）进行计算。然后，按式（7.1-8）计算各振型惯性力，即

$$\begin{cases} F_j^x(i)=M_j^i(i)\omega_j^2 Y_j^x(i) \\ F_j^y(i)=M_j^y(i)\omega_j^2 Y_j^y(i) \end{cases} \tag{7.1-8}$$

并换算成各阶振型的径向和切向惯性力，组成一惯性力矩阵 F，再利用式（7.1-1）可计算出梁上的分配荷载 $X^f=(C+A)^{-1}AF$，相应的拱上分配荷载为 $F-X^f$。从而求出梁、拱各阶振型的动力反应 $F_j(i)$（可以是位移、应力、内力）。梁或拱上某点的地震反应历程 $R_i(t)$ 表示为

$$R_i(t)=\sum_{j=1}^m R_j(i)q_j(t) \tag{7.1-9}$$

7.1.2　有限元法

Turner 等（1956）和 Clough（1960）在分析飞机机翼结构时，第一次应用三角形单元求得平面应力问题的正确解答。1960 年 Clough 进一步处理了平面弹性问题，并第一次提出了"有限单元法"的名称。此后，随着计算机的使用日益广泛，有限元法得到了迅速的发展，已成为一种非常有效的数值分析方法，不仅被广泛应用于各种结构工程中，而且也被推广并成功用于解决其他工程领域中的问题。

用有限元法对拱坝进行地震反应分析，是目前工程上最常用的动力分析方法。与拱梁

分载法相比，可以更加合理地模拟拱坝-地基系统的复杂几何形状和复杂的材料特性。因此，在抗震设计规范中将拱梁分载法作为基本分析方法，但是对于结构复杂和地基条件复杂的拱坝还需要进行有限元动力分析。

7.1.2.1 有限元基本原理

从结构力学观点出发，有限元法是把一个连续的物体人为地离散为若干单元，相邻单元在节点处相互连接。研究每个单元的应力-应变特性，计算每个单元的刚度矩阵，然后组合成整体刚度矩阵；对于所有外荷载，以静力等效的方式转移到各节点上，并组成节点荷载列阵；最后通过节点上的平衡条件，计算出节点变形，进而求出单元的应变和应力。

7.1.2.2 有限元动力方程

将连续的求解区域离散为一组有限个、且按一定方式相互连接在一起的单元的组合体。在每一个单元内假设近似函数来分片表示整个求解域上待求的未知场函数，将未知场函数（及其导数）在各个节点上的数值作为新的未知量（即自由度），从而使一个连续的无限自由度问题变成离散的有限自由度问题。对于离散结构，应用最小势能原理就可以建立关于节点未知量的控制方程。在拱坝地震反应分析中，一般假定库水为不可压缩的流体，并用附加质量近似表示其对坝体的动力作用。拱坝地震反应分析的有限元动力方程可以表示为

$$(\boldsymbol{M}+\boldsymbol{M}_a)\ddot{\boldsymbol{u}}+\boldsymbol{C}\dot{\boldsymbol{u}}+\boldsymbol{K}\boldsymbol{u}=-(\boldsymbol{M}+\boldsymbol{M}_a)\boldsymbol{R}\ddot{\boldsymbol{u}}_g(t) \qquad (7.1-10)$$

式中：$\boldsymbol{M}$、$\boldsymbol{C}$ 和 $\boldsymbol{K}$ 为坝体-地基系统的质量、阻尼和刚度矩阵；$\boldsymbol{M}_a$ 为库水附加质量矩阵；$\boldsymbol{R}$ 为影响系数矩阵，它表示基底单位位移在系统各自由度产生的牵连位移；$\ddot{\boldsymbol{u}}_g(t)$ 是地基边界均匀输入的地震加速度时程；$\boldsymbol{u}$、$\dot{\boldsymbol{u}}$ 和 $\ddot{\boldsymbol{u}}$ 为节点的相对位移、相对速度和相对加速度向量。

当不考虑地基质量时，$\boldsymbol{M}$ 矩阵中相应于地基自由度的元素为零。$\boldsymbol{C}$ 矩阵体现了振动过程中能量的耗散机理，通常采用瑞利阻尼假定。

7.1.2.3 有限元方程求解方法

求解式（7.1-10）可以得到节点未知量，进一步通过插值函数计算各个单元内场函数的近似值，从而得到整个求解区域上的近似解。对于线性体系，有限元法基本动力方程的求解可以用振型叠加法和直接积分法。两种方法各有其优缺点：振型叠加法在求解反应的同时还可以求出结构的自振特性，但求结构的自振特性较耗费机时；而直接积分法可以避免求解结构的自振特性而耗费大量的机时，但当 Δt 取值较小，而地震荷载持续时间又比较长时，计算工作量会大量增加。至于计算的精度，如果振型叠加法的振型数目取得足够多，则二者的计算精度相近。对于非线性体系，式（7.1-1）的动力方程只能采用直接积分法进行求解。

7.1.2.4 有限元方法的优点

拱坝地震反应分析涉及单相固体介质（坝体和基岩）、流体介质（库水）、液固两相介质（库底淤砂层）等多种不同类型介质的动力反应分析以及它们之间的动力相互作用分析，既要考虑坝体和基岩的复杂介质和复杂几何形状情况，又要考虑在半无限地基中能量向无穷远处的辐射作用。对这样一个大型复杂问题，有限元方法比传统的拱梁分载法具有许多优势：①有限单元能按不同的联结方式进行结合，且单元本身又可以有不同的形状，

因此可以合理模拟拱坝地震反应分析的复杂几何形状求解域；②有限元法分析中，不同的单元可以采用不同的材料参数和不同的本构模型，可以方便地模拟坝体的横缝、地基的节理断层等几何非线性，也可以考虑坝体混凝土材料的损伤开裂、地基的屈服等材料非线性，合理模拟复杂的介质材料特性；③随着单元数目的增加，也即单元尺寸的缩小，或者随着单元自由度的增加及插值函数精度的提高，解的近似程度不断提高，可以不断提高计算精度；④有限元法与其他数值进行耦合，可以模拟更为复杂的问题，如与离散元法耦合可以实现坝体在外载作用下从小变形到完全破坏的全过程仿真分析，与边界元法耦合可以模拟坝体无限地基的辐射阻尼作用等。

7.1.3　有限元等效应力法

有限元方法是一种强有力的数值分析方法，可以模拟多种结构力学方法所不能反映的影响因素。但在拱坝抗震设计的实际工程应用中，会遇到设计准则的问题，其主要原因是，用三维有限元方法计算拱坝应力时，近基础部位通常存在着显著的应力集中现象，而且随着网格加密，应力数值可能急剧增加，所以很难直接用有限元法应力计算结果来判断拱坝的强度安全性，需要首先解决应力控制标准问题。为此，在拱坝静力分析中，我国一些学者[2]提出了有限元等效应力法（朱伯芳，1988），根据有限元法计算的应力分量，沿拱梁断面积分，得到内力（集中力和力矩），然后用材料力学法计算断面上的应力分量。经过这样的处理，能消除应力集中的影响。

用有限元法计算得到的是整体坐标系下 (x', y', z') 的应力，而进行等效应力转换时，需将应力转换到局部坐标系 (x, y, z) 下，其中 x 轴为平行于拱中心线的切线方向，y 轴为拱圈径向，而 z 轴为铅直向上方向。设转换后 i 点的应力为

$$\{\sigma\} = \{\sigma_x, \sigma_y, \sigma_z, \sigma_{xy}, \sigma_{xz}, \sigma_{yz}\}^{\mathrm{T}} \tag{7.1-11}$$

在过 i 点的梁的水平截面在拱中心线上取单位宽度，在坝体厚度上的 y 点的宽度则为 $1 + y/r$，r 为中心线半径。沿厚度方向对梁的应力及其矩进行积分，可得到梁的内力，其中与坝面应力有关的内力包括以下 4 种。

（1）梁的竖向力：

$$W_{\mathrm{b}} = \int_{-t/2}^{t/2} \sigma_z \left(1 + \frac{y}{r}\right) \mathrm{d}y \tag{7.1-12}$$

（2）梁的弯矩：

$$M_{\mathrm{b}} = \int_{-t/2}^{t/2} (y - y_0) \sigma_z \left(1 + \frac{y}{r}\right) \mathrm{d}y \tag{7.1-13}$$

（3）梁的切向剪力：

$$Q_{\mathrm{b}} = \int_{-t/2}^{t/2} \tau_{zx} \left(1 + \frac{y}{r}\right) \mathrm{d}y \tag{7.1-14}$$

（4）梁的扭矩：

$$\overline{M}_{\mathrm{b}} = \int_{-t/2}^{t/2} (y - y_0) \tau_{zx} \left(1 + \frac{y}{r}\right) \mathrm{d}y \tag{7.1-15}$$

式中：y_0 为梁截面形心坐标。

在过 i 点的拱圈取单位高度的拱径向截面，沿厚度方向对拱应力及其矩进行积分得到

拱内力，与坝面应力有关的内力包括以下两种。

（1）拱的水平推力：

$$H_a = \int_{-t/2}^{t/2} \sigma_x \, \mathrm{d}y \qquad (7.1-16)$$

（2）拱的弯矩：

$$M_a = \int_{-t/2}^{t/2} \sigma_x y \, \mathrm{d}y \qquad (7.1-17)$$

利用拱与梁的内力，可用材料力学方法求得坝面应力，在此不作赘述。

对于拱坝动力计算，由于规范规定的基本动力分析方法为振型分解反应谱法，因此涉及振型叠加的问题，通常采用 SSRS 法，即 i 点某应力分量的计算式为

$$\sigma_i = \left(\sum_{m=1}^{n} \bar{\sigma}_{imx}^2 + \sum_{m=1}^{n} \bar{\sigma}_{imy}^2 + \sum_{i=1}^{n} \bar{\sigma}_{imz}^2 \right)^{1/2} \qquad (7.1-18)$$

需要指出的是，计算中必须先对每一振型在每一方向的地震动输入作用下的应力反应分别进行有限元等效应力的计算，而后将等效后的应力用平方和开平方方法进行振型叠加，求得总的地震应力反应。

7.2　坝体-库水动力相互作用分析

地震时，地面运动和动水压力作用使坝体产生变形，坝体变形反过来又改变了库水区域的边界条件，影响坝面动水压力分布，因此需要考虑坝体与库水的动力相互作用。

由于库水黏性很小，一般假定为理想流体，动水压力方程可以表示为

$$\frac{\partial^2 p}{\partial x^2} + \frac{\partial^2 p}{\partial y^2} + \frac{\partial^2 p}{\partial z^2} = \frac{1}{C^2} \frac{\partial^2 p}{\partial t^2} \qquad (7.2-1)$$

式中：$p(x, y, z, t)$ 为库水动水压力；C 为水中声波波速。

为了获得上述方程的解，还需要给出边界条件：

（1）在库水表面，当忽略库水表面面波的影响时，库水表面 $p=0$，如果考虑面波影响，则在库水表面有 $\dot{u}_n = \dfrac{1}{\rho_w g} \dot{p}$，$\dot{u}_n$ 为库水表面法向速度；ρ_w 表示库水密度；g 为重力加速度；$\dot{p}$ 表示动水压力关于时间的一阶偏导数。

（2）在流体固体介质交界面 $-\dfrac{\partial p}{\partial n} = p_w \ddot{u}_n$，$n$ 表示交界面法向方向，$\ddot{u}_n$ 为交界面法向加速度。

7.2.1　不可压缩库水模型

如果假定库水为不可压缩流体，则库水方程（7.2-1）简化为

$$\frac{\partial^2 p}{\partial x^2} + \frac{\partial^2 p}{\partial y^2} + \frac{\partial^2 p}{\partial z^2} = 0 \qquad (7.2-2)$$

忽略了库水可压缩性以后，动水压力对坝体振动的影响，相当于在坝体上游面附加了一定的质量。

7.2.1.1 广义 Westergaard 附加质量

Kuo（1982）将 Westergaard 附加质量公式拓展应用于三维几何形状的拱坝，即广义 Westergaard 附加质量。有限元计算中，坝体上游面任意一节点 j 所承受的动水压力可以表示为

$$p_j = \alpha_j \ddot{u}_{nj} \tag{7.2-3}$$

$$\alpha_j = \frac{7}{8} \rho_w \sqrt{H_j h_j} \tag{7.2-4}$$

式中：p_j 为节点 j 处的动水压力，以压为正；$\ddot{u}_{nj}$ 为节点 j 法向加速度；α_j 为 Westergaard 压力系数；ρ_w 为库水密度；H_j 为节点 j 所在垂直截面的总水深；h_j 为节点 j 处的水深。

根据式（7.2-3），坝面节点 j 的附加质量可以表示为

$$M_{wj} = \alpha_j A_j \begin{bmatrix} \lambda_x^2 & \lambda_x \lambda_y & \lambda_x \lambda_z \\ \lambda_y \lambda_x & \lambda_y^2 & \lambda_y \lambda_z \\ \lambda_z \lambda_x & \lambda_z \lambda_y & \lambda_z^2 \end{bmatrix} \tag{7.2-5}$$

式中：A_j 为节点 j 的从属面积；λ_x、λ_y、λ_z 为节点 j 法向的 x、y、z 方向余弦。

7.2.1.2 库水有限元附加质量

由于 Westergaard 附加质量模型是基于刚性坝体、刚性地基和不可压缩库水，没有考虑坝体变形、库底边界形状以及库水—坝体和库水—地基动力相互作用的影响，考虑坝体—库水动力相互作用效应的库水有限元附加质量模型也得到了广泛应用。设定坝体上游面、库水表面及上游界面和库底的边界条件后，略去表面波影响，库水有限元附加质量表达式（李瓒 等，2000）为

$$M_w = L^T H L \tag{7.2-6}$$

式中：H 为经静力凝聚以后，只包括坝体迎水面节点的库水刚度矩阵；L 为由坝面动水压力到坝面节点力的转换矩阵。

7.2.2 可压缩库水模型

7.2.2.1 有限元频域子结构模型

美国加州大学伯克利分校的 Chopra 及其合作者基于子结构概念和频域分析方法，建立了一种拱坝动力分析的频域子结构模型（Fok，1985），即将坝体、地基、库水分别作为子结构，在频域内进行求解。

1. 坝体子结构

拱坝坝体三维有限元离散方程可以表示为

$$M_c \ddot{u}_c(t) + C_c \dot{u}_c(t) + K_c u_c(t) = R_b(t) + R_h(h) \tag{7.2-7}$$

式中：M_c、C_c 和 K_c 分别为坝体质量、阻尼和刚度矩阵；$u_c(t)$、$\dot{u}_c(t)$ 和 $\ddot{u}_c(t)$ 分别为位移、速度和加速度向量；$R_b(t)$ 表示坝体和基岩相互作用力向量；$R_h(t)$ 表示坝体上游坝面承受的库水动水压力。

在频域中，式（7.2-7）可以表示为

$$[-\omega^2 M_c + (1 + i\eta_s) K_c] \overline{u}_c(\omega) = \overline{R}_b(\omega) + \overline{R}_h(\omega) \tag{7.2-8}$$

式中：$\overline{u}_c(\omega)$、$\overline{R}_b(\omega)$ 和 $\overline{R}_h(\omega)$ 分别表示 $u_c(t)$、$R_b(t)$ 和 $R_h(t)$ 的傅里叶变换向量；η_s 为坝体滞变阻尼常系数；ω 为激励频率。

把 $\overline{u}_c$ 分解为关于坝体节点的向量 $\overline{u}_d$ 和关于坝体-地基交界面节点的向量 $\overline{u}_i$ 两部分，则式（7.2-8）可以改写为

$$\left[-\omega^2\begin{bmatrix}\boldsymbol{M}_d & 0\\ 0 & \boldsymbol{M}_i\end{bmatrix}+(i+i\eta_s)\begin{bmatrix}\boldsymbol{K}_{dd} & \boldsymbol{K}_{di}\\ \boldsymbol{K}_{id} & \boldsymbol{K}_{ii}\end{bmatrix}\right]\begin{Bmatrix}\overline{u}_d(\omega)\\ \overline{u}_i(\omega)\end{Bmatrix}=\begin{Bmatrix}\overline{R}_b(\omega)\\ \overline{R}_h(\omega)\end{Bmatrix} \qquad (7.2-9)$$

通常把坝体动力反应进一步表示为自由场位移 $\overline{u}_c^r$ 和散射场位移 $\overline{u}_c^f$ 的叠加，即

$$\overline{u}_c(\omega)=\overline{u}_c^r(\omega)+\overline{u}_c^f(\omega) \qquad (7.2-10)$$

对于坝基面均匀运动情况，即坝基面所有节点运动相同时，根据式（7.2-10），可以把式（7.2-9）进一步改写为

$$\left[-\omega^2\begin{bmatrix}\boldsymbol{M}_d & 0\\ 0 & \boldsymbol{M}_i\end{bmatrix}+(i+i\eta_s)\begin{bmatrix}\boldsymbol{K}_{dd} & \boldsymbol{K}_{di}\\ \boldsymbol{K}_{di}^T & \boldsymbol{K}_{ii}\end{bmatrix}\right]\begin{Bmatrix}\overline{u}_d^r(\omega)\\ \overline{u}_i^r(\omega)\end{Bmatrix}$$
$$=\begin{Bmatrix}\overline{R}_b(\omega)\\ \overline{R}_h(\omega)\end{Bmatrix}+\omega^2\begin{bmatrix}\boldsymbol{M}_d & 0\\ 0 & \boldsymbol{M}_i\end{bmatrix}\begin{Bmatrix}\overline{u}_d^f(\omega)\\ \overline{u}_i^f(\omega)\end{Bmatrix} \qquad (7.2-11)$$

2. 库水子结构

利用傅里叶变换，库水动力压力方程式（7.2-7）变为亥姆霍兹（Helmholtz）方程

$$\frac{\partial^2\overline{p}}{\partial x^2}+\frac{\partial^2\overline{p}}{\partial y^2}+\frac{\partial\overline{p}}{\partial z^2}=\frac{\omega^2}{C^2}\overline{p} \qquad (7.2-12)$$

与坝体动力反应类似，将库水动水压力分解为由自由场引起的动水压力 $\overline{p}_0$ 和散射场引起的动水压力 $\overline{p}_r$，即

$$\overline{p}(x,y,z,\omega)=\overline{p}_0(x,y,z,\omega)+\overline{p}_r(x,y,z,\omega) \qquad (7.2-13)$$

式（7.2-13）中，频域反应函数 $\overline{p}_0(x,y,z,\omega)$ 表示方程（7.2-12）在下列边界条件及 $x=\infty$ 辐射条件下的解：

$$\begin{cases}\dfrac{\partial}{\partial n}\overline{p}_0(s,r,\omega)=-\rho u_{cn}^f(s,r)\\[2mm]\dfrac{\partial}{\partial n}\overline{p}_0(s',r',\omega)=-u_{fn}^f(s',r')\\[2mm]\overline{p}_0(x,H,z,\omega)=0\end{cases} \qquad (7.2-14)$$

式中：H 为库水自由的 y 坐标值；s、r 为坝体上游表面的局部坐标系；s'、r' 表示库水和基岩交界面的局部边界条件；$u_{cn}^f(s,r)$ 为坝体自由场向量 $u_c^f(\omega)$ 沿内法线 n 方向的分量；$u_{fn}^f(s,r)$ 为基岩自由场 $\overline{u}_f^f(\omega)$ 的内法线 n 方向的分量。

式（7.2-13）中，频域反应函数 $\overline{p}_r(x,y,z,\omega)$ 表示方程（7.2-12）在下列边界条件及 $x=\infty$ 辐射条件下的解：

$$\begin{cases}\dfrac{\partial}{\partial n}\overline{p}_r(s,r,\omega)=-\rho u_{cn}^r(s,r)\\[2mm]\dfrac{\partial}{\partial n}\overline{p}_r(s',r',\omega)=0\\[2mm]\overline{p}_r(x,H,z,\omega)=0\end{cases} \qquad (7.2-15)$$

式中：u_{cn}^{r} 为坝体自由场向量 $\overline{\boldsymbol{u}}_{c}^{r}(\omega)$ 沿内法线 $\boldsymbol{n}$ 方向的分量；$u_{fn}^{r}(s, r)$ 表示基岩自由场 $\overline{\boldsymbol{u}}_{f}^{r}(\omega)$ 的内法向 $\boldsymbol{n}$ 方向分量。

与动水压力 $\overline{p}(x, y, z, \omega)$ 相关的动水压力荷载 $\boldsymbol{R}_{h}(t)$ 的频域响应函数为

$$\overline{\boldsymbol{R}}_{h}(\omega) = \overline{\boldsymbol{R}}_{0}(\omega) + \overline{\boldsymbol{R}}_{r}(\omega) \tag{7.2-16}$$

式中，$\overline{\boldsymbol{R}}_{0}(\omega)$ 和 $\overline{\boldsymbol{R}}_{r}(\omega)$ 分别为压力函数 $-\overline{p}_{0}(x, y, z, \omega)$ 和 $-\overline{p}_{r}(x, y, z, \omega)$ 的静力等效节点力。

7.2.2.2　有限元时域整体模型

时域整体分析方法是截取一定范围的地基和库水，建立坝体-地基-库水分析模型，然后在截断边界上设置人工边界条件，模拟无限库水和无限地基的辐射阻尼效应。下面是杜修力等（2002）将显式有限元与透射人工边界结合，提出的坝体-地基-库水系统动力反应时域整体分析模型。

1. 坝体

拱坝区域的显式有限元计算格式为

$$u_{1li}^{t+\Delta t} = \frac{\Delta t^{2}}{2} m_{1l}^{-1} f_{1lj}^{t} + u_{1li}^{t} + \Delta t \dot{u}_{1lj}^{t} - \frac{\Delta t}{2} m_{1l}^{-1} (\Delta t k_{1linj} - c_{1linj}) u_{1nj}^{t}$$
$$- \frac{\Delta t}{2} m_{1l}^{-1} c_{1linj} u_{1nj}^{t-\Delta t} - \Delta t^{2} m_{1l}^{-1} c_{1linj} \dot{u}_{1nj}^{t} \tag{7.2-17}$$

$$\dot{u}_{1li}^{t+\Delta t} = \frac{\Delta t}{2} m_{1l}^{-1} f_{1li}^{t+\Delta t} + \frac{1}{\Delta t}(u_{1li}^{t+\Delta t} - u_{1li}^{t}) - \frac{1}{2} m_{1l}^{-1}(\Delta t k_{1linj} + c_{1linj}) u_{1nj}^{t+\Delta t} + \frac{1}{2} m_{1l}^{-1} c_{1linj} u_{1nj}^{t} \tag{7.2-18}$$

式中：下标 1 表示与坝体相关的变量；l、n 为节点号，i、j 为笛卡儿坐标系坐标轴方向（i，$j = 1, 2, 3$）；Δt 为离散时间步距；m_{l} 为节点 l 的集中质量；c_{linj} 为 n 节点 j 方向对于 l 节点 i 方向的阻尼系数；k_{linj} 为 n 节点 j 方向对于 l 节点 i 方向的刚度系数；u_{li}、$\dot{u}_{li}$ 分别为 l 节点 i 方向的位移和速度；f_{li} 为 l 节点 i 方向的外力。

2. 库水

库水的黏性系数很小，一般假定为理想流体，但为了消除多次透射人工边界高频失稳问题，需要引入很小的与刚度成正比的阻尼。库水位移和速度计算公式分别为

$$u_{2li}^{t+\Delta t} = \Delta t^{2} m_{2l}^{-1} f_{2li}^{t} + 2 u_{2li}^{t} - u_{2li}^{t-\Delta t} - \Delta t^{2} m_{2l}^{-1} (k_{2limj} u_{2mj}^{t} + c_{2limj} \dot{u}_{2mj}^{t}) \tag{7.2-19}$$

$$\dot{u}_{2li}^{t+\Delta t} = \frac{3 u_{2li}^{t+\Delta t} - 4 u_{2li}^{t} + u_{2li}^{t-\Delta t}}{2\Delta t} \tag{7.2-20}$$

式中：下标 2 表示与库水相关的变量。

3. 固体与流体交界面

在固体（坝体和地基）与流体（库水）交界面，固体和流体的法向位移连续，固体与流体的切向剪力为 0。固体和流体交界面的显式有限元格式为

$$u_{1lz}^{t+\Delta t} = u_{1lz}^{t} + \frac{\Delta t c_{1lznj} (2\Delta t \dot{u}_{1nj}^{t} - u_{1nj}^{t} + u_{1nj}^{t-\Delta t}) - \Delta t^{2} c_{2lzmj} u_{2mj}^{t}}{2 m_{1l} + m_{2l}}$$
$$+ \frac{m_{2l}(u_{2lz}^{t} - u_{2lz}^{t-\Delta t}) + 2\Delta t m_{1l} \dot{u}_{1lz}^{t} + \Delta t^{2} k_{1lznj} u_{1nj}^{t} + \Delta t^{2} k_{2lzmj} u_{2mj}^{t}}{2 m_{1l} + m_{2l}}$$

$$\tag{7.2-21}$$

$$u_{2lz}^{t+\Delta t} = u_{1lz}^{t+\Delta t} \tag{7.2-22}$$

$$u_{1lk}^{t+\Delta t} = u_{1lk}^{t} + \Delta t \dot{u}_{1lk}^{t} - \frac{1}{2}\Delta t^2 m_{1l}^{-1} k_{1lknj} u_{1nj}^{t}$$

$$- \frac{1}{2}\Delta t m_{1l}^{-1} c_{1knj} (2\Delta t \dot{u}_{1nj}^{t} - u_{1nj}^{t} + u_{1nj}^{t-\Delta t}) \tag{7.2-23}$$

$$u_{2lk}^{t+\Delta t} = 2u_{2lk}^{t} - u_{2lk}^{t-\Delta t} - \Delta t^2 m_{2l}^{-1} (k_{2lkmj} u_{2mj}^{t} + c_{2lkmj} \dot{u}_{2mj}^{t}) \tag{7.2-24}$$

$$\dot{u}_{2lz}^{t+\Delta t} = \dot{u}_{1lz}^{t+\Delta t} \tag{7.2-25}$$

$$\dot{u}_{1lk}^{t+\Delta t} = \frac{1}{\Delta t}(u_{1lk}^{t+\Delta t} - u_{1lk}^{t}) - \frac{1}{2}m_{1l}^{-1} c_{1knj}(u_{1nj}^{t+\Delta t} - u_{1nj}^{t}) - \frac{\Delta t}{2} m_{1l}^{-1} k_{1lknj} u_{1nj}^{t-\Delta t} \tag{7.2-26}$$

$$\dot{u}_{2lk}^{t+\Delta t} = \frac{3u_{2lk}^{t+\Delta t} - 4u_{2lk}^{t} + u_{2lk}^{t-\Delta t}}{2\Delta t} \tag{7.2-27}$$

式中：下标 x、y 和 z 分别表示笛卡儿坐标系的三个坐标轴，其中 z 表示交界面的法向，x 和 y 表示交界面的切向；下标 $k=x$，y。

7.2.2.3　比例边界有限元模型

考虑库底边界面的能量吸收效应，库水与库底边界条件表示为

$$p_{,n} = -\rho \ddot{v}_n + q\dot{p} \tag{7.2-28}$$

式中，$p_{,n}$ 代表 p 对法向坐标求导；$\ddot{v}_n$ 为水库边界节点法向加速度，随地震激励方向而变化；q 为水库边界阻抗系数；α 为边界反射系数 $0 \leqslant \alpha \leqslant 1$。

各参数之间关系如下：

$$\alpha = \frac{1-qc}{1+qc}, q = \frac{\rho}{\rho_r c_r}, c_r = \sqrt{\frac{E_r}{\rho_r}} \tag{7.2-29}$$

式中：E_r、ρ_r 分别为水库基岩弹性模量与质量密度；c_r 为水库基岩等效波速。

当基础为刚性时，压力波全部反射，相当于不考虑边界系数影响，此时 $\alpha=1$，$q=0$；当压力波完全被吸收时 $\alpha=0$，$q=1/c$。

为推导方便，假设水库为棱柱形，保持断面不变，沿拱坝坝面向上游无限延伸。建立比例边界坐标系，将相似中心选在 x 负方向的无限远处（图 7.2-1）。

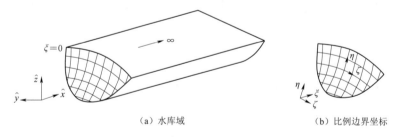

|（a）水库域|（b）比例边界坐标|

图 7.2-1　水库域及坝面水库边界比例边界坐标

以地震在水平方向作用的情况为例加以说明，此时式（7.2-23）中 $\rho\ddot{v}_n=0$。引入权函数 w，可以得到动水压方程（7.2-1）及其边界条件等效积分的"弱"形式：

$$\int_V \nabla^T w\, \nabla p \,\mathrm{d}V + \frac{1}{C^2}\int_V w\ddot{p}\,\mathrm{d}V - \rho\int_{S_1} w\ddot{u}_n\,\mathrm{d}S + q\int_{S_2} w\dot{p}\,\mathrm{d}S = 0 \tag{7.2-30}$$

式中：S_1 代表库水与坝的接触面；S_2 代表库水与河岸的接触面。

由比例边界有限元法得出的动水压方程及坝面所应满足的边界条件的形式如下：

$$[E^0]\{p\}_{,\xi\xi}+([E^1]^T-[E^1])\{p\}_{,\xi}-[E^2]\{p\}-[M^0]\{\ddot{p}\}-[C^0]\{\dot{p}\}=0$$

$$(7.2-31)$$

$$([E^0]\{p\}_{,\xi}+[E^1]\{p\}-[M^1]\{\ddot{u}_n\})|_{\xi=0}=0 \qquad (7.2-32)$$

式中：$[E^0]$、$[E^1]$、$[E^2]$、$[M^0]$、$[C^0]$、$[M^1]$ 分别为单元特性矩阵，与有限元法相似。

式（7.2-31）和式（7.2-32）在频域的相应表达式如下：

$$[E^0]\{p(\xi,\omega)\}_{,\xi\xi}+([E^1]^T-[E^1])\{p(\xi,\omega)\}_{,\xi}+(\omega^2[M^0]-i\omega[C^0]-[E^2])\{p(\xi,\omega)\}=0$$

$$(7.2-33)$$

$$([E^0]\{p(0,\omega)\}_{,\xi}+[E^1]\{p(0,\omega)\}-[M^1]\{\ddot{u}_n\})|_{\xi=0}=0 \qquad (7.2-34)$$

频域坝面动水压力的表达式为

$$\{P(\omega)\}=[M^1]^T[\Phi_{12}][\Phi_{22}]^{-1}[M^1]\{\ddot{u}_n\}=[M^f]\{\ddot{u}_n\} \qquad (7.2-35)$$

式中：$[\Phi]$ 为特征矢量，可根据式（7.2-31）和引入动水压力的对偶变量计算得到。

比例边界有限元方法只在边界进行离散，坝面动水压力可根据单元特性直接由坝面加速度求解，这给坝体-库水-地基系统的动力相互作用分析带来了方便。有限元法求解时，由于动水压力需在水库全域进行离散，动水压方程中含有动水压力，以及反映动水压随时间变化的加速度与速度项，求解要复杂很多。

频域坝-水库-地基动力相互作用的计算方程形式为

$$\begin{Bmatrix} u_s^t \\ u_b^t \end{Bmatrix}=\begin{Bmatrix} \hat{u}_s \\ \hat{u}_b \end{Bmatrix}+\begin{Bmatrix} \tilde{u}_s \\ \tilde{u}_b \end{Bmatrix} \qquad (7.2-36)$$

$$\left(-\omega^2\begin{bmatrix} [M_{ss}] & [M_{sb}] \\ [M_{bs}] & [M_{bb}] \end{bmatrix}+(1+i2\zeta)\begin{bmatrix} [K_{ss}] & [K_{sb}] \\ [K_{bs}] & [K_{bb}] \end{bmatrix}+\begin{bmatrix} 0 & 0 \\ 0 & [S_b^\infty(\omega)] \end{bmatrix}-\omega^2\begin{bmatrix} [Q_p(\omega)] \\ 0 \end{bmatrix}\right)\begin{Bmatrix} \tilde{u}_s(\infty) \\ \tilde{u}_b(\infty) \end{Bmatrix}$$

$$=\omega^2\begin{bmatrix} [M_{ss}] & [M_{sb}] \\ [M_{bs}] & [M_{bb}] \end{bmatrix}\begin{bmatrix} T_{sb} \\ I \end{bmatrix}\{u_g(\omega)\}+\omega^2\begin{Bmatrix} [Q_0] \\ 0 \end{Bmatrix}\{u_g(\omega)\} \qquad (7.2-37)$$

式中：$-\omega^2[L]^T[M_f][L]\{u\}$ 和 $\{Q_f\}$ 代表坝面振动和河谷运动产生的坝面动水压力；$[L]$ 为坐标转换矩阵，将坝面法向矢量转换为 $\hat{x}$、$\hat{y}$、$\hat{z}$ 方向的分量。

7.2.3 库水可压缩性的影响

附加质量模型使得坝体动力反应的分析计算大为简化。基于概念简单、易于采用以及偏于安全等诸多因素的考虑，Westergaard 附加质量模型一直沿用至今，目前仍是世界各国拱坝抗震设计中常采用的动水压力模拟方法，我国《水电工程水工建筑物抗震设计规范》（NB 35047—2015）推荐采用这一方法。

但是，水的压缩模量是有限的，因而水是可压缩的，水中声波也是有限的。由于库水具有自身的自振频率，当地震波的振动频率和坝体的自振频率与库水的自振频率接近时，动水压力将显著增大，其影响也很大。拱坝地震反应分析中是否可以忽略库水可压缩性影响一直是一个有争议的问题。在假定坝体和地基为刚性时，如果假定库水不可压缩，则坝面动水压力与激励频率无关；而如果考虑库水的可压缩性，库水动水压力随频率变化，当激励频率接近库水自振频率时，会发生共振，峰值趋向于无限值，这时，不考虑库水可压缩性就完全掩盖了问题的本质特征。但是，实际上坝体和地基均非刚性，仅反射部分能量，呈现吸能效应，导致库水共振效应被显著削减。如 1958 年和 1969 年，日本学者畑野正分别进行了日本的塚原重力坝原型试验和室内试验，都没有发现共振现象。畑野正认为是库底边界的可压缩性使得入射到库底边界上的压力波未完全被反射回水中，而是一部分被反射，一部分被吸收，使得动水压力没有出现共振峰值。其他一些学者的研究也表明库水可压缩性影响很小，忽略库水的可压缩性不会产生很大误差。但也有一些学者的研究表明，库水可压缩会对坝体的地震反应产生明显影响，在某些假定下，流体中的柔性效应可能导致库水的谐波共振和相应的动水压力增大，因此应该考虑库水可压缩性的影响。20 世纪八九十年代，中美两国合作在响洪甸、泉水、Monticello、东江、龙羊峡等拱坝进行了一系列现场激振试验，取得了重要进展，但仍未获得关于是否应该考虑库水可压缩性以及如何考虑的明确结论。

杜修力等（2002）采用时域整体分析方法，针对小湾拱坝的计算结果表明：考虑库水可压缩性后，将降低对拱坝抗震安全性起控制作用的部位的应力反应。具体来说，是使中、上部位拱冠梁的梁向拉应力降低 45% 左右，拱冠顶拱向拉应力降低 20% 以上，这对于评估拱坝抗震安全是有利的。但是这项研究成果仅是针对小湾拱坝进行分析得到的，还不能作为一般性结论。库水可压缩性的影响问题仍有待于进一步研究。

林皋等（2012）采用比例边界元模型，以美国 Morrow Point 拱坝（高 139m）遭受 0.2g 加速度的 Koyna 地震波作用为例，考虑库水可压缩性分析得到了以下库水动水压力响应研究结论。

1. 拱坝-库水动力相互作用对拱坝地震响应的影响。

为了研究库水可压缩性和水库边界吸收对拱坝地震响应的影响，计算其在不同水库边界吸收条件下的地震响应，结论为：①水库边界吸收影响大幅度减小了坝面地震动水压力对拱坝地震响应的影响；②工程上常用的附加质量公式，特别是 Westergaard 简化公式过高估计了地震动水压力的作用；③水库边界吸收对拱坝地震动水压力的影响比对重力坝的影响显著。

2. 水库形状对拱坝-库水系统动水压力分布的影响

为了便于比较，计算三种情况的刚性坝面动水压力的频响函数与不同频率处的坝面动水压力分布（水库边界反射系数设为 $\alpha=0.5$），结论为：①水库形状变化使动水压力的共振频率和共振峰的分布发生变化；②水库向上游旋转 90° 以后，顺河向与横河向激励动水压力的分布规律与向上游无限延伸水库顺河向与横河向激励动水压力的分布规律互为逆转，但竖向激励的动水压力分布规律变化不大；③水库向上游有一斜坡后，动水压力有所减小，这是因为库水运动主要局限于上部；④考虑边界吸收影响后，当地震激励频率大于库水第一共振频率后，动水压力都有大幅度的减少。

7.3 坝体-地基动力相互作用分析

由于拱坝属于大体积结构，不仅地基的变形和运动可以对坝体的变形和运动产生影响，而且坝体的变形或运动反过来也会影响到地基的变形和运动，属于典型的土-结构动力相互作用问题。20 世纪 70 年代以后，数值计算理论和计算机技术的发展，以及有限差分法、有限元法、边界元法的应用，为各种复杂工程结构物考虑土-结构动力相互作用的分析提供了手段，坝体-地基动力相互作用成为了拱坝地震反应分析中的一个热点问题。

7.3.1　坝体-地基系统分析模型

拱坝坝体-地基动力相互作用分析的关键是半无限地基辐射阻尼的模拟问题。常用的无限地基模拟方法，大致有两类：①边界元模拟，即地震荷载采用自由场方法输入；②有限元模拟，即截断一定范围的地基，并在截断处设置局部人工边界条件，地震荷载采用波动方法输入。

7.3.1.1　FE‐BE‐IBE 模型

清华大学的张楚汉及其合作者建立了一种拱坝地震反应的时域子结构分析模型（Zhang et al.，2001），采用自由场输入方式，考虑了无限地基辐射阻尼的影响，拱坝坝体三维有限元离散方程可以表示为

$$(M_c + M_a)\ddot{u}_c(t) + C_c\dot{u}_c(t) + K_c u_c(t) = R_b(t) \tag{7.3-1}$$

式中：M_a 为附加质量矩阵，其他符号意义与式（7.2-7）相同。

把 u_c 分解为关于坝体节点的向量 u_d 和关于坝体-地基交界面节点的向量 u_i 两部分，则方程式（7.3-1）可以改写为频域方程

$$\begin{bmatrix} M_d & 0 \\ 0 & M_i \end{bmatrix} \begin{Bmatrix} \ddot{u}_d \\ \ddot{u}_i \end{Bmatrix} + \begin{bmatrix} C_{dd} & C_{di} \\ C_{di}^t & C_{ii} \end{bmatrix} \begin{Bmatrix} \dot{u}_d \\ \dot{u}_i \end{Bmatrix} + \begin{bmatrix} K_{dd} & K_{di} \\ K_{di}^t & K_{ii} \end{bmatrix} \begin{Bmatrix} u_d \\ u_i \end{Bmatrix} = \begin{Bmatrix} R_b \\ 0 \end{Bmatrix} \tag{7.3-2}$$

无限地基阻抗矩阵 $S_f(\omega)$ 为频率的函数，与时域有限元难以实现耦合，故需要将其转化为时域量，即与频率无关的量。为此，提出了一种频域-时域耦合的频段变换法，假设 S_f 为坝—基交界面自由度上的频域地基动力刚度矩阵，采用曲线拟合法可由下列公式获得坝-基交界面每个自由度上的等效质量 $\overline{m}_f$、等效阻尼 $\overline{c}_f$ 和等效刚度 $\overline{k}_f$：

$$\begin{cases} \overline{m}_f = \dfrac{1}{\omega_2^2 - \omega_1^2} \{\text{Re}[S_{cc}(\omega_1)] - \text{Re}[S_{cc}(\omega_2)]\} \\[2mm] \overline{c}_f = \dfrac{1}{2} \left\{ \dfrac{1}{\omega_1}\text{Im}[S_{cc}(\omega_1)] + \dfrac{1}{\omega_2}\text{Im}[S_{cc}(\omega_2)] \right\} \\[2mm] \overline{k}_f = \text{Re}[S_{cc}(\omega_1)] + \omega_1^2 \overline{m}_{cc} \end{cases} \tag{7.3-3}$$

式中：ω_1 和 ω_2 代表在两个边界点的已知激励频率。

它们均是与频率无关的时域值，求得坝基交界面上所有自由度及其耦合项的三个参数并集成，便得到表征地基动力特性的等效质量阵 M_f、等效阻尼阵 C_f 和等效刚度阵 K_f，称为无限地基的弹簧-质量-阻尼时域三参数系统。对于地基线性子结构，实际上就是弹簧-质量-阻尼三参数系统，在界面相互作用力 $R_b(t)$ 作用下其运动方程为

$$M_f\ddot{u}_f^r + C_f\dot{u}_f^r + K_f u_f^r = -R_b(t) \tag{7.3-4}$$

其中

$$u_f = u_f^r + \overline{u}_f \tag{7.3-5}$$

式中：u_f^r 为地基散射场位移；它与 $\overline{u}_f$ 为自由场输入位移；u_f 为总位移。

由于坝体运动方程用总位移表示，为使两者能够相耦合，将地基运动方程以总位移表示：

$$M_f \ddot{u}_f + C_f \dot{u}_f + K_f u_f = -R_b(t) + F_c \tag{7.3-6}$$

其中
$$F_c = M_f \ddot{\overline{u}}_f + C_f \dot{\overline{u}}_f + K_f \overline{u}_f \tag{7.3-7}$$

7.3.1.2　有限元-黏弹性边界模型

地震时坝体的振动能量会通过无限基岩介质向外传递，使坝体结构的振动减小，即无限地基的辐射阻尼效应。只有在人为截取的有限范围基岩边界上有效地模拟能量辐射，才能准确计算坝体结构的动力响应。下面介绍处理截断地基的黏弹性人工边界方法，以模拟无限地基的辐射阻尼效应。

黏弹性人工边界就是无限连续介质截断处，施加连续的阻尼器和弹簧（图 7.3-1），则人工边界 l 节点 i 方向的弹簧-阻尼元件参数（王进廷 等，2009）为

法向：
$$\begin{cases} K_{li} = \dfrac{1}{a}\dfrac{\lambda + 2G}{r} \\ C_{li} = b\rho c_P \end{cases} \tag{7.3-8}$$

切向：
$$\begin{cases} K_{li} = \dfrac{1}{a}\dfrac{G}{r} \\ C_{li} = b\rho c_S \end{cases} \tag{7.3-9}$$

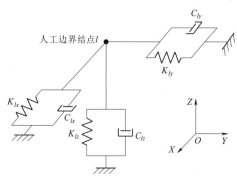

图 7.3-1　黏弹性边界示意图

式中：ρ 为介质密度；c_P 和 c_S 为 P 波和 S 波波速，$c_P = \sqrt{(\lambda + 2G)/\rho}$，$c_S = \sqrt{G/\rho}$；$r$ 为波源至人工边界点的距离，可简单地取为近场结构几何中心到该人工边界点所在边界线或面的距离；λ、G 为拉梅常数；a、b 为可调节参数，其中 a 表示人工边界外行透射波的衰减特性，b 表示不同角度透射多子波的平均波速特性。

通过调整 a、b，使人工边界外行透射波满足近场波动问题的复杂波场性质，从而提高人工边界计算精度。

7.3.1.3　显式有限元-透射人工边界模型

对结构地震反应而言，考虑到相对于结构尺寸，地基可以用无限域模拟，这时作用的动荷载是从无限域射向结构的地震波，进行结构的地震反应分析实际上就是进行由无限地基和结构组成的开放体系中地震波传播过程的模拟，其中既包括了结构由入射波激发产生的振动，又包括了结构作为散射波源向外部无限域辐射能量，由此从波传播的角度可以建立起结构和地基体系的地震波动反应分析方法（涂劲，1999）。

由于将结构的地震反应分析理解为开放系统的波动问题，其中只有结构物及邻近的地基介质中的波动对工程问题有意义，而向远处延伸的地基介质中的波动，只需关心它对近场波动的影响。因此引入虚拟人工边界，将包含广义结构的近场区域切取出来，分为计算区和无限域。在计算区内可采用有限元或有限差分方法完成运动微分方程和物理边界条件

的时空离散化，形成基于离散模型的代数方程组，并运用计算机完成这些代数方程组的求解。对于地基无限域，建立虚拟边界上的离散节点的运动方程，使其满足某种条件，以模拟外部无限域对近场波动的影响。

1. 内节点运动方程求解

由于其显式求解特性，中心差分法是波动问题进行时间离散时常采用的一种直接积分算法。但严格来说，中心差分法只有当 $\boldsymbol{M}$ 和 $\boldsymbol{C}$ 都是对角阵时才是显式算法。对于质量矩阵，由于波动数值模拟的精度要求有限元尺寸与波长相比要足够小，建立动力平衡方程时，每个单元内惯性体积力的空间变化可以略去，所以，建立内节点运动方程时采用集中质量模型是具有其合理性的。但对于阻尼矩阵 $\boldsymbol{C}$，大多数的情况下是难以以对角矩阵来表述的，如采用瑞利阻尼 $\boldsymbol{C}=a\boldsymbol{M}+b\boldsymbol{K}$，$\boldsymbol{C}$ 必然是非对角矩阵，为此需采用在此条件下的显式积分格式。

李小军等（1992）基于 Newmark 常平均加速度和中心差分法，提出了一种针对一般阻尼条件的显式积分格式。基于 t 时刻的动力平衡方程，设时间离散步长为 Δt，则其积分格式为

$$\boldsymbol{u}^{t+\Delta t}=\boldsymbol{u}^{t}+\Delta t\dot{\boldsymbol{u}}^{t}+\frac{1}{2}\Delta t^{2}\boldsymbol{M}^{-1}(\boldsymbol{F}^{t}-\boldsymbol{C}\dot{\boldsymbol{u}}^{t}-\boldsymbol{K}\boldsymbol{u}^{t}) \tag{7.3-10}$$

$$\dot{\boldsymbol{u}}^{t+\Delta t}=\dot{\boldsymbol{u}}^{t}+\frac{1}{2}\Delta t\boldsymbol{M}^{-1}(\boldsymbol{F}^{t+\Delta t}+\boldsymbol{F}^{t})-\frac{1}{2}\Delta t\boldsymbol{M}^{-1}\boldsymbol{K}(\boldsymbol{u}^{t+\Delta t}+\boldsymbol{u}^{t})-\boldsymbol{M}^{-1}\boldsymbol{C}(\boldsymbol{u}^{t+\Delta t}-\boldsymbol{u}^{t})$$

$$\tag{7.3-11}$$

式中：$\boldsymbol{F}$ 为外荷载矩阵。

2. 人工透射边界

在波动分析中采用虚拟人工边界将近场计算区域从地基无限域中切割出来，从物理观点来看，人工边界条件应保证且仅保证发自广义结构的外行散射波进入外部无限域，而不发生反射。多次人工透射边界方法是由廖振鹏（2002）基于单侧波传播的运动学特征建立，直接在边界上模拟波动从有限模型的内部穿过人工边界向外透射的过程，即某点在当前时刻的位移在下一时刻传播到相邻点，如图 7.3-2 所示。

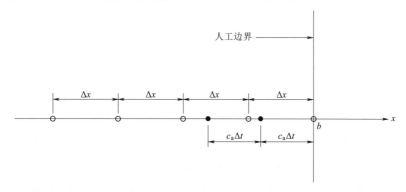

图 7.3-2　多次透射人工边界示意图

具体地，取人工波速为 c_{a}，则一阶透射公式为

$$u(x_{b},t+\Delta t)=t_{1}u(x_{b},t)+t_{2}u(x_{b}-\Delta x,t)+t_{3}u(x_{b}-2\Delta x,t) \tag{7.3-12}$$

其中 $t_1 = \dfrac{(2-S)(1-S)}{2}$, $t_2 = S(2-S)$, $t_3 = \dfrac{S(S-1)}{2}$, $S = \dfrac{c_a \Delta t}{\Delta x}$

二阶透射公式为

$$u(x_b, t+\Delta t) = 2u_1(x_b, t+\Delta t) - u(x_b - 2c_a\Delta t, t-\Delta t) \qquad (7.3-13)$$

式中，$u_1(x_b, t+\Delta t)$ 即为由一阶透射公式所求得的值。

$$u(x_b - 2c_a, t-\Delta t) = t_1 u(x_b - J\Delta x, t-\Delta t) + t_2 u(x_b - (J+1)\Delta x, t-\Delta t)$$
$$+ t_3 u(x_b - (J+2)\Delta x, t-\Delta t) \qquad (7.3-14)$$

J 取 $J=1$，2，3 中满足 $x_b - (J+2)\Delta x > x_b - 2c_a\Delta t$ 条件的最小值。

在实际计算中，从计算精度和计算量综合考虑，一般可采用二阶透射公式。具体应用时，须保证在考虑边界节点与内节点相互耦联的条件下多次透射公式的稳定实现，尤其是在较复杂的介质条件和入射波具有较长持时和极不规则的波形，所要求的计算时间较长时，运用消除失稳现象的稳定措施就变得相当重要。在近场波动数值模拟中，多次透射公式导致的失稳现象可分为两类，即振荡失稳和飘移失稳。振荡失稳的振荡频率远大于对波动有限元模拟有意义的频段；而飘移失稳则从人工边界开始以低频飘移的形式发生，对于二者，均可采取相应的消除措施，在此不作赘述。

3. 近场波动数值模拟步骤

假设已知 t 时刻整个计算区域的位移，要求解 $t+\Delta t$ 时刻的位移场，则可按如下步骤进行计算：

（1）由求解内节点运动方程的某一显式积分格式计算有限元计算区内各节点 $t+\Delta t$ 时刻的位移反应。

（2）计算或从已存的文件中读入 $t+\Delta t$ 时刻人工边界区各点自由场位移。所谓人工边界区是指在人工边界以内，在采用透射公式求解边界节点散射场时需用到的数层节点，一般以等间距设置，以便进行插值。

（3）对人工边界区，将 $t+\Delta t$ 时刻以及相关的前几个时刻的总位移场减去相应的自由场位移，获得多次透射公式（常采用二次透射公式）外推 $t+\Delta t$ 时刻散射波位移所需的人工边界区节点前几个时刻的散射位移场。

（4）用透射公式计算 $t+\Delta t$ 时刻人工边界节点的散射波位移。

（5）将人工边界节点 $t+\Delta t$ 时刻的散射场位移与其自由场位移相加，得到 $t+\Delta t$ 时刻人工边界节点的总位移。

（6）返回到（1），进入下一时步的计算。

7.3.2 地基辐射阻尼的影响

7.3.2.1 拱坝的系统阻尼

阻尼的取值直接关系到拱坝结构动力荷载条件下的峰值响应，是众多设计者关注的问题。拱坝的阻尼来源大致可以分为两部分：内部阻尼和外部阻尼。内部阻尼指拱坝自身具有的阻尼特性，可分为材料阻尼和结构阻尼两部分：材料阻尼主要取决于混凝土本身的材料特性；结构阻尼则与拱坝的分缝、变形、附属构件等多种因素相关。外部阻尼指周围介质对振动能量的消耗作用，包括拱坝-地基的动力相互作用和拱坝-库水-淤沙的动力相互作用，研究中受到广泛关注的无限地基辐射阻尼就属于这一类。

虽然阻尼是拱坝系统客观具有的一种特性，但是不能像结构的质量和刚度等其他动力特性一样可以通过比较确切的方法进行计算。大坝的阻尼特性需通过分析大坝在主动荷载（人工激振）或被动荷载（环境荷载、地震荷载）作用下的动力响应记录来进行确定。通过这种方式估计得到的阻尼是大坝系统的综合阻尼，包括了坝体系统所有的阻尼来源，如坝体混凝土和地基岩体的材料阻尼、半无限地基辐射阻尼、半无限库水的辐射阻尼等。根据目前的一些研究结果，某些拱坝在弱地震、人工激震或环境振动等小幅值动力荷载激振时的阻尼值只有 $2\%\sim3\%$。二滩拱坝遭遇中等地震（攀枝花余震，坝顶最大加速度 $0.68g$）时，识别得到的坝体的前三阻尼比也小于 4%。当然，随着地震激振强度的增加，坝体和地基材料会进入非线性状态，拱坝横缝的反复开合、坝段之间的摩擦、局部混凝土的开裂等，都会引起更多的能量耗散，使得拱坝系统的阻尼增加。美国 Pacoima 拱坝的震后分析表明，地震强度较低（2001 年，M4.3 级）时，阻尼比和强迫振动时基本一致或稍大；但地震强度比较高（1994 年，M6.7 级）时，拱坝的自振频率显著降低，阻尼比升高，达到 $6\%\sim10\%$。Bahtin 和 Cherniavski 等通过 Toktogulskoi 拱坝的动力模型试验发现，随着横缝张开深度的不断增加，坝体表现出强烈的非线性特性，自振频率不断减小，阻尼比相应增加。盛志刚等（2003）对石门子拱坝进行了振动台模型试验，通过逐级加大激震荷载的方式模拟了拱坝的破坏过程。分析结果表明，随着坝体裂缝的不断扩展，模型拱坝的自振频率降低，阻尼比升高。Tinawi 等对重力坝单个坝段进行了振动台模型试验，发现在模型局部开裂后，模型的阻尼比由 1% 急剧增加到超过 20%。《水工建筑物抗震设计规范》（DL 5073—2000）中规定，线弹性条件下拱坝的阻尼比取 5%。

由于拱坝结构阻尼机理非常复杂，阻尼比的实测数据离散性大、随机性强，基于目前的认识水平，还很难准确预估阻尼参数的取值和变化规律。尤其是对于特殊重要的工程，需把阻尼特性作为重要问题进行研究。

7.3.2.2 辐射阻尼分析实例

无限地基辐射阻尼效应与坝址区的地质地形条件有很大的关系，下面以大岗山拱坝为例，分析无限地基辐射阻尼的影响（罗秉艳 等，2005）。

1. 有限元计算模型

大岗山拱坝有限元计算模型如图 7.3-3 所示，采用的地震动加速度为《水工建筑物抗震设计规范》（DL 5073—2000）的规范谱反演时程，见图 7.3-4。坝体混凝土材料力学特性参数为：弹性模量 24GPa，容重 24 kN/m^3，泊松比 0.17；基岩假定为均匀弹性介质，等效均质变形模量 11.48GPa，泊松比 0.25。

库水位分别考虑正常蓄水位 1130m 和死水位 1120m。采用两种地基模型：无质量地基模型和无限地基模型，其中无质量地基模型仅考虑了地基的弹性变形，而无限地基模型则模拟了辐射阻尼效应。两种地基模型都是假定基岩介质为均质材

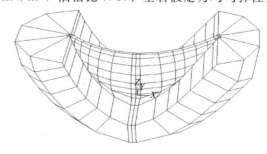

图 7.3-3 大岗山拱坝计算网格

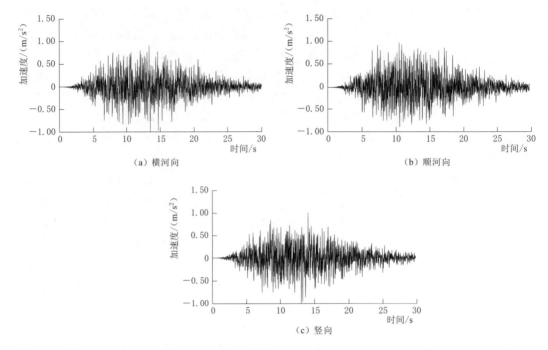

（a）横河向　　　　　　　　　　（b）顺河向

（c）竖向

图 7.3－4　大岗山规范谱反演地震加速度时程图

料，不考虑静荷载，考虑动水压力，只比较动力反应。

共考虑了 4 个计算工况：工况 1，规范谱地震，正常蓄水位，无质量地基边界均匀输入；工况 2，规范谱地震自由场均匀输入，正常蓄水位，无限地基；工况 3，规范谱地震，死水位，无质量地基边界均匀输入；工况 4，规范谱地震自由场均匀输入，死水位，无限地基。

2. 计算结果及分析

上述 4 个工况的坝体动位移以及上、下游坝面拱梁动应力最值汇总于表 7.3－1，相应的动应力沿坝面分布包络图见图 7.3－5～图 7.3－8。

表 7.3－1　　　　　　　规范谱地震条件下辐射阻尼对坝体动力反应的影响

水位 /m	工况	地基条件	上游坝面动应力最值/MPa		下游坝面动应力最值/MPa	
			拱向	梁向	拱向	梁向
1130	1	无质量地基	10.44	9.16	7.37	7.15
	2	无限地基	6.04	5.09	4.85	3.79
	辐射阻尼影响		−42.15%	−44.43%	−34.19%	−46.99%
1120	3	无质量地基	9.73	8.08	7.90	5.55
	4	无限地基	5.79	4.73	4.56	3.40
	辐射阻尼影响		−40.49%	−41.46%	−42.27%	−38.74%

考虑地基辐射阻尼影响后，大岗山拱坝对规范谱地震时程的反应有比较明显的降低，一方面表现在坝面高应力区的范围大大缩小（但形态相似），另一方面是反应的极值也大

大降低。地基辐射阻尼对最大反应的"削峰"作用在 40% 左右。应当说，对于大岗山拱坝，由于地基岩石的模量相对较低，故地基辐射阻尼对地震能量的耗散作用相对来说比较明显。

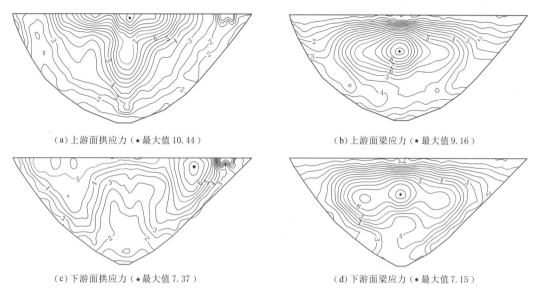

（a）上游面拱应力（＊最大值 10.44）	（b）上游面梁应力（＊最大值 9.16）
（c）下游面拱应力（＊最大值 7.37）	（d）下游面梁应力（＊最大值 7.15）

图 7.3 - 5　大岗山拱坝工况 1 坝面应力分布图（单位：MPa）

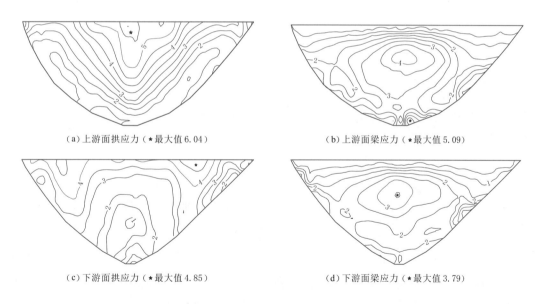

（a）上游面拱应力（＊最大值 6.04）	（b）上游面梁应力（＊最大值 5.09）
（c）下游面拱应力（＊最大值 4.85）	（d）下游面梁应力（＊最大值 3.79）

图 7.3 - 6　大岗山拱坝工况 2 坝面应力分布图（单位：MPa）

7.3.3　地基非线性的影响

基岩内的软弱带和断层破碎带内的材料非线性性质可用弹塑性模型来模拟。分析中未计入材料应变硬化的影响，但考虑了材料拉伸截断，以模拟断层材料在受拉状态下的破

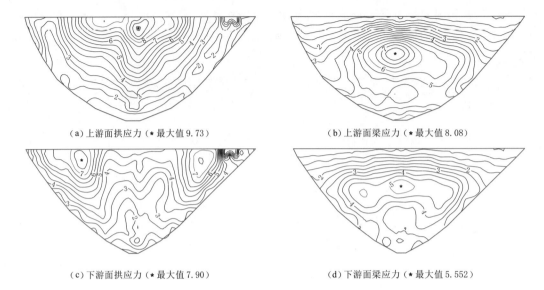

（a）上游面拱应力（*最大值 9.73）　　　　　　（b）上游面梁应力（*最大值 8.08）

（c）下游面拱应力（*最大值 7.90）　　　　　　（d）下游面梁应力（*最大值 5.552）

图 7.3 - 7　大岗山拱坝工况 3 坝面应力分布图（单位：MPa）

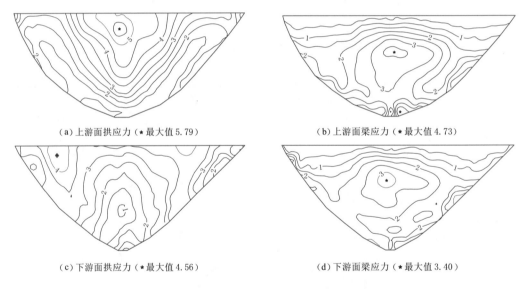

（a）上游面拱应力（*最大值 5.79）　　　　　　（b）上游面梁应力（*最大值 4.73）

（c）下游面拱应力（*最大值 4.56）　　　　　　（d）下游面梁应力（*最大值 3.40）

图 7.3 - 8　大岗山拱坝工况 4 坝面应力分布图（单位：MPa）

坏。下面以龙羊峡拱坝为例进行分析。

　　龙羊峡大坝坝区基础地形十分复杂，地质构造发育，断层、裂隙遍布。为反映这些地形地质条件对大坝地震动力反应及坝肩岩体动力稳定的影响，在合理简化的基础上，模拟对大坝地震反应影响较大的主要构造和地形条件，应用有限元自动网格剖分技术，结合透射人工边界-时域有限元及横缝动接触分析的要求，生成大坝—基础系统三维有限元网格，并模拟了两岸重力墩。整个坝体—基础系统范围沿横河向、顺河向和竖向分别约为1100m、800m 和 750m，节点总数 13599，总自由度数 40797。大坝-基岩系统有限元计算模型如图 7.3 - 9 所示。

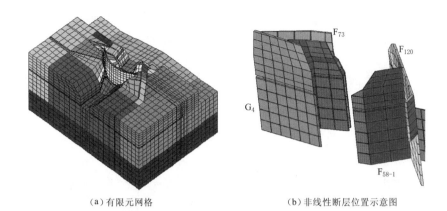

（a）有限元网格　　　　　　　　　　　　（b）非线性断层位置示意图

图 7.3-9　龙羊峡拱坝-基岩有限元计算模型

以弹塑性材料模型模拟基岩中的 G_4、F_{120}、F_{71}、F_{73}、F_{58-1} 等断层及软弱带，并在坝基交界面设置具有初始抗拉抗剪强度的接缝，模拟其开裂情况。各断层的力学参数见表 7.3-2。

表 7.3-2　　　　　　　　　　　　　　主要断层地质力学参数

断层号	断层宽度 /m	变形模量 E_0/GPa		抗剪断力学参数		泊松比
		2500m 高程以上	2500m 高程以下	f'	c'/MPa	
F_{73}^*	3～4	2.6	3.7	0.44	0.603	0.31
F_{18}	4	4.0	5.0	0.77	0.683	
F_{71}^*	3	4.0	5.0	0.45	0.010	
F_{57}	3	4.0	5.0	0.45	0.010	
F_{32}	2	2.7	3.8	—	—	
F_{67}	2	2.7	3.8	—	—	
F_{58}^*	1	4.0	5.0	0.35	0.0	
G_4^*	10	2.8	4.0	0.60	0.1（2500 以上）0.3（2500 以下）	
A_2	8	7.8	11.0	—	—	0.32
F_{120}^*	6	2.8	4.0	0.30	0.00	

* 表示模型中以弹塑性材料模拟的断层；断层宽度，左岸 2500m 高程以上为 4m、2500m 高程以下为 3m，右岸为 3m。

在考虑基岩中的断层及软弱带材料非线性的条件下，通过地震超载工况的计算分析，研究评价龙羊峡大坝-地基体系的极限抗震能力。

图 7.3-10、图 7.3-11、图 7.3-12 分别为不同地震超载倍数下，坝基交界面在 2580m 高程左拱端、右拱端和坝踵等部位的顺河向最大滑移量和残余滑移量的变化情况及坝基交界面开裂比例随超载倍数的变化情况。

在地震超载倍数较小时，左拱端的坝基交界面顺河向滑移较为显著，即左岸顶拱坝基面在设计地震下就出现一定开裂滑移的部位，这与存在断层 G_4 且与拱座距离较近有关。在超载倍数达到 2.1 之前，坝踵及右拱端的滑移量很小；在超载倍数超过 2.1 后，随着坝

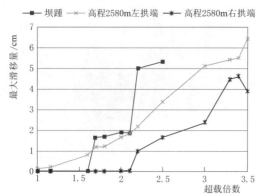

图 7.3－10 坝基交界面上游侧节点地震中
最大滑移量随超载倍数变化曲线

基交界面断裂范围的增加，坝踵及顶拱右拱端的滑移量增加速度加快，滑移量变化曲线出现拐点；而在超载倍数大于 3.3 时，各控制性部位的最大滑移量增加更为迅速，而残余滑移量则出现了左右岸反方向位移的情况，表明坝体出现一定程度的扭转，大坝体系基本已进入破坏状态。

以上分析表明，在本研究建立的非线性计算模型条件下，地震过程中非线性断层的局部拉裂和错动，带来左右岸坝基的不均匀变形。这可能引起坝基交界面的开裂错动，而在超过设计地震荷载 3 倍以上的地震荷载作用下，坝基交界面的开裂将不断扩展直到完全断开，可能造成整个大坝的破坏乃至溃决。

地震超载倍数达 2.1 时，坝基交界面开裂扩展，直至坝基面上游侧全部开裂，以致坝踵及顶拱右拱端的滑移量随左拱端一起增加，由此引起大坝-地基体系的抗震安全性进入较为不稳定的状态。因此，偏于保守考虑，初步建议给出龙羊峡大坝-地基体系的抗震安全系数为 2.1，即极限抗震承载能力对应的地震动峰值加速度为 $0.483g$。需要指出的是，在地震超载倍数达 2.1 时，并不意味着坝体-基岩体系完全丧失承载能力，而是在本研究的计算体系下其结构非线性的发展加剧，考虑到计算中未计入的坝体混凝土材料非线性及其他简化因素，从而在偏于保守的前提下建议其抗震安全系数为 2.1。

由图 7.3－12 坝基交界面开裂面积比例的变化来看，坝基交界面开裂面积比例的增加随地震超载倍数的变化速度较为均匀，直至超载倍数达到 3.4 时，出现开裂比例达 100% 的情况，表明这时坝基交界面完全断开，因此，结合上文分析，地震超载倍数达到 3.4 可作为大坝最终破坏的一项参考指标。

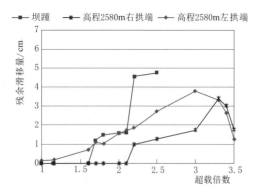

图 7.3－11 坝基交界面上游侧节点地震后
残余滑移量随超载倍数变化曲线

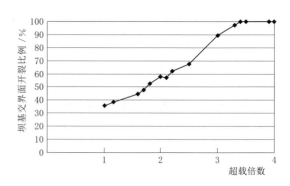

图 7.3－12 坝基交界面开裂比例随
超载倍数变化曲线

7.4 拱坝横缝非线性动力分析

在强震作用下，拱坝中上部会产生拱向拉应力而使大坝横缝张开，并随着往复地震荷载的作用而反复开合。横缝的开合削弱了拱坝的整体刚度，使得坝体拱向应力显著降低而梁向应力有所增加。如何合理模拟拱坝横缝张开效应，是精确评价抗震安全性主要因素之一。

7.4.1 横缝非线性模型

拱坝横缝张合过程属于动态接触问题，模型方式大致可以分为两类：一类是在接触面设置专门的接触单元，模拟横缝的接触约束条件；另一类是将横缝面定义为接触面，直接设置接触关系，模拟横缝的开合。

7.4.1.1 接触单元法

接触单元法是通过对应节点的相对位移来描述横缝的张开、滑移状态，需要单元上、下接触面严格满足点点对应，比较适合模拟切向相对滑移较小的接触问题。

采用平面接触单元模拟拱坝的伸缩横缝（徐艳杰，1999）如图 7.4-1 所示。横缝单元由两个互相重合的面组成，每个面由四个节点来定义，可以是平面也可以是曲面。

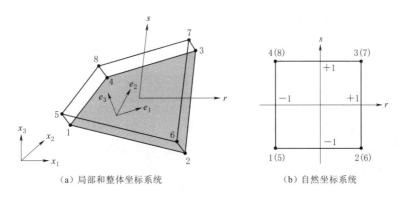

（a）局部和整体坐标系统   （b）自然坐标系统

图 7.4-1 模拟横缝的非线性接触单元

1. 非线性接触单元的几何特性

对于等参单元，其几何插值公式为

$$\boldsymbol{x} = \sum_{j=1}^{4} N_j \boldsymbol{x}_j \qquad (7.4-1)$$

其中 $\boldsymbol{x}$ 是缝面上一点整体坐标，$\boldsymbol{x}_j$ 是第 j 和第 $j+4$ 节点的坐标，可表示成

$$\boldsymbol{x} = \{x_1 \quad x_2 \quad x_3\}^{\mathrm{T}} \qquad (7.4-2)$$

$$\boldsymbol{x}_j = \{x_{1j} \quad x_{2j} \quad x_{3j}\}^{\mathrm{T}} \qquad (7.4-3)$$

插值形函数用自然坐标表示为

$$N_j = \frac{1}{4}(1+r_j r)(1+s_j s) \qquad (j=1,2,3,4) \qquad (7.4-4)$$

式中：r_j、s_j 为节点的自然坐标。

2. 缝面间相对位移

如果将节点 1～4 组成的面定义为下表面，而节点 5～8 组成的面定义为上表面，则两个缝面位移可写成

$$u_{bot}=N_1u_1+N_1u_2+N_3u_3+N_4u_4 \tag{7.4-5a}$$

$$u_{top}=N_1u_5+N_2u_6+N_3u_7+N_4u_8 \tag{7.4-5b}$$

式中：u_j 为节点 j 的位移。

进一步，可将两个缝面位移转换到正交坐标系中，即

$$\overline{u}_{bot}=au_{bot} \tag{7.4-6a}$$

$$\overline{u}_{top}=au_{top} \tag{7.4-6b}$$

式中：a 为转换矩阵，它是自然坐标 r 和 s 的函数，可由整体坐标和局部坐标间的转换关系得到。这样两缝面间的相对位移为

$$v=\overline{u}_{top}-\overline{u}_{bot} \tag{7.4-7}$$

由于相对位移在一个缝面上是变化的，所以可以反映缝单元的部分张开。将式（7.4-5）和式（7.4-6）代入式（7.4-7），就得到以节点位移表达的相对位移

$$v=Bu \tag{7.4-8}$$

其中

$$u=\begin{bmatrix} u_1^T & u_2^T & u_3^T & u_4^T & u_5^T & u_6^T & u_7^T & u_8^T \end{bmatrix} \tag{7.4-9a}$$

$$B=\begin{bmatrix} -N_1 & -N_2 & -N_3 & -N_4 & N_1 & N & N_3 & N_4 \end{bmatrix} \tag{7.4-9b}$$

$$N_j=N_ja \qquad (j=1,2,3,4) \tag{7.4-10}$$

3. 非线性接触单元的本构关系

横缝相对位移 v 和缝应力 q 之间的关系是非线性的，视缝的开合状态而有所不同。在这里，由于 v 是定义在正交坐标系中，假设 i 方向的相对位移只产生 i 方向的正应力。缝面假定具有相应的抗拉强度 q_{0i}，一旦应力达到抗拉强度，缝则卸载并在后续反应中保持零抗拉强度。这种本构关系可具体表达为以下形式

$$q_i=\begin{cases} k_iv_i & v_i\leqslant q_{0i}/k_i \\ 0 & v_i>q_{0i}/k_i \end{cases} \qquad i=1,2,3 \tag{7.4-11}$$

式中：k_i 为缝闭合时的刚度。考虑到横缝键槽的作用，模型中可以只考虑缝间的张开与闭合，而不允许缝面间有相对的剪切滑移。

4. 刚度推求

应用虚位移原理，给出应力 q 与节点力 p 间的平衡关系：

$$p=\int_A B^Tq\,dA \tag{7.4-12}$$

则横缝刚度阵可写成

$$k_T=\frac{\partial p}{\partial u}\int_A B^T\frac{\partial q}{\partial v}\frac{\partial v}{\partial u}dA \tag{7.4-13}$$

将式（7.4-8）和式（7.4-9）代入式（7.4-13），得

$$k_T=\int_A B^T\overline{k}_T(v)B\,dA \tag{7.4-14}$$

k_T 即为横缝的刚度阵，其中的 $\overline{k}_T(v)$ 为对角阵，其对角元素为

$$\overline{k}_{Ti}=\begin{cases}k_i & (v_i\leqslant q_{0i}/k_i,i=1,2,3)\\ 0 & (v_i>q_{0i}/k_i,i=1,2,3)\end{cases} \tag{7.4-15}$$

7.4.1.2　接触面法

动接触边界对横缝状态的描述是通过表征节点与接触主面相对位置关系的物理量加以判断的，因此动接触边界模型不再要求接触两侧的网格完全匹配，模拟接触问题时具有更好的适应性。该接触边界由主面和从面组成（潘坚文，2010），如图 7.4-2 所示。从面上各节点都唯一对应主面上的一个点，即锚点。锚点与该节点的连线方向即为接触的法线方向；从面节点与锚点之间沿法线和切线方向的相对距离分别表征接触的张开度与滑移量。

对于任意从面节点 x^s_{N+1}，可以确定对应锚点的位置 x_0、法线方向 n 和切线方向 v，由此推导出节点的法向距离为

$$h=n(x_0-x^s_{N+1})=h(u^m_K,u^m_{K+1},u^s_{N+1}) \tag{7.4-16}$$

式中：u^s_{N+1} 为从面节点 x^s_{N+1} 的位移；u^m_K 和 u^m_{K+1} 为该点关联节点 x^m_K 和 x^m_{K+1} 的位移；上标 s 表示从面，m 表示主面。

由变分法推导出横缝开度 h 的变分为

$$\delta h=-n(\delta u_{N+1}-\delta x_0-\xi\delta v)=f(\delta u^m_K,\delta u^m_{K+1},\delta u^s_{N+1}) \tag{7.4-17}$$

引入图 7.4-3 所示的指数型应力-位移关系，其数学表达为

$$\begin{cases}p=0, & h\leqslant-c\\ p=\dfrac{p^0}{(e-1)}\left(\dfrac{h}{c}+1\right)(e^{\frac{h}{c}+1}-1), & h>-c\end{cases} \tag{7.4-18}$$

式中：h 为从面节点 x^s_{N+1} 嵌入主面的距离；c 为开始产生法向嵌入的距离。

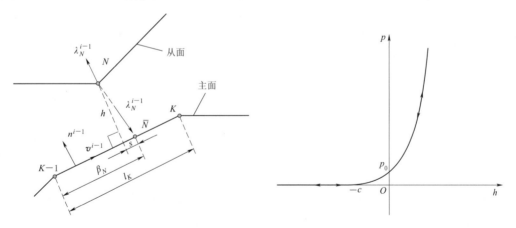

图 7.4-2　主从面接触关系　　　　图 7.4-3　法向应力 p 与嵌入量 h 关系曲线

应用变分原理，得到接触边界上法向的势能变分为

$$\delta\boldsymbol{\Pi}=p\delta h+h\delta p=\left(p+\frac{\partial p}{\partial h}h\right)\delta h \tag{7.4-19}$$

将式（7.4-16）～式（7.4-18）代入式（7.4-19），并利用链式求导法则，可以推导出

$$\delta \mathbf{\Pi} = \left(p + \frac{\partial p}{\partial h} h \right) \left(\sum_{j=0}^{1} \frac{\partial f}{\partial u_{K+j}^{m}} \delta u_{K}^{m} + \frac{\partial f}{\partial u_{N+1}^{s}} \partial u_{N+1}^{s} \right) = \sum_{j=0}^{1} \frac{\partial \mathbf{\Pi}}{\partial u_{K+j}^{m}} \partial u_{K}^{m} + \frac{\partial \mathbf{\Pi}}{\partial u_{N+1}^{s}} \partial u_{N+1}^{s}$$

$$(7.4-20)$$

将式（7.4-20）中各节点位移变分向量的系数集成到总体刚度矩阵的相应位置，就形成了包含有非线性接触边界的系统总体刚度矩阵，并由此可以推导出基于牛顿迭代格式的有限元隐式求解算法。

需要说明的是，动接触边界模型中，从面节点仅在与主面接触时产生切向约束力，一旦边界条件为张开状态，主面与从面之间就没有任何切向约束。考虑到拱坝横缝一般都设置有键槽，使得相邻坝段之间限制了沿缝面切向的相对位移，为了在有限元模型中实现这一约束条件，在相邻坝段单元的对应节点（图 7.4-4 中节点 A、B）上沿缝面切向布置剪切刚度 K_s 的线性弹簧，通过调整 K_s 可以控制切向滑移的数值，为 K_s 赋充分大值以模拟切向完全无滑移的情况。

7.4.1.3 动接触力法

动接触力模型是由清华大学刘晶波（Liu et al.，1999）提出的，在以显式方法进行动力计算逐步积分的过程中，直接求解由接触约束的变分不等式原理构造出的线性互补方程。在时域积分的每一步计算中采用三次主要计算，分别获得接触上的动接触正应力和剪应力分布，进而求得考虑界面摩擦效应的接触缝面间的动态反应。

1. 接触点位移的分解

如图 7.4-5 所示，设介质中存在任意缝面 S，两侧界面分别称为 S^+、S^-，在初始时刻，S^+、S^- 相互重合，如果缝面光滑变化，其法向矢量 $\boldsymbol{n}$ 和切向矢量 $\boldsymbol{t}$ 处处存在，（其中 $\boldsymbol{n}$ 指向 S^+ 方向）。在进行结构的有限元离散时，要求缝面两侧节点分布相同，这样动接触引起的应力就能以节点对相互作用力的形式出现，配合显式有限元方法，在内点的动力计算逐步积分过程中，直接对缝面上的点对施以边界接触条件，从而求出两点之间接触力及接触点的真实位移。

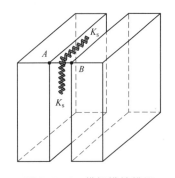

图 7.4-4 拱坝横缝模拟
完美键槽的切向弹簧

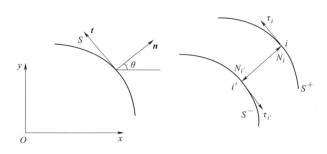

图 7.4-5 接触缝及其上下侧

在显式积分时采用中心差分与平均近似相结合的积分格式，设有接触点对 i 和 i'，其中 i 位于 S^+ 一侧，i' 位于 S^- 一侧。首先对于任一接触点 i，设接触点上受法向接触力 N_i、切向接触力 τ_i 作用，针对 i 节点 j 自由度列出位移求解表达式，有

$$u_{ij}^{t+\Delta t} = \frac{\Delta t^2}{2m_i} \left((Q_{ij}^t + N_{ij}^t + \tau_{ij}^t) - \sum_{l=1}^{n_e} \sum_{k=1}^{n} K_{ijlk} u_{lk}^t - \sum_{l=1}^{n_e} \sum_{k=1}^{n} C_{ijlk} \dot{u}_{lk}^t \right) + u_{ij}^t + \Delta t \dot{u}_{ij}^t$$

$$(7.4-21)$$

式中：N_{ij}、τ_{ij} 分别为 N_i、τ_i 在方向 j 上的分量。

由于 N_{ij}^t、τ_{ij}^t 是运动状态的函数，不但与 t 及 t 以前时刻的运动状态有关，而且与 $t+\Delta t$ 时刻的运动状态有关，因此，无法由式（7.4-21）直接解出 $u_{ij}^{t+\Delta t}$。为此，将 $u_{ij}^{t+\Delta t}$ 分为三部分，即

$$u_{ij}^{t+\Delta t} = \overline{u}_{ij}^{t+\Delta t} + \Delta u_{ij}^{t+\Delta t} + \Delta v_{ij}^{t+\Delta t} \tag{7.4-22}$$

其中，可以由前一时刻的运动状态直接得到 $\overline{u}_{ij}^{t+\Delta t}$：

$$\overline{u}_{ij}^{t+\Delta t} = \frac{\Delta t^2}{2m_i} \left(Q_{ij}^t - \sum_{l=1}^{n_e} \sum_{k=1}^{n} K_{ijlk} u_{lk}^t - \sum_{l=1}^{n_e} \sum_{k=1}^{n} C_{ijlk} \dot{u}_{lk}^t \right) + u_{ij}^t + \Delta t \dot{u}_{ij}^t \tag{7.4-23}$$

令 $M_i = \dfrac{2m_i}{\Delta t^2}$，则由接缝的动接触状态决定 $\Delta u_{ij}^{t+\Delta t}$ 和 $\Delta v_{ij}^{t+\Delta t}$：

$$\Delta u_{ij}^{t+\Delta t} = \frac{\Delta t^2}{2m_i} N_{ij}^t = \frac{N_{ij}^t}{M_i} \tag{7.4-24}$$

$$\Delta v_{ij}^{t+\Delta t} = \frac{\Delta t^2}{2m_i} \tau_{ij}^t = \frac{\tau_{ij}^t}{M_i} \tag{7.4-25}$$

在接触问题的求解中，以节点对 i 和 i' 为研究对象，下面所有以 i 和 i' 为下标的变量都代表由 i 和 i' 点在各自由度上的分量组成的列向量（M_i 及 $M_{i'}$ 除外）。

2. 计算法向接触力及其引起的节点位移

当 i 和 i' 发生接触时，i 和 i' 上接触力大小相等，方向相反，即有

$$N_i^t = -N_{i'}^t \tag{7.4-26}$$

$$\tau_i^t = -\tau_{i'}^t \tag{7.4-27}$$

同时，i 和 i' 的位移应满足接触时的位移协调条件（即法向的互不侵入要求）：

$$\overline{n}_i^T (u_{i'}^{t+\Delta t} - u_i^{t+\Delta t}) = 0 \tag{7.4-28}$$

当 i 和 i' 分离时，有

$$N_i^t = N_{i'}^t = 0 \tag{7.4-29}$$

$$\tau_i^t = \tau_{i'}^t = 0 \tag{7.4-30}$$

$$u_i^{t+\Delta t} = \overline{u}_i^{t+\Delta t} \tag{7.4-31}$$

$$u_{i'}^{t+\Delta t} = \overline{u}_{i'}^{t+\Delta t} \tag{7.4-32}$$

在计算过程中，由式（7.4-23）求得 $\overline{u}_i^{t+\Delta t}$ 和 $\overline{u}_{i'}^{t+\Delta t}$，并由下式判断接触是否发生：

$$\overline{n}_i^T (\overline{u}_{i'}^{t+\Delta t} - \overline{u}_i^{t+\Delta t}) \geqslant 0 \tag{7.4-33}$$

当式（7.4-33）不成立时，i 和 i' 不发生接触，法向接触力和切向摩擦力为 0，$\overline{u}_i^{t+\Delta t}$ 和 $\overline{u}_{i'}^{t+\Delta t}$ 即为总位移。

当式（7.4-33）成立时，i 和 i' 发生接触，根据法向互不侵入条件，有

$$\overline{n}_i^T (\overline{u}_{i'}^{t+\Delta t} + \Delta u_{i'}^{t+\Delta t} + \Delta v_{i'}^{t+\Delta t} - \overline{u}_i^{t+\Delta t} - \Delta u_i^{t+\Delta t} - \Delta v_i^{t+\Delta t}) = 0 \tag{7.4-34}$$

其中，$\overline{n}_i^T \Delta v_{i'}^{t+\Delta t} = \overline{n}_i^T \Delta v_i^{t+\Delta t} = 0$。

进一步设 $\Delta_{1i}=\overline{n}_i^{\mathrm{T}}(\overline{u}_i^{t+\Delta t}-\overline{u}_{i'}^{t+\Delta t})$，则有

$$\overline{n}_i^{\mathrm{T}}(\Delta u_i^{t+\Delta t}-\Delta u_{i'}^{t+\Delta t})=\Delta_{1i} \tag{7.4-35}$$

将式（7.4-24）、式（7.4-26）代入式（7.4-35），求解 N_i^t 得

$$N_i^t=\frac{M_i M_{i'}}{M_i+M_{i'}}\overline{n}_i\Delta_{1i} \tag{7.4-36}$$

再由式（7.4-24）可计算 $\Delta u_i^{t+\Delta t}$ 和 $\Delta u_{i'}^{t+\Delta t}$。

3. 计算切向摩擦力及其引起的位移

当法向计算中判断 i 和 i' 发生接触后，才需要进行切向摩擦力的计算。

当 i 和 i' 处于静摩擦状态，两点之间无相对滑移，即

$$\overline{t}_i^{\mathrm{T}}(u_i^{t+\Delta t}-u_{i'}^{t+\Delta t})=\overline{t}_i^{\mathrm{T}}(u_i^t-u_{i'}^t) \tag{7.4-37}$$

同时，静摩擦力满足库仑定律：

$$|\tau_i^t|\leqslant\mu_s|N_i^t| \tag{7.4-38}$$

当 i 和 i' 处于动摩擦状态，则根据摩擦定律计算：

$$|\tau_i^t|=\mu|N_i^t| \tag{7.4-39}$$

以上式中：μ_s 为静摩擦系数；μ 为动摩擦系数；

在计算过程中，首先假定 i 和 i' 的摩擦状态与上一时步相同，若为静摩擦状态，则 i 和 i' 在切向无相对位移，将式（7.4-22）代入式（7.4-37）得

$$\overline{t}_i^{\mathrm{T}}(\overline{u}_i^{t+\Delta t}+\Delta u_i^{t+\Delta t}+\Delta v_i^{t+\Delta t}-\overline{u}_{i'}^{t+\Delta t}-\Delta u_{i'}^{t+\Delta t}-\Delta v_{i'}^{t+\Delta t})=\overline{t}_i^{\mathrm{T}}(u_i^t-u_{i'}^t) \tag{7.4-40}$$

上式中 $\overline{t}_i^{\mathrm{T}}\Delta u_{i'}^{t+\Delta t}=\overline{t}_i^{\mathrm{T}}\Delta u_i^{t+\Delta t}=0$，设 $\Delta_{2i}=\overline{t}_i^{\mathrm{T}}[(\overline{u}_i^{t+\Delta t}-\overline{u}_{i'}^{t+\Delta t})-(u_{i'}^t-u_i^t)]$，则有

$$\overline{t}_i^{\mathrm{T}}(\Delta v_i^{t+\Delta t}-\Delta v_{i'}^{t+\Delta t})=\Delta_{2i} \tag{7.4-41}$$

于是有

$$\tau_i^t=\frac{M_i M_{i'}}{M_i+M_{i'}}\overline{t}_i\Delta_{2i} \tag{7.4-42}$$

同时还需由式（7.4-38）判断静摩擦力值是否超过允许值，若超过则说明 i 与 i' 之间转入动摩擦状态。按照 i 与 i' 之间处于动摩擦状态计算时，由式（7.4-39）计算动摩擦力 τ_i^t，其符号由 Δ_{2i} 确定。求得 τ_i^t 后，由式（7.4-25）计算 $\Delta v_i^{t+\Delta t}$ 和 $\Delta v_{i'}^{t+\Delta t}$。

按照 i 与 i' 之间处于动摩擦状态计算时，还需检验 i 与 i' 是否符合充要条件：

$$当\quad \mathrm{sgn}(\Delta_{2i})=1,\overline{t}_i^{\mathrm{T}}(u_{i'}^{t+\Delta t}-u_i^{t+\Delta t})>\overline{t}_i^{\mathrm{T}}(u_{i'}^t-u_i^t) \tag{7.4-43}$$

$$当\quad \mathrm{sgn}(\Delta_{2i})=-1,\overline{t}_i^{\mathrm{T}}(u_{i'}^{t+\Delta t}-u_i^{t+\Delta t})<\overline{t}_i^{\mathrm{T}}(u_{i'}^t-u_i^t) \tag{7.4-44}$$

若上式不成立，则节点对进入静摩擦状态，按式（7.4-42）重新计算 τ_i^t。

由以上计算先后求得 $\overline{u}_i^{t+\Delta t}$、$\Delta u_i^{t+\Delta t}$、$\Delta v_i^{t+\Delta t}$，从而可计算出接触点的总位移 $u_i^{t+\Delta t}$。这就是动接触力模型的计算格式，与近场波动数值模拟的解耦方法相配套，而且不存在人为选取接触刚度的问题，也不会发生接触面间相互侵入的现象，具有较大的优越性。

7.4.2 横缝非线性的动力行为

为了说明横缝非线性的动力行为，本节中将以大岗山拱坝为例，说明横缝的开合对坝体位移及应力的影响（罗秉艳 等，2005）。为了尽可能真实反映拱坝的横缝非线性特性，按照拱坝实际浇筑时大约 20m 的坝段宽度来模拟，计算模型中设置了 28 条横缝，如图

7.4-6中粗线所示。

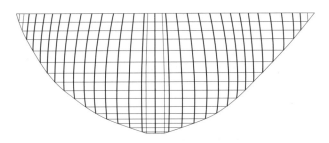

图 7.4-6 大岗山坝体横缝计算模型示意图

地基有限元网格与 7.3.2.2 节相同,这里假定地基无质量。坝体混凝土和基岩材料参数、地震荷载也与 7.3.2.2 节大岗山拱坝计算模型完全相同。库水位为死水位 1120m。共分析了 2 种工况,即不考虑横缝作用的线弹性工况和按照实际 20m 间距布设的 28 条横缝工况。两种工况的应力、动位移和横缝张开度计算结果列于表 7.4-1。

表 7.4-1   无缝和分缝工况下拱向计算结果

工况	最大动位移/cm	上游坝面最大应力/MPa				下游坝面最大应力/MPa				横缝最大开度/mm
		拱向		梁向		拱向		梁向		
		拉	压	拉	压	拉	压	拉	压	
无横缝	13.0	8.49	−10.86	4.31	−10.69	6.64	−9.49	5.35	−9.90	
28 条横缝	13.9	2.36	−11.91	4.67	−10.78	1.99	−9.66	7.08	−10.01	11.39

1. 横缝开合的分布规律

从图 7.4-7 可以看出,模拟 28 条横缝的工况,最大横缝开度为 11.39mm,发生在靠近左坝肩的位置。横缝开度沿顶拱分布出现三个峰值区,左、右坝肩和中缝开度都比较大。

横缝在地震过程中随着惯性力的作用时张时合,缝的开度时大时小(见图 7.4-8),从图 7.4-9 横缝开度等值线分布来看,对于大岗山拱坝,上、下游坝面横缝张开深度基本差不多,坝体上部 1/2 坝高的区域横缝都有张开现象,说明大岗山拱坝在死水位、强震下的横缝非线性反应还是相当剧烈的。

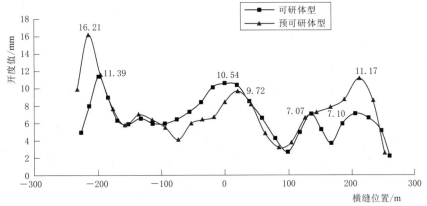

图 7.4-7 大岗山 28 条横缝工况横缝开度最大值沿顶拱分布图

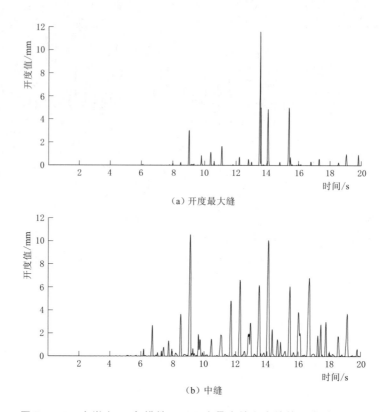

图 7.4-8 大岗山 28 条横缝工况开度最大缝和中缝的开度时程

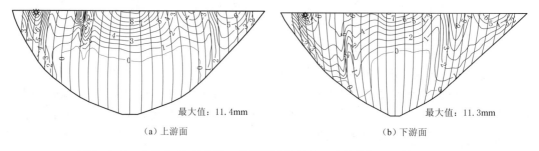

图 7.4-9 大岗山 28 条横缝工况坝面横缝最大开度等值线图（单位：mm）

2. 横缝张开对位移的影响

图 7.4-10 为两种工况的顶拱顺河向最大动位移比较，图 7.4-11 为拱冠梁顺河向最大动位移比较（位移负值为向上游）。由图可以看出，考虑横缝张开后，坝体的顺河向向上游方向（负 Y 方向）的位移较线弹性工况有明显增大，说明横缝的张开削弱了坝的整体性，使其变形增大；但对顺河向向下游方向的位移影响不大，因为此时横缝是处于压紧状态的。

3. 横缝张开对应力的影响

对比无横缝和 28 条横缝工况的结果，由于横缝张开的动力非线性效应，拱向拉应力被释放，其值大幅降低。图 7.4-12 无横缝工况时坝体中上部大于 3MPa 的最大拉应力等

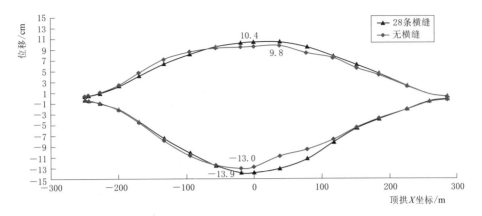

图 7.4-10　大岗山 28 条横缝和无横缝工况下顶拱顺河向最大动位移

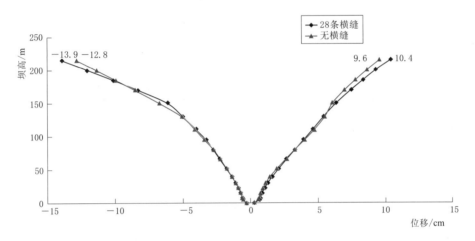

图 7.4-11　大岗山 28 条横缝和无横缝工况下拱冠梁顺河向最大动位移

值线,在图 7.4-13 的 28 条横缝工况时已经不再出现,只剩下局部 1MPa 的拉应力,且在坝肩附近局部应力较大。由表 7.4-1 也可看出,拱向拉应力最大值分别由 6～8MPa 减小到 1～2MPa。由于横缝张开、拱向拉应力释放,荷载有向悬臂梁转移的趋势,使梁应力状态有一定程度的恶化。从图 7.4-12 和图 7.4-13 中两种工况的梁向拉应力比较来看,上游面整体应力水平及应力峰值变化不大,但下游面的拉应力区范围和极值都有明显增大,由 5MPa 增大到 7MPa,这一点从表 7.4-1 的拉应力极值比较也可明显看出。

7.5　拱坝材料非线性动力分析

大量的理论和试验研究表明,在强烈地震荷载作用下,高拱坝上下游坝面中上部存在较大范围的高拉应力区,有可能出现梁向水平裂缝。因此,在高拱坝的地震反应分析中,除考虑横缝的非线性力学行为外,还需要考虑坝体混凝土材料的非线性特性,以模拟在静、动荷载作用下拱坝中上部区域可能出现的损伤微裂纹,以及后续的宏观开裂扩展过程。

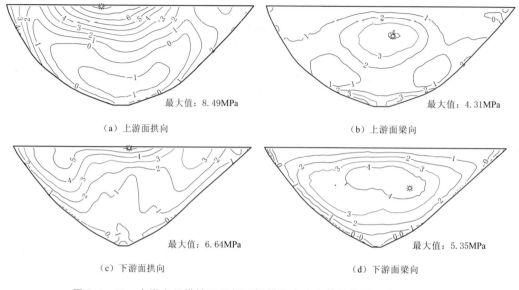

（a）上游面拱向　　最大值：8.49MPa　　（b）上游面梁向　　最大值：4.31MPa

（c）下游面拱向　　最大值：6.64MPa　　（d）下游面梁向　　最大值：5.35MPa

图 7.4-12　大岗山无横缝工况坝面梁拱最大应力等值线图（单位：MPa）

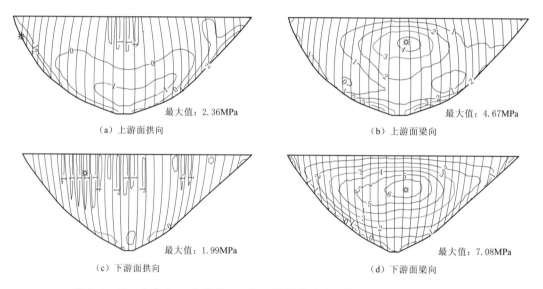

（a）上游面拱向　　最大值：2.36MPa　　（b）上游面梁向　　最大值：4.67MPa

（c）下游面拱向　　最大值：1.99MPa　　（d）下游面梁向　　最大值：7.08MPa

图 7.4-13　大岗山 28 条横缝工况坝面梁拱最大应力等值线图（单位：MPa）

7.5.1　混凝土材料非线性模型

混凝土为准脆性材料，对这类材料损伤开裂发展的计算模型和数值计算方法目前还处于发展阶段。混凝土的受拉破坏是一个非常复杂的过程，许多学者对这一问题进行了研究，并提出了多种混凝土裂缝模拟模型。因此，在拱坝强震非线性响应分析中，也有多种混凝土材料非线性模型。

7.5.1.1　D-P模型

坝体混凝土材料非线性特性，可采用 Drucker-Prager（D-P）本构模型进行，以分析在强地震作用下可能产生的材料屈服。

D-P 模型屈服条件（或准则）表示为　$\alpha I_1 + \sqrt{J_2} - k = 0$　　　　　　（7.5-1）

式中：I_1 为应力张量第一不变量；J_2 为应力偏张量第二不变量；α 和 k 为两个模型参数。

如图 7.5-1 所示，莫尔-库仑（Mohr-Coulomb，M-C）准则的屈服面在 π 平面上是一个不规则的六角形，在迭代计算中存在奇异角点；D-P 准则的屈服面在 π 平面上是一个圆，整个屈服面是一个圆锥面。

用 D-P 准则的圆去逼近 M-C 准则的六边形，根据不同的逼近方法，参数 α、k 与 c、φ 换算如下

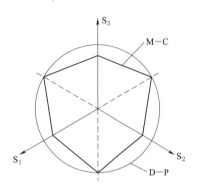

图 7.5-1　π 平面上的 M-C 准则和 D-P 准则屈服曲线

$$\begin{cases} \alpha = \dfrac{2\sin\varphi}{\sqrt{3}\,(3+\sin\varphi)} \\[2mm] k = \dfrac{6c\cos\varphi}{\sqrt{3}\,(3+\sin\varphi)} \end{cases} \qquad (7.5-2)$$

$$\begin{cases} \alpha = \dfrac{2\sin\varphi}{\sqrt{3}\,(3-\sin\varphi)} \\[2mm] k = \dfrac{6c\cos\varphi}{\sqrt{3}\,(3-\sin\varphi)} \end{cases} \qquad (7.5-3)$$

$$\begin{cases} \alpha = \dfrac{2\sin\varphi}{\sqrt{3}\sqrt{3+\sin^2\varphi}} = \dfrac{\tan\varphi}{\sqrt{9+12\tan^2\varphi}} \\[2mm] k = \dfrac{\sqrt{3}\,c\cos\varphi}{\sqrt{3+\sin^2\varphi}} = \dfrac{3c}{\sqrt{9+12\tan^2\varphi}} \end{cases} \qquad (7.5-4)$$

式（7.5-2）、式（7.5-3）、式（7.5-4）分别给出了 M-C 准则不规则六角形的内接圆锥、外接圆锥和内切圆锥的换算公式。

7.5.1.2　塑性损伤模型

ABAQUS 软件提供了 Lee 等（1998）提出的混凝土塑性损伤模型，能较好地模拟循环荷载作用下混凝土的损伤开裂行为，被广泛用于拱坝强震损伤断裂分析。

1. 本构关系

在塑性增量理论里，往往把应变率分解为弹性和塑性两部分，即

$$\dot{\varepsilon} = \dot{\varepsilon}^e + \dot{\varepsilon}^p \qquad (7.5-5)$$

式中：$\dot{\varepsilon}$ 为总应变率；$\dot{\varepsilon}^e$ 为弹性部分的应变率；$\dot{\varepsilon}^p$ 为塑性部分的应变率。

记初始弹性刚度为 $\boldsymbol{E}_0$，定义有效应力 $\overline{\boldsymbol{\sigma}}$ 为

$$\overline{\boldsymbol{\sigma}} = \boldsymbol{E}_0 : (\varepsilon - \varepsilon^p) \qquad (7.5-6)$$

式中：ε 为总应变；ε^p 为塑性部分的应变。

在很多情况下，标量刚度退化损伤有如下假设：

$$\boldsymbol{E} = (1-d)\boldsymbol{E}_0 \qquad (7.5-7)$$

则可将应力分解为刚度退化和有效应力两部分，即

$$\boldsymbol{\sigma} = (1-d)\overline{\boldsymbol{\sigma}} = (1-d)\boldsymbol{E}_0 : (\varepsilon - \varepsilon^p) \qquad (7.5-8)$$

式中：d 为混凝土刚度退化变量或称损伤变量，$d=0$ 表示混凝土未破坏，$d=1$ 表示完全破坏。

塑性流动由标量塑性势函数通过流动法则控制。对于定义在有效应力空间上的塑性势函数，塑性应变率为

$$\dot{\varepsilon}^p = \dot{\lambda} \frac{\partial G(\overline{\boldsymbol{\sigma}})}{\partial \overline{\boldsymbol{\sigma}}} \tag{7.5-9}$$

式中：$\dot{\lambda}$ 为塑性一致性参数，为非负函数。

考虑到混凝土破坏时的体积膨胀现象，塑性流动势函数 G 选用 D-P 型双曲函数：

$$G = \sqrt{(\varsigma \sigma_{t0} \tan\varphi)^2 + \overline{q}^2} - \overline{p} \tan\varphi \tag{7.5-10}$$

其中
$$\overline{p} = -1/3 \overline{\boldsymbol{\sigma}} : \boldsymbol{I} \qquad \overline{q} = \sqrt{3/2}\sqrt{\boldsymbol{s} : \boldsymbol{s}} \qquad \boldsymbol{I} = \text{diag}(1\ 1\ 1)$$

式中：$\boldsymbol{s}$ 为有效应力偏量；φ 为高围压情况下在 $p-q$ 平面测量到的膨胀角；σ_{t0} 为混凝土单轴拉张破坏时的拉应力；ς 为描述此函数向渐近线逼近率的偏心度（流动势趋向直线时偏心度为零）。

这个流动势函数是光滑连续的，保证了流动方向的唯一性。

以有效应力和内部状态变量为自变量的屈服函数的形式表示为

$$F(\overline{\boldsymbol{\sigma}}, \varepsilon^p) = \frac{1}{1-\alpha}\left[\alpha I_1 + \sqrt{3J_2} + \beta(\varepsilon^p)\langle\hat{\sigma}_{\max}\rangle - \gamma\langle\hat{\sigma}_{\max}\rangle\right] - c(\varepsilon^p) \tag{7.5-11}$$

式中：$I_1 = tr(\overline{\boldsymbol{\sigma}})$，即有效应力第一主不变量；$J_2 = \frac{1}{2}\boldsymbol{s} : \boldsymbol{s}$，即有效应力偏量第二主不变量；$\hat{\sigma}_{\max}$ 表示最大主应力的代数值；α 为由屈服函数初始形状决定的参数；γ 为无量纲的材料常数，仅在三轴受压应力状态下参与计算，其他状态取为 0；c 为黏聚力参数；β 的定义决定屈服函数的演化。

$$\beta = \frac{c_c(\varepsilon^p)}{c_t(\varepsilon^p)}(1-\alpha) - (1+\alpha)$$

$$c = c_c(\varepsilon^p) \tag{7.5-12}$$

式中：c_t、c_c 分别为张拉和受压黏聚力变量。

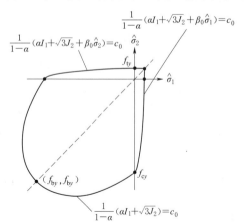

图 7.5-2 应力平面空间的初始屈服面

图 7.5-2 所示为 $F(\overline{\boldsymbol{\sigma}}, 0) = 0$，即在主应力平面空间的屈服面，表示未损伤的初始状态。

2. 损伤演化

为了模拟拉张和受压荷载下不同的损伤状态，刚度退化变量 d 用两个相互独立的状态量定义为

$$d = [d_t, d_c]^T \tag{7.5-13}$$

单轴状态下的损伤演化方程为

$$\dot{d}_{\Re} = \frac{1}{g_{\Re}} f_{\Re}(d_{\Re}) \dot{\varepsilon}^p \tag{7.5-14}$$

式中：$\Re \in \{t, c\}$，当 $\Re = t$ 时表示拉张，当 $\Re = c$

时表示受压；$f_{\mathbb{R}}(d_{\mathbb{R}})$ 表示混凝土处于 $d_{\mathbb{R}}$ 状态时的应力；$g_{\mathbb{R}}$ 为整个开裂过程的耗散能量密度。

因为单位体积蕴含的耗散能不能作为一种材料属性给出，所以 $g_{\mathbb{R}}$ 可通过断裂能得到。沿着断裂带宽度的能量耗散定义为

$$g_{\mathbb{R}} = G_{\mathbb{R}}/l_{\mathbb{R}} \tag{7.5-15}$$

式中：$G_{\mathbb{R}}$ 为单轴受压状态下的断裂能；$l_{\mathbb{R}}$ 为表示断裂带宽度的特征长度，对于平面单元，取积分点区域面积的平方根，对于实体单元，取积分点区域体积的立方根。

单轴状态的损伤演化方程扩展到三维状态，是通过引入一个以有效主应力 $\hat{\sigma}$ 为自变量的权重因子 $0 \leqslant r(\hat{\sigma}) \leqslant 1$ 实现的。

3. 混凝土拉张软化曲线

混凝土材料的破坏形式中最主要的是拉张开裂，特别是对于高坝的动力反应，坝体的安全性以拉应力为控制指标，而压应力往往不能达到抗压强度。因此，可以仅考虑混凝土的拉张软化，不考虑混凝土因压坏而引起的刚度退化。常用的拉张软化曲线有直线型、折线型和曲线型等，混凝土塑性损伤模型适用于各种软化关系，为简化计，在此选用直线型（图7.5-3）。为满足混凝土断裂能唯一的原则，式（7.5-15），要求软化曲线的最大拉应变满足

$$\varepsilon_u = 2G_f/(f_t l_{ch}) \tag{7.5-16}$$

式中：f_t 为混凝土的抗拉强度；l_{ch} 为单元特征长度。

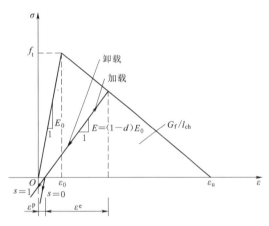

图 7.5-3 混凝土拉张软化应力-应变关系

在循环荷载作用下，刚度退化机理将随着微裂缝的开合而变得十分复杂，裂缝开合的行为可以通过荷载由拉张状态变为受压状态的过程中，弹性刚度的恢复进行模拟。刚度退化变量定义为

$$d = 1 - (1 - s_t d_c)(1 - s_c d_t) \tag{7.5-17}$$

式中：$s_{t,c}$ 为描述刚度恢复的权重因子，$0 \leqslant s_{t,c} \leqslant 1$。如图7.5-3所示，荷载由拉力卸载向压力转变，假设混凝土不考虑压坏，即 $d_c = 0$，刚度退化变量改写为

$$d = s_c d_t \tag{7.5-18}$$

7.5.1.3 增量式正交模型

ADINA（automatic dynamic incremental nonlinear analysis）程序提供了基于增量式正交本构理论的混凝土材料模型，其理论基础是非线性弹性理论和断裂力学理论，可以模拟混凝土材料最基本的材料属性：当主应力达到最大允许值时，材料拉坏；当拉应变达到一定数值，抗拉强度降低至0；在较高压力作用下压溃，材料压溃后具有应变软化的特性，达到极限应变时材料完全破坏。

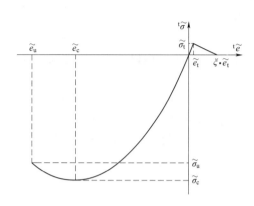

图 7.5－4　混凝土单轴应力-应变关系

1. 混凝土单轴应力-应变关系

模型采用 Saenz 曲线近似表示压缩时的应力-应变关系，利用一条直线近似表示拉伸时的单轴应力-应变关系，如图 7.5－4，这个应力-应变关系显示了应变的三个阶段，即 $^t\tilde{e}>0$；$0<{}^t\tilde{e}\leqslant\tilde{e}_c$；$\tilde{e}_c<{}^t\tilde{e}\leqslant\tilde{e}_u$，其中 $\tilde{e}_c$、$\tilde{e}_u$ 分别为对应最大压应力 $\tilde{\sigma}_c$ 和最终应力 $\tilde{\sigma}_u$ 的应变。

在受拉状态，即 $^t\tilde{e}>0$，应力与应变为线性关系，直到应力达到 $\tilde{\sigma}_t$，材料拉坏。若弹性模量为 $\widetilde{E}_0$，则 $^t\tilde{\sigma}=\widetilde{E}_0{}^t\tilde{e}$。

在受压时，即 $^t\tilde{e}\leqslant0$，应力-应变关系为

$$\frac{^t\tilde{\sigma}}{\tilde{\sigma}_c}=\frac{\left(\dfrac{\widetilde{E}_0}{\widetilde{E}_s}\right)\left(\dfrac{^t\tilde{e}}{\tilde{e}_c}\right)}{1+A\left(\dfrac{^t\tilde{e}}{\tilde{e}_c}\right)+B\left(\dfrac{^t\tilde{e}}{\tilde{e}_c}\right)^2+C\left(\dfrac{^t\tilde{e}}{\tilde{e}_c}\right)^3} \tag{7.5－19}$$

$$^t\widetilde{E}=\frac{\widetilde{E}_0\left[1-B\left(\dfrac{^t\tilde{e}}{\tilde{e}_c}\right)-2C\left(\dfrac{^t\tilde{e}}{\tilde{e}_c}\right)^3\right]}{\left[1+A\left(\dfrac{^t\tilde{e}}{\tilde{e}_c}\right)+B\left(\dfrac{^t\tilde{e}}{\tilde{e}_c}\right)^2+C\left(\dfrac{^t\tilde{e}}{\tilde{e}_c}\right)^3\right]^2} \tag{7.5－20}$$

其中

$$A=\frac{\left[\dfrac{\widetilde{E}_0}{\widetilde{E}_u}+(p^3-2p^2)\dfrac{\widetilde{E}_0}{\widetilde{E}_s}-(2p^3-3p^2+1)\right]}{(p^2-2p+1)p} \tag{7.5－21}$$

$$B=\left[\left(2\frac{\widetilde{E}_0}{\widetilde{E}_s}-3\right)-2A\right] \tag{7.5－22}$$

$$C=\left[\left(2-\frac{\widetilde{E}_0}{\widetilde{E}_s}\right)+A\right] \tag{7.5－23}$$

而 $\widetilde{E}_0$、$\tilde{\sigma}_c$、$\tilde{e}_c$、$\widetilde{E}_s=\tilde{\sigma}_c/\tilde{e}_c$、$\tilde{\sigma}_u$、$\tilde{e}_u$、$\widetilde{E}_u=\tilde{\sigma}_u\tilde{e}_u$、$p=\tilde{e}_u/\tilde{e}_c$ 为材料基本参数，可由混凝土单轴试验确定。

2. 混凝土多轴应力-应变关系

在实际的工程分析上，进行三轴实验是很难的，于是一些研究者试着用单轴的应力-应变曲线的变换形式来表示混凝土在多轴应力状态下的应力-应变关系。Darwin 等（1977）和 Ottosen（1977）作出了很大的贡献，引入了非线性指标以及等效应力-应变的概念，借助这个概念我们就可以将单轴的应力-应变曲线引申到多轴应力的情况下，如图 7.5－5 所示。

假设以某时刻 t 的主应力 $^t\sigma_{pi}$，且 $^t\sigma_{p1}\geqslant{}^t\sigma_{p2}\geqslant{}^t\sigma_{p3}$，如保持 $^t\sigma_{p1}$ 和 $^t\sigma_{p2}$ 不变，减少 $^t\sigma_{p3}$（绝对值增大）到 $\tilde{\sigma}_c'$，使（$^t\sigma_{p1}$，$^t\sigma_{p2}$，$\tilde{\sigma}_c'$）达到破坏曲线，于是定义非线性指标

$$\gamma_1 = \frac{\tilde{\sigma}_c'}{\tilde{\sigma}_c} \qquad\qquad (7.5-24)$$

以及

$$\tilde{\sigma}_u' = \gamma_1 \tilde{\sigma}_u, \tilde{e}_c' = (C_1 \gamma_1^2 + C_2 \gamma_1)\tilde{e}_c, \tilde{e}_u' = (C_1 \gamma_1^2 + C_2 \gamma_1)\tilde{e}_u$$

式中：C_1 和 C_2 为输入参数，一般情况下 $C_1 = 1.4$，$C_2 = 0.4$。

将上述带撇号的量替换单轴应力-应变关系中相应不带撇号的量，即可得考虑多轴应力情况的应力-应变关系曲线。

3. 混凝土破坏准则

ADINA 程序中，混凝土三轴压缩破坏包络面（图7.5-6）是通过定义 24 个离散的应力值输入的，其中包括第一主应力 $^t\sigma_{p1}$ 与极限单轴拉应力 $\tilde{\sigma}_c$ 的 6 个比值，以及与这 6 个比值相对应的分别在 $^t\sigma_{p2} = ^t\sigma_{p1}$、$^t\sigma_{p2} = \beta ^t\sigma_{p3}$、$^t\sigma_{p2} = ^t\sigma_{p3}$ 等三种情况各 6 个共计 18 个第三主应力 σ_{p3} 与极限单轴压应力 $\tilde{\sigma}_c$ 的比值，其中 β 是输入参数，可取 0.75。

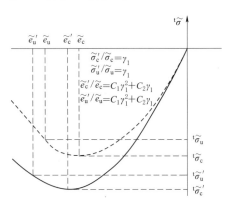

图 7.5-5 混凝土多轴应力状态下等效的单轴应力-应变关系

如果最大主应力超过了单轴拉伸极限应力，则在垂直于此应力的方向形成一个拉破坏面；一旦形成拉伸破坏面，这个面上的法向刚度就减少到原有刚度乘以法向刚度衰减因子。同样，剪切刚度也减少到原有刚度乘以剪切向刚度衰减因子。随着拉伸破坏面上应变增大，这个面上的应力将线性释放，直到达到给定的极限拉应变，这时拉应力变为 0（图7.5-7）。

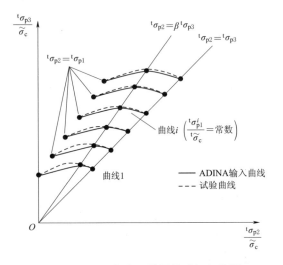

图 7.5-6 混凝土三轴压缩破坏包络面

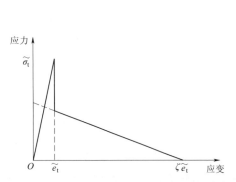

图 7.5-7 混凝土受拉软化曲线

7.5.1.4 细观损伤力学分析

混凝土本质上是一种细观上非均匀的无序材料，由粗骨料、水泥水化物、孔隙及骨料与水泥砂浆黏结带（界面）等细观结构组成。混凝土受力后，变形和断裂过程的非线性是由内部微裂纹的萌生和扩展引起的，标志着材料特性的逐步劣化。传统的计算方法中，通过混凝土宏观单元的非线性和塑性来反映这种影响，需要采用复杂的理论和计算模型来模拟。事实上，当结构的有限元模型单元尺寸足够小时，可以采用较简单的本构关系，以及简单的损伤模型及破坏准则来反映其宏观性质的退化。

采用弹性损伤力学的本构关系来描述细观单元的性质，按照应变等价原理，认为应力 σ 作用在受损材料上引起的应变与有效应力作用在无损材料上引起的应变等价。根据这一原理，受损材料的本构关系可以通过无损材料的名义应力与应变 ε 关系表示，即

$$\sigma = E\varepsilon = E_0(1-D)\varepsilon \tag{7.5-25}$$

式中：E_0 和 E 分别为材料的初始弹性模量和损伤后的弹性模量；D 为损伤变量，$D=0$ 对应无损伤状态，$D=1$ 对应完全损伤状态。

当单元的最大拉应力达到其单轴抗拉强度时，该单元开始发生拉伸损伤。采用带残余强度的双折线损伤演化模型。对于如图 7.5-8 给出的本构曲线，拉伸损伤变量的表达式为

$$D_t = \begin{cases} 0, & \varepsilon_t < \varepsilon_{t0} \\ 1-\left(\dfrac{\lambda-1}{\eta-1}+\dfrac{\eta-\lambda}{\eta-1}\dfrac{\varepsilon_{t0}}{\varepsilon_t}\right), & \varepsilon_{t0} \leqslant \varepsilon_t < \varepsilon_{tr} \\ 1-\dfrac{\lambda\varepsilon_{t0}}{\varepsilon_t}, & \varepsilon_{tr} \leqslant \varepsilon_t < \varepsilon_{tu} \\ 1, & \varepsilon_t \geqslant \varepsilon_{tu} \end{cases} \tag{7.5-26}$$

式中：f_t 和 f_{tr} 分别为单元的单轴抗拉强度和极限抗拉强度；ε_{t0}、ε_{tr}、ε_{tu} 分别为单元的拉伸弹性极限应变、残余强度对应的应变以及极限应变；λ 为残余强度系数，$\lambda=f_{tr}/f_t$，易知 $0 \leqslant \lambda \leqslant 1$；$\eta$ 为残余应变系数，$\eta=\varepsilon_{tr}/\varepsilon_{t0}$，$\eta \geqslant 1$，当 $\eta=1$ 时退化为弹脆性损伤演化方程；ξ 为极限应变系数，$\xi=\varepsilon_{tu}/\varepsilon_{t0}$；$\varepsilon_t$ 为单元的主拉应变。

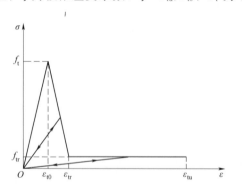
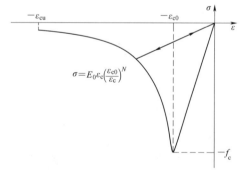

图 7.5-8　带残余强度的双折线损伤演化模型　　图 7.5-9　幂函数下降段的损伤演化模型

当单元的应力状态满足莫尔-库仑准则时，认为单元开始发生剪切损伤（图 7.5-9）。其损伤演化方程采用幂函数形式：

$$D_c = \begin{cases} 0, & \varepsilon_c > \varepsilon_{c0} \\ 1-(\varepsilon_{c0}/\varepsilon_c)^N & \varepsilon_{c0} \geqslant \varepsilon_c > \varepsilon_{cu} \\ 1, & \varepsilon_c \leqslant \varepsilon_{cu} \end{cases} \tag{7.5-27}$$

式中：f_c 为单元的单轴抗压强度；ε_{c0} 和 ε_{cu} 分别为单元的压缩弹性极限应变和极限应变；ς 为极限应变系数，$\varsigma = \varepsilon_{cu}/\varepsilon_{c0}$，取 $\varsigma = 100.0$；ε_c 为单元的单轴压缩应变；N 为与下降段形状有关的参数。

在三轴应力情况下，假定损伤是各向同性的。借鉴 Mazars 的做法，将一维损伤本构关系推广到三维。用等效应变 $\bar{\varepsilon}$ 代替式（7.5 - 27）中的 ε_c，得到多轴条件下的损伤本构关系。等效应变 $\bar{\varepsilon}$ 定义为 $\bar{\varepsilon} = \sqrt{\langle -\varepsilon_1 \rangle^2 + \langle -\varepsilon_2 \rangle^2 + \langle -\varepsilon_3 \rangle^2}$，其中 ε_1 为主应变。$\langle \cdot \rangle$ 是一个函数，定义为

$$\langle x \rangle = \begin{cases} x, & x \geqslant 0 \\ 0, & x < 0 \end{cases} \tag{7.5 - 28}$$

破坏准则为带拉伸截断（tension cut - off）的莫尔-库仑准则。当单元的拉应力达到其抗拉强度时，根据最大拉应变准则进行拉损伤判断；如无拉伸损伤发生，根据莫尔-库仑准则进行剪切损伤的判断，满足该准则时认为单元发生剪切损伤。同时对拉损伤的判断具有优先权，只有当单元在当前时间步无拉损伤发生时才进行剪切损伤判断。单元满足破坏准则之前，单元保持线弹性的力学性质，当单元达到破坏准则后，则将单元看成是具有残余强度并随变形逐渐降低弹模的劣化弹性单元。

7.5.2 坝体材料非线性的影响

下面以大岗山拱坝为例，采用塑性损伤模型，分析材料非线性对拱坝强震响应的影响（武明鑫 等，2014）。

7.5.2.1 计算模型

计算模型如图 7.5 - 10 所示。按照拱坝实际浇筑时大约 20m 的坝段宽度来模拟，模型中共设置了 28 条横缝。两条横缝间坝段一般有 3～4 层单元，沿坝体厚度方向有 5 层单元，坝体单元尺寸约为 12m。为重点模拟坝体可能发生的损伤断裂行为，对坝体单元离散网格进行了细化，单元沿坝面方向尺寸控制在 2.5m 左右。模型中，共有单元 37150 个（其中坝体单元 26265 个，地基单元 10885 个），节点 54053 个，总自由度数为 162159 个。

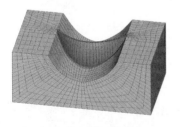
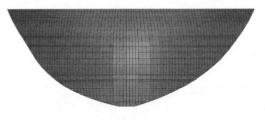

（a）坝体—地基网格　　　　　　　　　　　　　　（b）坝体网格

图 7.5 - 10　大岗山拱坝材料非线性分析有限元模型

作用荷载包括静荷载和地震荷载。静荷载为分缝自重＋水压力＋泥沙压力＋温度荷载。地震荷载为规范谱地震，概率水准为 100 年 2‰，水平向最大峰值加速度为 557.5Gal，竖向取为水平向值的 2/3，见图 7.3 - 4 所示时程曲线。

分析计算采用坝体混凝土材料线弹性阶段力学参数与 7.3.2.2 节相同。为描述混凝土在损伤断裂阶段的非线性力学行为，还需要给出相关的材料参数定义。借鉴前人已有的研究成果，并参考大岗山拱坝设计资料，考虑在坝体高拉应力区局部提高混凝土材料的强度等级，故在分析中将混凝土的抗拉强度取为 $R_{180}350$ 混凝土标准抗压强度的 9%，即 2.5MPa；考虑到材料动强度较静力强度有所提高，依据《水工建筑物抗震设计规范》（DL 5073—2000），将其提高 30%，即为 $f_t=3.25$MPa；混凝土静力断裂能参数取为 $G_f=250$N/m，在动力分析中，取值提高 30%；软化曲线按线性软化（图 7.5-3）进行简化描述，基于上述参数，计算中根据单元特征尺寸（即断裂带表征宽度）对软化段描述进行调整，使其满足断裂能守恒准则。

共考虑了 4 种计算工况，对大岗山拱坝动力损伤情况进行分析，同时分析无限地基辐射阻尼的影响：

工况一：无质量地基，坝体横缝，坝体非线性损伤断裂，正常蓄水位（1130m 水位），设计地震。

工况二：无质量地基，坝体横缝，坝体非线性损伤断裂，死水位（1120m 水位），设计地震。

工况三：无限地基辐射阻尼，坝体横缝，坝体非线性损伤断裂，正常蓄水位（1130m 水位），设计地震。

工况四：无限地基辐射阻尼，坝体横缝，坝体非线性损伤断裂，死水位（1120m 水位），设计地震。

7.5.2.2 计算结果及分析

损伤断裂的计算结果如图 7.5-11～图 7.5-15 所示，分别给出了 4 种计算工况条件下，上游面和下游坝面损伤断裂区分布以及拱冠梁截面的损伤断裂区分布。

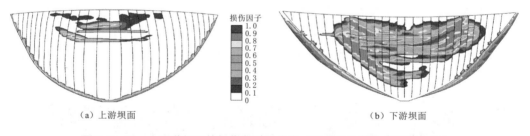

（a）上游坝面　　　　　　　　（b）下游坝面

图 7.5-11　上下游坝面的损伤断裂区分布（无质量地基＋正常蓄水位）

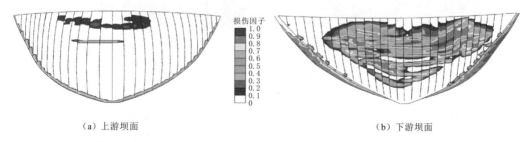

（a）上游坝面　　　　　　　　（b）下游坝面

图 7.5-12　上下游坝面的损伤断裂区分布（无质量地基＋死水位）

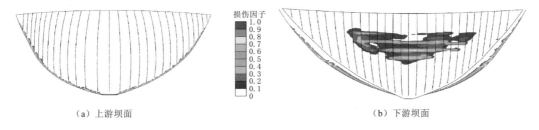

（a）上游坝面　　　　　　　　　　　　　（b）下游坝面

图 7.5-13　上下游坝面的损伤断裂区分布（无限地基＋正常蓄水位）

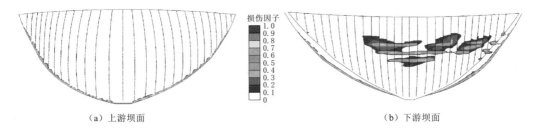

（a）上游坝面　　　　　　　　　　　　　（b）下游坝面

图 7.5-14　上下游坝面的损伤断裂区分布（无限地基＋死水位）

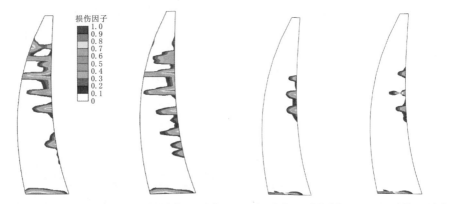

（a）无质量地基＋正常蓄水位　（b）无质量地基＋死水位　（c）无限地基＋正常蓄水位　（d）无限地基＋死水位

图 7.5-15　不同工况拱冠梁损伤断裂区分布

由图 7.5-11 可见，在假定地基为无质量地基，并考虑横缝张开非线性的条件下，当大岗山拱坝在正常蓄水位（1130m）运行工况遭遇《水工建筑物抗震设计标准》（DL 5073—2000）标准谱设计地震荷载时，坝体中上部将出现大范围损伤，此部位对应于第一部分假定坝体材料为线弹性时考虑横缝非线性计算分析所得的高拉应力区。从图 7.5-11（a）拱冠梁截面损伤断裂分布可以看出，坝体中上部和建基面，损伤区贯穿坝体上、下游。坝体最大损伤因子达到 1（认为混凝土完全破坏）。

由图 7.5-12 可见，在无质量地基条件下，死水位（1120m）运行工况受到设计地震荷载，大岗山拱坝坝体中上部出现大范围损伤，中上部和坝踵区出现贯穿性损伤区，最大损伤因子达到 1。死水位（1120m）工况坝体上游损伤区发展比较小，但从损伤范围和贯通性来看，由于高、低水位工况水位差只有 10m，坝体动力损伤程度相当。

由图 7.5 - 13～图 7.5 - 15 可见，考虑无限地基辐射阻尼的影响，无论高水位还是低水位工况，大岗山拱坝坝体动力损伤区域大大减小。上游坝面无损伤产生，下游面坝体中上部损伤范围有所降低，坝体下游中上部损伤区发展到坝厚的 1/3～1/2 处，建基面损伤区发展到坝底 3/4 厚度处，但未贯穿。

无限地基辐射阻尼对于大岗山拱坝的地震响应削减作用是显著的，可使坝体损伤开裂状况得到明显缓解，沿坝厚方向损伤区不再上下游贯穿，并很大幅度地降低横缝开度，但此时坝踵区域仍有一定程度的损伤。考虑了无限地基辐射阻尼效应这一有利因素，仍有必要对大岗山拱坝采取适当的抗震加固措施。

7.5.3 混凝土应变率敏感性对大坝地震响应的影响

为更深入地研究混凝土应变率效应对大坝地震响应的影响，大连理工大学建立了基于热力学原理的一致黏塑性模型，并应用于大岗山拱坝地震响应分析。模型中采用了应变率相关的混凝土材料本构关系，可根据塑性应变率的变化改变屈服面的形状和大小，所以在动力响应分析中，可以反映大坝不同部位、不同瞬时的应变率及其对混凝土应力-应变关系的影响。

一致黏塑性模型构造了混凝土在塑性过程中的能量耗散增量函数，据此建立的基于热力学原理的本构模型能自动满足热力学第二定律，具有较为严格的理论基础，并与试验结果符合性很好。在应力空间中，塑性应变增量方向不与屈服面正交，但不必另行构造塑性势函数，而是可由屈服函数和耗散函数直接求出。模型的初始屈服面与破坏面轨迹见图 7.5 - 16 和图 7.5 - 17，通过混凝土单轴和双轴试验对模型的验证见图 7.5 - 18。

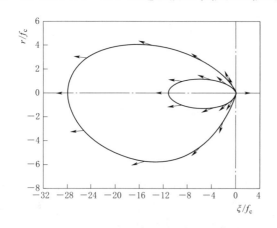

图 7.5 - 16　偏平面内初始屈服面与
破坏面的轨迹方向

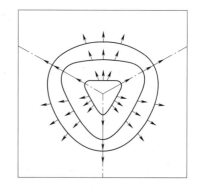

图 7.5 - 17　平面内随静水压力增加的
破坏面及塑性流动轨迹

建立大岗山拱坝有限元模型进行地震响应分析，网格剖分见图 7.5 - 19。分别采用线弹性、应变率无关塑性、应变率相关塑性的混凝土本构模型进行计算，大岗山拱坝最大地震应力的比较见表 7.5 - 1。考虑混凝土率敏感性影响后，最大拉应力极值提高了 9.2%，上下游坝面拉应力分布见图 7.5 - 20。对于压应力大小，考虑混凝土率效应对于最大压应力影响不大，这是因为混凝土在多轴受压状态下的受压屈服强度较高，在地震反应过程中，拱坝压-压应力区混凝土未进入塑性状态，仅拉-压应力区混凝土随着受拉的软化同时有受压塑性应变产生，因而最大主压应力几乎没有发生重分布。

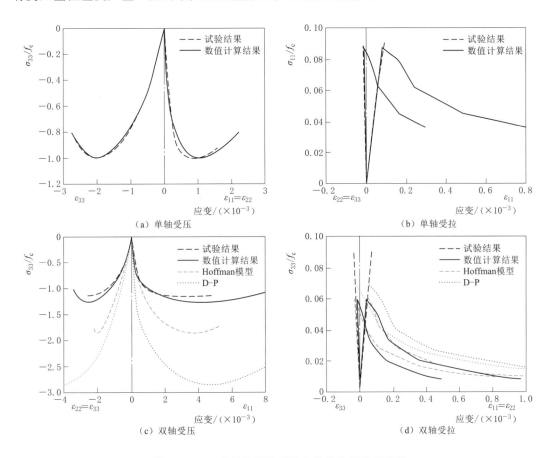

（a）单轴受压 （b）单轴受拉
（c）双轴受压 （d）双轴受拉

图 7.5-18 单轴和双轴试验与数值计算结果比较

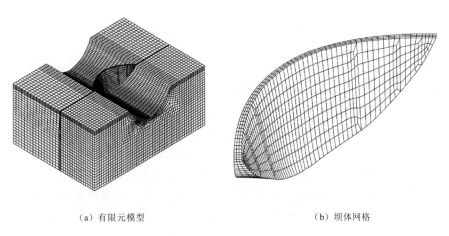

（a）有限元模型 （b）坝体网格

图 7.5-19 大岗山拱坝应变率敏感性分析有限元模型

表 7.5-1　　　　　　　　　　大岗山拱坝最大地震应力

混凝土模型	最大压应力/MPa	最大拉应力/MPa
线弹性	21.4	18.1
应变率无关塑性	23.5	2.83
应变率相关塑性	24.8	3.09

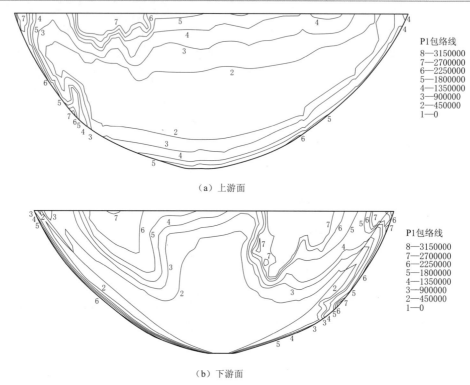

（a）上游面

（b）下游面

图 7.5-20　大岗山拱坝有限元模型计算最大拉应力分布（考虑应变率敏感性）（单位：Pa）

7.6　拱坝-地基系统动力稳定性分析

现有的拱坝分析大多是围绕坝体本身进行的，已建立了结构地基动力相互作用和坝基地震非均匀输入，考虑坝体、库水的动态耦合效应等模型方法，并在实际工程中应用；在地震动输入机制、坝体分缝和地基非线性对坝体地震反应的影响等方面也取得了丰富的研究成果。同时，拱坝地震动力反应的现场试验与室内振动台模型试验研究也取得了相当大的进展，数值分析与试验结果的相互印证已成为拱坝地震反应分析的有效途径。

然而，混凝土拱坝几乎没有因坝体结构问题而失事的实例，其安全性主要取决于拱坝坝肩抗滑稳定性，如法国的 Malpasset 拱坝因坝基失稳溃坝。高拱坝稳定分析，还是采用传统的刚体极限平衡法，该方法的优点是物理概念明确、方法简便，但是并没有合理体现坝体和岩体的相互作用。近年来逐步发展起来的三维可变形体离散元方法可以将节理、断层等接触缝面及其切割的岩体系统分割成可以互相错动、分离、转动的离散可变形块体，不连续面视为块体间的接触界面。通过线性或非线性接缝本构模型进行模拟，不仅可以体现不连续介质的大位移、大转动等力学行为，而且可以模拟岩块本身的变形，对于拱坝-坝肩动力稳定性分析有其独到的特点。

7.6.1 时域刚体极限平衡方法

7.6.1.1 基本原理

如图 7.6-1 所示楔形块体，由陡滑面和缓滑面切割而成，陡滑面也称侧滑面，缓滑面也称底滑面。作用于楔形块体的力有拱推力、块体自重、地震惯性力、底滑面和侧滑面上的渗透压力。在上述荷载的作用下，假设楔形块体处于极限平衡状态。

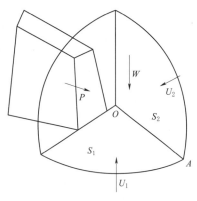

图 7.6-1 底滑面用 S_1 表示，侧滑面用 S_2 表示，底滑面与侧滑面的交线为 OA，作用于底滑面上的渗透压力为 U_1，作用于侧滑面上的渗透压力为 U_2，块体自重为 W，拱推力为 $P(t)$。假设在地震作用过程中，渗透压力和块体自重不随时间变化，而拱推力和地震惯性力是随时间变化的。

图 7.6-1 楔形块体受力图

对第一时刻，将所有作用于楔形块体上的力转化为三个分力，即：①平行于棱线 OA 向的下滑力 $S(t)$；②正交于缓滑面 S_1 法向压力 $R_1(t)$；③正交于陡滑面 S_2 上的法向压力 $R_2(t)$。则安全系数为抗滑力与下滑力的比值，即

$$K(t)=\frac{f_1(R_1(t)-U_1)+c_1A_1+f_2(R_2(t)-U_2)+c_2A_2}{S} \qquad (7.6-1)$$

式中：f_1、c_1、A_1 和 f_2、c_2、A_2 分别为 S_1 面及 S_2 面的摩擦系数、黏聚力、面积；U_1、U_2 为作用于 S_1 和 S_2 面的渗透压力。

$R_1(t)$、$R_2(t)$、$S(t)$ 由以下方程组求解：

$$\begin{cases} S(t)l_0+R_1(t)l_1+R_2(t)l_2=F_x(t) \\ S(t)m_0+R_1(t)m_1+R_2(t)m_2=F_y(t) \\ S(t)n_0+R_1(t)n_1+R_2(t)n_2=F_z(t) \end{cases} \qquad (7.6-2)$$

式中：l_0、m_0、n_0、l_1、m_1、n_1 和 l_2、m_2、n_2 分别为棱线 OA、S_1 面和 S_2 面法线方向余弦；$F_x(t)$、$F_y(t)$、$F_z(t)$ 分别为作用于楔形体的合力在 X、Y、Z 方向的分量，它们由拱推力、块体自重和地震惯性力在 X、Y、Z 方向的分量构成，是随时间变化的。

在每一时步，在判断块体稳定时，由（7.6-2）式求出的 $R_1(t)-U_1$ 或 $R_2(t)-U_2$ 中，如果有一个为负值，则需要对计算结果进行调整。进一步假设与负值对应的滑动面在实际受力时脱开，这时楔形体为单面滑动体。以 $R_2(t)-U_2$ 为负、S_2 面脱开、楔形体沿 S_1 面滑动为例，给出单面滑动的楔形块体安全系数计算公式为

$$K(t)=\frac{f_1(\boldsymbol{F}(t)\cdot\boldsymbol{n}_{S_1}-U_1)+c_1A_1}{|\boldsymbol{F}(t)-(\boldsymbol{F}(t)\cdot\boldsymbol{n}_{S_1})\boldsymbol{n}_{S_1}|} \qquad (7.6-3)$$

式中：矢量 $\boldsymbol{F}(t)=\{F_x(t),F_y(t),F_z(t)\}$；$\boldsymbol{n}_{S_1}$ 为 S_1 面的单位法向矢量。

由式（7.6-3）可知，时域刚体极限平衡是在每一时间步上建立刚体极限平衡公式，并求出每一时步上的安全系数（张伯艳等，2001）。因此，安全系数是与时间有关的量。

7.6.1.2　稳定判据

《水工建筑物抗震设计规范》（DL 5073—2000）规定，采用刚体极限平衡方法求得的坝肩块体动力稳定结构系数需大于1.4。应用时域刚体极限平衡法时，如果要求块体在每一时刻的动力稳定结构系数均大于1.4，则可能是一个较高的标准，因为地震运动具有往复特性，在很短时间内块体稳定结构系数不能达到1.4，并不能说明块体本身就会失稳破坏。

参照时间历程法，以超过抗拉强度的循环次数和所占坝面面积作为拱坝抗震安全评价的原则，坝肩稳定采用安全系数小于1.4的累积时间与地震作用总时间（T）的比例进行评价，即有以下定义：

$$\lambda = \frac{\int_0^T \delta(t)\,\mathrm{d}t}{T} \times 100\% \qquad (7.6-4)$$

$$\delta(t)=\begin{cases}1, & K(t)\leqslant 1.4 \\ 0, & K(t)>1.4\end{cases} \qquad (7.6-5)$$

根据一些实例分析，初步提出拱坝抗震坝肩稳定判定标准如下：

（1）对于坝肩稳定，首先应采用现行抗震规范规定的常规方法及其评价标准进行计算和评价。

（2）当采用（1）的方法和准则不能满足要求时，可采用时域刚体极限平衡法进行计算分析，λ 值的极限需在更多计算分析基础上加以合理确定。

（3）对于抗震设防类别为甲类的重要拱坝，在采用刚体极限平衡法进行分析的同时，还应采用计入坝肩岩体与坝体变形耦合的拱坝地基整体系统的非线性动力分析，深入评价拱坝的抗震稳定性。

7.6.2　离散元整体稳定性分析

变形体离散单元法一般先用实际工程中存在的节理裂隙和一些人为给定的软弱面切割计算模型，形成一个个块体。然后进一步在块体内分解为多个常应变的四面体差分单元（图7.6-2），四面体的变形采用拉格朗日显式方法求解，可以计算单元的应力、应变。将离散块体的质量按照某种原则分配到各个节点上（图7.6-3，四面体差分单元的顶点），就可以由节点组成四面体差分单元，四面体差分单元组成离散块体，离散块体组成整个系统。这样，各个节点的运动如果能被正确描述，则整个系统的运动状态就被确定了（张冲，2006）。

1. 节点运动方程

考虑节点自重、质量阻尼，节点运动方程仍根据牛顿第二定律获得，即

$$m\ddot{u}+c\dot{u}=F+G \qquad (7.6-6)$$

式中：m 为分配在节点上的质量；c 为阻尼系数；F 为节点所受的接触力、弹性力、外载的合力；G 为节点的重力。

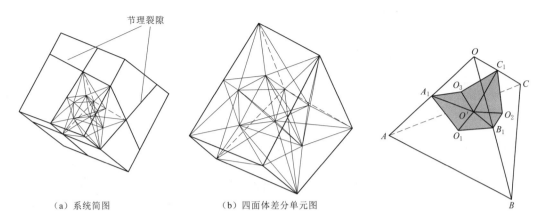

（a）系统简图 （b）四面体差分单元图

图 7.6-2 变形体离散元系统图 图 7.6-3 节点质量分配示意图

在 3DEC 中阻尼的选取是多种多样的：对于静力分析，为了加速收敛过程，一般采用自适应阻尼；而对于动力分析，则一般采用瑞利阻尼。以质量阻尼为例，对节点速度的求解仍采用中心差分格式，则最终速度表达式为

$$\dot{u}(t+\Delta t/2)=\left[\dot{u}(t-\Delta t/2)(1-\alpha\Delta t/2)+\left(\frac{F(t)}{m}+g\right)\Delta t\right]/(1+\alpha\Delta t/2) \qquad (7.6-7)$$

式中：α 为瑞利（Rayleigh）阻尼的质量阻尼系数；g 为重力加速度；t 和 Δt 分别为当前时间和时间间隔。

2. 本构关系

在 3DEC 中，块体与块体之间通过弹簧和阻尼系统进行连接，同时块体本身还会产生变形，所以本构关系分为两部分：块体本身的线弹性变形，以及块体间的非线性的相对运动。

块体本身的变形由增量型线弹性本构关系进行描述，即

$$\left.\begin{aligned}\Delta\sigma_{ij}&=2G\Delta\varepsilon_{ij}+\left(K-\frac{2}{3}G\right)\Delta\varepsilon_{kk}\delta_{ij}\\\sigma_{ij}^{N}&=\sigma_{ij}^{O}+\Delta\sigma_{ij}\end{aligned}\right\} \qquad (7.6-8)$$

式中：K、G 分别为块体材料的体积弹模和剪切弹模；δ_{ij} 为克罗尼克尔符号；σ_{ij}^{N}、σ_{ij}^{O} 分别表示当前时步的应力张量和上一时步的应力张量；$\Delta\varepsilon_{kk}$ 表示对三个主应变增量求和。

块体间的非线性行为用弹簧系统来模拟，在弹性范围内，该弹簧系统满足如下增量方程：

$$\begin{cases}\Delta F_{n}=K_{n}\Delta u_{n}A_{c}\\\Delta F_{s}=-K_{s}\Delta u_{s}A_{c}\end{cases} \qquad (7.6-9)$$

式中：K_{n}、K_{s} 为接触面法向和切向弹簧的刚度；Δu_{n}、Δu_{s} 为相对位移增量的法向和切向分量；ΔF_{n}、ΔF_{s} 为法向和切向弹簧力变化量；A_{c} 为接触面积。

按库仑定律，如果式（7.6-9）计算出来的法向力和切向力超过了式（7.6-10）规定的初始最大容许拉力和最大容许剪力，则弹簧断裂，裂隙张开或者滑动，法向接触力降为0；同时块体接触面的抗拉强度 T 和黏聚力 c 也降为0，并且不可恢复。这就是说，一旦接触发生断裂，在以后的计算中，即使块体重新发生接触，其最大容许拉力和最大容许剪力不

得超过公式（7.6-11）所规定的值。

$$\begin{cases} T_{max} = -TA_c \\ F^s_{max} = cA_c + F_n \tan\varphi \end{cases} \qquad (7.6-10)$$

$$\begin{cases} T_{max} = 0 \\ F^s_{max} = F_n \tan\varphi \end{cases} \qquad (7.6-11)$$

上述式中：T_{max} 和 F^s_{max} 分别代表最大容许拉力和最大容许剪力；T 为接触面抗拉强度，c 为接触面的黏聚力；φ 为内摩擦角；其他参数含义同前。

3. 刚度和时步选取

在离散元中，除了给定块体本身的弹模、泊松比等与有限元一致的参数外，还需要给定结构面的法向刚度 K_n 和切向刚度 K_s。根据算例验证，通常接触面的法向刚度和切向刚度取值应为 10 倍左右的结构面材料弹模，然而在实际计算中，刚度的增加往往会导致计算时步的极大减小，从而大大增加计算时间，因此，为了满足计算的要求，一般情况下都必须减小法向和切向刚度。这样将导致拱坝的拱和梁压缩性均有所增大，但这种变形的增大仅仅体现在交界面上，而对坝体的应力分布影响不大。

4. 求解流程

如图 7.6-4 所示，离散元采用显式积分算法进行迭代求解，步骤如下：

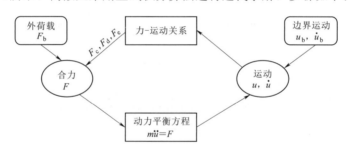

图 7.6-4　变形体离散元法求解流程示意图

（1）根据上一时步的结果或初始条件、边界条件，得到本时步初节点的速度、位移等物理量。

（2）根据节点的速度、坐标及材料本构关系得到常应变四面体差分单元的应力张量，确定节点所受的弹性力 F_e 和阻尼力 F_d；块体边界上的节点还将受到接触力 F_c 的作用，接触力的大小根据接触点的相对位移确定；加上节点所受的外载 F_b，求得节点所受的合力 F。

（3）应用动力平衡方程式（7.6-6），求出时步末各个节点的加速度，再通过积分求得节点的速度和位移，并对节点坐标进行更新。

（4）重复过程（1）、（2）、（3），直到迭代收敛，获得稳态解。

5. 滑裂体抗滑稳定安全系数计算方法

针对 3DEC 分析的特点，每个滑动块体将被划分为若干个四面体单元，故在块体与块体的接触面上（亦即结构面上），将有很多个四面体单元的表面互相接触，通过修改程序，可将所有这些结构面上的单元接触力提取出来，然后借助刚体极限平衡法的一些基本概念，构建了一种适合 3DEC 程序的计算安全系数的方法，即

$$K = \frac{\sum\limits_{i=1}^{m} f_i N_i + \sum\limits_{i=1}^{m} c_i A_i}{\sum\limits_{i=1}^{m} \vec{S}_i} \qquad (7.6-12)$$

式中：f 为结构面摩擦系数；c 为黏聚力；N_i、A_i 和 $\vec{S}_i$ 分别表示第 i 个接触的法向力、接触面积和切向力矢量；m 为形成滑裂体的各滑动面上分布的接触数目。

7.6.3　拱坝-地基整体稳定性有限元方法

7.6.3.1　有限元计算模型

混凝土拱坝-地基体系进行抗震分析的有限元计算模型包括坝体、地基及人工边界区三个部分。图 7.6-5 为大岗山拱坝有限元模型示意图。

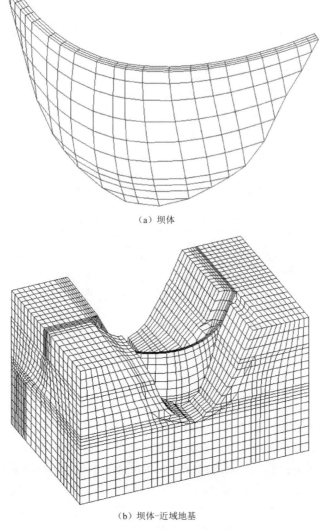

（a）坝体

（b）坝体-近域地基

图 7.6-5（一）　大岗山拱坝有限元模型

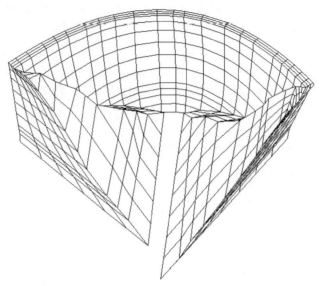

（c）地基中考虑的滑裂块体

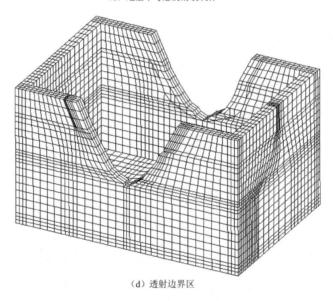

（d）透射边界区

图 7.6-5（二） 大岗山拱坝有限元模型

对于拱坝的有限元划分，一般采用八节点三维实体单元，单元尺寸一般可为 20～30m，在坝体厚度方向一般设 3～5 层单元。拱坝由于分块浇注，计算中要求考虑横缝的存在，坝体有限元建模时对这些缝面采用双节点模拟。

对于近域地基有限单元的划分，首先要求坝基交界面网格与坝体一致，而后需考虑坝体材料分区和基岩滑裂面的位置及走向。所取近域地基的范围，一般截断边界处向外侧延伸 2 倍坝高（Jin et al.，2019）；而对于拱坝，由于拱推力向下游作用，所以在坝体上游侧可向上游延伸的范围略小一些。另外，对基岩滑裂面，需设置双节点进行模拟，而当考虑坝基交界面开裂时，在坝基交界面也需设置双节点。

为采用人工透射边界方法计入地基无限域对大坝地震反应的影响，在近域地基以外还需设置由 3～5 层单元组成的人工透射边界区。透射边界区与近域地基有限元网格连接处完全重合，而向外延伸的每层单元厚度是相同的，以便于运用透射公式进行时空外插。

7.6.3.2　整体抗震稳定安全评价方法

在对坝体-地基体系进行了各种静荷载及设计地震动荷载作用下的计算分析后，可以对坝体在静荷载组合及静动综合作用下的位移、应力反应有较为全面的了解，可以揭示该结构体系静动力反应的基本特征及其危险部位。但是，整个结构体系的安全度究竟怎样？换言之，整个体系距离破坏的临界状态有多远？其最终破坏的模式和机理如何？这些也都是工程所关心的问题。实际上，无论是重力坝还是拱坝，都存在坝体-地基体系的抗震安全性评价的问题，但鉴于拱坝结构作为三维超静定结构，其坝肩岩体与坝体在静动荷载作用下的耦合作用更为重要也更加复杂。

在衡量拱坝结构地震作用下的安全度时，目前工程上一般分别校核坝体强度安全和坝肩稳定安全，其方法概念简单，也有相应的反映其各自安全度的工程评价的安全系数。但这种方法无法真实反映坝肩岩体与坝体间的静动相互作用机理，因而也无法体现拱坝—地基系统的真实抗震潜力及其破坏机理，而且也并不是在所有情况下总是偏于安全。

拱坝-地基体系抗震安全评价分析，采用波动模拟及缝面模拟技术为基础的拱坝地震反应动力分析方法，将整个拱坝坝体、地基和库水系统的强震反应本质上作为满足体系中接触面边界约束条件的波传播问题，在时域内以显式有限元方法求解。把整个系统划分为包括坝体和计入坝基各类主要地质构造的近域地基的内部区，以及以人工边界替代的、能体现辐射阻尼影响的远域地基。在内部区中，将两岸坝肩按地质构造确定的可能滑动岩块的各个滑动面，都作为具有 M-C 准则屈服面特性的、类似坝体横缝的接触面处理。已有研究表明，在强震作用下，由于坝体横缝的张开，拱坝静动综合的最大主应力一般以拱端位置最为显著，易导致开裂，是拱坝坝体抗震的薄弱部位。即使在静态荷载作用下，沿拱座坝基的上游坝踵常为高拉应力区，中部为高剪应力区，且这一位置又是坝体和地基体系中的断面突变区，在施工中也为强约束区。为此，在沿坝基交接面这一薄弱部位设置双节点的动接触边界，但其初始抗拉强度在静、动荷载作用阶段分别取为混凝土的静、动态极限抗拉强度值。由于在坝基交接面设置具有初始抗力的接缝，涉及的是坝基交接面接缝处的单元节点的接触力，而接触力是基于平衡方程给出的，判断开裂的应力值是由接触力除以该节点分担的面积求出的，从而避免了直接受角缘效应导致的应力集中的影响。

由于计算中计入了地基可能滑动岩块的动接触边界，而这些接触界面间由于地应力形成的初始应力状态对整个非线性动力分析问题的影响必须考虑，因此，整个计算分为三个步骤：①首先由于真实的地应力资料难以取得，近似以近域地基自重作用下的应力场作为地应力场，但仅保留地基内可能滑动岩块动接触边界上的应力作为其初始应力场，而将其初始滑移和张开度都置零，认为建坝前这些节理面都已长期充填密实；②第二步是进行建坝后考虑坝体自重、库水压力、库内淤砂压力、温度及基岩渗压等各项静态作用下的应力分析；③最后是由地基底部输入三分量的地震动加速度时程，进行地震波动反应分析。

地震作用下，拱坝坝体或坝肩岩块出现局部开裂或滑移是完全可能的，因为拱坝是高次超静定结构，可以通过自身应力重分布加以适当调整。因此拱坝体系整体安全性的极限状态，是包括坝体和坝肩岩体在内的整个体系的失稳，可以取计入坝体和坝肩岩体动态变形耦合影响的坝体位移响应的突变和不断增长作为其相应的评价指标。通过逐渐加大地震作用，进行数次大坝-地基体系的静动综合反应分析，寻求坝体或基岩典型部位控制性位移或与位移相关的变量随地震超载倍数（通常以超设计地震基岩峰值加速度的倍数来表征）变化曲线的拐点，作为拱坝体系整体安全极限状态评价指标。

拱坝体系整体抗震稳定安全评价方法是建立在把坝体和地基作为一个体系的基础上，同时考虑了以下各项因素的影响，包括：在地震作用过程中坝体和地基的动态响应；坝体与地基相互之间的动态变形耦合作用；坝体横缝、坝肩可能滑动岩体的边界、坝底和地基交接面等处缝的局部开合与滑移。鉴于拱坝体系的整体失稳必然是一个包括各部分局部开裂和滑移在内的总变形逐步发展和积累的过程，最终反映为坝体位移反应的突然迅速增长，导致坝体丧失承载能力而溃决。这一判断准则不仅在有限元分析中具有明确的衡量标准，同时，也是工程实际中采用包括 GPS 等方法对坝体位移进行监测，以判断工程安全的主要途径。

7.6.3.3　整体抗震稳定性实例分析

不同的拱坝工程有其自身的体型特征和地形地质条件及抗震设防水平要求，以下将介绍对溪洛渡、大岗山、锦屏一级这 3 个大型高拱坝工程进行整体抗震安全分析和评价的部分研究成果。

分析中采用黏弹性人工边界计入无限地基辐射阻尼的影响，采用动接触力模型计入拱坝横缝强震张开、滑移的接触非线性。按照《水电工程水工建筑物抗震设计规范》（NB 35047—2015）的规定，大坝设计反应谱均采用依据设定地震方法确定的场地相关反应谱，并以此反应谱为目标谱，生成 3 组人工地震动时程作为大坝抗震分析的地震动输入。

以下各工程的地震超载倍数，均指大坝地基系统达到极限抗震稳定时的基岩峰值加速度与设计地震基岩峰值加速度的比值。

1. 溪洛渡拱坝

溪洛渡水电站枢纽工程具有"窄河谷、高拱坝、多孔口、巨泄量、高边坡、大跨度地下洞室群"等特点，坝高、泄洪功率等都位居世界前列。2014 年 5 月 21 日大坝混凝土全部浇筑到 610m 高程，2014 年 9 月 28 日水位首次蓄至正常蓄水位 600m。

溪洛渡大坝为混凝土双曲拱坝，最大坝高 285.5m。大坝为 1 级建筑物，抗震设防类别为甲类，100 年超越概率 2% 的设计地震基岩水平向峰值加速度 0.355g，100 年超越概率 1% 的最大可信地震基岩水平向峰值加速度 0.423g。溪洛渡大坝坝区河谷陡峻，坡面完整，无大冲沟分布。坝肩抗力体岩体由 4~12 层峨眉山玄武岩岩流层组成，地层产状平缓，无较大断层或软弱面发育；但发育程度较高的岩流层层间、层内错动带以及陡倾角裂隙，可能对大坝地震动力响应及坝肩岩体动力问题有较大影响。

拱坝地基系统有限元网格见图 7.6-6，其中坝体与两岸坝肩滑块关系如图 7.6-7 所示，由于层间、层内错动带的切割，两岸块体均被分为 6 层。

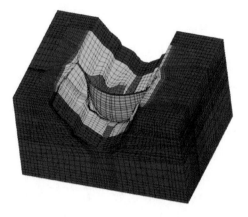

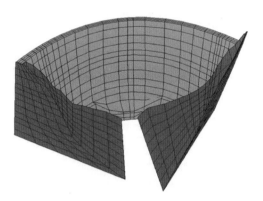

图 7.6 - 6　溪洛渡大坝-地基系统有限元网格　　　　图 7.6 - 7　溪洛渡坝体-坝肩滑块

图 7.6 - 8 为设计地震下左、右岸底层错动带坝体与基岩顺河向错动时程图。图 7.6 - 9 为最大可信地震下左、右岸底层错动带坝体与基岩顺河向错动时程图。图 7.6 - 10 为左、右岸底滑面坝体基岩节点震后顺河向错动曲线。分析这些研究成果可得到以下认识：

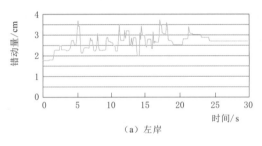

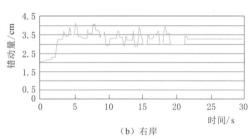

图 7.6 - 8　设计地震下溪洛渡拱坝左、右岸底层错动带坝体与基岩顺河向错动时程

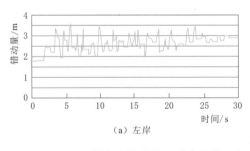

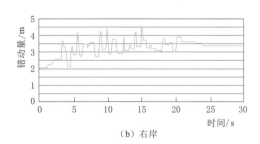

图 7.6 - 9　最大可信地震下溪洛渡拱坝左、右岸底层错动带坝体与基岩顺河向错动时程

（1）设计地震下，大坝地基系统的非线性变形主要表现为最低底滑面（C3 层间错动带）与坝体交界处靠近上游侧的局部错动。最大错动量在 3cm 以下，错动范围在河床建基面不超过 1/3 坝厚的范围内。

（2）最大可信地震下，与设计地震相比，大坝地基系统的非线性变形发展不显著。局部错动仅局限于河床建基面不超过 1/3 坝厚的范围内，最大错动量仍不超过 3cm，大坝地基系统工作性态未发生转折性变化。

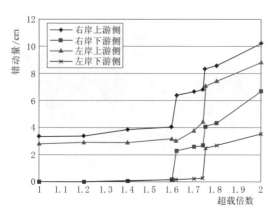

图 7.6 - 10　溪洛渡拱坝左、右岸底滑面坝体
基岩节点震后顺河向错动

（3）在超地震荷载作用下，由左、右岸底滑面与上、下游坝面交界处坝体与基岩顺河向错动随地震超载倍数增加的发展状况可见，在超设计地震倍数 1.60 之前的地震工况，上游侧坝体与基岩间的错动量的增长随地震超载倍数的增加十分缓慢，大坝地基系统的工作性能未出现明显改变；在地震超载倍数为 1.62 时，右岸底滑面部位坝体与基岩间发生贯通性的剪切错动；在超载倍数为 1.75 时整个河床部位坝基交界面均出现了贯通性的剪切错动。从破坏机理来看，溪洛渡拱坝由于两岸坝肩层间、层内错动带局部变形和坝体横缝张开，导致大坝拱向作用降低、拱端推力减小，加之两岸侧滑面相对有利的产状和较强的抗剪参数，溪洛渡大坝两岸坝肩滑裂体具有较强的整体动力抗滑稳定性。相对而言，河床部位坝基交界面成为大坝-地基体系强震破坏的关键控制部位，随着地震超载倍数的增加，较弱的拱向作用使坝体承受的静动力荷载作用较多地向梁向转移，加剧了河床部位坝基面局部变形的发展，最终导致这一区域坝基面的剪切错动贯通，顺河向位移增长加速，而使大坝工作性态发生转折性变化。

（4）由以上分析可知，地震超载倍数在 1.60～1.75 的范围是坝体-地基体系工作性态发生变化的转折区段，按照偏于安全的原则，可取溪洛渡拱坝地基系统抗震安全系数为 1.60。

2. 大岗山拱坝

大岗山水电站建于大渡河中游上段，四川省雅安市石棉县境内，双曲拱坝坝顶高程 1135m，最大坝高 210m。

大岗山水电站位于以鲜水河-安宁河-小江断裂为界的川滇段块与凉山段块结合部位，新构造活动迹象反映明显。经地震地质、地震活动性以及潜在地震危险性的初步分析，大岗山工程区地震危险性主要来自鲜水河地震带和安宁河地震带影响。大岗山拱坝的工程抗震设防类别为甲类，100 年超越概率 2% 的设计地震基岩水平向峰值加速度 0.5575g，100 年超越概率 1% 的最大可信地震基岩水平向峰值加速度 0.662g，抗震设防水准高，抗震安全问题备受关注。

大坝体及近域地基的有限元网格如图 7.6 - 11 所示，为准确反映由两岸抗力体中存在的各类构造组成的滑裂体对大坝抗震安全的影响，有限元建模中考虑的各类构造包括左岸的 f_{145}、f_{54}、β_{21}、第③和第④组裂隙，以及右岸的 f_{231}、β_8（f_7）、β_4（f_5）、第⑤组裂隙高高程、第⑥组裂隙低高程；图 7.6 - 12 所示为计算模拟的左、右岸构造及滑块。

图 7.6 - 13 和图 7.6 - 14 为设计地震和最大可信地震下左、右岸典型滑块与建基面相交处的坝基顺河向错动时程，图 7.6 - 15 为坝顶左拱端震后顺河向残余位移随地震超载倍数变化曲线。图 7.6 - 16 为左岸和右岸滑块底滑面处坝基交界面震后顺河向错动量。分析模拟计算结果可得出以下结论：

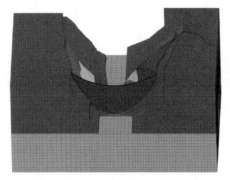
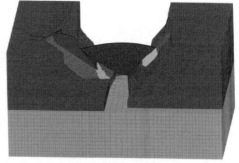

（a）上游视图　　　　　　　　　　　　（b）下游视图

图 7.6－11　大岗山大坝-地基系统有限元网格

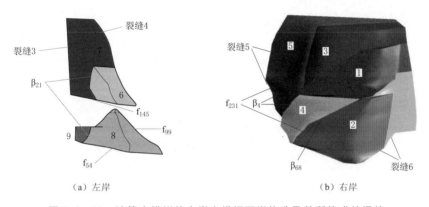

（a）左岸　　　　　　　　　　　　（b）右岸

图 7.6－12　计算中模拟的大岗山拱坝两岸构造及其所构成的滑块

1～9—滑块

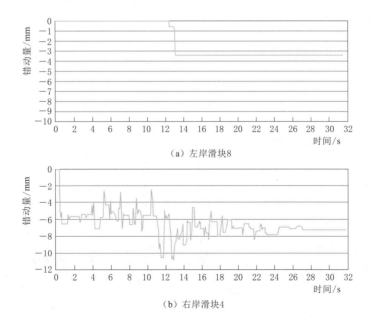

（a）左岸滑块8

（b）右岸滑块4

图 7.6－13　设计地震作用下大岗山拱坝底滑面与坝基交界面错动时程

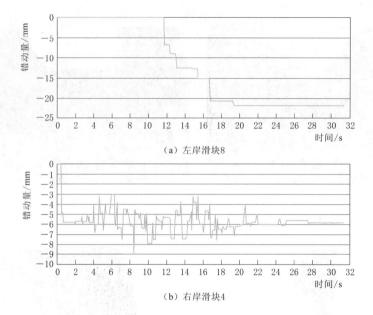

（a）左岸滑块8

（b）右岸滑块4

图 7.6－14　最大可信地震作用下大岗山拱坝底滑面与坝基交界面错动时程

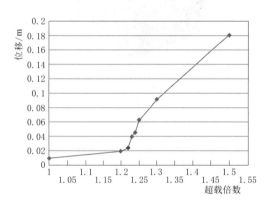

图 7.6－15　大岗山拱坝坝顶左拱端震后顺河向残余位移随地震超载倍数变化曲线

（1）设计地震作用下，两岸滑块底滑面与坝体相交处高程的大坝建基面上游侧出现了局部微小错动。左岸滑块 8 底滑面相交的建基面残余错动约为 3mm，右岸滑块 4 底滑面相交的建基面残余错动约为 8mm。残余错动量较小，地震过程中处于稳定状态不再发展。

（2）最大可信地震作用下，左岸滑块 8 底滑面相交的建基面残余错动有所发展，残余错动量增加到约 2cm，而右岸滑块 4 底滑面相交的建基面残余错动量与设计地震时基本相

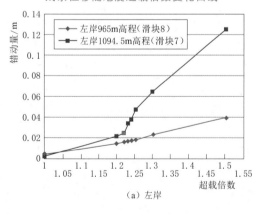

（a）左岸

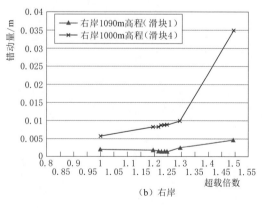

（b）右岸

图 7.6－16　左、右岸滑块底滑面处坝基交界面震后顺河向错动量

同，说明由此表明地震荷载放大对左岸坝肩的变形影响更为显著。地震作用后期坝基面局部错动量已不再发展变化，维持稳定状态。

（3）坝体位移及坝基错动量随地震超载倍数的变化都存在显著的拐点。坝顶左拱端节点在超设计地震倍数达到 1.22 后，顺河向残余位移增加速度显著加快，在超设计地震倍数达到 1.5 时，残余位移达到 18cm 左右，而坝顶右拱端及坝顶拱冠节点的顺河向残余位移随超载倍数变化增加不明显。从坝体与基岩间的局部错动随地震超载倍数增加的变化情况来看，左岸高高程滑块底滑面部位的坝基交界面错动发展最为显著，在超载倍数为 1.22 时同样出现增长加快的明显拐点，右岸低高程滑块底滑面处的坝基面局部错动增加拐点则出现在超载倍数为 1.3 处。这表明在地震超载作用下，大坝的地震破坏机理是左岸高高程滑块对整体刚度的削弱作用造成这一部位坝基交界面局部错动增长，进而影响到坝基交界面的其他部位，造成坝体位移的增长。

（4）地震超载倍数 1.22～1.30 的范围是大岗山坝体-地基体系工作性态发生变化的转折，按照偏于安全的原则，大岗山拱坝抗震安全系数可取为 1.22。

3. 锦屏一级拱坝

锦屏一级水电站位于四川省盐源县、木里县交界的雅砻江干流，是雅砻江水能资源最富集的中下游河段五级水电开发中的第一级。

坝址区工程地质条件复杂，左岸存在深部裂缝和 f_5、f_8 断层等地质缺陷；坝址右岸为大理岩顺向坡，其中等倾角的大理岩层面断续分布有层间挤压带。锦屏一级水电站挡水建筑物为混凝土双曲拱坝，最大坝高 305m，是目前世界最高拱坝。大坝为 1 级建筑物，其工程抗震设防类别为甲类，100 年超越概率 2% 的设计地震基岩水平向峰值加速度 0.269g，100 年超越概率 1% 的最大可信地震基岩水平向峰值加速度 0.317g。

图 7.6-17 为大坝-地基系统的有限元模型，图 7.6-18 为坝体-坝肩滑块位置关系图，图 7.6-19 为设计地震和最大可信地震作用下左岸底滑面 1 上游典型节点对的顺河向相对错动时程，图 7.6-20 为坝顶两岸拱端顺河向残余位移与地震超载倍数的关系曲线，图 7.6-21 为左岸底滑面 1 上游典型节点对的顺河向残余错动量与地震超载倍数的关系曲线。

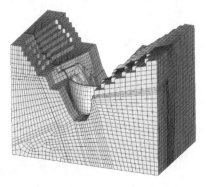

图 7.6-17　锦屏一级大坝-地基有限元模型

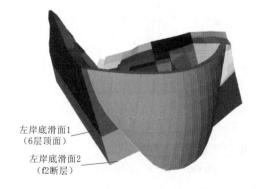

左岸底滑面1
（6层顶面）

左岸底滑面2
（f2断层）

图 7.6-18　锦屏一级拱坝坝体-坝肩滑块位置关系

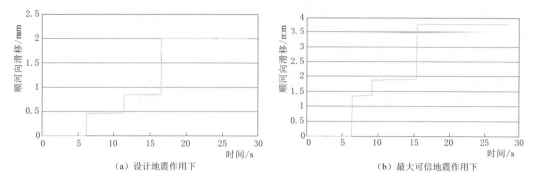

（a）设计地震作用下 　　　　　　　　　　（b）最大可信地震作用下

图 7.6-19　锦屏一级拱坝左岸滑块底滑面 1 上游典型节点顺河向相对错动时程

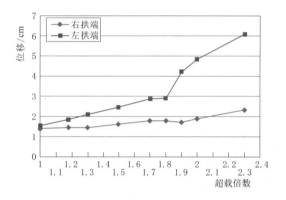

图 7.6-20　锦屏一级拱坝顶拱拱端顺河向
震后残余位移与超载倍数关系曲线

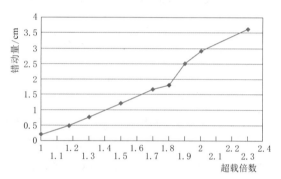

图 7.6-21　锦屏一级拱坝左岸滑块底滑面 1 震后
残余顺河向错动量与超载倍数关系曲线

分析上述成果可得出以下认识：

（1）设计地震作用下，大坝—基础体系的非线性变形主要体现在左岸滑裂体底滑面 1 的局部顺河向错动，在地震过程中错动量出现两次阶跃式增长，但稳定在错动量约 2mm 的位置；右岸各块体基本未发生错动。

（2）最大可信地震作用下，左岸滑裂体底滑面 1 的局部顺河向错动发展形态与设计地震作用下相同，最终稳定在约 4mm 的位置。最大可信地震作用下，大坝—基础体系的工作性态未发生转折性变化。

（3）地震超载作用下，大坝地基体系的非线性发展仍主要集中在左岸滑块底滑面 1 处，并导致坝体拱端的震后残余位移增加。在超设计地震荷载达 1.8 倍时，左岸滑裂体底滑面 1 的顺河向残余错动和顶拱拱端顺河向震后残余位移同时出现拐点，预示着左岸非线性变形发展加速，大坝地基系统的工作性能开始出现转折。

（4）若以大坝地基典型部位非线性变形的超载曲线出现拐点作为判别依据，锦屏一级大坝的抗震安全系数为 1.8。

由于三个工程具有自身的地形地质特点，强震作用下表现出不同的大坝-地基系统非线性行为和破坏机理。表 7.6-1 归纳了三个高拱坝工程的主要工程特性、强震破坏机理以及抗震安全系数。

表 7.6-1　　　　　　　　三个大型高拱坝工程整体抗震安全分析和评价比较

坝　名	溪洛渡	大岗山	锦屏一级
坝高/m	278	210	305
地形地质条件	坝址区河谷基本呈 U 形。两岸坝肩岩体主要由 4～12 层峨眉山玄武岩组成；地层产状平缓，微倾下游偏左岸，无断层或较大软弱面通过；结构面主要为层间、层内错动带及节理裂隙	河谷横断面呈基本对称的 V 形。坝址区地质条件复杂，辉绿岩脉、玢岩脉、花岗细晶岩脉、闪长岩脉、霏细斑岩脉等各类脉岩穿插发育于花岗岩中。坝址区地质构造主要以区内次级脉岩小断层和节理裂隙为特征	坝址地形为典型的深切 V 形河谷。坝址区工程地质条件复杂，坝址左岸存在深部裂缝和 f_5、f_8 断层等地质缺陷，坝址右岸为大理岩顺向坡，其中等倾角的大理岩层面断续分布有缘片岩透镜体，形成层间弱面
设计地震水平峰值加速度	0.355g	0.5575g	0.269g
最大可信地震水平峰值加速度	0.423g	0.662g	0.317g
抗震安全系数	1.60	1.22	1.80
强震破坏机理	大坝两岸滑裂体具有较强的整体动力抗滑稳定性，河床部位坝基交界面成为大坝-地基体系强震破坏的关键控制部位；随着地震超载倍数的增加，河床部位坝基面局部变形的发展加剧，最终导致这一区域坝基面的剪切错动贯通，顺河向位移增长加速，从而使大坝工作态性发生转折性变化	左岸滑块位置是整个拱坝-基础体系中最薄弱的部位，在设计地震下就出现了一定的坝体与基岩之间的滑移；随着超载倍数增大，其滑移量增加较快，且出现残余滑移的部位逐渐扩展，在超载 1.22 倍处出现增长加快的明显拐点	大坝-基础体系的非线性变形主要体现在左岸滑裂面底滑面 1 的局部顺河向错动；在超设计地震荷载 1.8 倍时，左岸滑裂体底滑面 1 的顺河向残余错动和顶拱坝端顺河向震后残余位移同时出现拐点，预示着左岸非线性变形发展加速，大坝地基系统的工作性能开始出现转折

7.6.3.4　整体抗震安全评价体系讨论

在坝体-地基体系的有限元时程分析中，以强震时坝体的特征位移反应发生突变作为判断拱坝体系整体失稳的准则，在多座实际拱坝的整体抗震安全分析中证明是可行的。但在地震超载和滑裂面抗剪强度降低的计算工况中，坝体位移反应的突变有不同的表现形式，位移反应突变形式也可能随大坝体型、坝址地形、地质条件不同而变化，需要具体工程具体分析，但这种位移反应随地震超载或降强系数增加而出现的"拐点"是存在的，可以作为拱坝体系整体失稳的判断依据。在进行具体工程分析时，需要结合其大坝-地基体系地震动力反应所表现出来的具体特点，并结合一定的计算分析经验，确定其特征位移用于绘制位移与超载倍数或降强系数的关系曲线，以寻找突变发生的"拐点"。

应注意到，静荷载与地震荷载具有不同的特征，静态荷载是持续作用的，当基岩滑裂面的抗剪强度下降到无法承受其作用的静力荷载时，滑块和坝体将被这一静力荷载推动发生滑移失稳；而地震动是往复荷载，在结构体系能够保持静态稳定的情况下，即便在某一瞬时在地震荷载作用下发生了一定的局部滑移，也会很快因地震动的往复作用而回复到平衡位置，而后向相反方向运动，不致引起整体失稳。因此，对于某些拱坝，在进行滑裂面抗剪强度降低的抗震稳定安全系数分析时，在降强系数能够保证坝体-基础体系静态稳定的条件下，相同的地震荷载可能并不导致体系整体失稳或工作性状出现明显恶化，而继续加大降强倍数。大坝首先表现为静态失稳，这时可认为大坝的静动综合强度储备安全系数与其静态强度储备安全系数相同。

对于300m级高拱坝这样的重大工程，要求其在最大可信地震（MCE）作用下不产生不可控的库水下泄导致的严重次生灾害（溃坝）。但"溃坝"是一个设计中不可操作的模糊概念。就高次超静定的高拱坝而言，在MCE作用的极端情况下，局部的拉应力超标以至出现个别贯穿裂缝、少数横缝张开过大造成其上局部止水结构受损、坝踵拉应力集中或拉应力区越过防渗帷幕等现象，都不足以表征其整体结构的破坏。只有支撑拱坝承受库水压力的坝肩失稳才能表征整个工程的失效溃决，而变形则是衡量拱坝抗震稳定性的标志性变量，因而也成为高拱坝工程抗震安全性评价的定量指标。

在求得强震作用下高拱坝体系的变形性能中，关键的问题是，如何确定"作为衡量拱坝抗震稳定性的标志性变量和评价高拱坝工程抗震安全性的定量指标"的体系变形的定量准则。由于每个工程的坝址地形和地震地质条件、坝体体型和规模以至材料都不相同，要确定一个统一的变形定量准则是不可能的。通过研究提出的基本思路为：尽管高拱坝体系发生损伤后，损伤发展过程十分复杂，但整个体系的变形必定是随着输入地震动的幅度加大或者潜在滑动岩块抗剪强度参数的降低而逐步增长的过程，该变形可以是拱坝体系关键部位的绝对位移或滑动面间的残余相对位移。一旦逐渐增长的变形发生较明显的突变时，突变的拐点标志着体系内部性状已经由量变发展为质变，取与此状态相应的变形量作为判断高拱坝工程失效溃决的标志。将此状态相应的地震动输入与"设计地震"峰值加速度的比值，作为评价工程不"溃坝"的定量准则，或者在设计地震作用下，以高拱坝工程体系的"降强系数"评价工程抗震安全裕度的大小。

7.7 拱坝动力模型试验

除数值模拟外，拱坝动力模型试验是研究拱坝动力特性及其地震反应、评价其抗震安全的又一重要手段。近年来，中国水利水电科学研究院在溪洛渡、小湾、大岗山、白鹤滩、乌东德等强震区高拱坝的抗震试验研究工作中，经过努力探索和研究，初步解决了拱坝室内动力模型试验中的两个主要问题：①以合适的边界阻尼材料和装置模拟无限地基辐射阻尼效应；②以特制的无水复合材料模拟超低抗拉强度坝体材料。由此，拱坝动力模型试验合理模拟了坝基岩体以及地震动输入，进而直接应用模型试验成果评价大坝抗震安全，取得了可为工程抗震设计实际应用的研究成果，对于深化了解拱坝的抗震安全性和检验抗震加固措施效果具有重要意义。但也应该看到，由于问题十分复杂，拱坝的动力模型试验尚需在更为合理模拟坝体混凝土及基岩动态性能的模型材料，边界辐射阻尼的模拟方式，以及准确捕捉量测坝体或基础抗震薄弱部位损伤破坏状态等方面进行深化研究。

7.7.1 动力模型试验相似比尺和需模拟的主要因素

由于拱坝结构规模巨大，拱坝模型试验通常只能在缩尺模型上进行。对于缩尺模型，不但要求几何形状相似，还要求试验模型的力学特性及对模型所施加的外荷载满足相似关系。各种物理参数的模型比尺可以通过量纲分析得到。

　　根据试验目的不同，试验模型可分为线性和非线性。线性模型主要反映被测模型结构线性范围的响应，因此模型材料强度取值可以较高，各类不同的外荷载也可分别施加，最后将模型响应进行线性叠加。有时也称这类模型为弹性模型。在拱坝动力模型试验中，除几何比尺外，由于需要模拟自重和水压力这些与重力场和材料质量相关的荷载，使用振动台时，加速度比尺及质量密度比尺需要取为 1，因为目前还很难找到密度大、黏度低、经济实用的液体替代试验中的水。

　　设模型几何比尺为 R_L，模型质量密度比尺为 $R_\rho = 1$，模型加速度比尺为 $R_a = 1$，而无量纲物理量应变比尺 $R_\varepsilon = 1$，则可以得到其他物理量的模型比尺如下：

位移比尺
$$R_\Delta = R_L R_\varepsilon = R_L \tag{7.7-1}$$

时间比尺
$$R_T = \sqrt{\frac{R_\Delta}{R_a}} = \sqrt{R_L} \tag{7.7-2}$$

速度比尺
$$R_v = \frac{R_\Delta}{R_T} = \frac{R_\Delta}{\sqrt{R_L}} = \sqrt{R_L} \tag{7.7-3}$$

力比尺
$$R_F = R_L^3 R_\rho R_a = R_L^3 \tag{7.7-4}$$

应力比尺
$$R = \frac{R_F}{R_L^2} = \frac{R_L^3 R_\rho R_a}{R_L^2} = R_L R_\rho R_a = R_L \tag{7.7-5}$$

弹性模量比尺
$$R_E = R_\sigma R_\varepsilon = R_\sigma = R_L \tag{7.7-6}$$

　　由此可以看到，所有导出的模型相似率均由几何相似率确定。

　　前面提到，由于无法采用其他液体替代原型中的水，试验模型质量密度比尺 R 取为 1。但是在缩尺模型中模型结构的弹性模量比尺小于 1，一般只有几十分之一或上百分之一，这意味着试验中的水体代表着一种比实际原型水体压缩模量大几十甚至上百倍的液体。对于实际问题，这代表一种不可压缩的水体，也就是我们试验中已经忽略了原型水体的可压缩性。已有许多研究表明，库水水体的可压缩性对结构的地震响应影响很小，可以忽略不计，在大坝地震响应的数值分析中也基本上采用不可压缩液体的假定，使得分析过程大为简化。

　　由式（7.7-6）可知，当模型试验的几何比尺很大时，模型材料的弹性模量非常低。寻找严格满足弹模相似率的模型材料会有一定困难。$R=1$ 的物理意义是几何相似的模型在变形后仍保持完全几何相似。如果试验对象的响应满足小变形假定，也可采用应变比尺 $R \neq 1$ 的模型相似条件，对变形后的几何相似影响不大。这样，尽管位移和几何尺度都是长度量纲，二者的模型相似率是不一样的，或者说两者是独立的，在前面的三个基本相似率上增加了第四个基本相似率。相关的导出模型比尺也随之发生变化，即：

位移比尺
$$R_\Delta = R_L R_\varepsilon \tag{7.7-7}$$

时间比尺
$$R_T = \sqrt{\frac{R_\Delta}{R_a}} = \sqrt{R_\Delta} \tag{7.7-8}$$

速度比尺
$$R_v = \frac{R_\Delta}{R_T} = \frac{R_\Delta}{\sqrt{R_\Delta}} = \sqrt{R_\Delta} \tag{7.7-9}$$

弹性模量比尺
$$R_E = R_\sigma R_\varepsilon \tag{7.7-10}$$

　　材料的弹性模量是较容易测量的物理量，因此也可以把弹性模量相似率作为基本相似条件，导出应变、位移、时间和速度的相似比尺：

应变比尺
$$R_\varepsilon = \frac{R_\sigma}{R_E} = \frac{R_L}{R_E} \qquad (7.7-11)$$

位移比尺
$$R_\Delta = R_L R_\varepsilon = \frac{R_L^2}{R_E} \qquad (7.7-12)$$

时间比尺
$$R_T = \sqrt{\frac{R_\Delta}{R_a}} = \sqrt{R_\Delta} = \frac{R_L}{\sqrt{R_E}} \qquad (7.7-13)$$

速度比尺
$$R_v = \frac{R_\Delta}{R_T} = \frac{R_\Delta}{\sqrt{R_\Delta}} = \sqrt{R_\Delta} = \frac{R_L}{\sqrt{R_E}} \qquad (7.7-14)$$

为了区别，满足应变比尺 $R=1$ 条件的模型相似率称之为全相似条件，不满足的称之为非全相似条件。考虑到模型试验的其他制约条件，如试验设备的工作频段，应变测量的刚化效应等，采用非全相似条件会有一些有利之处：即使应变比尺不等于 1，一般也相差不多。

在非线性模型中，试验目的之一是要模拟原型结构损伤破坏后的响应，除前述线性模型的相似率要求外，模型材料应力-应变关系及材料强度都应满足相似要求，并且各种外荷载须按模型比尺及原型作用顺序施加。大多数工程材料屈服之前，应力-应变关系常可以简单的直线关系表示，但是屈服后的关系要复杂许多，通常情况下找到屈服后与原型材料应力-应变关系依然相似的模型材料相当困难，这是进行缩尺非线性模型试验的最大障碍之一。但如果原型材料是脆性材料，即拉应力一旦超过材料强度则应力迅速降为零，对应的模型材料还是可以找到的，因为超过强度后的应力-应变关系仍可用直线表示，这时材料的弹性模量为零，只要模型材料也为脆性材料且强度满足相似比尺，应力-应变关系就相似了。在结构设计中一般将混凝土的受拉破坏视为脆性破坏，而且混凝土的抗压强度较抗拉强度大很多，一般情况下结构受拉破坏发生较早。因此，混凝土结构受拉开裂之后、到达抗压强度之前的非线性响应，模型相似率是可以保证的，这一条件是进行拱坝动力破坏试验的重要基础。

为了最大限度地使模型试验条件与拱坝的实际状态接近，影响拱坝地震响应的主要因素都必须在模型中模拟：首先，拱坝与两侧的山体（即坝肩）共同承担起上游的水压力作用；其次，库水除长期以静水压力作用于坝体外，在地震时因坝体以及库水的振动还会产生动水压力，也作用于坝体。因此，拱坝动力试验模型在组成上不仅包括拱坝坝体，还应包括适当范围的山体和水库，并模拟山体的构造及力学特征（图 7.7-1）。

从模拟的精度考虑，基础的范围需要足够大。但这一条件始终受到试

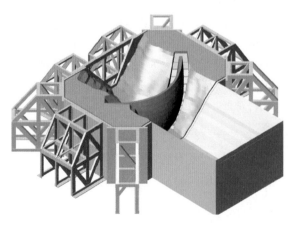

图 7.7-1　拱坝系统动力试验模型

验设备制约，必须根据具体试验对象合理确定。根据数值分析的经验，基础范围在各个方向应该大于一倍最大坝高。即便如此，在人为设定的边界上振动能量被反射，也会在模型中积蓄，导致模型基础的过大地震响应，所以在包含弹性基础的模型中需要考虑能够体现能量辐射的边界条件，但模型中这一条件的实现比数值分析中要困难得多。中国水科院在溪洛渡拱坝及小湾拱坝等试验中成功研发了剪切阻尼边界，模拟能量辐射的边界条件。

另一个试验中较难处理的方面，是拱坝坝肩的地质条件与力学特性的模拟。实际工程的坝肩岩体存在着许多裂隙、节理及软弱夹层，在动力试验模型中详细模拟这些实际地质条件极其费工费时，目前还未见进行类似试验的报道。通常的做法是根据设计资料和分析计算，确定一组或两组控制性滑裂面，在动力试验模型中进行模拟。对于坝址良好、坝肩条件较理想的情况，坝肩的滑动不是关键控制因素，不模拟滑裂面对试验结果的影响不大；而对于一些地质条件相当复杂的坝址，模型中就必须适当考虑坝肩控制性滑裂面。

从宏观上看，试验模型中只要能够确定潜在滑裂面的力学参数，通常包括摩擦系数 f 和黏聚力 c，以及渗透压力就可确定坝肩岩体的安全稳定性。摩擦系数是一个无量纲量，它的相似比尺为 1，而黏聚力和渗透压力与应力具有相同相似比尺。设计中给出的摩擦系数 f 常为工程上的剪切摩擦，而非光滑平面间的纯摩擦系数。因此，在试验室中需要对模型的滑裂面表面进行处理，以符合设计条件。通常需要较高的摩擦系数，表面喷砂是提高摩擦系数的有效方法之一，通过选择不同的粒径的砂以及控制砂粒密度可以获得不同的摩擦系数，但必须通过反复尝试。因为黏聚力 c 与应力具有相同比尺，在大坝模型中的黏聚力 c 往往很小，控制起来有较大难度。实际中多采用控制接触面面积比例达到总体黏聚力满足相似的要求。在静力模型试验中，也有人提出采用特殊涂料通过电加热控制滑裂面抗滑力学特性的方法。

在大缩尺条件下满足模型相似率的试验模型材料，是模型试验的关键难题之一。在弹性范围，模型材料的线弹性要好，弹模容易调整，且性能稳定、经济实用。石膏材料曾作为模型材料普遍应用，一般弹模范围为 $800\sim4000\mathrm{MPa}$，通过控制水膏比调整弹模。需要更低弹模时，石膏材料的弹模难以继续降低，同时其抗拉强度也大大高于相似率要求。另外，石膏材料干燥需要时间，因此模型制作周期较长。所以，在拱坝地质力学模型试验中开发了多种低弹模模型材料，弹模可以降低至 $5\sim400\mathrm{MPa}$。中国水科院在进行溪洛渡和小湾拱坝动力模型试验中，采用以硫酸钡、氧化铅为主的干粉材料加压成型工艺制作坝体模型材料，取得了较好的效果。材料的弹模可以控制在数十至数百兆帕之间，抗拉强度可以低到 $10\mathrm{kPa}$；同时，因为材料成型前为自然含水、无需干燥时间，大大提高了模型加工效率；另外，由于材料强度很低，其形状可进一步精修以提高模型坝体的整体砌筑精度。

拱坝动力模型试验的主要目的之一是进行地震超载试验，以评价大坝的抗震极限能力。动力超载试验主要是增大输入地震动以达到结构破坏。与静力的单调增加外力不同，地震动输入本身是一个复杂的往复运动过程，输入地震动强度难以在同一连续输入的时程内调整。在同一模型上进行多次动力超载加振，模型的初始状态可能已经是上一次加振结束时的损伤状态，因此得到的结果往往是偏于安全的。

7.7.2　动力模型试验设备

动力模型试验的大型设备之一是振动台，试验时将模型固定于振动台上，振动台按控制输入信号运动，使试验模型承受与地震动相似的基底震动。性能良好的振动台可以准确地再现地震仪记录到的实际地震记录。大型振动台的有效承载能力从几吨到几十吨，目前世界上最大的振动台在日本神户，最大位移达到 1m，有效承载能力为 1200t，完全可以进行 6 层大楼的足尺模型试验，其建设目的之一就是希望通过足尺模型试验再现地震作用下结构的破坏全过程，以便详细研究结构的破坏机理。

大型振动台系统基本上都是液压驱动，与电磁驱动装置相比，液压驱动装置易于实现低频大位移运动，较适合地震运动的特点。通常振动台的最大加速度要求在 1g 以上，同时要求具备较大动态位移，以实现结构地震超载破坏过程和结构极限变形能力的研究。结构损伤发生前的强度，和结构损伤后的极限变形能力，是结构抗震性能的重要指标。

然而对于 300m 级拱坝这样规模宏大而复杂的空间结构系统，即使在目前最大的振动台上，模型几何比尺也要小于 1/150，模型的固有频率会高过原型十几倍。因此，要较好地满足拱坝模型试验要求，振动台必须具备较宽的工作频带。建于中国水利水电科学研究院的振动台正是为满足这一要求而设计的，它的最高工作频率可以达到 120Hz，而一般同等规模的振动台最高工作频率为 50～80Hz。

大型振动台的动力系统相当复杂，需要多级电控伺服阀才能实现对几十吨乃至上百吨出力的加振器的控制。而模型试验要求振动台能够以足够的精度再现给定的地震波：既可以是实际地震记录，也可以是人工生成的运动；同时，各自由度运动间的相互干扰必须非常小。因此，首先就要求振动台有良好的动态特性，即振动台面的运动与振动台的驱动电信号的传递函数应当基本光滑稳定，这就需要通过电控补偿来消除各种阀的机械共振和加振器的油柱共振，并且消除运动方向间的相互干扰。

随着计算机技术和控制理论的快速发展，振动台的控制方法从十几年前的模拟量控制向数字化控制转变。与模拟量控制相比，振动台数字化控制系统可以最大限度地降低电控部分的系统噪声，实现更精确的运动控制补偿，同时，控制操作也更为方便。

7.7.3　动力模型的测量与试验数据分析

动力模型试验中经常测量的物理量有加速度、位移、应变、动水压力等。加速度主要反映模型的加速度响应。位移包括模型的绝对位移和相对位移，其中相对位移较易测量。

加速度计一般直接固定于被测物体的被测点上，测量结构的动力响应。通过对加速度响应的分析可以得到结构的动力特性，如固有频率、模态、阻尼比等参数，也可以通过对加速度的积分得到测点的绝对速度和绝对位移响应。对于实际土木工程结构，加速度计自身的体积和重量都是可以忽略的。然而，对于较大缩尺模型，过大的传感器重量会对被测物体被测点的实际响应产生影响，因此，应尽量采用质量小的加速度传感器。

位移测量多为接触式 LVDT 传感器，传感器的滑动部分和感应部分分别与被测点和参照点相固定。近年来采用激光技术制造的位移计实现了非接触测量，如果是测量绝对位移，对被测体完全没有影响，而且量程大、分辨率高，特别适合被测体发生损伤后的位移测量。

对于坝体构造缝的张开和坝肩岩体滑动，主要关心的是两接触面的法向或切向的相对位移量。中国水科院专门开发了跨缝位移计，用以测量缝的张开量。

传统的应变测量是采用电阻应变片直接粘贴于被测物体的表面，通过电桥电路将应变片的应变转换成电压信号，后面还需经放大器对信号进一步放大。近年来，采用光纤测量应变的技术得到了快速发展，特别是可以将光纤预埋在混凝土构件中，测量内部的应变和开裂；在稳定性方面光纤应变传感器也有较大优势。但是，普通光纤本身的刚度较大，不适用于弹模较低材料的模型，有待开发新材料。

动水压力计实际是一种力传感器，以应变式和压阻式为多，测量位置一般为水与结构的交界面上。同样，动水压力计也应体积小、重量轻，以减少对结构动态响应的影响。

各类传感器之后还配有相应的适配器或放大器及模数转换，使测量信号能够采集记录到计算机中，这些设备构成一套完整的测量系统。需要指出的是，任何测量系统都存在来自系统本身或外部的噪声干扰。系统自身的噪声水平是测量仪器的固有指标，主要在仪器设计制造阶段解决，一般使用者无法改变。外部噪声可分为电磁噪声和非电磁噪声两类。电磁类噪声主要通过有效的电磁屏蔽和接地等措施得到抑制，而非电磁噪声多为环境的振动干扰所引起，目前还没有十分有效的阻断方法。电磁噪声有随机的也有固定频率的，比如 50Hz 及其倍频的工频噪声干扰就是固定频率的，测量系统附近的仪器设备产生的电磁噪声通常也多为固定频率。固定频率的噪声在信号处理阶段相对比较容易消除，但是如果其幅值过大，将会限制信号采集阶段的增益。

传感器的电信号通常都是很微弱的，需要通过放大器进行放大，在传感器信号进入放大器前混入的随机噪声在后面的处理中很难消除，因此努力提高传感器与放大器间的电缆抗噪性能非常重要。目前，一些压电式传感器的放大电路已经和传感部分做成一体，有效地提高了信噪比。应用激光技术开发的传感器，由于其光源的单频特性而具有很高的抗噪性能。

动态测量系统的另一个重要指标是动态工作范围。这与传感器、放大器、模数转换装置、采样频率等多方面因素相关。动态工作范围主要根据试验对象的频率范围确定，对于大型结构试验，通常数百赫兹至 1000Hz 即可满足要求。

拱坝的动力模型试验通常包括大坝-地基-库水系统的自振特性（模态）试验和在设计地震、最大可信地震以及地震超载作用下的大坝动力响应试验。

模态试验通常采用白噪声激励，通过基于傅里叶变换的、以传递函数为核心的模态识别工作，可以识别大坝的前若干阶对坝体动力响应贡献显著的模态参数（频率、振型和阻尼比）。在地震波各加载工况间的模态识别，是分析判断大坝损伤状态的重要依据之一。

大坝动力响应试验通常采用根据设计反应谱拟合的人工波或实测地震波，按时间相似比尺调整后输入振动台，通过数据采集系统获得大坝、基础各部位应变、位移、动水压力、横缝开度等物理量，通过 A/D 转换、滤波及其他必要的数据处理后，得到大坝坝体动力响应，进而评价大坝抗震安全。

7.7.4 动力模型试验实例

7.7.4.1 溪洛渡拱坝

1. 试验概要

溪洛渡试验模型包括地形基础、坝体、水库及阻尼边界等影响拱坝地震响应的重要因素。模型几何比尺 1/300，横河向长 3.2m，顺河向长 2.2m，总高 1.334m，总重量达 20t。基础范围按上下游各取约 1 倍坝高，左、右岸及底部约 1/2 坝高设计，水库长度约为 2.75 倍坝高。模型主要相似比尺列于表 7.7-1。

模型坝由压制成型的砌块砌筑而成，砌块间采用黏结剂粘接，在坝体上还设置了 7 条构造横缝，以模拟其在地震时横缝开合对坝体响应的影响（图 7.7-2）。基础岩体采用特制加重硫化橡胶材料砌筑。

表 7.7-1　　　　　　　　　　　溪洛渡拱坝模型相似比尺

长度比尺	$C_l = 300$	频率比尺	$C_f = C_t^{-1} = \sqrt{135}/300 = 0.0387$
密度比尺	$C_\rho = 1.0$	变形比尺	$C_\delta = C_l^2 \cdot C_a = 666.6$
弹性模量比尺	$C_E = 135$	应变比尺	$C_\varepsilon = C_\delta \cdot C_l^{-1} = 666.6/300 = 2.222$
加速度比尺	$C_a = 1.0$	应力比尺	$C_\sigma = C_E \cdot C_\varepsilon = 2.5 \times 120 = 300$
时间比尺	$C_t = C_l \cdot C_\rho^{\frac{1}{2}} \cdot C_E^{-\frac{1}{2}} = 300/\sqrt{135} = 25.819$		

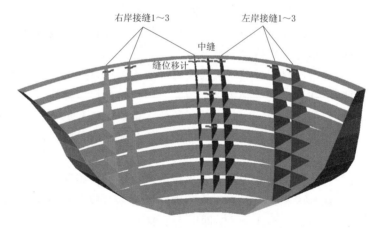

图 7.7-2　溪洛渡拱坝坝体模型和模拟横缝位置

溪洛渡拱坝动力模型试验中首次采用了人工阻尼边界模拟无限地基的辐射阻尼效应，选用了黏性阻尼液模拟人工阻尼边界，利用黏性液体材料的剪切黏性实现阻尼效果。

试验中共采用 5 类 147 通道测点，分别为加速度计、位移计、应变计、缝位移计及动水压力计。

应变测点的布置见图 7.7-3，上下游面对称布置。由于应变片及黏结剂的弹模与坝体材料弹模的差异导致量测应变量与被测材料应变不同，这种现象通常称为刚化现象，真实应变量与量测应变量之比称为刚化系数。溪洛渡试验中通过对使用的坝体材料、应变片及黏结剂的测试结果，得到应变片的刚化系数约为 1.56。

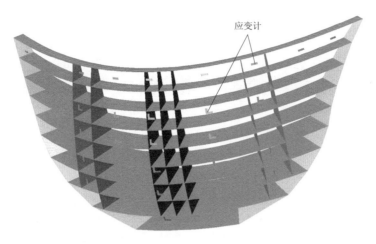

图 7.7 - 3　溪洛渡拱坝模型上游应变测点布置

加速度计布置位置如图 7.7 - 4 所示。位移计测量坝顶法向位移，其位置与坝顶加速度计重合。除各横缝的顶拱附近的上下游面外，在拱冠下游面横缝上沿不同高程也布置了缝位移计用以测量横缝的张开深度。动水压力计分 3 列布置于上游坝面。

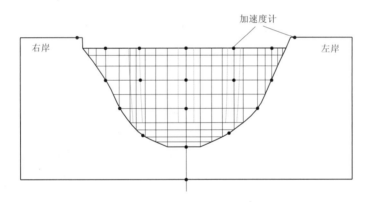

图 7.7 - 4　溪洛渡拱坝模型下游面加速度计布置图

2. 试验结果

图 7.7 - 5 和图 7.7 - 6 给出了设计地震（基岩水平向峰值加速度 0.321g）人工地震动加载时的正常水位和低水位拱向应力最大值分布。图中还同时给出了模拟计算的结果，在大多数测点模拟计算结果与试验结果吻合较好。正常水位条件下动拉、压应力最大值比较接近，表明此种工况下坝体整体性完好，横缝基本没有张开；在低水位条件下，动态拉应力最大值较动态压应力最大值小，反映了低水位工况下坝体横缝张开的影响。

分别进行了超设计地震荷载 1.3 倍、2.6 倍、3.9 倍和 5.2 倍的地震超载试验。图 7.7 - 7 为坝顶径向加速度位移最大值关系曲线，其中位移代表坝体变形，加速度代表坝体上作用的动态荷载水平。由图可以看出，到 2.6 倍加振之前，台面顺河向最大加速度为 0.435g，坝踵 0.888g，坝顶拱冠 2.915g，坝顶位移与加速度基本保持线性关系，说明坝

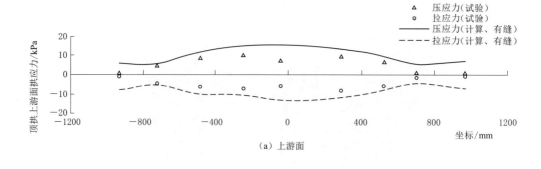

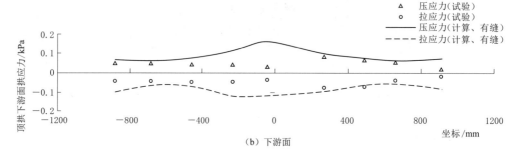

图 7.7 - 5 溪洛渡拱坝最大拱应力分布（设计地震人工波、正常水位）

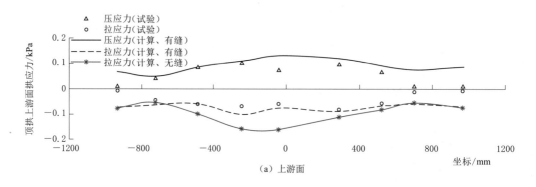

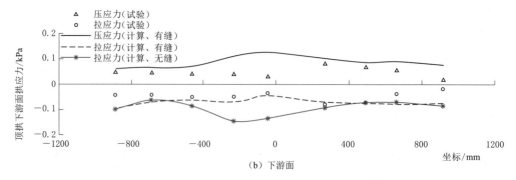

图 7.7 - 6 溪洛渡拱坝最大拱应力分布（设计地震人工波、低水位）

体无损伤发生；到 3.9 倍加振，台面顺河向最大加速度为 $0.638g$，坝踵 $1.067g$，坝顶拱冠 $3.632g$，坝顶位移与加速度发生显著变化，坝体变形增速大于坝体动荷载增速。尽管地震强度的增加导致坝体横缝张开，使得坝体整体性下降、坝顶变形与加速度关系发生变化，但是结合坝体顺河向基频较加振前降低了 $0.62\mathrm{Hz}$（约 2.4%）的情况，可以判断坝体内已经发生损伤，但由于损伤非常微小，试验过程中目视检查并未发现任何可见损伤；在实施 5.2 倍设计地震动加振之后，左右坝肩附近出现显著开裂迹象（图 7.7-8）。

本次模型试验的坝体材料的抗拉强度为模型相似率要求的 2.3 倍。依据超载试验结果，在 2.6 倍设计地震时无损伤发生，而在 3.9 倍时发生损伤。由此估算溪洛渡大坝坝体出现混凝土开裂损伤的抗震安全系数大于 1.13（2.6/2.3 = 1.13），小于 1.7（3.9/2.3 = 1.7）。

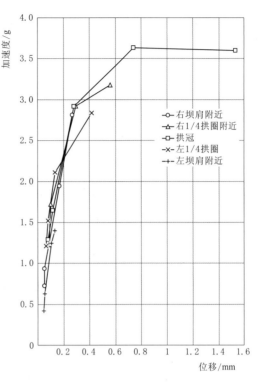

图 7.7-7　溪洛渡拱坝顶拱经向加速度与位移最大值关系曲线

（a）右岸

（b）左岸

图 7.7-8　下游面坝肩裂缝

7.7.4.2　小湾拱坝

1. 试验概要

小湾拱坝试验模型包括山体地形基础、拱坝坝体、水库及阻尼边界。基础范围上下游各取约一倍坝高，左、右岸及底部约半倍坝高。横河向长度为 3.7m，顺河向长度为

2.2m、总高为 1.334m，水库长度约为 2.57 倍坝高。根据大坝混凝土和最终测得的模型坝体材料的弹性模量，模型弹性模量比尺为 240，相应应变比尺为 1.25，较为接近全相似比尺。弹性范围的其他比尺均可由上述四个基本相似比尺算出，见表 7.7 - 2。

表 7.7 - 2 　　　　　　　　　　　　　　小湾拱坝模型相似比尺

长度比尺	$C_l = 300$	频率比尺	$C_f = C_t^{-1} = \sqrt{240}/300 = 0.05164$
密度比尺	$C_\rho = 1.0$	变形比尺	$C_\delta = C_t^2 C_a = 375$
弹性模量比尺	$C_E = 240$	应变比尺	$C_\varepsilon = C_\delta C_l^{-1} = 375/300 = 1.25$
加速度比尺	$C_a = 1.0$	应力比尺	$C_\sigma = C_E C_\varepsilon = 1.25 \times 240 = 300$
时间比尺	$C_t = C_l^{\frac{1}{2}} C_\rho^{\frac{1}{2}} C_E^{-\frac{1}{2}} = 300/\sqrt{240} = 19.365$		

模型坝体由满足抗拉强度相似条件的、压制成形的砌块砌筑而成。在坝体砌筑过程中，砌块间用黏结剂粘接，预留 7 条横缝（图 7.7 - 9），横缝处砌块直接贴靠。为保证模型坝体的砌筑质量，所有砌块的几何形状均进行了严格修整。模型坝体总高 973.3mm，共分 10 层砌筑，砌筑完成后再按设计要求进行整体形状修整，图 7.7 - 10 为完成后的模型坝体。

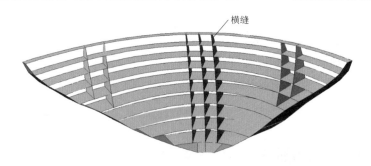

图 7.7 - 9 　小湾拱坝模型坝体横缝设置示意图

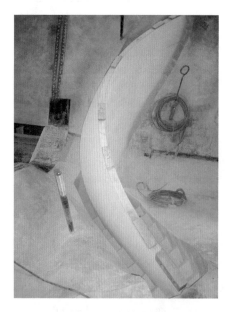

图 7.7 - 10 　小湾拱坝模型坝体

基础材料采用特制加重橡胶制成，首次实现了对坝肩的主要构造面的空间位置、抗滑力学指标、渗透压力等模拟。构造面的抗滑指标包括抗剪断摩擦系数 f 和抗剪断黏聚力 c。摩擦系数 f 为无量纲量，因此相似比为 1，而黏聚力 c 与应力同量纲，相似率与应力相同。因此在模型中黏聚力非常小，直接测量与调整 c 都很困难，且易与表面摩擦系数相互影响。针对试验模型的基础部分的加重橡胶材料，在构造表面上通过喷砂增大摩擦系数，最大可达到 1.17，通过加垫润滑介质降低摩擦系数，最小可达到 0.15。

实际地质构造面上的渗透压力十分复杂，因此模型上的渗透压力直接采用液体模拟相当困难。针对小湾模型采用较高强度的橡胶材料基础，中国水科院首次研制了一套气动加压渗压模拟装置，依据原型构造面渗透压力分布，按模型相似比尺换算值进行加压。图 7.7-11 为左岸渗压模拟装置实际安装完成的照片。

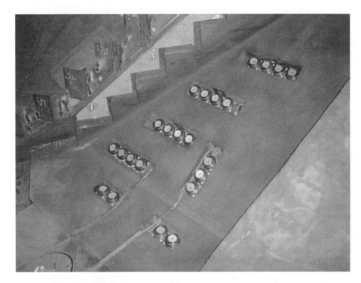

图 7.7-11　安装于小湾拱坝模型坝体滑裂面下部的气动渗压模拟装置

试验中共采用 5 类 174 通道量测点，分别为加速度计、位移计、应变计、缝位移计及动水压力计。图 7.7-12 为加速度计安装位置示意图。图 7.7-13 为坝体下游面应变计布置。缝位移计用于测量 7 条横缝在地震荷载作用下的张合，主要布置于坝顶附近，另在拱冠的横缝下游面沿不同高程增设 2 个通道，测量横缝张开深度。10 支动水压力计用于测量作用于上游坝面的动水压力。激光位移计用于测量顶拱法线方向位移，其安装位置与顶拱上加速度计的位置重合。两岸坝肩滑裂体的位移以 28 支 LVDT 接触式位移计测量，上游坝肩安装了 14 支平行于最可能滑移方向的位移计。

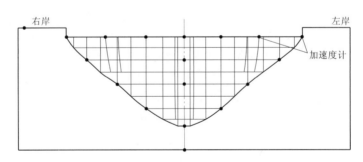

图 7.7-12　小湾拱坝模型坝体下游加速度计安装位置图

2. 试验结果

根据 0.05g 白噪声激振条件下坝体加速度响应，分析计算得到坝体自振特性。图 7.7-14 是根据传递函数得到的拱冠测点所有试验工况下的顺河向基频变化曲线。从低水位至正常水位的频率下降主要是由于水体附加质量的增加引起；随加载倍数的增加，基频下降是坝体刚度下降的反映，与其他观测结果一起，可判断坝体损伤发展过程。

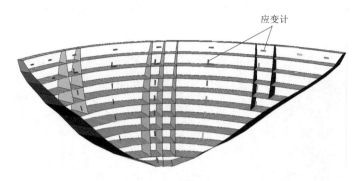

图 7.7-13   小湾拱坝模型坝体下游面应变计布置图

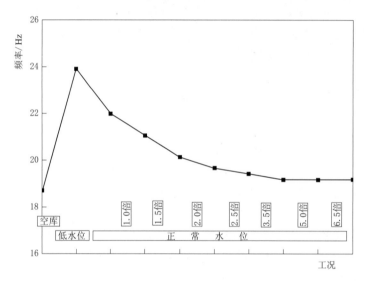

图 7.7-14   小湾拱坝模型加载前后坝体顺河向基频变化曲线

图 7.7-15 给出了拱冠左侧梁的梁向最大拉应变的分布图。在较大超载输入工况下，中间测点的动拉应变有显著加大现象，反映该处材料已经开裂。

模型拱坝坝体在各种地震水平条件下的损伤发生、发展情况主要通过对应变信号、加速度信号和位移信号的分析，以及坝体表面图像监测和目测等手段进行判断。11 处损伤全部汇总于表 7.7-3，其位置参考图 7.7-16 中的相应编号。

表 7.7-3 坝 体 损 伤 记 录

地震超载倍数	损 伤 现 象	位置
1.0	上游坝踵水平裂缝，左右至山体，并有向下游错动痕迹	1
1.5	左岸下游面距坝顶 20cm 观测到自坝肩部向上的裂缝，在后续的超载过程中延伸至坝顶	7
	拱冠梁下游距坝趾 7cm 高的位置有开裂迹象，在后续的超载过程中继续加大	6
3.5	上游面应变测点 CH200 以下部位开裂，下游面表现为坝体与山体交接面沿横缝端部开裂	2

续表

地震超载倍数	损 伤 现 象	位置
5.0	拱冠梁上游面距坝顶 18cm 左右有开裂迹象。从 CH118 测点加速度时程的波形一致性，和 CH210 应变测点的应变变化可推断开裂发生，在 1.16s 后迅速发展	4
	左岸上游面近山体横缝近山体侧，距坝顶约 36cm 出现水平裂缝，贯穿坝体至下游面；水平向止于坝体横缝和坝肩。 位于坝顶的 CH116 加速度测点 3.5 倍和 5.0 倍时程比较可知，0.65s 时刻（5.0 倍）之后，幅值比例减小相位滞后，说明开裂已经发生	5
	左岸 1/4 拱两横缝中距坝顶 20cm 处有水平开裂，6.5 倍时裂缝贯穿上下游面	8
	左岸上游面应变测点 CH36 发生开裂	11
6.5	上游面右岸应变测点 CH203 以下部位有开裂迹象，开裂上下游面贯通	3
	右岸横缝间应变测点 CH44 以下部位有开裂迹象，开裂似由下游面至上游发展	10
	拱冠左侧砌筑水平缝（距坝顶 20cm）被拉开，且上下游贯穿	9

注 "位置"一列中的数字对应图 7.7 - 16 中所标号码位置。

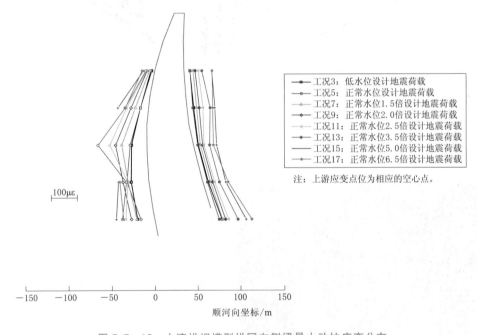

工况3： 低水位设计地震荷载
工况5： 正常水位设计地震荷载
工况7： 正常水位1.5倍设计地震荷载
工况9： 正常水位2.0倍设计地震荷载
工况11：正常水位2.5倍设计地震荷载
工况13：正常水位3.5倍设计地震荷载
工况15：正常水位5.0倍设计地震荷载
工况17：正常水位6.5倍设计地震荷载

注：上游应变点位为相应的空心点。

顺河向坐标/m

图 7.7 - 15　小湾拱坝模型拱冠左侧梁最大动拉应变分布

总体上看，最先开裂位置是上游坝踵及左岸坝肩附近。在更大的超载情况下，即 5.0 倍以后，更多的梁向开裂发生在距坝顶 18～20cm 的位置（原型为 54～60m），多为上下游贯穿，特别是模型设置的横缝间均有开裂发生。

由于库水的影响，试验结束后目测观察上游坝踵开裂情况见图 7.7 - 17。坝踵裂缝贯穿整个交界面，多种观测结果综合分析，是在各级加载后逐步扩大形成。坝体开裂判断主要依据坝体顺河向频率的变化（图 7.7 - 14），因为坝踵的开裂会使坝体的总体刚度降低。在 1.0 倍和 1.5 倍地震荷载加载后的坝体顺河向频率均有显著下降，分别为 4.2% 和

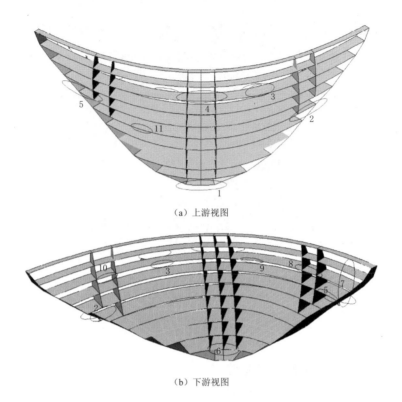

（a）上游视图

（b）下游视图

图 7.7 - 16　小湾拱坝模型坝体损伤位置示意图

1～11—损伤位置

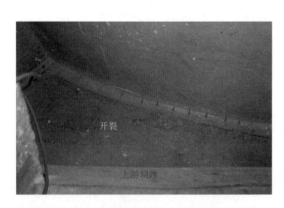

图 7.7 - 17　小湾拱坝模型上游坝踵损伤照片

4.5%，故可判断在 1.0 倍加载过程中坝踵发生开裂，1.5 倍及 2.0 倍加载过程裂缝范围扩大较快。

至于两岸滑裂体在加振过程中的变形，在 3.5 倍超载工况时，左右岸滑裂体均未观测到明显滑动位移；在 5.0 倍超载工况时，右岸滑裂体有一次滑动发生；在 6.5 倍超载工况时，右岸滑裂体有数次滑动，滑动量约为 0.1mm，但地震后均基本恢复原位。因此，观测到的滑动并未扩展到整个滑裂面。

7.8　拱坝极限抗震能力分析

拱坝的极限抗震能力目前还没有明确的定义，一般指不溃坝时所能经受的最大地震动。在拱坝设计阶段，确定其极限抗震能力是通过逐步增加地震作用，搜索造成坝体失效的最小地震作用；可以采用数值模拟也可采用模型试验。判断拱坝系统极限抗震能力有三方面的困难（王海波 等，2014）。

（1）拱坝系统由坝体、基岩、库水三部分组成，其地震响应特性复杂，影响因素众多。极限抗震能力分析需要合理模拟坝体横缝、近坝区基岩主要构造面等非连续特征，合理模拟坝体材料、基岩材料、构造面抗滑参数等的动态力学特征，充分计入坝体-基础-库水动态相互作用、无限地基辐射阻尼效应，各类静态荷载及输入地震动特征和地震动输入方式。

（2）地震动传播受坝址场地地质地形条件影响显著，沿拱坝坝基交接面时空分布存在差异。目前根据地壳弹性波速结构特点，大多假定来自震源的地震波自地下深部垂直水平地表向上入射传播。在大坝所处的深切峡谷中哪个位置的地震动对应于名义上的设计地震动，目前尚无广泛接受的共识。同时，由于结构体系动力特性对结构地震响应影响显著，地震动强度很难找到单一普适参数加以描述，每一地震动的最大加速度、最大速度、反应谱、持续时间乃至地震波相频特征都可能对结构动态响应及损伤破坏产生较大影响。因此，有研究者将单一特征参数，如最大峰值加速度 PGA 相同的多条（组）地震动作用下的结构响应差异作为地震动的随机特征进行统计分析，赋予结构地震响应的概率意义。目前在拱坝极限抗震能力数值分析或物理模型试验中，多采用同一组地震波，全时程同乘单一调整系数，逐步增加地震动强度，研究拱坝系统的地震响应。

（3）拱坝遭遇强震的震害实例少。到目前为止，还没有拱坝在地震中破坏至丧失挡水功能的震害实例，为数极少的拱坝震害也仅是局部破坏且可修复。同时，每座拱坝所处的地质地形条件均有所不同，因此拱坝系统失效模式尚不十分清晰、完整。采用数值模拟分析或物理模型试验得到的失效形式可能是多种多样的，在数值模拟中用到较多的判据包括坝体混凝土贯穿性开裂、坝肩岩体滑动失稳、坝体变形出现突变拐点、数值分析计算发散等。

7.8.1　数值模拟方法

采用数值分析技术，对设计地震动按比例放大（超载），由地震波沿坝体放大、混凝土开裂破坏情况、坝基交界面开裂范围、关键点位移是否突变、计算是否收敛等因素综合判断极限抗震能力。下面以叶巴滩拱坝为例，分析拱坝的极限抗震能力（金爱云 等，2016）。

1. 有限元计算模型

叶巴滩拱坝高 217m。坝体-库水-地基系统的非线性分析模型如图 7.8-1 所示，考虑了坝体的横缝非线性和混凝土材料损伤非线性，地基岩体的 F_1、F_2 和 F_3 断层接触非线性和深部卸荷带材料非线性，以及无限地基的辐射阻尼效应。大坝混凝土采用损伤非线性本构，水位为正常蓄水位。叶巴滩拱坝数值模型材料参数及本构关系见表 7.8-1。

表 7.8-1　　　　　叶巴滩拱坝数值模型材料参数及本构关系

材　料	混凝土	II_1 类岩	II_2 类岩	III 类岩	IV 类岩	深卸荷带
密度/(kg/m³)	2400	2725	2700	2650	2550	2625
静（动）弹模/GPa	24（36）	13（13）	11（11）	9（9）	1.8（1.8）	5（5）
泊松比	0.167	0.22	0.23	0.26	0.33	0.285
本构关系	塑性损伤	线弹性	线弹性	线弹性	线弹性	D-P 模型

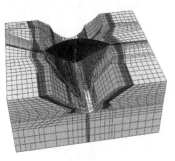 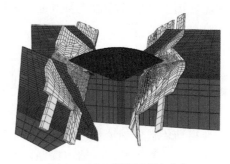

（a）整体有限元模型　　　　　　　　（b）F_1、F_2和F_3断层及深部卸荷带

图 7.8-1　叶巴滩拱坝有限元计算模型

采用同一组地震波，乘以单一系数同比例放大，逐步增加地震动强度，共 8 个计算工况。

工况一：地震动峰值加速度 PGA＝0.354g（设计地震动峰值加速度）。

工况二：地震动峰值加速度 PGA＝0.434g（校核地震动峰值加速度）。

工况三：地震动峰值加速度 PGA＝0.50g。

工况四：地震动峰值加速度 PGA＝0.60g。

工况五：地震动峰值加速度 PGA＝0.70g。

工况六：地震动峰值加速度 PGA＝0.80g。

工况七：地震动峰值加速度 PGA＝1.00g。

工况八：地震动峰值加速度 PGA＝1.20g。

除工况二地震时程采用 100 年超越概率为 1％的地震时程外，其余 7 个工况的地震时程均采用 100 年超越概率为 2％的地震时程。

2. 计算结果及分析

图 7.8-2 给出了各工况拱冠梁顺河向最大动相对位移对比情况，图 7.8-3 给出了各工况沿顶拱横缝开度最大值沿顶拱分布情况，图 7.8-4 给出了拱冠梁顶点最大动相对位

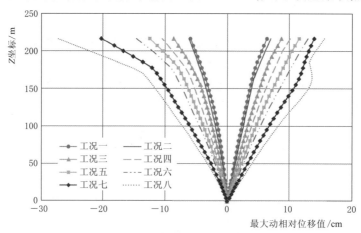

图 7.8-2　各工况拱冠梁顺河向最大动相对位移对比

移与峰值加速度的关系，图 7.8 - 5 给出了各工况上游面横缝开度分布情况的对比，图
7.8 - 6～图 7.8 - 8 给出了各工况上游面、下游面和拱冠梁损伤情况的对比，图 7.8 - 9 给
出了各工况拱冠梁最大加速度分布情况的对比。

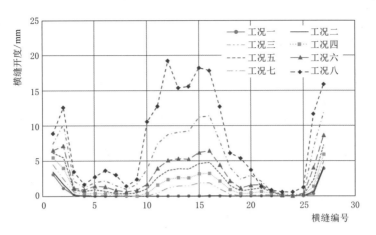

图 7.8 - 3　各工况沿顶拱横缝开度最大值对比

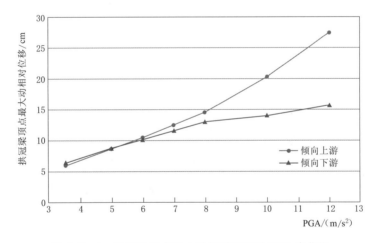

图 7.8 - 4　拱冠梁顶点最大动相对位移随 PGA 变化图

从图 7.8 - 2～图 7.8 - 9 可以得出以下认识：

（1）随着地震动峰值加速度的增加，拱坝顺河向动相对位移的极值相应增加。校核地
震与设计地震相比增幅有限，最大增加了不到 1cm，而当 PGA 达到 0.8g 时，位移极值
相对设计地震增大 1 倍以上，当 PGA 达到 1.2g 时，位移极值相对设计地震增大了 3 倍
以上。从拱冠梁位移曲线看出，PGA 大于 1.0g 后，倾向下游的位移极值在距坝底 150～
180m 区间内随高程增加先增大后减小，高程大于 180m 后又继续增加；倾向上游的位移
极值在高程大于 180m 后也急剧增加。从损伤情况看，这一特殊区间正好处于下游坝面出
现损伤的高程范围，说明当地震动大小达到一定程度后，坝体中部的损伤开裂会降低拱坝
结构的整体性，使拱坝中部呈现特殊的位移变化规律。

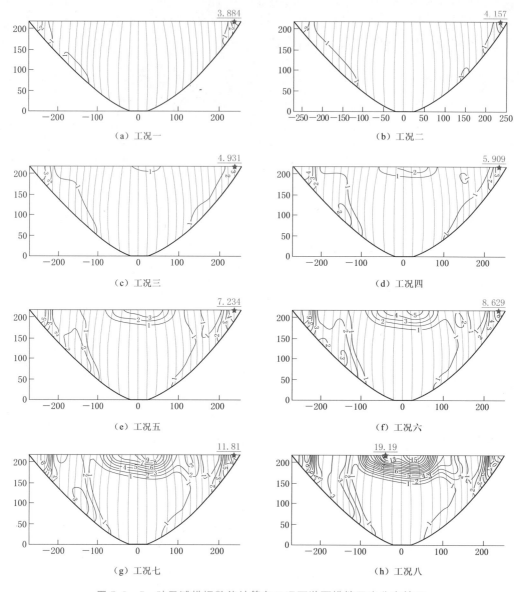

图 7.8-5　叶巴滩拱坝数值计算各工况下游面横缝开度分布情况

（2）沿顶拱横缝开度的极值随峰值加速度 PGA 的增加而增大，在 PGA 较小时，横缝张开主要发生在两侧的横缝处，当 PGA 逐渐增大时，中间部分的横缝也有明显的张开，但总体来说横缝开度并不是很大。从上、下游面横缝开度的分布情况来看，横缝大多在距离坝底 150m 以上的范围处张开，即最大张开深度能达到 70m，且集中于两侧；当 PGA 逐渐变大时，横缝张开的深度也在增加，可到达距离坝底 100m 左右的深度，即最大张开深度 120m 左右。

（3）从损伤的对比结果来看，随着 PGA 的增加，坝体的损伤程度也在逐渐增大。上游面的损伤只出现在靠近坝基面的应力集中区，该损伤区的范围有逐渐向坝中部和上部蔓

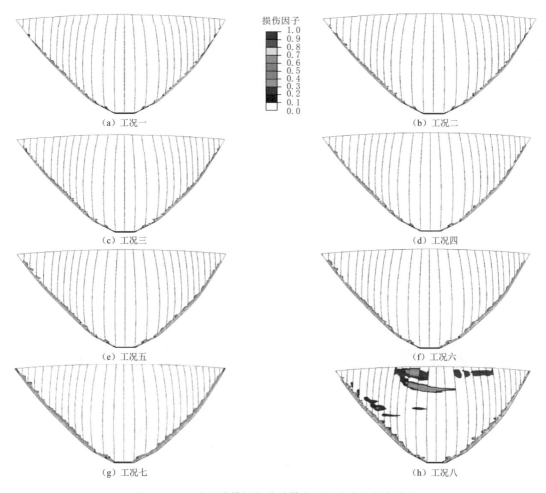

图 7.8-6 叶巴滩拱坝数值计算各工况上游面损伤情况

延的趋势。下游面损伤在 PGA 较小时基本不出现，在 PGA 达到 0.7g 时下游面中部出现明显损伤，0.8g 时该损伤范围进一步增大，但该损伤区的损伤程度并不严重，PGA 大于 1.0g 时下游坝面中部的损伤部分急剧增加，到 1.2g 时已经出现红色的严重损伤部分。坝基面损伤出现在靠近上游面的部分，坝踵处损伤较为严重。拱冠梁损伤在 0.7g 以前只在坝踵处出现，红色的严重损伤部分随 PGA 的增长不明显，到 0.8g 时严重损伤的区域未贯穿拱冠梁，到 1.2g 时拱冠梁中部的损伤贯通。

（4）在目前的计算范围内，PGA 小于 0.8g 拱冠梁顶点的最大动相对位移随 PGA 近似呈线性增长，未出现明显拐点，PGA 大于 0.8g 后该曲线出现明显拐点，位移和 PGA 不再是线性关系。

综合以上分析，随 PGA 的增加，拱坝的动力响应也逐渐加剧，位移增大，横缝开度增大且分布更广，损伤面积增加，但整体来看直到 PGA 达到 0.8g 时拱坝横缝开度、损伤程度、开裂等指标均未达到较大值，拱坝仍然具有一定的抗震安全性。PGA 大于 0.8g 后，尽管横缝开度和上游坝面的损伤都不是很大，但下游坝面和拱冠梁的损伤面积增加明

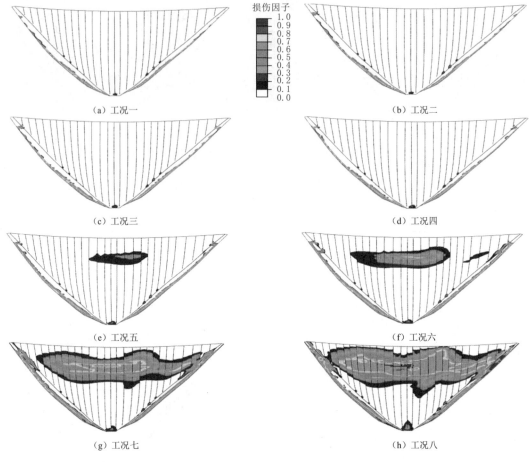

损伤因子
1.0
0.9
0.8
0.7
0.6
0.5
0.4
0.3
0.2
0.1
0.0

（a）工况一　　　　　　　　　　　　　　　　　（b）工况二

（c）工况三　　　　　　　　　　　　　　　　　（d）工况四

（e）工况五　　　　　　　　　　　　　　　　　（f）工况六

（g）工况七　　　　　　　　　　　　　　　　　（h）工况八

图 7.8-7　叶巴滩拱坝数值计算各工况下游面损伤情况

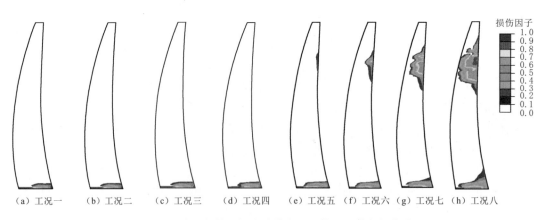

损伤因子
1.0
0.9
0.8
0.7
0.6
0.5
0.4
0.3
0.2
0.1
0.0

（a）工况一　（b）工况二　（c）工况三　（d）工况四　（e）工况五　（f）工况六　（g）工况七　（h）工况八

图 7.8-8　叶巴滩拱坝数值计算各工况拱冠梁截面损伤情况

显，拱冠梁中部的位移也呈现特殊规律，拱坝的整体性下降，拱冠梁顶点的最大位移随 PGA 变化的曲线出现拐点，这些现象说明拱坝的抗震安全性相对之前明显下降。总体来看，叶巴滩拱坝的抗震安全系数在 2.3 以上。

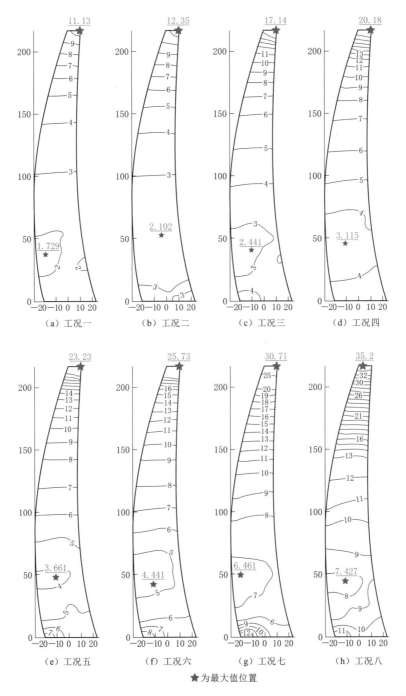

图 7.8-9　叶巴滩拱坝数值计算各工况拱冠梁最大加速度等值线图（单位：m/s²）

7.8.2　物理模型方法

中国水科院针对我国西南地区水电开发国家重点工程开展了一系列拱坝动力模型振动台试验研究工作，包括溪洛渡、小湾、大岗山、乌东德、白鹤滩、锦屏一级、龙盘等工程，部分试验结果见表7.8-2。

表 7.8-2 部分动力模型试验结果

工程名称	坝顶/坝踵最大动力放大倍数	坝体宏观初裂对应加速度	坝体最大加速度响应	坝体最大位移响应/mm	坝肩滑裂体初始永久滑动加速度	宏观开裂数量
溪洛渡	8.95	0.539g	8.0g	1203	0.80g	8
小湾	10.98	0.616g	11.9g	1787.2	1.85g	10
大岗山	4.81	0.769g	5.6g	1033.4	1.67g	10
乌东德	17.4	0.675g	9.15g	961.2	—	8
白鹤滩	9.15	0.975g	7.2g	1424.6	0.65g	9
锦屏一级	6.0	0.646g	3.99g	235.6	0.54g	1

河谷较宽的拱坝，坝顶动力放大基本在9倍或更高，且加速度响应较大，最大甚至超过10g。但是，乌东德拱坝尽管河谷最窄，坝顶加速度放大倍数达到17倍，这可能与其地基岩体变形模量较高、坝体基频较高以及坝趾附近地形条件有关，其坝顶最大加速度响应也超过9g。

坝体动态最大位移不仅与河谷宽度有关，还与模型坝体下游面梁向损伤开裂程度直接关联。坝高最高的锦屏一级拱坝，地质条件十分复杂，其坝肩滑裂体产生动态初始滑动时对应的地震动强度最低；但是锦屏一级拱坝的地震响应却明显低于其他拱坝，最大加速度响应仅约4g，动力超载试验结束后模型坝体损伤很轻微。

试验中每个模型的最大超载倍数、最终坝体损伤和坝肩滑裂体滑动程度不同，但在振动台的最大加振能力范围至最强动力加载工况结束后，所有模型大坝均维持了静力挡水功能。

第 8 章

混凝土坝抗震安全
评价准则

工程结构的抗震安全评价包括地震动输入、地震响应、材料动态强度和安全评价准则等4个相互联系的组成部分。目前国内工程技术发展已能精确地模拟在确定性地震波作用下大坝的地震动响应。由于地震动输入的复杂性、大坝混凝土动态特性及响应的评价机制不完善，对不同的工程、不同的阶段，采用了不同的方法和评价标准，大坝的抗震性能评价处于循序渐进综合判断的阶段。

8.1 国外大坝工程抗震安全评价准则

大坝抗震安全评价准则正在发展之中，不同国家都提出了一些新的设想。

（1）美国。美国是采用两级地震设防标准的代表性国家。美国大坝委员会1985年起草并经国际大坝委员会1989年公布的《大坝地震系数选择导则》明确使用安全运行地震动（OBE）和最大设计地震动（MDE）两级设防的地震动参数选择原则。对应这一原则，在安全运行地震作用时，大坝能保证正常运行功能，地震产生的损害可以修复，故一般可进行弹性分析，并采用容许应力准则。在最大设计地震作用时，坝体可以产生裂缝，但不影响大坝整体稳定，大坝能够保持蓄水功能，不发生溃坝，大坝的泄洪设备可以正常工作，震后能放空水库。其中，最大设计地震动采用地质构造法等确定性方法和概率法来确定。

美国陆军工程师兵团进行拱坝的动力分析也采用循序渐进的方式进行：先进行拱梁分载法分析，其成果不满足混凝土容许应力的情况下，再逐步采用线弹性有限元反应谱法、时程法，以及非线性有限元分析方法。

坝工设计公司QUEST Structures指出，拱坝在地震时的压应力对新设计的坝一般要求1.5的安全系数，对已建成的坝则可采用1.1的安全系数。关于地震拉应力方面，虽然一般不容许超过混凝土的抗拉强度，但实际上根据工程判断，有时高达抗拉强度5倍的瞬时拉应力也被认为是可以接受的。所以，根据某一点最大拉应力的大小很难判断拱坝的安全性。他们建议，根据拱坝与重力坝的破坏模态，在整体弹性动力分析的基础上按以下三方面的指标评价混凝土坝的安全性：①需求与能力比DCR，亦即最大地震拉应力与抗拉强度的比值；②地震时超强拉应力的累计作用时间t_a；③地震时超强拉应力的分布范围，所占坝面积的百分比P。他们对拱坝提出的安全范围是：$DCR \leqslant 2$；$t_a \leqslant 0.4s$；$P \leqslant 20\%$。超出这一范围时，要求对拱坝进行非线性分析，进一步评价其安全性。图8.1-1为Pacoima拱坝（坝高111m）与Morrow Point拱坝（坝高142.6m）在设计强震（$M=6.5$级地震，震中距5km，MGA$=0.46g$）作用下，不同地震波作用时的超强拉应力的变化（林皋，2006）。计算结果表明，Morrow Point拱坝超过安全范围，因此进一步进行了横缝开度的非线性分析，以核算其安全性。

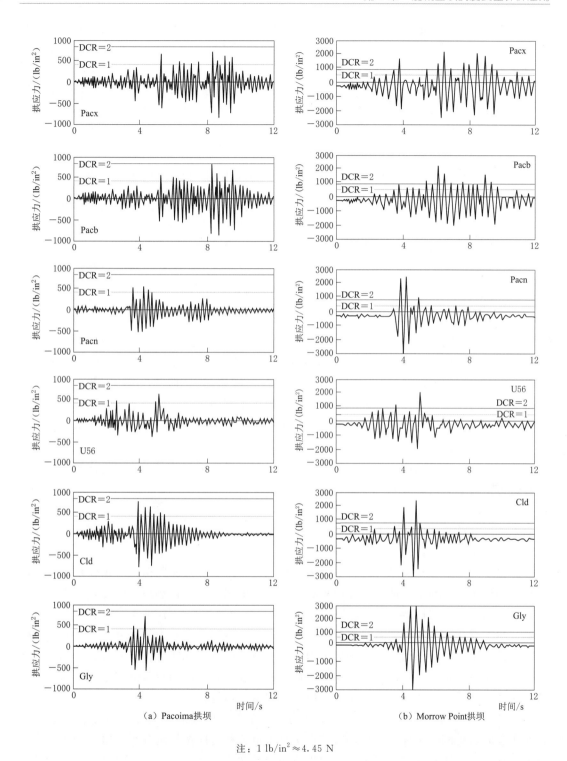

（a）Pacoima拱坝　　　　　　　　　　　（b）Morrow Point拱坝

注：1 lb/in² ≈ 4.45 N

图 8.1-1　Pacoima 拱坝与 Morrow Point 拱坝在不同地震作用下的超强拉应力历时变化

（2）日本。阪神地震后，日本土木工程学会先后三次提出了土木工程结构的抗震安全准则（1995 年 3 月，1996 年 1 月，2000 年 6 月）。日本大坝委员会技术委员会大坝抗震安全分委员会大坝安全技术委员会提出，日本大坝的抗震安全评价采用两级设防水准。在Ⅰ级水准地震时，采用常规设计方法和容许应力；在Ⅱ级地震时（该坝址现在和将来可能发生的最大地震），进行大坝安全检验。对混凝土坝，在Ⅱ级地震作用时，容许出现裂缝，但不发生垮坝，具体要求为：①大坝不发生倾倒和滑动；②坝身和地基不产生贯穿性裂缝；③大坝不发生崩塌。采用的动力计算方法应能反映地震作用下裂缝的出现与扩展过程。对重力坝建议采用分布式裂缝模型（smeared crack model）进行非线性动力分析，混凝土物理参数建议值见表 8.1 - 1（林皋，2006）。

表 8.1 - 1 混凝土物理参数

参 数	建 议 值	参 数	建 议 值
坝体弹模/MPa	3.0×10^4	抗压强度/MPa	25
泊松比	0.2	单位重/(kg/m³)	2300
抗拉强度/MPa	2.0，2.5，3.0，4.0	瑞利阻尼/%	10
断裂能/(N/m)	100，200，300，400，500		

（3）瑞士。瑞士 2004 年 1 月起正式强制执行大坝抗震安全评价准则。按坝的不同重要性，提出了采用的计算模型、材料特性、分析方法和评价内容方面的要求。对Ⅰ级大坝，要求进行有限元动力时程分析，安全设防地震水准为 100 年超越概率 1%。设计地震加速度对Ⅸ度区和Ⅷ度区分别为 340Gal 和 186Gal。对Ⅰ级大坝，要求进行强制性的仪器观测，并设置预警系统。

从国外的抗震安全评价方法和准则来看，普遍采用的抗震安全评价方法仍然以弹性动力分析为主，非线性动力分析方法正在发展之中。

8.2　我国大坝的抗震安全评价准则

我国水工建筑物抗震设计过去主要采用的是基于"分类设防"概念，确保建筑物在设计地震作用下达到规定的性能目标的单级设防水准框架。首先根据拱坝的建筑物级别及其所在场址的地震活动性确定其"抗震设防类别"，在确定了相应不同超越概率水准的设计地震（包括设计烈度和设计基岩水平向峰值加速度）后，采用动力拱梁分载法、刚体极限平衡法进行基本的坝体动应力的坝肩动力稳定分析，用有限元法进行补充分析，给出拱坝的地震作用效应，最终依据对应的拱坝坝体混凝土强度和拱座稳定等的定量评价标准，评价建筑物的抗震安全性，必要时采取相应的工程抗震措施。

2008 年汶川大地震后，为确保重大水电工程的抗震安全，水电水利规划设计总院出台了工程防震抗震相关规定，要求对"大中型水电工程均应按规定开展水电工程防震抗震研究设计，进行地震设防"。"水电工程地震设防要遵循'确保安全，留有裕度'的原则，确保大坝及主要建筑物在小地震工况下满足不破坏，在设计地震工况下满足'可修复'要求，在校核地震工况下满足'不溃坝'的要求"，虽然对于"可修复"和"不溃坝"也未给出相应的定量评价准则，但自此我国提出了不同设防水准及相应标准的多级设防的抗震要求。

2015 年，新颁布实施的《水电工程水工建筑物抗震设计规范》（NB 35047—2015）中，针对工程抗震设防为甲类的水工建筑物明确引入了"分级设防"的抗震理念。除要求依据专门场地地震安全性评价的设计地震动峰值加速度进行抗震设计外，还"应对其在遭受场址最大可信地震时，不发生库水失控下泄灾变的安全裕度进行专门论证"，并明确最大可信地震要求采用确定性方法或 100 年内超越概率 P_{100} 为 0.01 的概率法的计算结果来确定。

8.2.1　重力坝的抗震安全评价准则

重力坝抗震安全评价包括大坝强度安全评价和整体抗滑稳定（包括沿建基面、碾压混凝土坝碾压层面和深层滑动面）安全评价。

现行抗震规范规定，重力坝坝体抗震强度安全评价以基于材料力学法的静动力分析成果为基础，大坝整体稳定以刚体极限平衡法为基本方法。对于工程抗震设防类别为甲类的重力坝工程，还应建立大坝-地基-库水的有限元模型，综合考虑地基辐射阻尼效应、坝体混凝土和近域地基岩体材料非线性以及构成深层滑块滑裂面的接触非线性等因素影响，进行大坝坝体地基整体系统的深入分析和综合评价。

1. 大坝坝体抗震强度安全评价准则

地震作用属偶然作用，与地震作用组合的偶然状况下的设计计算方法应与基本荷载组合下的计算方法相同，因此，在重力坝抗震设计计算中，材料力学法为基本方法，现行抗震规范规定的重力坝坝体强度安全评价准则（抗拉和抗压结构系数）是与材料力学法计算结果相符的。此外对于体型复杂的泄水、厂房坝段以及地基条件复杂的重力坝，还应采用有限单元法进行复核分析。

2. 大坝沿建基面和碾压层面的整体抗滑稳定安全评价准则

重力坝整体抗滑稳定包括大坝沿建基面、碾压层面的抗滑稳定以及沿深层滑动面的深层抗滑稳定。

基于抗剪断公式的刚体极限平衡法是重力坝抗滑稳定分析的基本方法。对于深层抗滑稳定问题通常采用基于主动滑面与被动滑面安全系数相等的"等安全系数法"，其基本方法仍是刚体极限平衡法。首先，可采用振型分解反应谱法求得各滑裂面的动态法向和切向合力，再与静态荷载作用下的相应合力作最不利组合，结合滑裂面的抗滑力，按照现行规范规定的抗滑稳定结构系数评价地震作用下重力坝的整体抗滑稳定性。其次，对于某些不能满足安全要求的情况，可采用时间历程法进行分析，以抗滑稳定结构系数时程曲线中的结构系数超出容许值的程度和累计持续时间，对大坝抗滑稳定性进行综合分析评价。

3. 大坝-地基-库水系统有限元分析和抗震安全评价

随着大坝抗震学科的发展，基于无质量地基和坝体线弹性假定的传统分析方法已无法满足强震区高坝大库抗震设计的需要，尤其是在需要论证最大可信地震下大坝抗震安全性更是如此。因此，当前我国西部强震区的诸多高重力坝的抗震设计中，除采用传统方法进行大坝抗震安全的初步评价外，更多的是采用大坝-地基-库水系统的有限元分析，并以此结果作为大坝抗震安全评价的主要依据。

在大坝-地基-库水系统有限元分析模型中，通常需考虑无限地基辐射阻尼效应，各类非线性特性（包括大坝建基面、坝体碾压层面、深层滑动面的接触非线性和坝体及基岩的材料非线性），以及库水的动力影响等综合因素的影响，采用时间历程法进行整个体系的非线性计算分析。

目前基于上述方法进行了大量高重力坝的抗震计算分析。这些研究成果，结合柯依纳（Koyna）、新丰江等重力坝工程震害实例，清楚地表明头部折坡部位是重力坝抗震最为薄弱的部位，强震作用下出现贯通性裂缝导致大坝遭受结构性破坏是重力坝最为明确的破坏模式。因此，以重力坝头部出现贯穿性裂缝为依据的评价准则在重力坝抗震安全评价中得到了广泛应用。

研究还表明，对于坝基岩体地质条件复杂以及坝下存在明确深层滑动组合的重力坝，地震作用下的损伤破坏主要表现为软弱带顶面、底面的错动和软弱带的塑性变形和整个滑动面屈服（拉裂，剪断）贯通后导致的非线性变形突增导致大坝失稳。因此，对于地质条件差的重力坝，坝基软弱带岩体或深层滑动面的非线性变形过大导致大坝失稳破坏是这类重力坝潜在的破坏模式，可以典型部位非线性变形出现突变作为评价大坝抗震安全的定量准则。

由于岩体本身非线性本构关系的复杂性以及作为初始条件的岩体地应力场和蓄水后的渗透压力场存在的较大不确定性，目前在大坝分析中岩体通常作为线弹性体来考虑。由于坝踵部位应力集中效应显著，常常导致坝踵较高的拉应力超过混凝土的弹性抗拉极限而出现受拉损伤，有时损伤范围甚至会超过帷幕中心线。因此在目前的重力坝抗震安全评价中也常常以坝踵开裂损伤区超出帷幕中心线、危及坝基稳定安全作为一种可能的重力坝地震失稳破坏模式，进而作为评价重力坝抗震安全的依据。然而，Koyna 大坝、新丰江大坝遭受强震后坝踵部位混凝土与基岩胶结良好、并未出现破坏，其可能失稳模式实际上可能并不存在，原因在于，地震作用下坝踵部位的拉应力将首先使存在微细裂隙几无抗拉强度的相邻岩体出现受拉损伤、拉应力得以释放，而混凝土本身将不再发生损伤。鉴于强震作用下岩体的破坏机理及其对重力坝安全的影响仍处于探索阶段，将重力坝坝踵损伤扩展超过帷幕中心线作为大坝抗震安全评价的准则，其合理性值得进一步研究。

8.2.2 拱坝的抗震安全评价准则

在拱坝抗震安全分析中，对于一般的拱坝主要为两个内容——设计地震条件下的坝体强度和拱座稳定。对于需进行最大可信地震作用下抗震计算的拱坝，需进行坝体和地基系统的整体抗震安全分析。

1. 坝体强度抗震安全评价

对于坝体强度的分析，我国规范中的动力分析方法仍以拱梁分载法为基本方法，辅以线弹性有限元法，以坝体混凝土动态强度为控制标准，判断坝体强度安全度。拱坝抗震安全指标的结构系数是以拱梁分载法的分析结果为主要依据确定的。

对于采用上述方法计算结果无法满足控制标准的拱坝，尤其是高拱坝和特高拱坝，则需要进行非线性有限元分析（陈在铁 等，2005）。分析中考虑坝体横缝、地基辐射阻尼、地震非均匀输入、坝体材料损伤等非线性因素，进一步分析坝体的应力水平和分布规律，并与坝体混凝土动态强度指标进行比较，重点分析坝面拉应力超限的面积百分比、坝体损伤在坝体厚度方向的扩展程度等，然后进行综合评价。

2. 拱座稳定抗震安全评价

拱座稳定分析按照刚体极限平衡法中的抗剪断公式计算，但是对于高拱坝和较高的地震设防要求，刚体极限平衡法的局限性和不足也越来越明显。基于刚体极限平衡理论，结合有限元动力分析反应谱法或者时程法计算得到的坝肩推力，按照刚体极限平衡法计算坝肩动力抗滑稳定，逐渐成为了拱坝坝肩动力稳定分析的主要方法。坝肩稳定采用时程分析方法时，根据稳定指标超限的持续时间和程度，综合评判拱座潜在滑动岩块的抗滑稳定性及其对大坝整体安全性的影响。

3. 拱坝-地基整体抗震安全评价

将拱坝坝体抗震强度和坝肩潜在滑动块体的抗震稳定分开进行分析，不能考虑坝体与坝肩岩体变形的耦合作用、坝肩岩块作用力及滑动模式随时间的变化规律，以及岸坡岩体的地震动放大效应等诸多因素。实际上，拱坝坝体、地基和库水是作为一个整体系统进行工作的。拱坝作为高次超静定结构，是难以承受过大的坝基局部变形的，无论是坝体自身强度问题还是坝肩岩块的过大开裂、滑移，拱坝的抗震安全问题都将是通过坝体的位移突变和不断增长，最终丧失承载能力反映出来。常规有限元方法和刚体极限平衡时程法无法回答地震设防要求越来越高时拱坝的抗震安全问题，我国学者提出了坝体-地基系统整体进行抗震安全分析的方法。《水电工程水工建筑物抗震设计规范》（NB 35047—2015）明确需进行最大可信地震作用设防的重要拱坝抗震计算分析中，应计入坝体横缝、构成坝基内控制性滑裂面的接触非线性、近域地基岩体中主要软弱带的材料非线性以及远域地基的辐射阻尼效应等影响，将坝体、地基、库水作为一个系统对象进行抗震分析，并采用坝体或基岩典型部位的变形随地震作用加大而变化的曲线上出现的拐点，作为大坝地基系统整体安全度的评价指标（涂劲 等，2007；陈厚群 等，2004），此时的地震加速度值与设计地震加速度的比值作为大坝不发生库水失控下泄的灾变的安全裕度。最后根据计算分析和动力模型试验，结合工程类比，对拱坝的抗震安全进行综合评价。

总体来说，伴随着水电工程的建设发展，我国的拱坝抗震安全评价体系由过去的"单级设防"过渡到"分类设防"和"分级设防"（陈厚群，2010）相结合，评价标准由较为简单的坝体强度和坝肩稳定评判，过渡到坝体-地基-水库系统整体抗震安全评价，评价的分析方法也由拱梁分载法和刚体极限平衡法发展为多种有限元方法和刚体极限平衡法时程分析，以及动力模型试验等其他多种方法循序渐进地进行综合评定。对于高拱坝，先采用拱梁分载法和线弹性有限元法进行分析，如不能满足容许应力的控制要求，则进一步采用非线性有限元法分析。通过成功经受汶川大地震考验的沙牌拱坝的验证，说明我国的高拱坝抗震安全评价准则还是较为安全的，基本方法和基本准则较明确，非线性有限元法分析方法逐渐成熟，但最大可信地震的评判还有待进一步研究。高拱坝的抗震安全评价将随着科学技术的进步和工程认识的深入而不断发展、创新。

第 9 章

混凝土坝抗震措施

强震区的混凝土坝仅按常规设计已不能满足抗震要求。因此，除了针对地震进行大坝体形设计提高抗震能力外，还需要采取工程措施提高大坝抗震安全性。如何对大坝进行抗震设计？采取怎样的抗震措施更加有效？本章将根据国内外已有工程经验，在前述抗震分析的基础上，提出混凝土重力坝和拱坝抗震的技术思路及工程实例。

9.1 重力坝抗震措施

9.1.1 抗震措施

抗震措施应从建基面选择、大坝断面设计、细部构造设计、施工质量控制方面综合考虑。

1. 沿建基面和水平层面的抗滑稳定措施

地震作用下重力坝沿建基面或水平层面的刚体极限平衡法的基本原则和步骤与静力情况下相同，仅考虑地震荷载并根据最不利原则组合坝体静动水平力和竖向力，按照承载能力极限状态设计式核算大坝沿建基面的动力抗滑稳定安全。此时不计地震引起的坝基扬压力的变化和建基面抗剪断参数的变化。

混凝土重力坝的基本设计断面原则上宜由持久工况控制，但动力抗滑稳定不能满足规范要求时，应采取工程措施提高建基面和水平层面的抗剪断力学参数或扩大坝体断面，确保抗滑稳定满足规范要求的安全度，例如：建基面加深至更完整的基岩、提高混凝土强度等级、混凝土层间设置键槽确保层间抗剪断参数等。

2. 抗震应力强度分析

重力坝的地震动力分析中，通常只考虑坝体在水平向地震作用下由弯曲变形和剪切变形产生的水平振动，忽略坝体的竖向振动和转动惯量的影响。DL 5073《水工建筑物抗震设计规范》、SL 203《水工建筑物抗震设计规范》规定了重力坝的动力分析应以同时计入弯曲和剪切变形的动、静力的材料力学法为基本分析方法。现行的 NB 35047—2015《水电工程水工建筑物抗震设计规范》规定了坝高大于 70m 的重力坝在用材料力学法计算的同时采用有限元法分析，甲类设防的重力坝应考虑材料等非线性影响。故考虑地震作用效应工况下进行坝体混凝土强度分析时，对于高坝宜采用有限元分析成果进行评判。在整体稳定的基础上，根据有限元分析成果，确保大坝在设防烈度地震作用效应下坝体局部高应力区不发生或减轻损伤是必要的。图 9.1-1（a）为大坝混凝土分区，图 9.1-1（b）为大坝混凝土抗震分区，一般应在混凝土拉应力不能满足要求的位置采取提高混凝土强度等级、局部配置抗震钢筋、减少坝体断面突变等抗震设计。研究成果表明，一般情况下高应力区混凝土强度等级提高 1 级可满足地震应力要求，局部不足部位采取配筋措施。虽然配筋不能阻止大坝混凝土在强震时开裂，但可有效限制裂缝的扩展，对于提高大坝抗震性能和安全性是有帮助的。

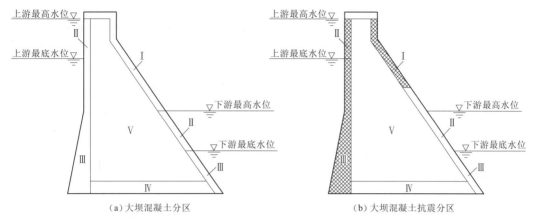

（a）大坝混凝土分区　　　　　　　　（b）大坝混凝土抗震分区

Ⅰ—上、下游最高水位以上坝外部表面混凝土；　Ⅱ—上、下游水位变动坝区外部表面混凝土；
Ⅲ—上、下游最低水位以下坝外部表面混凝土；　Ⅳ—坝体基础混凝土；
Ⅴ—坝体内部混凝土；▨—易出现抗震拉应力超标部位混凝土

图 9.1-1　坝体混凝土分区示意图

9.1.2　抗震措施效果分析及评价

1. 提高高拉应力区混凝土抗拉强度

混凝土重力坝震害及地震动态分析表明，混凝土重力坝的震害严重部位主要包括较大的地震动拉应力导致坝体颈部出现水平裂缝、坝踵开裂等。近年来国内完成的多个百米级重力坝动力分析显示，在Ⅷ度以上强震作用下，线弹性有限元分析往往给出远高于坝体混凝土动态抗拉强度的地震动拉应力；由于混凝土的材料特性，一般情况下很少发生混凝土受压破坏。

根据混凝土重力坝抗震分析结果，一般情况下拉应力较高部位采取了提高局部坝体混凝土强度等级的抗震措施。一般混凝土强度等级提升 1 级可满足地震应力要求，过度提高会增加混凝土温控难度，产生温度裂缝。

近年来，随着纤维混凝土等新材料技术的快速发展，已有将纤维混凝土引入大坝建设的相关研究和少量实践。三峡大坝建设时进行过纤维混凝土相关的研究工作，但也仅仅应用于坝顶公路铺装、施工栈桥、临时船闸二期混凝土等非主体工程。纤维混凝土的粗骨料粒径一般不宜超过 20mm，因此坝体混凝土等大体积混凝土很少应用。纤维混凝土的高韧性、高抗拉强度特性对高震区大坝抗震性能的提高是有帮助的，可以考虑在局部抗震重点进行应用，目前仍处于尝试阶段，但须注意严格控制施工质量。

2. 抗震配筋

按规范进行抗震设计的大坝应能抗御设计烈度的地震作用，若产生局部损坏，经修复后工程仍可正常运行。对设防烈度下的地震动应力进行强度复核，当提高混凝土强度等级不能满足要求时，需要考虑配置抗震钢筋。

重力坝动拉应力区一般深度较大，应力值较高，重力坝抗震配筋宜以限裂控制。大量计算分析和模型试验研究表明，按混凝土结构规范配置钢筋满足抗裂要求将导致配筋过多，甚至无法施工，故重力坝抗震配筋采用限裂控制以提高大坝的抗震性能较为合理。

3. 基础处理及大坝基础混凝土

大坝建基面和基础软弱结构面的抗滑稳定是保证重力坝安全的关键。对坝基出现的软弱结构面采取深挖、混凝土塞置换、固结灌浆等措施提高坝基的均一性，可改善混凝土重力坝的抗滑稳定和基础应力，提高重力坝抗震能力。

研究表明，重力坝坝踵部位在强震中往往表现出受拉甚至开裂。坝踵开裂虽然有局部应力集中偏差，但该部位是重力坝安全稳定运行的基本保障条件之一，并且难以修复。为提高坝踵部位抗震性能，一般采用适当提高大坝基础混凝土强度等级、增设锚杆（锚筋桩）获得较高的坝基面黏结强度等措施。

4. 安全监测

地震及地震危害仍然是当今科学技术不能完全掌握的自然现象，为了积累工程抗震实际参数并进行震害评价，应设置足够的地震安全监测设施，获得监测数据，推动抗震技术的发展。

2008 年汶川特大地震时，众多大坝经受住了强震的考验，但未能获取足够具有研究价值的实际地震动反应监测数据。

9.1.3 工程实例

9.1.3.1 鲁地拉水电站

鲁地拉水电站为一等大（1）型工程，壅水建筑物设防类别为甲类。场址 50 年超越概率 10% 的地震动峰值加速度为 0.163g，50 年超越概率 5% 的地震动峰值加速度为 0.217g，100 年超越概率 2% 的地震动峰值加速度为 0.360g，100 年超越概率 1% 的地震动峰值加速度为 0.438g。

鲁地拉重力坝为碾压混凝土重力坝，坝顶高程 1228.00m，最大坝高 140m，坝顶总长 620m，最大坝底宽度 107.4m，正常蓄水位 1223.00m。大坝布置示意见图 9.1-2。根据大坝结构特点，在溢流坝段、挡水坝段选取相应最大坝高的 2 个坝段进行动力分析。

对典型剖面进行平面有限元法计算，挡水坝段第 1 阶频率 2.096Hz，溢流坝段第 1 阶频率 1.678Hz；两个典型剖面第一振型为顺河向振动，第二振型为竖向振动；有限元法第一振型参与系数，挡水坝段顺河向为 2.08，溢流表孔坝段为 1.97；大坝设计断面沿高度的质量、刚度分布均匀，振动特性良好。

按平面线弹性有限元地震反应谱法计算的挡水坝段和表孔坝段的坝基面、水平层面均满足要求，规范规定的抗滑稳定结构系数 $\gamma_d = 0.65$，坝基面抗滑稳定反算 γ_d 分别为 0.67 和 0.75，水平层面稳定反算 γ_d 在 0.72~0.83 之间；时程法计算的抗力与水平作用力最小比值分别为 2.56、1.78，坝基面坝踵部位开裂深度分别为 3.3m 和 1.65m，均未达到帷幕位置，大坝抗滑稳定满足要求。

采用线弹性有限单元法计算，在上、下游折坡点、坝踵、坝趾等部位存在拉应力超过混凝土抗拉强度的问题，为此开展了考虑基础边界能量逸散的辐射阻尼效应的有限元分析工作，进一步分析坝体地震动响应情况。

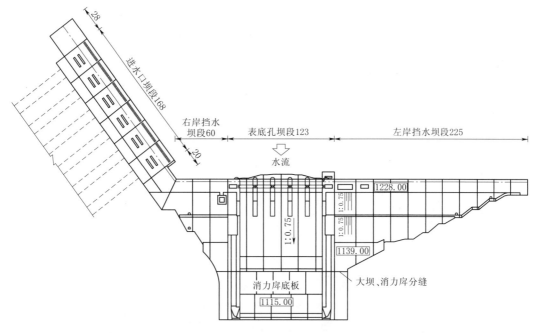

图 9.1-2　鲁地拉大坝布置图（单位：m）

采用考虑辐射阻尼效应的时程法（图 9.1-3），挡水坝段上、下游折坡点静动综合最大主（拉）应力在 1.1～2.0MPa 之间；表孔坝段上、下游折坡点静动综合最小主应力在 0.7～1.9MPa 之间。挡水坝段在下游坝面顶部折坡部位以下 1177～1205m 高程范围内拉

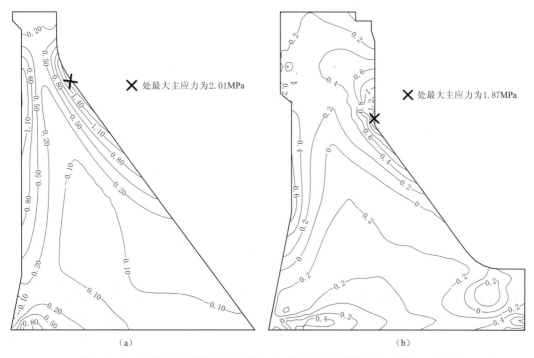

图 9.1-3　有限元计算静动综合最大主（拉）应力等值线图（单位：MPa）

应力较大，超出了 C15 材料的抗拉极限承载能力，混凝土强度等级提高到 C20 可满足要求，详见图 9.1-4。工程上为了提高大坝的抗震安全性，在上游坝面和下游高拉应力区配置了抗裂钢筋，详见图 9.1-5。

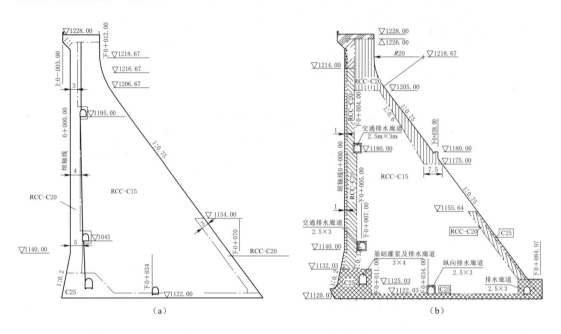

图 9.1-4　挡水坝段拉应力区混凝土强度等级调整示意图（单位：m）

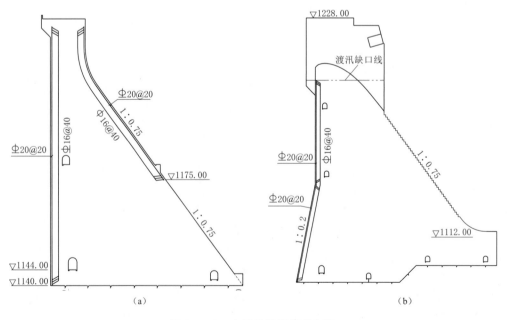

图 9.1-5　大坝抗震钢筋示意图

其他抗震措施如下：

（1）泄洪建筑物布置有利于发生强震后降低库水位。

（2）重视施工质量控制，加强建基面岩石以及坝体水平缝面的处理。

（3）采用适应加大变形错动的铜止水。

（4）坝顶背坡折坡等部位采用圆弧形连接。

（5）大坝上游面设防渗涂层。

（6）设置备用电源设施、强震观测设施和地震台网，加强地震动监测。

9.1.3.2　金安桥水电站

金安桥水电站为一等大（1）型工程，壅水建筑物设防类别为甲类。场址 50 年超越概率 10% 的地震动峰值加速度 0.185g，50 年超越概率 5% 的地震动峰值加速度 0.246g，100 年超越概率 2% 的地震动峰值加速度 0.399g，100 年超越概率 1% 的地震动峰值加速度 0.475g。

金安桥重力坝为碾压混凝土重力坝，坝顶高程 1424.0m，最大坝高 160m，坝顶总长 640m，最大坝底宽度 114m，正常蓄水位 1418.0m。大坝布置图见图 9.1-6。根据大坝结构特点，在挡水坝段、厂房坝段、溢流坝段选取相应最大坝高的 5 号、8 号、13 号坝段为典型剖面进行平面动力有限元分析。

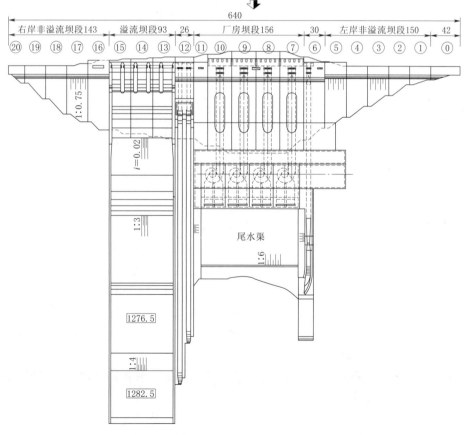

图 9.1-6　金安桥大坝布置图（单位：m）

按材料力学法计算的各典型坝段坝基面、水平层面均满足要求，规范要求抗滑稳定结构系数 $\gamma_d = 0.65$，5 号、8 号、13 号坝段坝基面抗滑稳定反算 γ_d 分别为 0.93、1.00、1.13，水平层面稳定反算 γ_d 在 0.652~0.96 之间。计算 5 号、8 号、13 号坝段坝踵处最大静动综合主应力分别为 1.93MPa、0.84MPa、1.76MPa，上游起坡点处最大静动综合主应力分别为 1.43MPa、1.44MPa、1.26MPa，其拉应力均小于混凝土材料的动态抗拉强度。

按平面有限元法对各坝段进行动力分析，5 号、8 号、13 号坝段的第 1 阶频率分别为 1.82Hz、1.63Hz、1.75Hz；第一振型为顺河向振动，第二振型为竖向振动；计入 8% 振型阻尼比，5 号、8 号、13 号坝段的坝顶水平动力放大系数分别为 3.42、3.85、3.71；5 号、8 号、13 号坝段的坝顶顺河向位移分别为 −2.20~6.30cm、−2.16~7.01cm、−2.31~5.81cm。

典型坝段静动综合主应力分布见图 9.1 − 7：5 号坝段上游直坡面的最大拉应力为 2.80MPa，下游坡面拉应力最大值为 2.75MPa，坝体上下游表面的拉应力较大；8 号坝段上游坡面的基本为压应力，下游坡面拉应力为 0.6~1.0MPa，坝体上下游表面的拉应力不大；13 号坝段上游坡面拉应力为 0.5~3.5MPa，下游坡面拉应力为 0.6~1.0MPa，坝体上下游表面的拉应力较大；在地震作用下，坝踵及上、下游折坡点等部位产生应力集中现象，拉应力的数值较大。

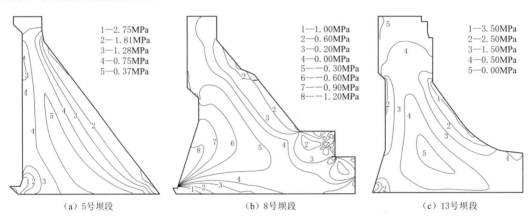

（a）5号坝段　　　　　　　（b）8号坝段　　　　　　　（c）13号坝段

图 9.1 − 7　典型坝段静动综合主应力分布图

选取 6 号、8 号、11 号和 13 号四个坝段典型坝段进行动力破坏模型试验研究，图 9.1 − 8 和图 9.1 − 9 为 8 号坝段未配筋和配筋情况下不同地震动输入强度下的破坏情况。随着输入加速度的增加，开始出现裂缝，起裂位置发生在坝头下游面，然后上游面出现裂缝。采用在配筋区域局部增大混凝土弹模的方法来模拟配筋混凝土。地震动输入后，首先在坝下游反弧段出现裂缝，坝上游拦污栅墙体开裂，随后坝下游背管上部出现裂缝，地震动输入 0.603g 时，坝头部水平向裂缝发展较明显。

经分析，对于金安桥大坝配置抗震钢筋有如下认识：①对提高大坝的起裂加速度作用不明显；②对裂缝的发展起限制作用。

经动力分析计算和模型试验分析，金安桥采取的抗震措施如下：

（1）大坝设置抗震钢筋，配置方案为：①大坝上游面全坝面布置一排直径 28mm、间

图 9.1 - 8 8 号坝段未配筋模型试验破坏情况（模型加速度）

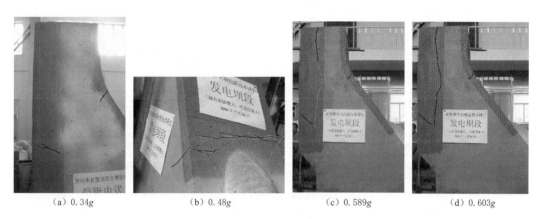

图 9.1 - 9 8 号坝段配筋后模型试验破坏情况（模型加速度）

距 200mm 的 Ⅲ 级钢筋；②大坝的坝踵、上游起坡点、上下游坝头等体型变化部位一定范围内布置两排直径 28mm、间距 200mm 的 Ⅲ 级钢筋。

（2）利用固结灌浆孔布设锚筋。

（3）坝前高程 1300.00m 以下依次回填黏土、过渡料及石渣防渗结构。

（4）尽可能减少了坝体体型突变，在突变处采用圆弧方式连接。

（5）全面布设强震观测设施和地震台网，加强地震动监测。

9.1.3.3 龙开口水电站

龙开口水电站为一等大（1）型工程，壅水建筑物设防类别为甲类。场址 50 年超越概率 10% 的地震动峰值加速度为 0.163g，50 年超越概率 5% 的地震动峰值加速度为 0.182g，100 年超越概率 2% 的地震动峰值加速度为 0.394g，100 年超越概率 2% 的地震动峰值加速度为 0.484g。

碾压混凝土重力坝直线型布置，坝顶高程 1303.00m，最大坝高 116m，坝顶总长 768m，正常蓄水位 1298.00m。共分为 30 个坝段，其中 1 号～8 号坝段为左岸非溢流坝段，9 号坝段为左岸泄洪中孔坝段，10 号～12 号坝段为溢流表孔坝段，13 号为右岸泄洪中孔坝段，14 号～18 号坝段为厂房坝段，19 号坝段为冲沙底孔坝段，20 号～30 号坝段为右岸非溢流坝段，见图 9.1 - 10。

抗震分析选取挡水坝段、厂房坝段、表孔坝段和中孔坝段进行了动力计算，本处以 21 号挡水坝段进行抗震设计说明。21 号坝段的坝体断面和平面有限元反应谱法分析的坝体静动综合最大主（拉）应力等值线见图 9.1 - 11。上游坝面最大拉应力 2.03MPa，出现

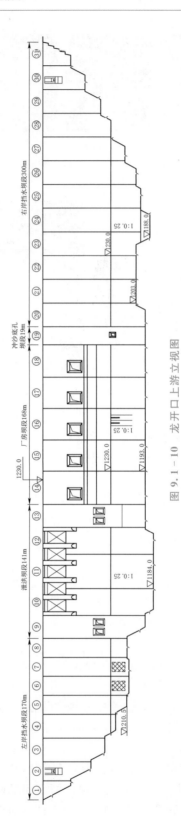

图 9.1 - 10　龙开口上游立视图

在高程 1261.47m 处，下游坝面最大拉应力 3.16MPa，出现在高程 1274.70m 处，静动综合拉应力均出现的上下游坝坡表面，向坝内方向呈明显的梯度下降。按承载能力极限状态复核，下游坝面最大拉应力已超过碾压混凝土 $C_{90}15$ 的动态抗拉强度。设计采取对外表面 2m 厚的混凝土强度等级提高至 $C_{90}20$，并利用碾压混凝土 180 天龄期增长后的强度，符合规范的极限承载能力要求。

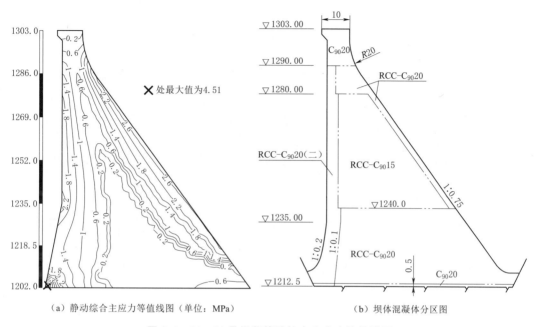

（a）静动综合主应力等值线图（单位：MPa）　　　　（b）坝体混凝土分区图

图 9.1-11　21 号坝段静动综合主应力等值线图

沿坝基面的抗滑稳定反算结构系数为 1.16，坝体水平层面反算结构系数为 1.01～1.20，均大于规范要求的 0.65，可判断大坝的坝基面和水平层间抗滑满足要求。

除局部提高坝体混凝土强度等级外，龙开口主要采取以下抗震措施：

（1）泄洪设施，能有效降低坝前水位和库容。

（2）横缝采用键槽的结构型式，增强大坝整体性。

（3）坝前高程 1214m 以下设置黏土铺盖。

（4）大坝上游坝面以及拉应力较大的下游坝面中上部配置 $\phi25$ 和 $\phi20$ 间距 20cm 的钢筋网。

（5）折坡部位采用圆弧连接，缓解应力集中现象。

（6）坝体各类孔口、边墙等抗震薄弱部位进行了配筋加强。

（7）加强坝体横缝止水变形适应能力。

（8）全面布设强震观测设施和地震台网，加强地震动监测。

9.2　拱坝抗震措施

9.2.1　抗震措施

拱坝的抗震措施应从提高结构本身抗震能力和在结构上施加抗震措施进行设计：首

先，从拱坝的体形设计、结构设计、混凝土材料上主动考虑拱坝抗震的需要；其次，针对坝基地质缺陷，采取针对性的基础加固处理措施，保证拱坝基础的稳固，提高拱坝的抗震性能；最后，依据国内外工程的震害实例和大量的计算分析与试验研究成果，确定拱坝的抗震薄弱环节和部位，针对性地采取必要的抗震加固措施，提高拱坝抵御地震的能力。针对抗震问题突出的拱坝，其抗震设计具体可以从以下几方面考虑。

1. 体形设计

（1）适当增加坝顶拱端厚度，减小坝顶和拱端区域的高拉应力；同时，在不降低坝顶刚度的条件下使坝体的上部质量最小。

（2）在满足坝肩动力抗滑稳定的情况下，适当加大中心角，增加拱的作用以承担较大的地震力。

（3）控制上游倒悬，改善施工期及地震工况应力条件。

（4）体形、结构尽量简单，便于保证施工质量，利于抗震。

（5）在拱坝嵌深上，多利用弱风化上限岩体，尽量控制拱坝基础的综合变形模量在10GPa左右。

2. 结构设计

（1）有条件时可取消表孔，增加拱坝上部的完整性，增强抗震性能。

（2）拱坝上下游设置贴脚，改善坝踵、坝趾应力条件。

（3）局部提高坝体混凝土强度等级，提高高拉应力区大坝拉应力控制标准。

3. 其他措施

（1）动态拉应力超标部位设置抗震钢筋或钢筋网。通过在坝体上下游面梁向布设抗震钢筋（图 9.2-1）来改善坝体应力，限制坝体开裂，减小横缝开度，增加拱坝抗震性能。

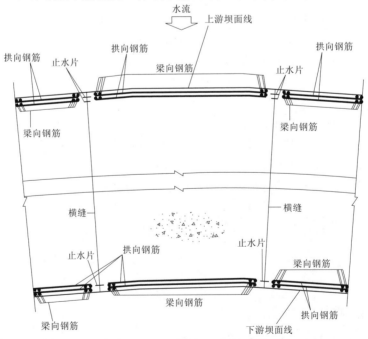

图 9.2-1 梁向钢筋布置示意图

（2）设置坝体跨缝阻尼器。跨缝阻尼器是在横缝位置通过埋设阻尼器来吸收、耗散地震能量，以此来减小坝体的地震响应，从而减小坝体的应力，提高拱坝抗震性能。

（3）设置坝体跨缝钢筋。跨缝钢筋是在横缝部位设置抗震钢筋，以此来减小地震时横缝的动力响应，达到较小横缝开度和较小坝体应力。

（4）设置底缝或周边缝。底缝和周边缝是在坝踵和拱座附近高应力区设置结构缝，通过结构缝的变形调整达到削弱地震荷载的传递，以减小坝体的动力响应，减小坝体地震应力，从而使坝体满足抗震要求，见图 9.2-2 和图 9.2-3。

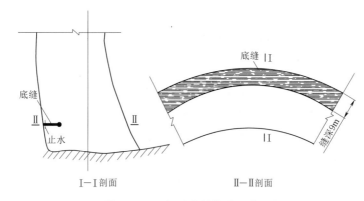

图 9.2-2 坝踵底缝构造示意图

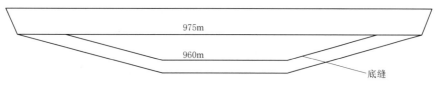

图 9.2-3 坝踵底缝布置示意图

（5）布设上游面防渗层。上游面设防渗层是通过在坝踵上游一定范围铺设不同级配的防渗土层以及坝体上游面喷涂防渗材料，防止大坝地震时发生裂缝的部位和张开的横缝部位产生水力劈裂，以此减小坝体开裂破坏风险。

（6）两岸坝肩及抗力体布置预应力锚索。坝肩抗力体及坝基抗震锚索是通过对坝肩抗滑稳定安全度薄弱部位，以及坝基抗变形能力较差区域设置抗震预应力锚索，来加固坝肩抗力体和坝基拱座岩体，提高坝肩抗滑稳定安全度，提高坝基抗变形的能力，保证拱坝基础和拱座抗力体的稳定，从而保证拱坝的抗震安全。

（7）两岸坝肩的基础条件尽量接近且稳固，对地基内软弱部位通过基础处理措施进行加固，提高两岸坝肩的抗震稳定性。

（8）加强坝体分缝构造设计，如选择合适的止水材料和形状，横缝灌浆温度控制及键槽设计等。

以上措施在国内外的工程中都有应用。如小湾拱坝在坝体-基础交界面附近设置了底缝；格鲁吉亚英古里拱坝在坝体-基础交界面设置了周边缝；经受了坝址区地震烈度为Ⅶ～Ⅸ度地震的意大利 Val Gallina 拱坝、Ambiesta 拱坝、Barcis 拱坝均设置了周边缝；

小湾拱坝在横缝位置布设了跨缝钢筋；苏联曾对建在强震区的高 270m 的英古里拱坝在上部坝面横穿伸缩缝铺设了超过 2 万 t 钢筋，作为主要的抗震措施；小湾拱坝、大岗山拱坝等在坝体上下游面中高高程设置了梁向钢筋为主的钢筋网；大岗山拱坝在坝体顶部横缝开度较大的部位设置了跨缝阻尼器；另外大岗山、溪洛渡、锦屏、小湾等拱坝都在坝址及抗力体部位设置了预应力锚索。

这些措施各有侧重点和优缺点，需要根据拱坝自身的动力响应特点，进行抗震措施分析和设计，以提高拱坝的抗震安全性。这些措施已在国内外工程中应用，其设计和施工，都日趋成熟。

9.2.2 拱坝抗震措施效果分析及评价

9.2.2.1 梁向钢筋

在地震荷载作用下，拱坝坝体中上部的上、下游坝面存在较大范围的高拉应力区，这些区域的拉应力往往超过拱坝坝体混凝土材料的抗拉允许应力值。因此在地震荷载作用下，坝体的中上部区域将难以避免地出现水平裂缝，而库水入渗会进一步增加裂缝的扩展。因此为了防止裂缝的扩展，保证大坝抗震安全，工程设计提出了配置梁向钢筋，形成坝面钢筋网的抗震措施方案。对梁向钢筋的抗震效果进行分析研究，主要提出了两种方法。

一种是潘坚文等（2007）提出的"基于混凝土塑性损伤理论，引入配筋混凝土断裂能加权计算方法，采用组合式钢筋混凝土模型和等效裂缝宽度的概念，提出了一种拱坝坝面配筋混凝土在动力荷载下的等效开裂计算模型"，对拱坝进行梁向配筋的抗震效果分析。

另一种是考虑钢筋刚化的方法，即配置梁向钢筋后，分析拱坝动力响应应须考虑钢筋以及钢筋-混凝土相互作用的刚度贡献。龙渝川等（2011）建议采用钢筋刚化模型，以调整钢筋刚度的方式等效模拟钢筋-混凝土相互作用。该模型基于美国混凝土协会建议公式和混凝土单线性软化关系，推导出钢筋本构关系。根据嵌入式钢筋混凝土有限元方法，将弥散的钢筋层嵌入到混凝土实体单元，然后应用变形协调条件，建立配筋单元的有限元平衡方程。同时采用横缝的非线性力学、混凝土材料的非线性损伤断裂模型，来模拟在静、动荷载作用下拱坝中上部区域可能出现的损伤微裂，以及后续的宏观开裂扩展过程。

采用 ABAQUS 软件对大岗山拱坝布置梁向钢筋抗震效果进行分析，可以得到以下结论：

（1）布设梁向钢筋后大坝的横缝开度，尤其是中间坝段横缝开度明显减小，但是两侧坝段横缝的开度略有增加。说明梁向配筋明显加强了坝体的整体刚度。

（2）布置梁向钢筋对大坝动位移的影响较小。

（3）在设计地震、无质量截断地基、正常蓄水位条件下，配筋后对于坝体下游中上部损伤开裂范围影响不显著，但配筋后坝体中上部沿厚度方向损伤深度有所减小，对于最大的可能扩展裂缝有一定的抑制作用，对建基面损伤程度影响不大。

（4）配置梁向钢筋，对大岗山拱坝因地震荷载作用而发生损伤断裂范围影响不大，但可以有效控制沿厚度方向的损伤深度，对于最大可能扩展裂缝有一定的抑制作用。配置梁向钢筋可以增强拱坝的整体刚度，使横缝开度有所降低。

通过对小湾、锦屏、溪洛渡等拱坝配置梁向钢筋的效果分析也得到同样的结论。

综上，通过对梁向钢筋的计算分析，可以得出在坝体上、下游面梁向配筋（形成钢筋网）的抗震措施，从抵御坝体损伤断裂方面考虑，可以有效地减小损伤断裂的程度和范围，并且也使最大横缝开度有所减小，在地震过程中对保证坝的整体性效果显著。

9.2.2.2　跨缝阻尼器

阻尼器被广泛应用于建筑领域的抗震设计中，陈厚群院士在 20 世纪末首次提出了将阻尼器应用于拱坝抗震的设想，并开展了跨缝阻尼器对拱坝抗震效果的研究。有的研究采用子结构方法，将阻尼器产生的阻尼力作用于横缝的非线性子结构，建立有阻尼器的非线性运动方程来分析阻尼器对拱坝动力响应的影响。有的学者应用 ABAQUS 中的阻尼器模型分析设置阻尼器的作用（郭永刚 等，2005）。

大岗山拱坝通过对阻尼器效果的分析可得到以下结论：

（1）配置阻尼器以后，最大开度分布曲线的规律没有发生变化，峰值大小在整个坝面上总体趋势是减小的，最大开度减小明显，其余减幅很有限，基本都在 10% 以内。

（2）从顺河向最大动位移沿顶拱和拱冠梁分布对比来看，配置阻尼器以后，无论是位移分布规律，还是位移最大值，都几乎未发生变化，说明阻尼器在改善坝体整体性方面基本没有作用。

（3）配置阻尼器后坝面应力的分布规律、最大应力出现的部位基本上没有变化，各应力量值的大小也只有微小不同，说明阻尼器措施改善坝体应力状况的效果不大，对坝的整体性增强作用不大。

分析研究认为，设置跨缝阻尼器可以减小坝体的横缝开度，特别是开度较大的横缝，这一作用更为显著。但是阻尼器对控制横缝开度的作用和影响范围均有限。设置阻尼器对坝体的位移和应力分布规律无显著影响，仅在横缝两侧的附近区域略有影响。总体来说，跨缝阻尼器对拱坝的抗震效果不显著，能局部控制横缝的张开，对应力的改善极其微弱，对坝的整体性增强作用也不大。

9.2.2.3　横缝钢筋

在对横缝钢筋进行研究的过程中，我国学者先后提出了多个从不同角度出发建立的分析模型。陈观福等（2003）基于钢筋与周围混凝土的黏结滑移特性，提出了考虑钢筋滑移的拱坝横缝配筋动力非线性分析模型，可以分析横缝配筋的效果，提出建议的配筋布置形式。该模型加入到程序 ADAP - 88 中为小湾、大岗山等工程所应用。郭永刚等（2007）提出了两种不考虑塑性情况的横缝配筋模型，一种计算模型认为钢筋和坝体混凝土之间完全黏结无相对滑移现象，计算中缝间的自由段被模拟为等效刚度的线弹性空间杆单元，计算过程中钢筋单元的本构关系按非线性弹性模型处理；另外一种计算模型，将钢筋处理成具有一定抗拉强度的缝单元，以此模拟伸缩缝张开/闭合时钢筋所起的作用。梁通等（2011）提出的横缝配筋模型采用传统钢筋混凝土有限元理论中的整体式模型来考虑钢筋的宏观效果，即将横缝的钢筋面积弥散于钢筋所处的横缝缝面单元的节点上，采用点-点模型，通过在接触点对法向上增加一个与分布钢筋等效的弹簧值来表示钢筋作用，钢筋采用理想弹塑性模型。

对于拱坝横缝配筋的抗震效果，通过不同计算模型的分析和研究，可以得到一个较为统一的结论，即穿过横缝配置钢筋可以使拱坝横缝在地震过程中的最大开度得到明显的降低，坝体的加速度响应有所减小，但对坝体应力和位移基本无改善。配置穿横缝钢筋还需考虑几个方面的问题：①横缝钢筋布置越靠近坝面的位置越能充分发挥作用，但在空间布置上钢筋需要避开该部位的止水、灌浆系统而靠坝内布置；②其会带来严重的施工干扰问题；③穿缝钢筋将会导致模板制作和安装等方面增加大量的施工作业量；④以上计算均考虑钢筋在弹性范围内工作，不会产生残余变形，在设计地震时能够保证这一条件，但是在万年一遇或者最大可信地震时这一条件较难满足。在强烈地震作用下穿缝钢筋产生的残余变形反而可能会恶化大坝的工作状态。因此，采取跨缝钢筋作为抗震措施仍值得进一步研究。

9.2.2.4　底缝和周边缝

底缝和周边缝的设计提出是基于减小上游坝踵梁向拉应力而提出的，对于其分析一般采用 Drucker-Prager 屈服准则的有限元程序。如小湾拱坝采用 FLAC3D 程序分析了设置底缝的效果。分析时研究三维虚拟缝的设置，并考虑了大坝坝基岩体的参数与岩体构造，以及坝体自重逐步施加和坝体自重一次施加的情况。分析计算结果可以得到以下结论：

（1）非线性计算中，最大主拉应力在设缝后有一定程度的降低，但是幅度不大。

（2）按照弹性计算，上游坝踵最大拉应力由 11.4MPa 降低为 9.1MPa，表明缝对改善坝踵部位的拉应力有一定的效果。加大缝深度后，可进一步减少拉应力。

（3）施工过程不是关键问题。

（4）在不设缝时，正常荷载下，坝踵部位可能就会出现开裂屈服，即坝体起裂荷载为 $(1.0 \sim 2.0)P_0$。设置结构诱导缝可以提高拱坝的起裂荷载，而对拱坝的超载能力影响很小。

（5）坝体抗拉强度对屈服区的影响方面，当坝体抗拉强度在 1.0MPa 以上时，坝体抗拉强度的变化对坝体和地基的屈服区的影响很小，当坝体抗拉强度降低为 0.5MPa 时，坝体和地基屈服区有一定的变化。

（6）设缝后，对大坝超载能力影响不大，由 $6.5P_0$ 减少到 $6.3P_0$。可见，设置虚拟缝有利于上游坝踵的抗拉稳定，对整体稳定影响很小。

采用动接触理论进行底缝非线性有限元分析和动力模型试验研究证明：底缝设在拱坝上游坝踵静态拉应力区时，可降低坝踵处的拉应力，而对坝体其他部位的动应力以及横缝的张开度的影响不大（侯顺载 等，2000）；底缝和周边缝的设置对大坝的应力改善是局部的，对坝体中上部以及坝肩部位的显著动力响应并无影响（杜成斌 等，2001），因此可以认为，底缝和周边缝结构设置并不能有效地增强坝体的抗震性能，仅能对坝踵区域有局部改善。设置底缝和周边缝也存在一定的负面影响，在设缝高程坝体有效截面减小，抗剪能力会有所降低。同时，在高水位时底缝或者周边缝底部处于张开状态，须确保该部位的止水可靠性，以防水力劈裂。另外，设缝附近区域如有廊道等孔洞结构，其周边易出现高拉应力，需采取措施加以改善，保证坝体安全。

9.2.2.5　坝肩及坝基抗震锚索

坝肩及坝基抗震锚索能有效提高地震时坝肩抗力体的稳定，从而提高拱坝的抗震性。沙牌和紫坪铺工程的抗震锚索对 2008 年汶川大地震中坝肩和边坡的稳定起到了很好的作用。

9.2.3 工程实例

9.2.3.1 大岗山拱坝

大岗山水电站大坝为混凝土双曲拱坝，最大坝高 210m。经中国地震局烈度评定委员会审查，确定大岗山电站工程区地震基本烈度为Ⅷ度。根据对大岗山坝址进行的专门地震危险性分析，设计地震加速度峰值取 100 年基准期内超越概率 P_{100} 为 0.02，相应基岩水平峰值加速度为 557.5Gal。对比目前国内已建、在建和拟建工程，大岗山拱坝的设计地震烈度为最高，在世界范围内也首屈一指，因此，可以说大岗山拱坝的抗震设计是拱坝抗震最为典型的代表。

大岗山拱坝的抗震设计从最初的坝型选择、正常蓄水位选择、装机容量选择到拱坝体形的设计、枢纽布置设计等都考虑了抗震因素，尽量提高工程的抗震安全性。另外根据计算分析和试验研究的成果，还进行了针对性的地基加固处理设计、坝体混凝土分区设计、坝肩抗力体锚索设计。特别是根据拱坝动力分析的研究成果，设计了坝面梁向抗震钢筋的抗震措施，试验性地布设了跨缝阻尼器。

1. 坝体混凝土强度等级分区的设计

局部提高混凝土强度等级是一种较为直接的提高坝体抗震能力的设计措施。坝体混凝土分区设计应综合考虑坝基约束区、混凝土静力、动力指标和拱坝静、动应力分布规律进行。图 9.2-4 是大岗山拱坝混凝土分区示意图，图 9.2-5 和图 9.2-6 分别为大岗山混凝土分区示意图与设计地震上、下游面静动综合主拉应力等值线图。

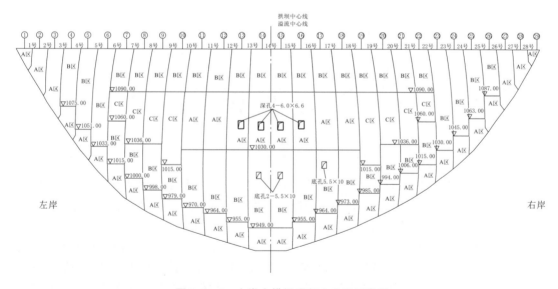

图 9.2-4　大岗山拱坝混凝土分区示意图

2. 坝面梁向抗震钢筋的设计

多种非线性有限元分析表明，考虑地基辐射阻尼，设计地震作用下，大坝最大拉应力约为 3~5MPa，出现在中高高程下游面坝体中部梁向。大坝上、下游面-大坝-基础交界面附近和坝顶拱冠附近区域，下游坝面坝体中部是容易出现裂缝的区域，是大坝抗震薄弱

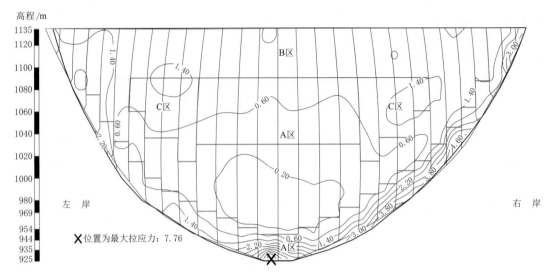

图 9.2-5　大岗山拱坝混凝土分区与上游面静动综合主拉应力等值线图（单位：MPa）

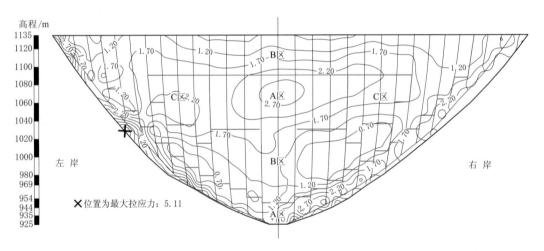

图 9.2-6　大岗山拱坝混凝土分区与下游面静动综合主拉应力等值线图（单位：MPa）

部位。为了防止这些部位的高拉应力造成大坝严重损伤，在该区域设置了梁向抗震钢筋。大岗山拱坝坝面抗震钢筋的设计是为了限制拱坝裂缝的开展，通过配置钢筋，有效地控制坝体裂缝损伤的发展，增加拱坝的整体性，从而提高拱坝的抗震安全性。

考虑坝体各种工况条件下的工作状态，更重要的是结合工程实际和国内施工技术等现状，确定大岗山拱坝坝面钢筋最多布置排数为两排，因为多层钢筋布置部位的钢筋混凝土厚度超过振捣棒长度，采用人工振捣难以振捣到位，无法保证混凝土的浇筑质量，对拱坝安全不利。

坝面钢筋全部采用抗震钢筋，其类型和直径主要是依据钢筋性能和坝面钢筋混凝土的工作状态进行选择。热轧Ⅳ级钢筋的抗拉强度很高，但是热轧Ⅳ级钢筋的焊接质量较难控制，在承受重复荷载的结构中，如没有专门的焊接工艺，不宜采用有焊接接头的Ⅳ级钢筋，水电站现场施工工艺水平无法满足要求，因此不能选择Ⅳ级钢筋。其他强度更高的钢筋更适合用作预应力钢筋。热轧Ⅲ级钢筋的塑性和可焊性较好，强度也较高，地震时坝体裂缝开展宽度一般会大于静力产生的裂缝，因此可以较充分地发挥其强度。大岗山拱坝坝面抗震的梁向受力钢筋在综合比较各类型钢筋的性能后选择热轧Ⅲ级钢筋，即HRB400E（或 HRBF400E）钢筋；分布钢筋要求的抗拉性能略低，选择热轧Ⅱ级钢筋，即 HRB335E（或 HRBF335E）钢筋。抗震钢筋应尽量选用抗震性能较好的含钒钢筋。结合其他工程的实践经验和目前对大体积钢筋混凝土结构的认识，坝面梁向抗震钢筋的直径选择 32mm，间距 300mm；拱向分布钢筋的直径选择 28mm，间距 500mm。

大岗山拱坝坝面梁向钢筋的布置分为五个区域，见图 9.2 - 7 和图 9.2 - 8（陈林 等，2016）。图 9.2 - 9 为大岗山拱坝下游面梁向钢筋布置与损伤区的对比图。图中，Ⅰ区为上游面孔口部位双排钢筋网区域；Ⅱ区为上游面孔口周边单排钢筋网区域；Ⅲ区为上游面建基面附近双排钢筋网区域；Ⅳ区为下游面坝体中部双排钢筋网区域；Ⅴ区为下游面单排钢筋网区域。各区配筋具体说明如下：

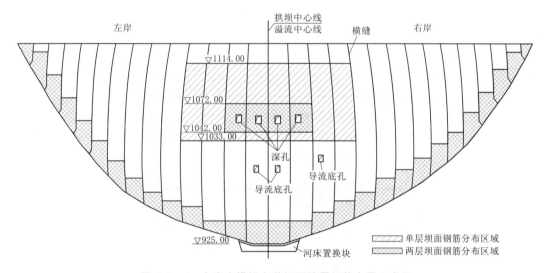

图 9.2 - 7　大岗山拱坝上游坝面抗震钢筋布置示意图

（1）Ⅰ区对应的混凝土分区全部在 A 区（$C_{180}36$）。Ⅱ区对应大坝混凝土分区大部分在 A 区，部分在 B 区（$C_{180}30$）。Ⅰ区和Ⅱ区是地震时上游面可能出现高拉应力的区域，静动综合最大拉应力约为 3MPa（考虑地基辐射阻尼），局部区域可能会超过混凝土动态抗拉强度设计值。特别是在孔口区域，由于有较大的悬臂挑出结构，该部位地震时会出现高拉应力。因此，在孔口区域选择设置两排钢筋网，在孔口周边区域设置一排钢筋网。

由于地基辐射阻尼的效果不能完全计入设计中，需要进行折减，所以在各个钢筋布置区域的边界确定时，依据动力计算成果的静动综合应力等值线图和坝体损伤开裂云图考虑了一定程度的扩大。

（2）Ⅲ区钢筋的布置主要是为了控制地震作用下大坝坝基部位的损伤开裂程度，以免地震时大坝基础部位的损伤开裂区发生上下游贯穿，其中坝体中部的坝踵区域也容易出现较高的拉应力，且静力条件下该区域也容易出现裂缝，因此Ⅲ区钢筋布置两排。Ⅲ区钢筋在垂直方向的布置高度主要依据非线性有限元大坝损伤开裂分析得到的损伤区大小确定，

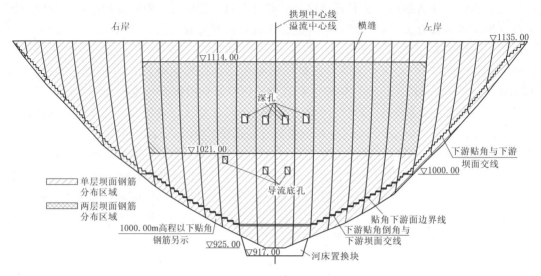

图 9.2-8　大岗山拱坝下游坝面抗震钢筋布置示意图

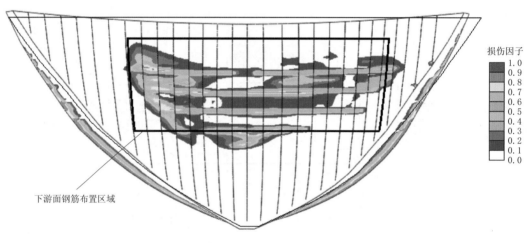

图 9.2-9　大岗山拱坝下游坝面抗震钢筋布置与计算损伤区对比

并留有一定余度，特别是在较大的基础置换块和基础岩体低波速区对应区域，有目的地增加了钢筋布置区域的高度。Ⅲ区除了极少部位对应大坝混凝土分区的 B 区，绝大部分区域对应大坝混凝土 A 区。

（3）Ⅳ区位于下游面坝体中部的中高高程区域，是大坝在地震荷载作用时出现最大梁向拉应力（考虑地基辐射阻尼，约为 5MPa）的部位，也是最先出现损伤开裂的区域，因此是需要重点防护的部位，在该区域布置两排钢筋。根据计算成果可以看出，大岗山拱坝动力条件下的静动综合应力分布和损伤开裂区域并非对称分布，而是偏向大坝左岸，因此对应的Ⅳ区坝面钢筋也偏向左岸布置。同时为了尽量保持拱坝自身性能的对称性，右岸钢筋的布置区域相较计算成果中高拉应力分布区作了一些扩大。Ⅳ区钢筋分布区域包含了坝体中部的全部 A 区，部分 B 区和 C 区（$C_{180}25$）。

（4）Ⅴ区为下游面除了Ⅳ区以外的全部区域，这主要是考虑到大坝下游面在地震工况下出现高拉应力的范围较大，而且在Ⅳ区布置两排抗震钢筋后，在遭遇地震时拱坝作为多自由度结构会进行应力重分配，这样拉应力会向Ⅳ区周围的区域传递。因此，为了更好地提高拱坝的抗震安全，在整个下游坝面布设钢筋，在重点部位的Ⅳ区布置两排，在Ⅴ区布置一排。

另外，在坝面钢筋分布区域混凝土强度等级与大坝同区域混凝土相同，级配采用三级配。在横缝部位为了使混凝土能够振捣均匀，保证混凝土浇筑质量，钢筋端头与横缝处止水错开布置，并间隔一定距离。

3. 跨缝阻尼器的设计

跨缝阻尼器在大岗山拱坝的布设，在世界上是首次将阻尼器抗震设施应用于混凝土拱坝抗震。通过对目前各类型阻尼器的调研，根据阻尼器的工作原理、工作方式和性能参数，大岗山拱坝最终选择黏滞阻尼器作为跨缝阻尼器。目前生产的黏滞阻尼器在小位移、低速情况下的性能表现相对大位移、高速时仍略为逊色。对比拱坝的动力特性和黏滞阻尼器的性能参数可知，拱坝横缝处设置的黏滞阻尼器在地震时所处状态并不是其发挥最优异抗震性能的工作状态，对阻尼器的工作性能还有待继续改进。大岗山拱坝坝顶跨缝阻尼器选择了左拱端和坝体中部横缝开度较大的三条横缝进行布设。希望通过大岗山工程的这一具有前瞻性、科研试验性的设计，能够为阻尼器这一抗震措施在水电工程上的应用提供科学依据。阻尼器安装布置示意图见图9.2-10。

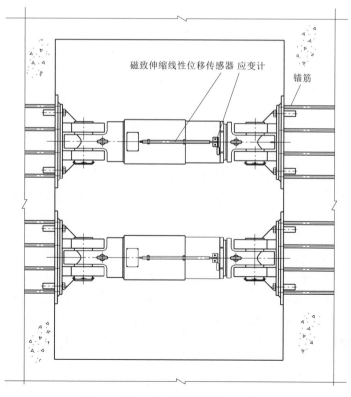

图9.2-10　阻尼器安装布置示意图

9.2.3.2 小湾拱坝

小湾拱坝最大坝高 292m，坝顶高程 1245.00m，坝顶长 922.74m，电站总装机 $6\times 700MW$，总库容 151 亿 m^3；设计泄洪流量 $15666m^3/s$，校核泄洪流量 $20683m^3/s$；坝址区地震基本烈度为Ⅷ度，设计地面峰值加速度为 $0.308g$，拱坝按 100 年超越概率 2％地震设防，相应的基岩峰值水平加速度达 $0.313g$。

小湾拱坝的抗震措施设计力求施工上可行、简便，经济上合理，具体遵循以下指导思想：

（1）对于小湾这类坝高 300m 级、河谷相对较宽的拱坝，抗震措施的选用目标应定位在增加坝的整体性上，而不是主要定位在制止横缝张开或裂缝产生上。

（2）对于拱坝的稳定安全，坝肩的重要性是不言而喻的，而实际灾害也显示，坝肩岩体出现问题产生的危害往往重于坝体本身。因此坝身抗震措施的选用，最好不要进一步恶化坝肩岩体的工作条件。

（3）适当控制坝体的横缝张开度，以防止水结构破坏。可考虑按设计地震荷载作用下横缝最大开度不大于 1cm，作为抗震措施选用的一条建议标准，并且控制横缝张开的措施不应对于坝体应力产生其他的不利影响。

根据以上三条指导思想，小湾拱坝布设底部诱导缝、跨缝抗震钢筋、梁向抗震钢筋、上游面防渗层等抗震措施。

跨缝抗震钢筋布置方案为，在 1200.00m 高程至 1245.00m 高程之间，采用抗震性能较好的 HRB400 含钒钢筋，按 $\phi40@300$ 的原则进行布置，在上游设置 2 排，在下游设置 1 排；横缝两侧自由端长度分别为 3m，共 6m。

计算采用的钢筋弹性模量为 2.1×10^5 MPa，屈服强度为 400MPa。计算中按照布置方案计算出每一节点对相应分配的钢筋面积，模拟其对横缝张开的限制作用。根据针对小湾拱坝进行的计算分析得出，考虑了温降产生的预拉应力后，抗震钢筋不产生屈服的允许横缝最大张开度为 8.63mm。

分析结果表明，穿横缝的抗震钢筋对较大的横缝开度的降低效果是明显的：正常蓄水位时，由于横缝开度本就较小，完全满足止水要求，穿缝抗震钢筋的效果并不明显；低水位时，设置跨缝钢筋后，最大横缝开度的降幅最大为 40％，由 12.5mm 降低为 9.58mm。

值得进一步研究的问题是，计算中最大横缝开度发生在下游面，配置跨缝钢筋后的开度值为 9.58mm，略大于允许开度 8.63mm，虽超出不多，但是下游面的穿缝钢筋仍存在进入屈服状态的风险，下游面坝顶的横缝张开并不威胁横缝止水的安全性，但是钢筋的屈服会对坝体结构造成影响，因此下游面设置跨缝钢筋的必要性值得进一步研究。配置跨缝钢筋后，上游面最大横缝开度为 5.07mm，不存在这一问题。

通过计算分析可以得出，无论是低水位还是正常蓄水位，配置跨缝钢筋对大坝坝面静态、静动综合主应力分布的规律及数值基本没有影响。

9.2.3.3 白鹤滩拱坝

白鹤滩水电站装机容量 16000MW，水库总库容 206.27 亿 m^3。白鹤滩拱坝体形采用适应性较好的椭圆线型双曲拱坝。拱坝坝顶高程为 834m，最大坝高 289m。

设计地震以 100 年为基准期，超越概率为 2％确定设计概率水准，经调整后的地震水平向峰值加速度为 406Gal，竖向峰值加速度为 271Gal；校核地震以 100 年为基准期，超越概率为 1％确定设计概率水准，经调整后的地震水平向峰值加速度为 481Gal，竖向峰值加速度 321Gal。

根据白鹤滩拱坝抗震研究，考虑大坝地震动参数较高，地震动响应强，采取了综合抗震措施：结合坝体孔口结构布置，适当增加大坝中上部地震动反应大的部位的结构尺寸，做好坝体与扩大基础及垫座的结构衔接体形设计，采用强度等级高的混凝土，布置抗震钢筋，加强上游防渗措施，加强基础和垫座及近坝抗力体锚固处理、软弱结构面置换处理、坝基固结灌浆处理等措施，以提高大坝抗震性能。

1. 体形设计

白鹤滩抗震分析研究表明，地震作用下，除了建基面应力集中区，其他高拉应力区主要分布在大坝下游面中上部局部范围，而这一范围也正是坝身泄洪孔口布置区域，坝体局部应力较为复杂，闸墩悬臂结构进一步使坝体应力复杂化。主要措施是该范围坝体结构设计应兼顾孔口结构布置和抗震要求，适当增加局部坝体厚度，加强结构整体性，降低应力水平；建基面范围结合扩大基础设计，应力水平得到了有效降低。

2. 体形衔接与局部调整降低局部应力

大坝左岸 750m 至右岸 613m 高程设置了混凝土扩大基础，扩大基础向下游扩展延伸宽度约 20m，降低了坝基附近坝体和坝基应力水平，提高了建基面安全，但也对扩大基础顶面与坝体下游面的衔接体形提出了较高要求。从计算分析看，在地震作用下该处也是高应力区，应结合扩大基础与坝体基本体形的体形平顺衔接，对相应范围的拱坝体形进行局部调整，减少结构突变，优化局部应力，减轻局部应力集中。主要措施为考虑现场施工难度，采取台阶型式渐变过渡大坝与扩大基础体形，扩大基础与拱坝体形的衔接点抬高 20m，衔接处采用斜面顺接，减小体形衔接处变化，并加强局部配筋。

3. 左岸坝顶垫座和坝趾加固

左岸坝顶谷肩高程约为 850m，以上为缓坡平台地形，高程 800m 以上坝基上覆岩体较薄，坝基需部分利用弱风化上段弱卸荷的 III_2 类岩体，高程 750m 以上坝基范围断层和层内错动带较发育。在左岸高程 834～750m 坝基范围设置混凝土垫座，将拱推力传至内侧的弱风化下限岩体，提高坝基和坝肩的整体性和承载能力，减小局部变形和改善应力分布。但根据抗震经验，坝顶范围设置垫座，在强震条件下也可能产生一些局部影响。为此强化了对垫座及相邻边坡的锚固，并对垫座结构进行了配筋设计，以提高其适应地震的能力。

4. 采用高强度等级的混凝土

根据拱坝静力和地震工况坝体应力计算成果，坝顶拱冠范围、泄洪孔口范围及坝基高应力范围等动力反应较强或重要性高的部位采用强度等级为 $C_{180}40$ 的高强混凝土（A 区），大坝混凝土分区设计见图 9.2-11。

5. 布置抗震钢筋

白鹤滩拱坝在设计地震不同水位工况下大坝横缝最大张开度约为 7～25mm，横缝张开将降低大坝拱向拉应力，而增大相应范围的梁向拉应力，引起坝体表面损伤。结合静动力非线性应力分析计算成果，并考虑白鹤滩拱坝的重要性，主要坝面配筋原则为：大坝地

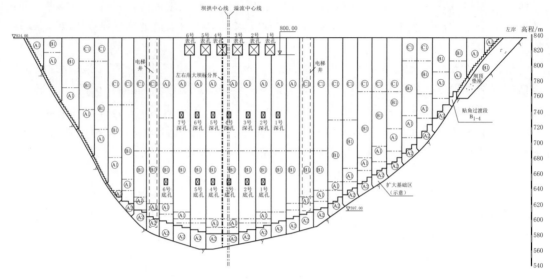

图 9.2-11　白鹤滩大坝混凝土分区设计图

震响应较强的坝体中上部，上、下游面均布置双层Φ40@30cm 抗震钢筋，以提高坝体抗裂能力；扩大基础与大坝下游面衔接部位，以及可能存在局部应力问题的区域，布置双层钢筋，加强局部抗裂能力；坝基面不良地质影响区和柱状节理玄武岩区等范围，布置基础限裂钢筋，并与上游坝踵限裂钢筋连接；加强孔口范围配筋设计。坝体主要抗震钢筋布置见图 9.2-12。

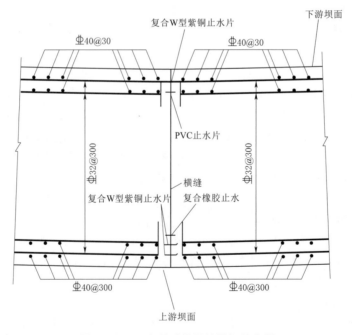

图 9.2-12　白鹤滩拱坝抗震钢筋布置

6. 上游坝面加强防设计

白鹤滩拱坝在设计地震不同水位工况下大坝上游坝踵一定范围出现高拉应力分布，有可能出现微裂缝或裂纹，虽然尚未影响到大坝帷幕区，但应加强相应范围上游坝面的防渗设计措施。在坝前高程600m以下采用细砂、石粉及碎石回填，形成柔性保护层，保护上游坝踵范围的坝面和地基，加强坝踵防渗作用，见图9.2-13。

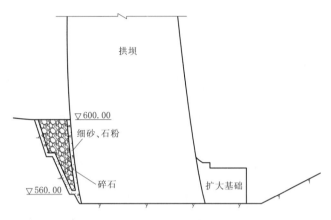

图 9.2-13　白鹤滩拱坝上游坝踵回填保护层

7. 近坝边坡锚索加固

根据国内外边坡工程抗震措施经验，对近坝边坡布置锚索加固。左右岸坝肩抗力体均存在缓倾角层间、层内错动带，长大断层，卸荷岩体等地质缺陷，为提高坝肩抗力体的整体性与承载力，在左右岸坝顶高程以下抗力体边坡范围内布置系统锚索加固（应力2000～3000kN，长40～60m，间距5m）。

第 10 章

结语和展望

我国大坝抗震研究事业起始于 20 世纪 60 年代初的新丰江水库地震及其大坝抗震加固的研究。60 多年来，伴随着我国水电工程建设的技术发展，围绕确保大坝抗震安全的目标，贯彻从工程实际出发的理念，我国相关单位开展了持续不断的科研攻关和技术研发，逐渐形成了具有中国特色的大坝抗震研究设计体系，并取得了丰硕的研究成果。本书围绕混凝土坝的抗震设计，介绍了有关大坝设防水准和设防目标，大坝场址设计地震动参数，大坝混凝土动态性能，大坝-地基系统地震反应分析的数值模拟和模型试验技术，以及大坝工程抗震措施等方面的最新研究成果和实际工程抗震设计实例。

然而，由于混凝土坝-地基系统在最大可信地震、大坝混凝土以及地基岩体非线性本构模型、地基岩体中初始地应力场及渗透压力场等方面目前仍然存在不同程度的不确定性，加之缺乏可提供验证的混凝土坝强震破坏的震害实例，目前混凝土坝真实的抗震安全极限状态尚不十分明晰。为实现确保最大可信地震下混凝土坝不发生严重破坏而导致重大灾变的战略目标，有待在如下问题上进一步深化研究：

（1）大坝最大可信地震研究。对于最大可信地震的确定，国际大坝委员会以及美国等国家均规定应采用确定性方法；而在我国大坝抗震设计实践中，高坝通常都采用基于概率法的重现期约为 10000 年的概率水准确定，即便对于某些具有明确"近场大震"特点的工程仍是如此，这显然不尽合理。今后应加强进一步"随机有限断层法"在断层参数选取、破裂方式确定、多种方案计算结果中的合理统计取值等方面的研究工作，以推动其在实际工程抗震设计中的广泛应用。另外，在发震震源至特定场地范围内的地形地质条件（传播介质速度结构等）探查较清楚条件下，采用基于物理机制的考虑震源、传播介质、局部场地效应的大规模数值方法直接求解场地最大可信地震是值得深入研究的课题。

（2）大坝混凝土动态性能研究。目前混凝土坝全级配大坝混凝土的试验成果还不多，试验成果还存在一定程度的离散性。不同工程采用的混凝土配合比以及骨料、水泥等组分的物理化学性质的不同会对大坝混凝土的强度特性带来显著影响，《水电工程水工建筑物抗震设计规范》（NB 35047—2015）明确规定，对于抗震设防类别为甲类的混凝土坝，大坝混凝土动态性能应依据专门的试验确定。因此，对于高混凝土坝，开展全级配试件的试验研究，并在此基础上更为真实地评价强震时混凝土坝的损伤破坏状态及其抗震安全潜能是十分重要的研究课题。

（3）地基岩体动态损伤研究。强震作用下混凝土坝近域地基岩体对坝体动力反应及抗震安全有重要影响，尤其是对建基面附近坝体的应力变形状态影响巨大。尽管人们已经认识到地基岩体内微细裂隙对坝踵的高拉应力集中拉应力存在释放效应，但由于在岩体动强度以及损伤破坏本构关系方面的复杂性，加之对岩体状态有重要影响的岩体渗透压力场和初始地应力场存在较大不确定性，地基岩体损伤对大坝抗震安全的影响仍处于探索阶段，亟待加强研究。

（4）最大可信地震下高混凝土坝-地基系统定量安全评价指标的深化研究。今后，应加强在现有大坝-地基系统分析模型基础上，建立涵盖大坝坝体孔口闸墩结构、坝体材料非线性、坝体横缝和地基岩体控制性滑裂面的接触非线性以及地基岩体材料非线性的精细化仿真分析模型，在真正实现坝体损伤与地基岩体抗滑及变形稳定完全统一基础上，深化研究高混凝土坝地震破坏机理，进一步缩小高混凝土坝"模拟抗震安全极限状态"与"真实抗震安全极限状态"的差距，在更为合理的基础上进一步完善最大可信地震下高混凝土坝-地基系统定量安全评价指标体系。

参 考 文 献

曹晖，赖明，白绍良，2002. 基于小波变换的地震地面运动仿真研究 [J]. 土木工程学报，35 (4)：40-46.

陈观福，徐艳杰，张楚汉，2003. 强震区高拱坝横缝配筋抗震措施 [J]. 清华大学学报（自然科学版），43 (2)：266-269.

陈厚群，李德玉，马怀发，2010. 大岗山拱坝全级配混凝土地震动态抗力研究 [R]. 中国水利水电科学研究院.

陈厚群，李敏，石玉成，2005. 基于设定地震的重大工程场地设计反应谱的确定方法 [J]. 水利学报，36 (12)：1399-1404.

陈厚群，2006. 坝址地震动输入机制探讨 [J]. 水利学报，37 (12)：1417-1423.

陈厚群，2009. 混凝土高坝强震震例分析和启迪 [J]. 水利学报，40 (1)：10-18.

陈厚群，2009. 汶川地震后对大坝抗震安全的思考 [J]. 中国工程科学，11 (6)：44-53.

陈厚群，2010. 水工建筑物抗震设防标准研究 [J]. 中国水利（20）：4-6，3.

陈厚群，2011. 混凝土高坝抗震研究 [M]. 北京：高等教育出版社.

陈厚群，郭胜山，2012. 混凝土高坝-地基体系的地震损伤分析 [J]. 水利学报，43（增1）：2-7.

陈厚群，李敏，石玉成，2005. 基于设定地震的重大工程场地设计反应谱的确定方法 [J]. 水利学报，36 (12)：1399-1404.

陈厚群，徐泽平，李敏，2008. 汶川大地震和大坝抗震安全 [J]. 水利学报，9 (10)：1158-1167.

陈厚群，张伯艳，涂劲，2004. 浅论拱坝坝肩抗震稳定 [J]. 水力发电学报，23 (6)：40-44.

陈惠发，A. F. 萨里普，2004. 混凝土和土的本构方程 [M]. 余天庆，王勋文，刘西拉，译. 北京：中国建筑工业出版社.

陈健云，白卫峰，2007. 考虑动态应变率效应的混凝土单轴拉伸统计损伤模型 [J]. 岩石力学及工程学报，26 (8)：1603-1611.

陈健云，林皋，李建波，2004. 无限介质中波动散射问题时域求解的算法研究 [J]. 岩石力学与工程学报，23 (19)：3330-3336.

陈林，刘畅，童伟，2016. 大岗山拱坝抗震设计思路与措施设计 [M] // 党林才，王仁坤，吴世勇，等. 特高坝建设技术的发展及趋势. 北京：中国水利水电出版社：185-190.

陈颙，陈凌，1999. 地震危险性分析中最大地震震级的确定. 地球物理学报，42 (3)：351-357.

陈在铁，任青文，2005. 当前混凝土高拱坝抗震研究中的几个问题 [J]. 水利水电科技进展，25 (6)：98-101.

崔玉柱，张楚汉，金峰，等，2002. 拱坝-地基破坏的数值模型与溃坝仿真 [J]. 水利学报，6：1-8.

杜成斌，任青文，2001. 设底缝对高拱坝工作性态的影响 [J]. 水利学报（5）：1-4.

杜修力，王进廷，2002. 拱坝-可压缩库水-地基地震波动反应分析方法 [J]. 水利学报，33 (5)：83-90.

范书立，2007. 混凝土重力坝的动力模型破坏试验及可靠性研究 [D]. 大连：大连理工大学.

范书立，陈健云，范武强，等，2008. 地震作用下碾压混凝土重力坝的可靠度分析. 岩石力学与工程学报，27 (3)：564-571.

范书立，陈健云，郭建业，2007. 有限元等效应力法在重力坝强度分析中的应用 [J]. 水利学报，6：754-759.

方修君，金峰，王进廷，2008. 基于扩展有限元法的 Koyna 重力坝地震开裂过程模拟 [J]. 清华大学学报（自然科学版），48 (12)：2065 - 2069.

伏岛祐一郎，吉冈敏和，水野清秀，等，2001. 2000 年鸟取県西部地震の地震断层调查 [J]. 活断层·古地震研究报告，产総研地质调查总合センター (1)：1 - 26.

冈本舜三，1978. 抗震工程学 [M]. 孙伟东，译. 北京：中国建筑工业出版社.

高孟潭，2015. GB/8306—2015《中国地震动参数区划图》宣贯教材 [M]. 北京：中国质检出版社.

高毅超，徐艳杰，金峰，等，2013. 基于高阶双渐近透射边界的大坝-库水动力相互作用直接耦合分析模型 [J]. 地球物理学报，56 (12)：4189 - 4196.

郭胜山，陈厚群，李德玉，等，2013. 重力坝与坝基体系地震损伤破坏分析 [J]. 水力学报，44 (11)：1352 - 1358.

郭永刚，孙五继，刘宪亮，2007. 高拱坝伸缩横缝间布设抗震钢筋的动力反应分析 [J]. 应用力学学报，24 (1)：16 - 20.

郭永刚，涂劲，陈厚群，2004. 抗震钢筋对高拱坝抗震性能的影响 [J]. 水力学报，3：1 - 6.

郭永刚，涂劲，高凤龙，2005. 非线性子结构方法中实现对结构抗震措施阻尼器的数值模拟 [J]. 计算力学学报，22 (4)：447 - 452.

何建涛，马怀发，陈厚群，2012. 考虑地基辐射阻尼的结构静动综合响应计算 [J]. 世界地震工程，28 (2)：79 - 83.

何建涛，马怀发，张伯艳，等，2010. 黏弹性人工边界地震动输入方法及实现 [J]. 水力学报，41 (8)：960 - 969.

何鸣，刘光斌，梁树辉，2003. 一种基于模态分解的时频分析方法 [J]. 现代电子技术，18：15 - 17.

何天福，2007. 碾压混凝土坝钢纤维混凝土抗震加固措施研究 [D]. 大连：大连理工大学.

贺春晖，王进廷，张楚汉，2017. 基于震源-河谷波场数值模拟的坝址地震动参数确定方法 [J]. 地球物理学报，60 (2)：585 - 592.

侯顺载，李金玉，曹建国，等，2002. 高拱坝全级配混凝土动态试验研究 [J]. 水力发电 (1)：51 - 53.

侯顺载，胡晓，涂劲，2000. 底缝对高拱坝地震反应影响的研究 [J]. 云南水力发电，16 (1)：50 - 54.

姜慧，胡聿贤，俞言祥，等，2004. 强地面运动随机模拟中的几个关键问题探讨 [J]. 国际地震动态 (8)：29 - 34.

金爱云，王进廷，2016. 叶巴滩水电站拱坝动力仿真分析及抗震安全评价研究报告 [R]. 清华大学水利水电工程系.

空中博，坂下良一，2005. 日本最古の重力式コンクリートダム布引五本松ダムの堤体补强 [J]. セメント·コンクリート (698)：1 - 5.

寇立夯，金峰，王进廷，2009. 基于概率的混凝土重力坝地震反应分析 [J]. 水力发电学报，28 (5)：23 - 28.

李德玉，郭胜山，陈厚群，等，2013. 重力坝地震损伤分析中弹性损伤与考虑残余变形的损伤模型比较 [J]. 水力发电学报，32 (5)：226 - 238.

李建波，陈健云，林皋，2004. 求解非均匀无限地基相互作用力的有限元时域阻尼抽取法 [J]. 岩土工程学报，26 (2)：263 - 267.

李建波，林皋，陈健云，等，2007. 混凝土损伤演化的随机力学参数细观数值影响分析 [J]. 建筑科学与工程学报，24 (3)：7 - 12.

李小军，廖振鹏，杜修力，1992. 有阻尼体系动力问题的一种显式解法 [J]. 地震工程与工程振动，12 (4)，74 - 79.

李瓒，陈兴华，郑建波，等，2000. 混凝土拱坝设计 [M]. 北京：中国电力出版社.

李中付，华宏星，宋汉文，等，2001. 一维信号的模态分解与重构研究 [J]. 数据采集与处理，16 (3)：324 - 329.

梁通，周元德，2011. 强震区高拱坝的两种抗震措施效果研究 [J]. 水电能源科学，29（11）：100 - 102，213.

廖振鹏，2002. 工程波动理论导论 [M]. 2 版. 北京：科学出版社.

林皋，2009. 汶川大地震中大坝震害与大坝抗震安全性分析 [J]. 大连理工大学学报，49（5）：657 - 666.

林皋，胡志强，陈健云，2004. 考虑横缝影响的拱坝动力分析 [J]. 地震工程与工程振动，24（6）：45 - 52.

林皋，1958. 研究拱坝震动的模型相似律 [J]. 水利学报（1）：79 - 104.

林皋，2006. 混凝土大坝抗震安全评价的发展趋向 [J]. 防灾减灾工程学报，26（1）：1 - 12.

林皋，关飞，1991. 结构-地基相互作用对重力坝地震反应的影响 [J]. 地震工程与工程振动，11（4）：65 - 76.

林皋，李建波，赵娟，等，2007. 单轴拉压状态下混凝土破坏的细观数值演化分析 [J]. 建筑科学与工程学报，24（1）：1 - 6.

林皋，闫东明，肖诗云，2005. 应变速率对混凝土特性及工程结构地震响应的影响 [J]. 土木工程学报，38（11）：1 - 8.

林皋，朱彤，林蓓，2000. 结构动力模型试验的相似技巧 [J]. 大连理工大学学报，40（l）：1 - 8.

刘钧玉，林皋，范书立，等，2008. 裂纹面受荷载作用的应力强度因子的计算 [J]. 计算力学学报，25（4）：218 - 223.

刘钧玉，林皋，胡志强，等，2009. 裂纹内水压分布对重力坝断裂特性的影响 [J]. 土木工程学报，42（3）：132 - 141.

龙渝川，周元德，张楚汉，2005. 基于两类横缝接触模型的拱坝非线性动力响应研究 [J]. 水利学报，36（9）：1094 - 1099.

龙渝川，许绍干，高学超，2011. 高拱坝梁向配筋抗震措施效果研究 [J]. 工程力学，28（增 1）：178 - 183.

楼梦麟，林皋，1984. 重力坝地震行波反应分析 [J]. 水利学报，5：26 - 32.

鲁军，张楚汉，王光纶，等，1996. 岩体动静力稳定分析的三维离散元模型 [J]. 清华大学学报，36（10）：98 - 104.

罗秉艳，王进廷，潘坚文，2005. 大岗山水电站双曲拱坝非线性动力分析和抗震措施研究报告 [R]. 北京：清华大学水利水电工程系.

罗秉艳，徐艳杰，王光纶，2007. 大岗山拱坝考虑阻尼器抗震措施的非线性动力反应分析 [J]. 水力发电学报，26（1）：67 - 70.

马宗晋，杜品仁，1995. 现今地壳运动问题 [M]. 北京：地震出版社.

马宗晋，张德成，1986. 板块构造基本问题 [M]. 北京：地震出版社.

倪汉根，金崇磐，1994. 大坝抗震特性与抗震计算 [M]. 大连：大连理工大学出版社.

潘坚文，2010. 高混凝土坝静力非线性断裂与地基辐射阻尼模拟研究 [D]. 北京：清华大学.

潘坚文，龙渝川，张楚汉，2007. 高拱坝强震开裂与配筋效果研究 [J]. 水利学报，38（8）：926 - 932.

邱流潮，金峰，王进廷，2004. 海绵吸收层法在坝-库水瞬态动力相互作用分析中的应用 [J]. 水利学报，1：46 - 51.

日本大ダム会議，地震時のダム安全分科会，2002. 既設ダムの耐震性能評価法の? 状と課題 [R] //大ダム第 180 号別刷. [sl]：日本大ダム会議，地震時のダム安全分科会.

日本国土交通省河川局，2005. 大規模地震に対するダム耐震性能照査指針（案）[S].

沈怀至，金峰，张楚汉，2008. 基于功能的混凝土重力坝抗震风险模型研究 [J]. 岩土力学，29（12）：3323 - 3328.

沈怀至，金峰，张楚汉，2008. 基于性能的重力坝-地基系统地震易损性分析 [J]. 工程力学，25（12）：

86 - 91.

沈怀至，潘坚文，金峰，等，2007. 混凝土坝坝体配筋抗震措施研究 [J]. 水利学报，38（1）：39 - 46.

盛志刚，张楚汉，王光纶，等，2003. 拱坝横缝非线性动力响应的模型试验和计算分析 [J]. 水力发电学报（1）：34 - 43.

石春香，罗奇峰，2003. 时程信号的 Hilbert - Huang 变换与小波分析 [J]. 地震学报，25（4）：399 - 405.

水电水利规划设计总院，中国水利水电科学研究院，大连理工大学，等，2011. 混凝土坝抗震安全评价体系研究课题研究报告 [R].

孙亚峰，2006. 金安桥碾压混凝土重力坝动力特性研究 [D]. 大连：大连理工大学.

唐春安，朱万成，2003. 混凝土损伤与断裂数值试验 [M]. 北京：科学出版社.

涂劲，1999. 有缝界面的混凝土高坝-地基体系非线性地震波动反应分析 [D]. 北京：中国水利水电科学研究院.

涂劲，1999. 有缝界面的混凝土高坝-地基系统非线性地震波动反应分析 [D]. 北京：中国水利水电科学研究院.

涂劲，陈厚群，张伯艳，2007. 高拱坝体系整体抗震安全评价方法研究 [J]. 世界地震工程，23（1）：31 - 37.

涂劲，李德玉，闫春丽，2019. 混凝土重力坝-地基系统强震破坏模式研究 [J]. 水电与抽水蓄能，5（2）：15 - 21.

涂劲，廖建新，李德玉，等，2018. 高拱坝-地基系统整体稳定强震破坏机理研究 [J]. 水电与抽水蓄能，4（2）：49 - 55.

土木学会鸟取县西部地震调查团，2002.2000 年 10 月 6 日鸟取县西部地震被害调查报告 [R].

王海波，李德玉，陈厚群，2014. 高拱坝极限抗震能力研究之挑战 [J]. 水力发电学报，33（6）：168 - 173，180.

王海波，李德玉，2006. 拱坝抗震设计理论与实践 [M]. 北京：中国水利水电出版社.

王进廷，潘坚文，张楚汉，2009. 地基辐射阻尼对高拱坝非线性地震反应的影响 [J]. 水利学报，40（4）：413 - 420.

王进廷，2001. 高混凝土坝—可压缩库水—淤砂—地基系统地震反应分析研究 [D]. 北京：中国水利水电科学研究院.

王进廷，杜修力，张楚汉，2003. 重力坝-库水-淤砂-地基系统动力分析的时域显示有限元模型 [J]. 清华大学学报，43（8）：1112 - 1115.

王进廷，金爱云，2016. 金沙江叶巴滩水电站拱坝动力仿真分析及抗震安全评价 [R]. 北京：清华大学水利水电工程系.

王进廷，金峰，徐艳杰，等，2014. 实时耦联动力试验方法理论与实践 [J]. 工程力学，36（1）：1 - 14.

王良琛，1981. 混凝土坝地震动力分析 [M]. 北京：地震出版社.

王娜丽，钟红，林皋，2012.FRP 在混凝土重力坝抗震加固中的应用研究 [J]. 水力发电学报，3（6）：186 - 191.

武明鑫，宋世雄，宋良丰，等，2014. 大岗山水电站双曲拱坝抗震安全分析及抗震措施研究报告 [R]. 北京：清华大学水利水电工程系.

徐艳杰，张楚汉，王光纶，等，2001. 小湾拱坝模拟实际横缝间距的非线性地震反应分析 [J]. 水利学报（4）：68 - 74.

徐艳杰，1999. 横缝配筋的拱坝地震非线性模型与无限地基影响研究 [D]. 北京：清华大学.

曾珂，牛荻涛，2005. 基于时变 ARMA 序列的随机地震动模型 [J]. 工程抗震与加固改造，27（3）：81 - 86.

张伯艳，陈厚群，2001. 用有限元和刚体极限平衡方法分析坝肩抗震稳定 ［J］. 岩石力学与工程学报，20 （5），665－670.

张冲，2006. 三维模态变形体离散元方法及拱坝-坝肩整体稳定分析 ［D］. 北京：清华大学.

张楚汉，金峰，王进廷，等，2016. 高混凝土坝抗震安全评价的关键问题与研究进展. 水利学报，47 （3）：253－264.

张楚汉，2009. 汶川地震工程震害的启示 ［J］. 水利水电技术，40 （1）：1－3.

张楚汉，金峰，潘坚文，等，2009. 论汶川地震后我国高坝抗震标准问题 ［J］. 水利水电技术，40 （8）：74－79.

张楚汉，金峰，王进廷，等，2016. 高混凝土坝抗震安全评价的关键问题与研究进展 ［J］. 水利学报，47 （3）：253－264.

张翠然，陈厚群，李敏，2007. 根据渐进谱的统计规律生成地震加速度时程 ［J］. 地震学报，29 （4）：409－418.

张光斗，王光纶，1992. 水工建筑物 （上册） ［M］. 北京：水利电力出版社.

钟红，2008. 高拱坝地震损伤破坏的大型数值模拟 ［D］. 大连：大连理工大学.

周继凯，吴胜兴，沈德建，等，2009a. 小湾拱坝三级配混凝土动态弯拉力学特性试验研究 ［J］. 水利学报 （9）：1108－1115.

周继凯，吴胜兴，苏盛，等，2009b. 小湾拱坝湿筛混凝土动态弯拉应变率效应试验研究 ［J］. 水力发电学报 （5）：140－146.

周建平，钮新强，贾金生，2008. 重力坝设计二十年 ［M］. 北京：中国水利水电出版社.

周元德，张楚汉，金峰，2004. 混凝土断裂的三维旋转裂缝模型研究 ［J］. 工程力学，21 （5）：1－4，82.

朱伯芳，1988. 国际拱坝学术讨论会专题综述 ［J］. 水力发电 （8）：51－54，61.

朱伯芳，2000. 强地震区高拱坝抗震配筋问题 ［J］. 水力发电 （7）：18－22.

朱伯芳，杨波，2009. 混凝土坝耐强烈地震而不垮的机理 ［J］. 水利水电技术，40 （1）：7.

朱继梅，2000. 非稳态振动信号分析 ［J］. 振动与冲击，19 （1）：87－91.

朱彤，林皋，马恒春，2004. 混凝土仿真材料特性及其应用的试验研究 ［J］. 水力发电学报，23 （4）：31－37.

朱彤，王忠阳，周晶，2017. 满足相似条件的混凝土重力坝振动台试验方法研究 ［J］. 水力发电学报，36 （10）：19－26.

R. W. 克劳夫，J. 彭津，1985. 结构动力学 ［M］. 王光远，等，译. 北京：科学出版社.

J. P. 瓦尔夫，1989. 土-结构动力相互作用 ［M］. 吴世明，唐有职，陈龙珠，等，译. 北京：地震出版社.

ABRAHAMSON N A，SILVA W J，2008. Summary of the Abrahamson and Silva NGA groundmotion relations ［J］. Earthquake Spectra，24 （1）：67－97.

ABRAMS D A，1917. Effect of rate of application of load on the compressive strength of concrete ［J］. American Society for Testing and Materials Journal，17 （2）：364－377.

American Concrete Institute （ACI），2011. ACI 318－11 Building code requirements for structural concrete and commentary ［S］.

Austrian Federal Ministry for Agriculture and Forestry （AFMAF），1996. Austrian Commission on Dams，Earthquake Analysis of Dams ［S］.

BAZANT Z P，OH H，1982. Strain－rate effect in rapid triaxial loading of concrete ［J］. Journal of the Engineering Mechanics Division，Proc. ASCE，108 （EM5）：764－782.

BERESNEV I A，ATKINSON G M，1997. Modeling finite－fault radiation from the n w spectrum ［J］. Bulletin of the Seismological Society of America，87 （1）：67－84.

BHATTACHARJEE S S, LEGER P, 1993. Seismic Cracking and Energy Dissipation in Concrete Gravity Dams [J]. Earthquake Engineering and Structural Dynamics, 22: 991 - 1007.

BISCHOFF P H, PERRY S H, 1991. Compressive behaviour of concrete at high strain rates [J]. Materials and Structures, 24 (144): 425 - 450.

BOORE D M, 2003. Simulation of ground motion using the stochastic method [J]. Pure and Applied Geophysics, 160: 635 - 676.

BOORE D M, ATKINSON G M, 2008. Ground - motion prediction equations for the average horizontal component of PGA, PGV, and 5% - damped PSA at spectral periods between 0. 01s and 10. 0s [J]. Earthquake Spectra, 24 (1): 99 - 138.

Bureau of Reclamation, 2006. State - of - Practice for the Nonlinear Analysis of Concrete Dams [R].

CAMPBELL K W, BOZORGNIA Y, 2008. NGA ground motion model for the geometric mean horizontal component of PGA, PGV, PGD and 5% damped linear elastic response spectra for periods ranging from 0. 01 to 10 s [J]. Earthquake Spectra, 24 (1): 139 - 171.

Canadian Dam Association (CDA), 2005. Dam Safety Guidelines - Practices and Procedures T201, Seismic hazard considerations in dam safety analysis [S]. Prepared by Seismic Considerations Working Group.

Canadian Dam Association (CDA), 2006. Dam Safety Guidelines (draft) [S].

Canadian Dam Safety Associations (CDSA), 1995: Dam Safety Guidelines [S].

Canadian Electrical Association (CEA), 1990. Safety Assessment of Existing Dams for Earthquake Conditions [R], Vol. C - 4, Seismic Analysis of Concrete Dams, CEA Rep. No. 420 G 547, Montreal, Canada.

Canadian Electrical Association (CEA), 1991. Safety Assessment of Existing Dams for Earthquake Conditions [R], Vol. B - 1, Ground Motion Evaluation and Vol. C - 4, Seismic Analysis of Concrete Dams, CEA Report 420 G 547, Montreal, Canada.

CHIOU B S J, YOUNGS R R, 2008. NGA Model for Average Horizontal Component of Peak Ground Motion and Response Spectra [R]. Pacific Earthquake Engineering Research Center, University of California, Berkeley: 1 - 94.

CHOPRA A K, 2012. Earthquake Analysis of Arch Dams: Factors to Be Considered [J]. ASCE, Journal of Structural Engineering, 138 (2): 205 - 214.

CHOPRA A K, WANG J T, 2010. Earthquake response of arch dams to spatially varying ground motion [J]. Earthqrake Engineering and Structural Dynamics, 39 (8): 887 - 906.

CLOUGH R W, 1960. The finite element method in plane stress analysis [C] //Proceedings of the 2nd ASCE Conference on Electronic Computation, Pittsburg. PA.

Comité Euro - International du Béton (CEB), 2010. CEB - FIP model code 2010 for concrete structures [S].

DARBRE G R, 2004. Swiss Guidelines for the Earthquake Safety of Dams [C] //Proc. 13th World Conference on Earthquake Engineering, Paper NO. 1794, Vancouver, B. C. Canada.

DARWIN D, PECKNOLD D A, 1977. Nonlinear biaxial stress - strain law for concrete [J]. ASCE Journal of Engineering Mechanics, 103 (2): 229 - 241.

European Committee for Standardization (ECS), 2004. Eurocode 2: design of concrete structures, part 1 - 1: general rules and rules for buildings (EN 1992 - 1 - 1: 2004: E) [S].

Federal Energy Regulatory Commission (FERC), 1999. Engineering Guidelines for the Evaluation of Hydrpower Projects, Chap. 11 - Arch Dams [S].

Federal Office for Water and Geology (FOWG), 2000. Dam Safety. Swiss guidelines on Earthquake Engineering [S]. Paper119 of 12th European Conference on Earthquake Engineering.

FEMA, 2005. Federal Guidelines for Dam Safety. Earthquake analyses and design of dams [S].

FOK K L，CHOPRA A K，1985. Earthquake analysis and response of concrete arch dams [R]. Report No. UCB/EERC－85/07. Earthquake Engineering Research Center，University of California，Berkeley，California.

GHANAATY，2002. Seismic Performance and Damage Criteria for Concrete Dams [C] //Proc. 3rd US－Japan Workshop on Advanced Research on Earthquake Engineering for Dams，San Diego，USA.

GILBERT R，WARNER R，1978. Tension Stiffening in Reinforced Concrete Slabs [J]. Journal of the Structural Division，ASCE，104 (12)：1885－1900.

GROTES D L，PARK S W，ZHOU M，2001. Dynamic behavior of concrete at high strain rates and pressures：I. Experimental characterization [J]. International Journal of Impact Engineering，25：869－886.

HARRISD W，MOHOROVIC C E，Dolen T P，2000. Dynamic Properties of Mass Concrete Obtained from Dam Cores [J]. ACI Materials Journal，97：290－296.

HATANO T，1960. Relations between Strength of Failure，Strain Ability，Elastic Modulus and Failure Time of Concrete [R]. Technical Report C－6001，Technical Laboratory of the Central Research Institute of Electric Power Industry.

HE C H，WANG J T，ZHANG C H et al.，2015. Simulation of broadband seismic ground motions at dam canyons by using a deterministic numerical approach [J]. Soil Dynamics and Earthquake Engineering，76：136－144.

ICOLD，2016. Bulletin 148：Selecting seismic parameters for large dams －－ guidelines [S]. Paris：Committee on Seismic Aspects of Dam Design，International Commission on Large Dams.

IDRISS I M，2008. An NGA empirical model for estimating the horizontal spectral values generated by shallow crustal earthquakes [J]. Earthquake Spectra，24 (1)：217－242.

Japan Commission on Large Dams (JCLD)，2003. Present situations and issues regarding the seismic safety evaluation of existing dams [S].

JIN A Y，PAN J W，WANG J T，et al.，2019. Effect of foundation models on seismic response of arch dams [J]. Engineering structures，188：578－590.

JIN F，ZHANG Ch，HU W，et al.，2011. 3D Mode Discrete Element Method：Elastic Model [J]. International Journal of Rock Mechanics and Mining Sciences，48 (1)：59－66.

KANENAWA K，SASAKI T，YAMAGUCHI Y，2003. Advanced Research Activities on Dynamic Analysis for Concrete Dams in Japan and an Study on Seismic Performance of Concrete Gravity Dams by Smeared Crack Model [C] // Proc. 35th Joint Meeting US－Japan Panel on Wind and Seismic Effects. Tsakuka，Japan.

KAPLAN S A，1980，Factors affecting the relationship between rate of loading and measured compressive strength of concrete [J]. Magazine of Concrete Research，32：29－88.

KUO J，1982. Fluid－structure interactions：Added mass computations for incompressible fluid [R]. Report No. UCB/EERC － 82/09，Earthquake Engineering Research Center，University of California，Berkeley，California.

LEE J，FENVES G L，1998. A Plastic－Damage Concrete Model for Earthquake Analysis of Dams [J]. Journal of Earthquake Engineering and Structural Dynamics，27：937－956.

LEE J，FENVES L G，1998. Plastic－damage model for cyclic loading of concrete structures [J]. Journal of Engineering Mechanics，124 (3)：892－900.

LENG F，LIN G，2008. Application of thermodynamics － based rate － dependent constitutive models of concrete in the seismic analysis of concrete dams [J]. Water Science and Engineering，1：54－64.

LIN C S，SCORDELIS A C，1975. Nonlinear Analysis of RC Shells of General Form [J]. Journal of the

Structural Division, ASCE, 101 (3): 523 – 538.

LIN G, DU J G, HU Z Q, 2007a. Dynamic dam – reservoir interaction analysis including effect of reservoir boundary absorption [J]. Science in China Series E: Technological Sciences, 50 (S1): 1 – 10.

LIN G, DU J G, HU Z Q, 2007b. Earthquake analysis of arch and gravity dams including the effects of foundation inhomogeneity [J]. Front. Archit. Civ. Eng. China, 1 (1): 41 – 50.

LIN G, WANG J Q, HU Z Q, et al., 2007. On the dynamic stability of potential sliding mass during earthquakes [C] //Proceedings of the Fifth International Conference on Dam Engineering, 14 – 16 February 2007, Lisbon, Portugal.

LIN G, WANG Y, HU Z Q, 2012. An efficient approach for frequency – domain and time – domain hydrodynamic analysis of dam – reservoir systems [J]. Earthquake Engineering and Structural Dynamics, 41, 1725 – 1749.

LIU J B, LIU S, DU X L, 1999. A method for the analysis of dynamic response of structure containing non – smooth contactable interfaces [J]. Acta Mechanica Sinica, 15 (1): 63 – 72.

LIU J B, DU Y X, DU X L, et al., 2006. 3D viscous – spring artificial boundary in time domain [J]. Earthquake Engineering and Engineering Vibration, 5 (1): 93 – 102.

LIU J Y, LIN G, 2007. Evaluation of the Stress Intensity Factors Subjected to Arbitrarily Distributed Tractions on Crack Surfaces [J]. China Ocean Engineering, 21 (2): 293 – 303.

LIU X J, XU Y J, WANG G L, et al., 2002. Seismic response of arch dams considering infinite radiation damping and joint opening effects [J]. Earthquake Engineering and Engineering Vibration, 1 (1): 65 – 73.

LONG Y C, ZHANG C H, JIN F, 2008. Numerical simulation of reinforcement strengthening for high – arch dams to resist strong earthquakes [J]. Earthquake Engineering & Structural Dynamics, 37 (15): 1739 – 1761.

MALVARL J, ROSS C A, 1998. Review of strain rate effects for concrete in tension [J]. ACI Materials Journal, 95 (6): 735 – 739.

MEJIA L, GILLON M, WALKER J, et al., 2002. Criteria for developing seismic loads for the safety evaluation of dams of two New Zealand owners [S]. ANCOLD BULLETIN: 65 – 74.

MOTAZEDIAN D, Atkinson G M, 2005. Stochastic finite – fault modeling based on a dynamic corner frequency [J]. Bulletin of the Seismological Society of America, 95 (3): 995 – 1010.

NAKASHIMA M, KATO H, TAKAOKA E, 1992. Development of real – time pseudo dynamic testing [J]. Earthquake Engineering & Structural Dynamics, 21 (1), 79 – 92.

NEWMARK N M, 1965. Effects of earthquakes on dams and embankments [J]. Géotechnique, 15: 139 – 159.

NZSOLD, 2000. New Zealand dam safety guidelines [S].

OTTOSENN S, 1977. A failure criterion for concrete [J]. ASCE Journal of Engineering Mechanics, 103 (4): 527 – 535.

PAN J W, ZHANG C H, WANG J T, et al., 2009. Seismic damage – cracking analysis of arch dams using different earthquake input mechanisms [J]. Science in China Series E – Technological Sciences, 52 (2): 518 – 529.

PAN J W, ZHANG C H, XU Y J, et al., 2011. A comparative study of the different procedures for seismic cracking analysis of concrete dams [J]. Soil Dynamics and Earthquake Engineering, 31: 1594 – 1606.

PAULMANN K, STEINERT J, 1982. Beton bei sehr kurzer Belastungsgeschichte (Concrete under very short – term loading) [J]. Beton, 32 (6): 225 – 228.

Presidenza del Consiglio dei Ministri (PCM), 2001. Guidelines for seismic safety reassessment of existing dams in Italy [S].

PRIESTLEY M B, 1965. Evolutionary spectra and non - stationary processes [J]. Journal of the Royal Statistical Society, Series B Methodological, 27 (2): 204 - 237.

PRIESTLEY M B, 1967. Power spectral analysis of non - stationary random processes [J]. Journal of Sound and Vibration, 6 (1): 86 - 97.

PROULX J, DARBRE G R, KAMILERI N, 2004. Analytical and Experimental Investigation of Damping in Arch Dams Based on Recorded Earthquakes [C] //Proceedings of the 13th World Conference on Earthquake Engineering. Vancouver, Canada, 68: 1 - 6.

RAPHAEL J M, 1984. Tensile Strength of Concrete [J]. ACI Journal, 81: 158 - 165.

REILLY N, 2004. Comparison of some European guidelines for the seismic assessment of dams [C] //In Long - term benefits and performance of dams: Proceedings of the 13th Conference of the British Dam Society and the ICOLD European Club meeting, University of Kent, Canterbury, UK: Thomas Telford Publishing: 305 - 312.

ROSS C A, JEROME D M, TEDESCO J W, et al., 1996. Moisture and strain rate effects on concrete strength [J]. ACI Materials Journal, 93 (3): 293 - 300.

ROSSI P, TOUTLEMONDE F, 1996. Effect of loading rate on the tensile behavior of concrete: description of the physical mechanisms [J]. Materials and Structures, 29: 116 - 118.

TAKEDA J, TACHIKAWA H, 1962. The mechanical properties of several kinds of concrete at compressive, tensile, and flexural tests in high rates of loading [J]. Trans Architect. Inst. Jpn, 77: 1 - 6 (in Japanese).

TURNER M J, CLOUGH R W, MARTIN H C, et al., 1956. Stiffness and deflection analysis of complex structures [J]. Journal of the Aeronautical Sciences, 23 (9): 805 - 823.

U. S. Army Corps of Engineers (USACE), 1994. Arch Dam Design: EM 1110 - 2 - 2201 [S].

U. S. Army Corps of Engineers (USACE), 1995. Engineering and design, earthquake design and evaluation for civil works projects: 1110 - 2 - 1806 [S].

U. S. Army Corps of Engineers (USACE), 2007. Earthquake Design and Evaluation of Concrete Hydraulic Structures: EM 1110 - 2 - 6053 [S].

United States Committee on Large Dams (USCOLD), 1992. Observed Performance of DamsDuring Earthquakes [R].

United States Society on Dams (USSD), 2003. Probabilistic Approach to Development of Ground Motion Parameters at Dams [S].

WANG H B, LI D Y, 2006. Experimental study of seismic overloading of large arch dam [J]. Earthquake Engineering and Structural Dynamics, 35 (2): 199 - 216.

WANG J Q, LIN G, LIU J, 2006, Static and dynamic stability analysis using 3D - DDA with incision body scheme [J]. Earthquake Engineering and Engineering Vibration, 5 (2): 273 - 283.

WANG J T, CHOPRA A K, 2010. Linear analysis of concrete arch dams including dam - water - foundation rock interaction considering spatially varying ground motions [J]. Earthquake Engineering and Structural Dynamics, 39: 731 - 750.

WANG X, JIN F, PREMPRAMOTE S, et al., 2011. Time - domain analysis of gravity dam - reservoir interaction using high - order doubly asymptotic open boundary [J]. Computers and Structures, 89 (7 - 8): 668 - 680.

WESTERGAARD H M, 1933. Water Pressure on Dams During Earthquake [J]. Transactions, American Society of Civil Engineers, 98 (2): 418 - 433.

WU M X, CHEN Z F, ZHANG C H, 2015. Determining the impact behavior of concrete beams through experimental testing and meso – scale simulation: Ⅰ. Drop – weight tests [J]. Engineering Fracture Mechanics, 135 (2): 94 – 112.

WU M X, QIN C, Zhang C H, 2014. High strain rate splitting tensile tests of concrete and numerical simulation by mesoscale particle elements [J]. Journal of Materials in Civil Engineering – ASCE, 26 (1): 71 – 82.

YAMAGUCHI Y, HALL R, et al. , 2004, Seismic Performance Evaluation of Concrete Gravity Dams [C] // Proc. 13th World Conference on Earthquake Engineering, Paper NO. 1068, Vancouver, B. C. Canada.

YAMAGUCHI Y, SAKAMOTO T, KOBORI T, 2006. Safety management and seismic safety evaluation for dams in Japan [J]. Asia – Pacific Group Meeting.

YAN D, LIN G, 2008. Influence of initial static stress on dynamic properties of concrete [J]. Cement and Concrete Composites, 30: 327 – 333.

YAN D, LIN G, 2007. Dynamic behavior of concrete in biaxial compression [J]. Magazine of Concrete Research, 59 (1): 45 – 52.

YAN D, LIN G, CHEN G, 2009. Dynamic properties of plain concrete in triaxial stress states [J]. ACI Material Journal, 106 (1): 89 – 94.

YAN J Y, ZHANG C H, JIN F, 2004. A coupling procedure of FE and SBFE for soil – structure interaction in the time domain [J]. International Journal for Numerical Methods in Engineering, 59 (11): 1453 – 1471.

ZHANG C H, JIN F, PEKAU O A, 1995. Time Domain Procedure of FE – BE – IBE Coupling for Seismic Interaction for Arch Dams and Canyons [J]. Earthquake Engineering & Structural Dynamics, 24: 1651 – 1666.

ZHANG C H, JIN F, WANG G L, 1996. Seismic interaction between arch dam and rock canyon [C] // Proc. 11th World Conf. Earthq. Eng. Acapulco, Mexico. Netherlands: Elsevier.

ZHANG C H, PAN J W, WANG J T, 2009. Influence of seismic input mechanisms and radiation damping on arch dam response [J]. Soil Dynamics and Earthquake Engineering, 29 (9): 1282 – 1293.

ZHANG C H, SONG C M, PEKAU O A, 1991. Infinite Boundary Elements for Dynamic Problems of 3 – D Half Space [J]. International Journal for Numerical Methods in Engineering, 31 (1): 447 – 462.

ZHANG C H, WANG G L, ZHAO C B, 1988. Seismic Wave Propagation Effects on Arch Dam Response [C] //Proceeding of the 9th World Conference on Earthquake Engineering, V1 – 367 – V1 – 372,, Tokyo – Kyoto, Japan.

ZHANG C H, WANG G L, WANG S M, et al. , 2002. "Experimental Tests of Rolled Compacted Concrete and Nonlinear Fracture Analysis of RCC Dams [J]. ASCE, Journal of Materials in Civil Engineering, 14: 108 – 115.

ZHANG C H, XU Y J, WANG G L, et al. , 2000. Nonlinear Seismic Response of Arch Dams with Contraction Joint Opening and Joint Reinforcements [J]. Earthquake Engineering & Structural Dynamics, 29: 1547 – 1566.

ZHANG C H, YAN C D, WANG G L, 2001. Numerical Simulation of Reservoir Sediment and Effects on Hydro – dynamic Response of Arch Dams [J]. Earthquake Engineering & Structural Dynamics, 30: 1817 – 1837.

ZHANG C H, 2001. Numerical Modelling of Concrete Dam – Foundation – Reservoir Systems. Beijing: Tsinghua University Press.

ZHONG H, LIN G, LI X Y, et al. , 2011. Seismic failure modeling of concrete dams considering heterogeneity of concrete [J]. Soil Dynamics and Earthquake Engineering, 31 (12): 1678 – 1689.

СНИП 33 – 09. ГИДРТЕХНИЧЕСКИЕ СООРУЖЕНИЯ В СЕЙСМИЧЕСКИХ РАЙОНАХ [S].

索　引

《中国水电关键技术丛书》
编辑出版人员名单

总责任编辑：营幼峰

副总责任编辑：黄会明　刘向杰　吴　娟

项目负责人：刘向杰　冯红春　宋　晓

项目组成员：王海琴　刘　巍　任书杰　张　晓　邹　静
　　　　　　李丽辉　夏　爽　郝　英　范冬阳　李　哲
　　　　　　石金龙　郭子君

《高混凝土坝抗震关键技术》

责任编辑：王海琴

文字编辑：王海琴

审稿编辑：柯尊斌　方　平　杜　坚

索引制作：武明鑫

封面设计：芦　博

版式设计：芦　博

责任校对：梁晓静　王凡娥

责任印制：崔志强　焦　岩　冯　强

排　　版：吴建军　孙　静　郭会东　丁英玲　聂彦环

Contents

General Preface

of China.

As same as most developing countries in the world, China is faced with the challenges of the population growth and the unbalanced and inadequate economic and social development on the way of pursuing a better life. The influence of global climate change and extreme weather will further aggravate water shortage, natural disasters and the demand & supply gap. Under such circumstances, the dam and reservoir construction and hydropower development are necessary for both China and the world. It is an indispensable step for economic and social sustainable development.

The hydropower engineering technology is a treasure to both China and the world. I believe the publication of the *Series* will open a door to the experts and professionals of both China and the world to navigate deeper into the hydropower engineering technology of China. With the technology and management achievements shared in the *Series*, emerging countries can learn from the experience, avoid mistakes, and therefore accelerate hydropower development process with fewer risks and realize strategic advancement. The *Series*, hence, provides valuable reference not only to the current and future hydropower development in China but also world developing countries in their exploration of rivers.

As one of the participants in the cause of hydropower development in China, I have witnessed the vigorous development of hydropower industry and the remarkable progress of hydropower technology, and therefore I am truly delighted to see the publication of the *Series*. I hope that the *Series* will play an active role in the international exchanges and cooperation of hydropower engineering technology and contribute to the infrastructure construction of B&R countries. I hope the *Series* will further promote the progress of hydropower engineering and management technology. I would also like to express my sincere gratitude to the professionals dedicated to the development of Chinese hydropower technological development and the writers, reviewers and editors of the *Series*.

Ma Hongqi
Academician of Chinese Academy of Engineering
October, 2019

er cascades and water resources and hydropower potential. 3) To develop com-
plete hydropower investment and construction management system with the
aim of speeding up project development. 4) To persist in achieving technologi-
cal breakthroughs and resolutions to construction challenges and project risks.
5) To involve and listen to the voices of different parties and balance their bene-
fits by adequate resettlement and ecological protection.

With the support of H. E. Mr. Wang Shucheng and H. E. Mr. Zhang Jiyao, the
former leaders of the Ministry of Water Resources, China Society for Hydro-
power Engineering, Chinese National Committee on Large Dams, China Re-
newable Energy Engineering Institute, and China Water & Power Press in 2016
jointly initiated preparation and publication of *China Hydropower Engineering
Technology Series* (hereinafter referred to as "the *Series*"). This work was warmly
supported by hundreds of experienced hydropower practitioners, discipline leaders,
and directors in charge of technologies, dedicated their precious research and practice
experience and completed the mission with great passion and unrelenting efforts.
With meticulous topic selection, elaborate compilation, and careful reviews, the vol-
umes of the *Series* was finally published one after another.

Entering 21st century, China continues to lead in world hydropower devel-
opment. The hydropower engineering technology with Chinese characteristics
will hold an outstanding position in the world. This is the reason for the prepa-
ration of the *Series*. The *Series* illustrates the achievements of hydropower de-
velopment in China in the past 30 years and a large number of R&D results and pro-
jects practices, covering the latest technological progress. The *Series* has following
characteristics. 1) It makes a complete and systematic summary of the technologies,
providing not only historical comparisons but also international analysis. 2) It is con-
crete and practical, incorporating diverse disciplines and rich content from the theo-
ries, methods, and technical roadmaps and engineering measures. 3) It focuses on
innovations, elaborating the key technological difficulties in an in-depth manner based
on the specific project conditions and background and distinguishing the optimal tech-
nical options. 4) It lists out a number of hydropower project cases in China and rele-
vant technical parameters, providing a remarkable reference. 5) It has distinctive
Chinese characteristics, implementing scientific development outlook and offering
most recent up-to-date development concepts and practices of hydropower technology

China has witnessed remarkable development and world-known achievements in hydropower development over the past 70 years, especially the 4 decades after Reform and Opening-up. There were a number of high dams and large reservoirs put into operation, showcasing the new breakthroughs and progress of hydropower engineering technology. Many nations worldwide played important roles in the development of hydropower engineering technology, while China, emerging after Europe, America, and other developed western countries, has risen to become the leader of world hydropower engineering technology in the 21st century.

By the end of 2018, there were about 98,000 reservoirs in China, with a total storage volume of 900 billion m³ and a total installed hydropower capacity of 350GW. China has the largest number of dams and also of high dams in the world. There are nearly 1000 dams with the height above 60m, 223 high dams above 100m, and 23 ultra high dams above 200m. There are also 4 mega-scale hydropower stations with an individual installed capacity above 10GW, such as Three Gorges Hydropower Station, which has an installed capacity of 22.5 GW, the largest in the world. Hydropower development in China has been endeavoring to support national economic development and social demand. It is guided by strategic planning and technological innovation and aims to promote project construction with the application of R&D achievements. A number of tough challenges have been conquered in project construction and management, realizing safe and green development. Hydropower projects in China have played an irreplaceable role in the governance of major rivers and flood control. They have brought tremendous social benefits and played an important role in energy security and eco-environmental protection.

Referring to the successful hydropower development experience of China, I think the following aspects are particularly worth mentioning: 1) To constantly coordinate the demand and the market with the view to serve the national and regional economic and social development; 2) To make sound planning of the riv-

Informative Abstract

This book is one of *China Hydropower Key Engineering Technology Series*, which is funded by the National Publication Fund. It summarizes the research achievements and practical engineering experience in seismic technologies for high concrete dams in China, offering theoretical guidance and references for their seismic design. The main contents of this book include the status of seismic technologies for high concrete dams, analysis of earthquake damage cases, seismic design criteria, seismic input and parameters, dynamic characteristics of dam concrete, seismic analysis of gravity dams and arch dams, seismic safety evaluation criteria for concrete dams, seismic measures for concrete dams, etc.

Rich in information, the book emphasizes key points with clear viewpoints and possesses strong practical value. It serves as a valuable reference for technical personnel involved in the design and construction of hydropower projects, as well as for educators and students in relevant academic fields within colleges and universities.

中国水利水电出版社

China Water & Power Press

· Beijing ·

Sun Baoping Li Deyu Yan Yongpu Wu Mingxin et al.

Key Seismic Technologies
for High Concrete Dams

China Hydropower Engineering Technology Series